中国煤炭工业协会重大研究项目

中国煤炭工业安全高效矿井建设年度报告（2012）

王显政　主编

煤 炭 工 业 出 版 社

·北　京·

内 容 提 要

本书是中国煤炭工业协会对2010—2011年度我国煤炭工业安全高效矿井建设工作的总结报告。全书系统分析了2010—2011年度煤炭工业安全高效矿井建设情况，汇总了20年来全国开展安全高效矿井建设的基本情况，并对2010—2011年度全国部分大型煤炭企业和安全高效矿井（露天）创建经验进行了详细介绍。

本书可供煤炭行业管理部门、科研院校、规化设计单位及煤矿企事业单位管理人员和技术人员参考阅读。

图书在版编目（CIP）数据

中国煤炭工业安全高效矿井建设年度报告.2012/王显政主编.--北京：煤炭工业出版社，2013

ISBN 978-7-5020-4277-6

Ⅰ.①中… Ⅱ.①王… Ⅲ.①煤炭工业—研究报告—中国—2012 Ⅳ.①TD82

中国版本图书馆CIP数据核字(2013)第174238号

煤炭工业出版社 出版
（北京市朝阳区芍药居35号 100029）
网址：www.cciph.com.cn
三河市万龙印装有限公司 印刷
新华书店北京发行所 发行
*
开本 700mm×1000mm $^{1}/_{16}$ 印张 $29^{1}/_{2}$
字数501千字 印数1—2 000
2013年8月第1版 2013年8月第1次印刷
社内编号7105 定价126.00元

前　言

煤炭是我国的主体能源和重要的工业原料，在一次能源消费结构中占70%左右，煤炭工业是关系国家经济命脉和能源安全的重要基础产业。近年来，我国煤炭工业发展方式转变和结构调整取得积极进展，整体水平显著提高。全国煤炭产量逐年增长，生产技术水平大幅提升，大型煤炭基地建设稳步推进，大型煤炭企业集团快速发展，安全生产形势持续稳定，职工生产生活条件逐年提高。2011年，全国煤炭经济运行总体保持平稳，煤炭需求旺盛，产销量和净进口增加，市场供需基本平衡。当年全国煤炭产量35.2亿t，同比增加2.85亿t，增长8.81%；全国年产量千万吨以上煤炭企业达到55家，合计产量25.38亿t，占全国煤矿总产量的72.1%；全国煤矿企业生产事故死亡1973人，同比下降19%，百万吨死亡率0.564；安全高效矿井（露天）达标406处，产量合计11.29亿t。

多年来，中国煤炭工业协会一直致力于推进煤炭工业安全高效矿井建设工作，不断完善评审办法和标准，组织开展评审验收、命名表彰、经验交流活动，得到了全行业的广泛认同和支持。安全高效矿井的基本内涵是单产水平高、劳动效率高、资源采出率高、安全状况好、劳动条件好、经济效益好、环境治理好，其核心是提高单产、减头减面、减人提效。开展安全高效矿井创建工作对我国煤炭行业企业大力发展采掘机械化、减头减面、减人提效、保障安全生产、提升企业核心竞争力等都起到了重要作用，有力地促进了煤炭工业科学发展、安全发展和可持续发展。在《煤炭工业发展“十二五”规划》中，明确提出到2015年全国安全高效煤矿达到800处，产量25亿t。

为继续保持良好的发展势头，总结2010—2011年度安全高效矿井建设经验，中国煤炭工业协会决定在命名表彰2010—2011年度煤炭工业安全高效矿井的基础上，组织编写《中国煤炭工业安全高效矿井建设年度报告（2012）》，旨在系统客观地反映我国煤炭工业安全高效矿井（露天）建设情况，详细介绍2010—2011年度安全高效矿井建设的总体情况和建设成果，总结宣传我国煤炭工业安全高效矿井建设技术发展及管理经验，为全国煤炭行业企业提供借鉴，带动更多的煤炭生产企业建设“三高四好”的安全高效矿井（露天），为我国煤炭工业健康发展发挥积极作用。

在开展安全高效矿井（露天）评选工作和本书编写过程中，得到了广大会员单位和专业工作者的大力支持，在此一并表示衷心的感谢。限于编者水平，本书如有疏漏之处，敬请煤炭行业专家、技术人员和广大读者指正，以便在今后的工作中改进。

编　者

2013 年 5 月 · 北京

目　　录

第一章　2010—2011 年度煤炭工业安全高效矿井建设分析

第一节　2010—2011 年度煤炭工业安全高效矿井综合分析

一、2010—2011 年度安全高效矿井评审工作简述

2012 年 3 月，中国煤炭工业协会组织开展了 2010—2011 年度安全高效矿井（露天）申报评审工作。各省（自治区、直辖市）煤炭管理部门（协会）、中央企业高度重视，积极组织申报，认真开展预评工作。全国参加申报安全高效矿井（露天）的煤矿涉及 19 个省（自治区、直辖市）和 6 个中央企业。19 个省（自治区、直辖市）分别是：山西省、山东省、河南省、河北省、辽宁省、吉林省、黑龙江省、江苏省、安徽省、陕西省、甘肃省、青海省、四川省、云南省、贵州省、内蒙古自治区、新疆维吾尔自治区、广西壮族自治区、宁夏回族自治区，其中青海省、贵州省、广西壮族自治区的煤矿是第一次参加申报；6 个中央企业分别是：神华集团有限责任公司、中国中煤能源集团公司、华能集团、国电集团、国投公司、国家电网公司。

2012 年 6—7 月，在评审工作的基础上，为保证安全高效矿井建设质量，根据《煤炭工业安全高效矿井（露天）评审办法》规定，中国煤炭工业协会组织开展了安全高效矿井验收工作。本次验收工作采取申报企业交替互检验收方式，共计组织验收工作组 50 个。各验收组由企业选拔具有丰富现场经验的采掘、通风、安全、防治水和劳资等专业的专家组成；验收内容主要有各申报煤矿安全生产责任制落实情况、矿井质量标准化工作开展情况、矿井是否存在重大安全隐患、安全高效矿井申报表与相关原始基础表数据核实等。各验收组的工作程序：一是听取申报单位汇报；二是组织下井现

场检查验收；三是查阅核实相关资料数据；四是根据现场存在的安全隐患和资料核查时发现的问题，提出整改意见和建议；五是与被验收单位交换意见。

2012年9月，为听取各验收组工作汇报，做好下一步评审命名工作，中国煤炭工业协会组织召开了验收工作汇报会。各验收组汇报了在验收过程中发现的主要问题，介绍了被验收单位的先进技术和优秀管理经验，并当面提交了验收工作报告。通过组织开展此项工作，参与验收的同志一致反映在完成验收任务的同时也开阔了眼界和思路。

2012年12月，中国煤炭工业协会在评审、验收及公示的基础上，发布了《中国煤炭工业协会关于命名2010—2011年度煤炭工业安全高效矿井（露天）的决定》，最终通过评审的安全高效矿井（露天）共计406处，与2009年度相比，增加了47处，增幅达到13%。按开采条件划分为井工矿392处，露天矿14处；按评审级别划分为特级安全高效矿井（露天）158处，行业一级矿井（露天）164处，行业二级矿井84处。

二、2010—2011年度煤炭工业安全高效矿井总体指标分析

2010—2011年度煤炭工业安全高效矿井（露天）共计生产原煤11.29亿t，占2011年全国原煤生产总量的32%。其中，井工矿共计产量9.74亿t，平均核定生产能力265.34万t，综合单产13.93万t/（个·月），原煤工效13.73t/工，单井盈利3.65亿元，百万吨死亡率0.02，多数矿井实现了一井一面（两面）集中生产，基本达到了国际先进水平。露天矿共计产量1.56亿t，平均能力1132.86万t，综合单产25.82万t/（个·月），原煤工效89.82t/工，平均剥采比1:4，平均盈利5.61亿元，消灭了死亡事故，见表1-1。

表1-1 2011年度安全高效矿井（露天）主要指标

项目	单位	2011年度
一、技术经济指标		
原煤产量	亿t	11.29
平均综合单产		
井工	万t/(个·月)	13.93
露天	万t/(个·月)	25.82

表1-1（续）

项　目	单　位	2011年度
人均收入	万元	7.32
百万吨死亡率	%	0.021
井工矿平均原煤工效	t/工	13.73
二、安全高效矿井数量		
总数	处	406
特级	处	158
一级	处	164
二级	处	84

（一）原煤产量逐年增加

2010—2011年度安全高效矿井原煤产量11.29亿t，与2009年度相比，增长1.12亿t。406处安全高效矿井中共有25处煤矿核定生产能力达到千万吨以上，其中井工矿18处，露天矿7处，见表1-2。年产量超过千万吨的综采队有2个，均属于神华神东煤炭集团公司补连塔煤矿，分别是补连塔煤矿综采一队1312.4万t、综采二队1035.67万t。

表1-2　2011年千万吨级安全高效矿井（露天）

序号	矿　井　名　称	核定能力/万t	原煤产量/万t
	井　工　矿		
1	神华神东煤炭集团补连塔煤矿	2500	2498.4
2	神华神东煤炭集团榆家梁煤矿	1630	1628
3	大同煤矿集团公司大唐塔山煤矿有限公司	1500	1500
4	神华宁夏煤业集团有限责任公司羊场湾煤矿	1500	1500
5	神华神东煤炭集团上湾煤矿	1400	1396
6	淮南矿业（集团）有限责任公司张集煤矿	1360	1360
7	神华神东煤炭集团哈拉沟煤矿	1250	1250
8	神华神东煤炭集团布尔台煤矿	2000	1192.2
9	神华神东煤炭集团石圪台煤矿	1170	1169.7
10	内蒙古伊泰京粤酸刺沟矿业有限责任公司	1200（设计能力）	1126.58
11	神华神东煤炭集团大柳塔矿活鸡兔井	1100	1096

表1-2（续）

序号	矿井名称	核定能力/万t	原煤产量/万t
12	淮南矿业（集团）有限责任公司谢桥煤矿	1050	1020
13	神华神东煤炭集团保德煤矿	1220	1012.53
14	神华神东煤炭集团万利一矿	1000	1009.3
15	中煤平朔煤业有限责任公司井工二矿	1000	1000
16	神华神东煤炭集团大柳塔矿大柳塔井	1000	995.5
17	中煤平朔煤业有限责任公司井工一矿	1000	964.2
18	神华宁夏煤业集团有限责任公司梅花井煤矿	1200（设计能力）	860.8
	露天矿		
19	神华准格尔能源有限责任公司黑岱沟露天矿	2500	2498
20	华能伊敏煤电有限责任公司露天矿	2200	2243.84
21	中煤平朔煤业有限责任公司安太堡露天矿	2200	2200
22	神华哈尔乌素煤炭分公司哈尔乌素露天煤矿	2000（设计能力）	1997.7
23	神华北电胜利公司胜利露天矿	2000	1995
24	中煤平朔煤业有限责任公司安家岭露天矿	2000	1960
25	云南省小龙潭矿务局布沼坝露天矿	1000	809.14

（二）单产水平稳步提升

392处安全高效井工矿平均综合单产13.93万t/(个·月)，其中，最高单产为神华神东煤炭集团补连塔煤矿创造的97.84万t/(个·月)；综合单产超过30万t/(个·月)的井工矿有33个，比2009年度增加4个，见表1-3。14处安全高效露天矿平均综合单产为25.82万t/(个·月)，露天矿最高单产是由神华准格尔能源有限责任公司黑岱沟露天煤矿创造的，达到69万t/(个·月)，见表1-4。

表1-3　2011年综合单产超过30万t/(个·月)安全高效井工矿

序号	井工矿名称	原煤产量/万t	综合单产/[万t·(个·月)$^{-1}$]
1	神华神东煤炭集团补连塔煤矿	2498.4	97.84
2	中煤平朔煤业有限责任公司井工二矿	1000	83.34
3	中煤平朔煤业有限责任公司井工一矿	964.2	80.35

表1-3（续）

序号	井工矿名称	原煤产量/万t	综合单产/[万t·(个·月)$^{-1}$]
4	神华神东煤炭集团万利一矿	1009.3	78.31
5	山东能源新矿集团山东新巨龙能源公司	598.7	64.78
6	大同煤矿集团公司大唐塔山煤矿有限公司	1500	64.27
7	神华神东煤炭集团上湾煤矿	1396	59.59
8	神华神东煤炭集团哈拉沟煤矿	1250	54.89
9	中煤平朔煤业有限责任公司井工三矿	600.08	50.01
10	山西潞安环能开发股份有限公司常村煤矿	599.32	49.49
11	神华神东煤炭集团布尔台煤矿	1192.2	48.77
12	内蒙古伊泰京粤酸刺沟矿业有限责任公司	1126.58	48.09
13	神华神东煤炭集团石圪台煤矿	1169.7	44.63
14	神华神东煤炭集团榆家梁煤矿	1628	44.15
15	神华宁夏煤业集团公司红柳煤矿	522	42.25
16	内蒙古伊泰煤炭股份公司宏景塔一矿	500	41.67
17	内蒙古伊泰煤炭股份公司纳林庙煤矿二号井	500	41.67
18	神华神东煤炭集团保德煤矿	1012.53	40.96
19	铁法煤业集团有限责任公司大平矿	405	40.86
20	神华神东煤炭集团大柳塔煤矿活鸡兔井	1096	40.29
21	扎赉诺尔煤业公司灵东煤矿	478.74	39.89
22	神华神东煤炭集团大柳塔煤矿大柳塔井	995.5	36.59
23	国投新集能源股份有限公司刘庄煤矿	799.9	35.27
24	陕西彬长大佛寺矿业有限公司	428.8	33.71
25	山西潞安集团余吾煤业有限责任公司	599.86	32.75
26	神华宁夏煤业集团公司羊场湾煤矿	1500	32.7
27	山西潞安环能开发股份有限公司漳村煤矿	397.8	31.84
28	陕西汇森煤业公司神木汇森凉水井矿业公司	398	31.83
29	铁法煤业集团有限责任公司大兴矿	360	31.46
30	陕西陕煤黄陵矿业公司二号煤矿	699	31.31
31	兖州煤业股份有限公司东滩煤矿	732.62	30.79
32	兖州煤业股份有限公司兴隆庄煤矿	659.85	30.64
33	神华神东煤炭集团寸草塔煤矿	398.64	30.51

表1－4 2011年安全高效露天矿单产统计

序号	井工矿名称	原煤产量/万t	综合单产/[万t·(个·月)$^{-1}$]
1	神华准格尔能源有限责任公司黑岱沟露天煤矿	2498	69
2	中国神华哈尔乌素煤炭分公司哈尔乌素露天煤矿	1997.7	55.49
3	华能伊敏煤电有限责任公司公司露天矿	2243.84	41.53
4	神华北电胜利能源有限公司胜利露天煤矿	1995	27.71
5	中煤平朔煤业有限责任公司安家岭露天煤矿	1960	27.22
6	冀中能源张家口矿业集团鄂尔多斯张家梁煤炭公司	282.7	24.5
7	中煤平朔煤业有限责任公司安太堡露天煤矿	2200	22.92
8	内蒙古平庄煤业集团公司元宝山露天煤矿	798	20.78
9	云南省小龙潭矿务局布沼坝露天矿	809.14	16.86
10	云南省小龙潭矿务局小龙潭露天矿	193.49	16.12
11	抚顺矿业集团公司西露天矿	219	12.17
12	神华集团包头矿业有限责任公司水泉露天煤矿	119	9.92
13	云南煤化工集团云南先锋煤业开发有限公司露天矿	199.8	9.08
14	抚顺矿业集团公司东露天矿	89	8.18

（三）单进水平不断提高

2010—2011年度，安全高效井工矿平均月进尺超过1000 m/(个·月)的煤巷掘进工作面共有25处，见表1－5。其中，最高月进尺、最高平均月进尺和最高日进尺均是由山西焦煤霍州煤电集团公司辛置煤矿创造的，分别为2300 m/(个·月)、2251 m/(个·月)和92 m/(个·日)。

表1－5 煤巷掘进工作面平均月进尺超过1000 m/(个·月)矿井

序号	矿井名称	煤巷平均月进尺/[m·(个·月)$^{-1}$]	最高月进尺/[m·(个·月)$^{-1}$]	最高日进尺/[m·(个·日)$^{-1}$]
1	内蒙古伊泰煤炭集团公司大地精煤矿	1516.7	1986	89
2	内蒙古伊泰同达煤炭公司丁家渠煤矿	1078	1224	59
3	大同煤矿集团公司忻州窑矿	1420	1503	60.2
4	山西焦煤霍州煤电集团公司辛置煤矿	2251	2300	92

表1-5（续）

序号	矿井名称	煤巷平均月进尺/[m·(个·月)$^{-1}$]	最高月进尺/[m·(个·月)$^{-1}$]	最高日进尺/[m·(个·日)$^{-1}$]
5	山西焦煤汾西矿业集团公司中兴煤业公司	1543	1800	60
6	山西潞安环能开发股份有限公司王庄煤矿	1245	1592	56
7	山西潞安环能开发股份有限公司漳村煤矿	1213.83	1596	46
8	山西潞安集团司马煤业有限公司	1044.1	1626.9	—
9	神华神东煤炭集团大柳塔矿大柳塔井	1036	1448.3	63
10	神华神东煤炭集团大柳塔矿活鸡兔井	1012.8	1485	66
11		1285.7	1481	65
12		1212	1400	60
13	神华神东煤炭集团乌兰木伦煤矿	1024.7	1407	72
14	神华神东煤炭集团榆家梁煤矿	1387	1603	70
15		1336	1681	65
16		1207	1506	55
17	神华神东煤炭集团石圪台煤矿	1154	1319	48
18		1150	1581	58
19	神华神东煤炭集团补连塔煤矿	1373.6	1585	67
20		1126.1	1360	51
21		1234.75	1486	62
22	神华神东煤炭集团上湾煤矿	1046	1560	65
23		1306	1806	79
24	神华神东煤炭集团哈拉沟煤矿	1418	1827	65
25		1155	1802	60

（四）井工原煤工效略有降低

392处安全高效井工矿平均原煤生产人员效率达到13.73 t/工，是原国有重点煤矿平均生产人员效率的2.2倍，相比2009年度，降低1.27 t/工。14处安全高效矿井露天矿平均原煤生产人员效率达到89.92 t/工。共有13处煤矿原煤生产人员效率超过100 t/工（表1-6、表1-7），其中中煤平朔煤业有限责任公司井工二矿达到136.64 t/工，生产原煤1000万t，原煤生产人员效率居井工矿第一，神华哈尔乌素煤炭分公司哈尔乌素露天煤矿原煤生产人员效率304.61 t/工，居露天矿劳动效率第一。

表1-6　原煤生产人员效率超过100 t/工的安全高效井工矿

序号	煤　矿　名　称	原煤产量/万t	综采/综掘机械化程度/%	原煤工效/（t·工$^{-1}$）	利润/亿元	人均收入/万元
1	中煤平朔煤业有限责任公司井工二矿	1000	100/100	136.64	7.28	12.7
2	神华神东煤炭集团补连塔煤矿	2498.4	100/100	131.9	50.86	13.35
3	神华神东煤炭集团哈拉沟煤矿	1250	100/100	122.2	28.7	14.12
4	神华神东煤炭集团上湾煤矿	1396	100/100	122.05	28.14	12.99
5	神华神东煤炭集团布尔台煤矿	1192.2	100/100	111	9.19	14.1
6	神华神东煤炭集团大柳塔矿活鸡兔井	1096	100/100	105.8	25.98	15.2
7	神华神东煤炭集团榆家梁煤矿	1628	100/100	105.57	37.53	13.46
8	神华神东煤炭集团大柳塔矿大柳塔井	995.5	100/100	103.3	23.7	15.2

表1-7　原煤生产人员效率超过100 t/工的安全高效露天矿

序号	煤　矿　名　称	原煤产量/万t	剥采比/（$m^3 \cdot t^{-1}$）	原煤工效/（t·工$^{-1}$）	利润/亿元	人均收入/万元	收入增幅/%
1	神华哈尔乌素煤炭分公司哈尔乌素露天煤矿	1997.7	4.64	304.61	12.04	12.17	14
2	中煤平朔煤业有限责任公司安家岭露天煤矿	1960	6.67	173.95	5	11.02	8
3	神华准格尔能源有限责任公司黑岱沟露天煤矿	2498	5.25	162.98	22.79	11.8	14
4	中煤平朔煤业有限责任公司安太堡露天煤矿	2200	7.28	118.24	9.8	11.67	10
5	神华北电胜利能源有限公司胜利露天煤矿	1995	3.88	113.07	5.94	8.98	11

（五）百万吨死亡率大幅下降

406处安全高效矿井（露天）中，井工矿死亡21人，百万吨死亡率0.021，是2009年度安全高效矿井百万吨死亡率的44.7%，远低于2011年度全国煤矿百万吨死亡率；露天矿无人员死亡，百万吨死亡率为0。按评审级别划分，行业一级安全高效矿井死亡12人，行业二级安全高效矿井死亡9人。

（六）企业效益增幅明显

2010—2011年度安全高效矿井（露天）共盈利1509.34亿元，占当年全国规模以上煤炭企业补贴后利润总额的33.1%。全国共有45处安全高效矿井（露天）单矿（井）盈利超过10亿元（表1-8），相比2009年度增加了28处。其中，神华神东煤炭集团补连塔煤矿、神华神东煤炭集团榆家梁煤矿、大同煤矿集团公司大唐塔山煤矿有限公司、神华宁夏煤业集团公司羊场湾煤矿、神华神东煤炭集团哈拉沟煤矿、神华神东煤炭集团上湾煤矿、山东能源新矿集团山东新巨龙能源公司、神华神东煤炭集团大柳塔煤矿活鸡兔井、河南煤业化工集团正龙煤业城郊煤矿等9处安全高效矿井盈利超过25亿元。井工矿中，补连塔矿盈利最多，达到50.86亿元；露天矿盈利最多的是黑岱沟露天矿，全年盈利22.79亿元。2011年度安全高效矿井（露天）人均收入7.32万元，其中392处井工矿人均收入达到7.27万元，14处露天矿达到8.77元；共有49处安全高效矿井（露天）人均收入超过了10万元。

表1-8　2011年度盈利水平超过10亿元的安全高效矿井（露天）

序号	煤矿名称	原煤产量/万t	实现利润/亿元	人均收入/万元	收入增幅/%
1	神华神东煤炭集团补连塔煤矿	2498.4	50.86	13.35	6
2	神华神东煤炭集团榆家梁煤矿	1628	37.53	13.46	8
3	大同煤矿集团公司大唐塔山煤矿有限公司	1500	33	16.45	30
4	神华宁夏煤业集团公司羊场湾煤矿	1500	30.2	10.68	7.81
5	神华神东煤炭集团哈拉沟煤矿	1250	28.7	14.12	0
6	神华神东煤炭集团上湾煤矿	1396	28.14	12.99	12
7	山东能源新矿集团山东新巨龙能源公司	598.7	27.554	9.9	27
8	神华神东煤炭集团大柳塔煤矿活鸡兔井	1096	25.98	15.2	13
9	河南煤业化工集团正龙煤业城郊煤矿	499.5	25.46	9.87	31
10	神华神东煤炭集团大柳塔煤矿大柳塔井	995.5	23.7	15.2	13
11	神华准格尔能源有限责任公司黑岱沟露天煤矿	2498	22.79	11.8	14
12	山西潞安环能开发股份有限公司王庄煤矿	709.23	21.674	8.89	10.6
13	兖州煤业股份有限公司东滩煤矿	732.62	21.29	7.75	16.84

表1－8（续）

序号	煤 矿 名 称	原煤产量/万 t	实现利润/亿元	人均收入/万元	收入增幅/%
14	兖州煤业股份有限公司兴隆庄煤矿	659.85	18.98	7.76	16.98
15	山西三元煤业股份有限公司	218.34	18.885	12.4	11.8
16	国投新集能源股份有限公司刘庄煤矿	799.9	18.61	6.921	10.8
17	陕西陕煤黄陵矿业公司二号煤矿	699	16.3	11.3	10
18	神华神东煤炭集团石圪台煤矿	1169.7	15.8	15.6	10
19	兖州煤业股份有限公司鲍店煤矿	610.91	15.71	7.31	17
20	山西省长治经坊煤业有限公司	239.96	15.61	9.29	18
21	兖州煤业股份有限公司济宁三号煤矿	604.01	15.58	7.68	18.69
22	山西潞安集团司马煤业有限公司	299.9	15.212	8.96	10.5
23	山东能源淄矿集团唐口煤业公司	500	15.11	8.73	23
24	河南煤业化工集团龙宇能源陈四楼煤矿	445.55	15	9.812	31.2
25	山东能源枣矿集团高庄煤业有限公司	317.41	14.9	9.07	15.68
26	沈阳煤业集团沈阳矿业公司辽阳红阳三矿	275	14.236	5.62	13.6
27	冀中能源股份有限公司东庞矿	335	13.92	9.42	11.3
28	中煤上海大屯能源股份公司姚桥煤矿	444.6	13.84	6.69	16.6
29	淮南矿业集团公司张集煤矿	1360	13.284	8.23	12.7
30	山东能源临矿集团山东东山古城煤矿有限公司	219.85	13.068	8.89	20.3
31	陕西陕煤黄陵矿业公司一号煤矿	557.18	12.39	12.8	10
32	神华哈尔乌素煤炭分公司哈尔乌素露天煤矿	1997.7	12.04	12.17	14
33	开滦集团公司钱家营矿业分公司	590.8	11.714	7.31	12.94
34	山西潞安环能开发股份有限公司常村煤矿	599.32	11.28	8.82	12.36
35	山西潞安环能开发股份有限公司漳村煤矿	397.8	11.254	8.52	10.82
36	内蒙古伊泰煤炭股份公司宏景塔一矿	500	10.828	10.5	10.5
37	淮南矿业集团公司谢桥煤矿	1020	10.784	8.247	10.3
38	神华宁夏煤业集团公司枣泉煤矿	800.8	10.742	10.81	12.15
39	山西柳林兴无煤矿有限责任公司	116.2	10.44	5.3	11
40	神华神东煤炭集团乌兰木伦煤矿	711.4	10.27	12.79	10.61
41	徐州矿务集团有限公司张双楼煤矿	224.08	10.223	7.3	10.77
42	山东能源枣矿集团付村煤业有限公司	266.96	10.15	8.35	10

表1-8（续）

序号	煤矿名称	原煤产量/万t	实现利润/亿元	人均收入/万元	收入增幅/%
43	山西潞安集团余吾煤业有限责任公司	599.86	10.11	8.8	10.2
44	山东能源淄矿集团许厂煤矿	304	10.1	8.7	14
45	陕西汇森煤业公司神木汇森凉水井矿业公司	398	10.001	9.5	11.8

三、2010—2011年度安全高效矿井（露天）地区及所属企业分布

2010—2011年度，安全高效矿井（露天）达标数量超过10处的有山西、河南、内蒙古、山东、河北、安徽、陕西、辽宁、甘肃、吉林、黑龙江等省（自治区）（表1-9）。其中山西省高达85处，数量居各省（自治区）之首，占2011年度全国安全高效矿井总数的20.94%；其次为河南省58处，山东省52处，内蒙古自治区42处。

表1-9　2011年度安全高效矿井（露天）地区分布

序号	省（自治区）	安全高效矿井数量/处				数量占全国比重/%
		总量	特级	一级	二级	
1	山西	85	31	41	13	20.94
2	河南	58	11	25	22	14.29
3	山东	52	20	23	9	12.81
4	内蒙古	42	28	9	5	10.34
5	河北	29	6	15	8	7.14
6	陕西	27	16	5	6	6.65
7	安徽	26	12	10	4	6.40
8	辽宁	16	7	7	2	3.94
9	甘肃	14	9	3	2	3.45
10	黑龙江	13	1	5	7	3.20
11	吉林	12	3	6	3	2.96
12	宁夏	9	6	3	0	2.22
13	新疆	7	5	2	0	1.72
14	江苏	7	1	6	0	1.72

表1-9（续）

序号	省（自治区）	安全高效矿井数量/处				数量占全国比重/%
		总量	特级	一级	二级	
15	四川	4	0	1	3	0.99
16	云南	3	2	1	0	0.74
17	广西	1	0	1	0	0.25
18	青海	1	0	1	0	0.25
合　计		406	158	164	84	100

按安全高效矿井所属企业分析，2010—2011 年度达标数量超过 10 处的企业有 14 家（表1-10），其中达标数量超过 15 处的有神华集团公司、山东能源集团公司、冀中能源集团公司、大同煤矿集团公司、平煤神马集团公司、河南煤业化工集团公司。

表1-10　2010—2011 年度安全高效矿井（露天）所属企业分布（达标数量超过 10 处）

序号	企　业　名　称	安全高效矿井数量/处			
		总量	特级	一级	二级
1	神华集团公司	42	28	11	3
2	山东能源集团公司	32	14	16	2
3	冀中能源集团公司	22	5	11	6
4	平煤神马集团公司	19	2	9	8
5	大同煤矿集团公司	17	5	8	4
6	河南煤业化工集团公司	17	4	5	8
7	陕西煤业化工集团公司	14	6	3	5
8	山西焦煤集团公司	14	5	8	1
9	华能集团公司	13	8	3	2
10	中煤能源集团公司	13	7	5	1
11	黑龙江龙煤矿业集团公司	13	1	5	7
12	吉林省煤业集团公司	11	3	5	3
13	兖矿集团公司	10	7	3	0
14	开滦集团公司	10	4	4	2

第二节　2010—2011 年度安全高效矿井分级分析

一、特级安全高效矿井（露天）

2010—2011 年度，特级安全高效矿井共有 158 处，其中井工矿 147 处，露天矿 11 处。按所属地区分，主要分布在山西省（31 处）、内蒙古自治区（28 处）、山东省（20 处）、陕西省（16 处）和安徽省（12 处）五省区。

按所属企业分析，神华集团数量位居全国之首，共有 28 处特级安全高效矿井；其中有 13 处年产量超过千万吨，分别为神华宁夏煤业集团公司羊场湾煤矿 1500 万 t、神东集团大柳塔矿活鸡兔井 1096 万 t、榆家梁煤矿 1628 万 t、石圪台煤矿 1169. 7 万 t、保德煤矿 1012. 53 万 t、补连塔煤矿 2498. 4 万 t、上湾煤矿 1396 万 t、哈拉沟煤矿 1250 万 t、布尔台煤矿 1192. 2 万 t、万利一矿 1009. 3 万 t、神华准格尔能源公司黑岱沟露天煤矿 2498 万 t、神华哈尔乌素煤炭分公司哈尔乌素露天煤矿 1997. 7 万 t、神华北电胜利公司胜利露天矿 1995 万 t。

（一）安全技术指标分析

158 处特级安全高效矿井（露天）原煤产量 7. 79 亿 t，占当年全国原煤生产总量的 22. 1%，占全部安全高效矿井（露天）生产总量的 69%。其中，147 处特级安全高效井工矿核定生产能力 66510 万 t，平均规模 452. 4 万 t/矿，生产原煤 62704 万 t，平均产量 426. 6 万 t/矿；11 处特级安全高效露天矿核定生产能力 15450 万 t，平均规模 1404. 5 万 t/矿，生产原煤 15196. 9 万 t，平均产量 1381. 5 万 t/矿。

147 处特级安全高效井工矿平均单产 22. 8 万 t/(个・月)，原煤工效 24. 6 t/工，采煤机械化程度达 99. 99%。其中，神华神东煤炭集团补连塔煤矿是目前世界上生产规模最大的现代化井工矿，核定生产能力 2500 万 t，2011 年全年原煤产量 2498. 4 万 t，矿井综合单产达到 97. 84 万 t/(个・月)，采煤机械化程度达 100%。矿井为“一井两面”生产模式，其中，综采一队产煤 1312. 4 万 t，综采设备为引进的 EKF SL1000 采煤机、国产 ZY18000/32/70D 液压支架、DBT3 ×1600 kW 刮板输送机；综采二队产煤 1035. 67 万 t，综采设备为 EKF SL1000 采煤机、国产 ZY12000/25/50D 液压支架、DBT3 × 1000 kW 刮板输送机。

11 处特级安全高效露天矿平均原煤工效 108. 6 t/工，开采最大剥采比

1∶7.28，最小剥采比1∶0.85；最大煤层平均厚度72 m，最小煤层平均深度5.8 m。其中，神华准格尔能源有限责任公司黑岱沟露天煤矿为目前我国生产规模最大的现代化露天矿，核定生产能力2500万t，原煤产量2498万t，该矿上部黄土采用轮斗连续开采工艺，中部岩石采用单斗—卡车开采工艺，下部岩石采用吊斗铲倒堆开采工艺，煤层采用单斗—卡车—（地面半固定破碎站）带式输送机的半连续开采工艺，煤层平均厚度32 m，剥采比1∶5.25，实现利润22.79亿元。

（二）经济效益

158处特级安全高效矿井共盈利1103.5亿元，占当年全国规模以上煤炭企业补贴后利润总额的24.2%，平均每矿盈利6.98亿元。其中，神华神东煤炭集团补连塔煤矿盈利50.86亿元，位居特级安全高效矿井第一。158处特级安全高效矿井职工人均收入8.67万元/a，大同煤矿集团公司大唐塔山煤矿人均收入最高，达到16.45万元/a。

二、行业一级安全高效矿井（露天）

2010—2011年度行业一级安全高效矿井共有164处，其中井工矿161处，露天矿3处，主要分布在山西、河南、山东、河北、安徽、内蒙古、辽宁、吉林、江苏、陕西、黑龙江等省区。

（一）安全技术指标分析

161处行业一级安全高效井工矿核定生产能力31262万t，平均规模194.2万t/矿，生产原煤28942.8万t，平均产量179.8万t/矿。3处行业一级安全高效露天矿核定生产能力410万t，平均规模136.7万t/矿，生产原煤407.8万t，平均产量135.9万t/矿。164处行业一级安全高效矿井原煤产量2.94亿t，占当年全国原煤生产总量的8.34%，占全部安全高效矿井原煤生产总量的26%。

161处行业一级井工矿平均单产10.15万t/(个·月)，原煤生产人员效率8.89 t/工，采煤机械化程度99.2%，掘进装载机械化程度65.8%，死亡12人。其中，陕西陕煤黄陵矿业公司二号煤矿原煤产量最高，产量达到699万t。

3处行业一级露天矿分别为云南煤化工集团云南先锋煤业开发有限公司露天矿、神华集团包头矿业有限责任公司水泉露天煤矿和抚顺矿业集团公司东露天矿。云南煤化工集团云南先锋煤业开发有限公司露天矿采用单斗—卡车间断工艺，剥采比1∶3.68，开采深度130 m，煤层平均厚度57 m，原煤工效 21.86 t/工。神华集团包头矿业有限责任公司水泉露天煤矿采用单斗—卡车间断生产工艺，剥采比 1∶2.8，煤层平均厚度 12.8 m，原煤生产人员效率 23.72 t/工。抚顺矿业集团公司东露天矿采用半连续工艺，剥采比1∶5.1，开采深度 110 m，煤层平均厚度 41.7 m，原煤生产人员效率 17 t/工。

（二）经济效益

164 处行业一级安全高效矿井共盈利 353.6 亿元，占当年全国规模以上煤炭企业补贴后利润总额的 7.75%。其中，陕西陕煤黄陵矿业公司二号煤矿盈利 16.3 亿元，经济效益名列行业一级安全高效矿井第一。行业一级安全高效矿井职工人均收入 6.66 万元/a，其中神华神东煤炭集团柳塔煤矿人均收入最高，达 15.2 万元/a。

三、行业二级安全高效矿井（露天）

行业二级安全高效矿井共有 84 处，全部为井工矿。主要分布在河南、山西、山东、河北、黑龙江、陕西、内蒙古等省区。

（一）安全技术指标分析

84 处行业二级安全高效井工矿平均单产 6.76 万 t/(个·月)，原煤生产人员效率5.74 t/工，采煤机械化程度达99%，掘进装载机械化程度60.9%，百万吨死亡率 0.07。

（二）经济效益

84 处行业二级安全高效矿井共盈利 96.99 亿元，占当年全国规模以上煤炭企业补贴后利润总额的 2.13%，平均每矿盈利 1.15 亿元。其中，山东省岱庄生建煤矿盈利 5.7 亿元，名列行业二级安全高效矿井第一。二级安全高效矿井职工人均收入 6.07 万元/a，其中山东省岱庄生建煤矿人均收入最高，达 15.51 万元/a。

四、安全高效矿井技术经济指标对比

2010—2011 年度，全国安全高效矿井（露天）安全基础工作得到进一步加强，安全事故死亡人数 21 人，其中一级安全高效矿井死亡 12 人，二级安全高效矿井死亡 9 人。特级安全高效矿井（露天）平均单矿盈利达到 6.98 亿元，分别是行业一级和行业二级安全高效矿井对应指标的 3.2 倍和 6 倍。特级安全高效矿井职工人均收入为 8.67 万元/a，分别是行业一级和行业二级安全高效矿井对应指标的 1.3 倍和 1.4 倍，如图 1－1 所示。

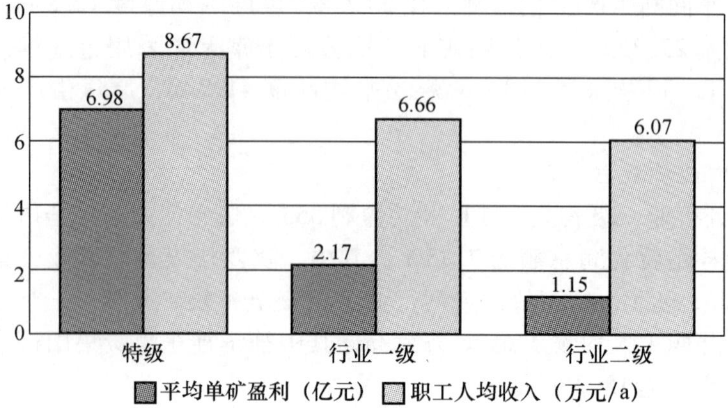

图 1－1　2010—2011 年度安全高效矿井盈利及收入对比

2010—2011 年度，特级安全高效矿井（露天）工作面单产水平为 23.4 万 t/(个・月)，其单面月产量分别是行业一级和行业二级的 2.3 倍和 3.5 倍。特级安全高效矿井原煤生产人员效率平均为 30.5 t/工，分别是行业一级和行业二级的 3.3 倍和 5.3 倍，如图 1－2 所示。

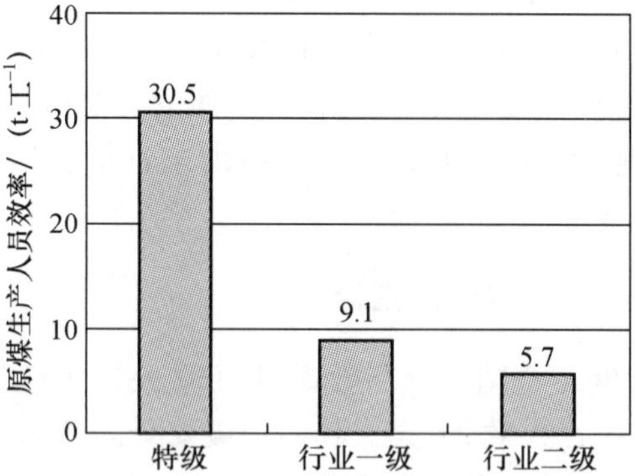

图 1－2　2010—2011 年度安全高效矿井原煤生产人员效率

第三节　2010—2011 年度安全高效矿井设备配套及百万吨采煤队分析

一、2010—2011 年度安全高效矿井设备配套分析

我国煤炭开采以井工为主，改革开放以来我国煤炭工业取得了长足发展，为国民经济的持续快速发展提供了基础能源保障。特别是 1990 年以来，以长壁高效综采为核心的矿井建设取得前所未有的新进展。综采综掘等技术装备性能不断提高，矿井提升运输和装车系统自动化、全矿井综合自动化系统等技术逐步推广应用，厚煤层一次采全高、特厚煤层综采放顶煤开采、薄煤层自动化开采等先进生产工艺取得巨大成功。综采工作面生产能力大幅度提高，采区范围不断扩大，出现了“一矿一面”年产 300 万 ~500 万 t 乃至上千万吨煤炭的高产高效集约化生产模式。同时，我国大型露天煤矿引进国外大型运输、装载和爆破等装备（如吊斗铲、轮斗、重型载重汽车），自主开发先进生产工艺，使生产技术水平有了明显提高。

2010—2011 年度安全高效井工矿采用全套国产设备的采煤队达到 580 个；部分引进国外设备的采煤队有 38 个，产量合计为 1.9 亿 t；全套引进国外设备的采煤队有 5 个，产量合计 2134 万 t。

（一）采用全套国产设备的生产工作面

安全高效井工矿共有 580 个采煤队使用全套国产设备，表 1－11 列出了全部采用国产装备工作面产量前 20 名的采煤队。

（二）引进部分国外设备，配以部分国产设备的生产工作面

2011 年共有 27 个安全高效井工矿的 38 个综采队使用国外和国产设备相结合的方式生产，如神华神东煤炭集团补连塔煤矿使用 EKF SL1000 型采煤机和 DBT3×1600 kW、DBT3×1000 kW 型刮板输送机，配以 ZY18000/32/70D、ZY12000/25/50D 型国产液压支架，综采一队、综采二队年产量均超过了千万吨；另外，还有神华宁煤羊场湾煤矿综采一队、神华神东上湾煤矿综采二队、神华神东万利一矿综采一队、中煤能源平朔公司井工一矿综采队、中煤能源平朔公司井工二矿综采队等 5 个综采队年产量均达到了 900 万 t 以上，见表 1－12。

（三）全套引进国外设备的生产工作面

2011 年安全高效矿井有 4 个煤矿的 5 个综采队全部采用引进全套国外

表1－11　2011年度安全高效矿井采用全套国产设备采煤队
（产量前20名）

序号	采煤队名称	采煤工艺	工作面产量			工作面设备		
			年产量/万t	平均月产/[t·(个·月)$^{-1}$]	平均日产/(t·d^{-1})	液压支架型号	采煤机型号	刮板输送机型号
1	同煤大唐塔山矿综采一队	综放	728.83	607355	20245	ZF15000/28/52	MG750/1915－GWD	SGZ1000/1710（前） SGZ1200/2000（后）
2	伊泰京粤酸刺沟矿业公司采煤一队	综放	706.49	588742	19356	ZF15000/26/42	MG750/1860－GWD	SGZ1000/2×1000（前） SGZ1200/2×1000（后）
3	兖矿兴隆庄煤矿综采一队	综放	610.05	529558	17380	ZFS7200/135	MG650/1480	SGZ－1000/1400
4	新矿集团新巨龙公司综放工区	综放	559.7	428817	19491.7	ZF15000/23/43	KSW－1500EU	SGZ1000/2400（前） SGZ1200/2400（后）
5	潞安集团王庄煤矿综采一队	综放	551.73	464416	15585	ZF7000－20/40	MGTY400/930	SGZ960/1400
6	神华宁煤红柳煤矿综采一队	综采	507	422500	16900	ZY10000/28/62D	MG900/2210－SWD	SGZ1250/3×855
7	淮南矿业集团张集矿综采一队	综采	505.71	421425	14047	ZZ9200/24/50	MGTY750/1715	SGZ1000/1400
8	淮南矿业集团谢桥矿综采二队	综采	501.05	417542	13918	ZY10800/30/65D	MG750/1940－WD	SGZ－1000/2×1000
9	伊泰集团宏景塔一矿综采队	综采	469.1	390922.7	13030.7	ZYG13000/28/63D	MG900/2245－GWD	SGZ1250/2565
10	扎赉诺尔煤业公司灵东煤矿综采队	综放	468.74	390614	13020	ZF12000/25/40	MG650/1560－WD	SGZ1000/1400

表1-11（续）

序号	采煤队名称	采煤工艺	工作面产量			工作面设备		
			年产量/万t	平均月产/[t·(个·月)$^{-1}$]	平均日产/(t·d^{-1})	液压支架型号	采煤机型号	刮板输送机型号
11	伊泰集团纳林庙二号井综采队	综采	454.84	401600	13400	ZY8640/25.5/55	MG750/1915-GWD	SGZ1000/1400
12	神华宁煤枣泉煤矿综采一队	综采	422.57	352139	13042	ZY10000/28/62D	MG900/2245-WD	SGZ1250/3×855
13	兖矿鲍店煤矿综采队	综放	416.08	359681	11820	ZFS6200/18/35	MGTY400/930-3.3D	SGZ-1000/1050
14	潞安集团余吾煤矿综采二队	综放	411.73	343110	14106	ZF8000/20/38	MGTY400/930	SGZ960/1400
15	淮南矿业集团张集矿综采三队	综采	402.41	335341	11178	ZZ6400/22/45	MG610/1400	SGZ1000/1400
16	兖矿济宁三号煤矿综采二队	综放	400.49	333741	10972	ZFS6200/193	MG400/940-WD	SGZ1000/1400（前） SGZ900/1400（后）
17	铁法煤业公司大平矿综放队	综放	390.2	325206	16328	ZFS8000/17/29H ZFG8800/23/32H	MG940/400-WD	SGZ-1000/1400
18	神华宁煤梅花井煤矿综采三队	综采	384.5	320417	10681	ZY8600-22/45	MG650/1710-WD	SGZ1000/1710
19	陕西彬长大佛寺矿业公司综采一队	综采	379.94	316620	10917.9	ZF10000/24/36	MG500/1330-WD	SGZ1000/1400（前） SGZ1200/1400（后）
20	潞安集团漳村煤矿综采队	综放	378.2	326122	11410	ZFS6000/17/33	MGTY250/600-1.1D	SGZ830/2×400

表 1－12　2011 年度安全高效矿井国产设备和进口设备相结合采煤队

序号	采煤队名称	工作面地质条件			工作面产量			工作面设备		
		采煤工艺	煤层平均厚度/m	煤层平均倾角/(°)	年产量/万 t	平均月产/[t·(个·月)$^{-1}$]	平均日产/(t·d^{-1})	液压支架型号	采煤机型号	刮板输送机型号
1	神华补连塔煤矿综采一队	综采	7.08	1	1312.4	1093664	36455	ZY18000/32/70D	EKF SL1000/7m	DBT3×1600
2	神华补连塔煤矿综采二队	综采	4.96	1	1035.67	863055	31881	ZY12000/25/50D	EKF SL1000	DBT3×1000
3	神华宁煤羊场湾煤矿综采一队	综采	7.3	6	983	428883	27926	ZY10000/28/62D	JOY 7LS7	JOY 3×855
4	中煤平朔井工二矿综采一队	综放	12.6	2	956.26	796885	31875	ZFY12000/23/40D	EKF SL－750	SGZ1000/2×1000
5	神华神东上湾煤矿综采二队	综采	6.32	1.5	939.8	783166	25748	ZY18000/32/70	JOY 7LS7－LWS630	DBT 3×1000
6	神华神东万利一矿综采一队	综采	4.8	2	939.7	783000	26100	ZY8600/24/50D	EKF SL－500	JOY 3×1000
7	中煤平朔井工一矿综采队	综放	10.5	3	931.6	806174	25878	ZFY12000/23/40D ZFYG12000/23/40D	EKF SL－750	SGZ1000/2000（前） SGZ1200/2400（后）
8	神华神东榆家梁煤矿综采一队	综采	4.08	1	759.48	632900	21000	ZY9000/24/50	JOY 7LS6/LWS579	JOY 3×855
9	神华神东哈拉沟煤矿综采一队	综采	5.28	0	748.5	623752	22682	DBT8638/2.55/55	EKF SL－1000	天明 3×1000

表1－12（续）

序号	采煤队名称	工作面地质条件			工作面产量			工作面设备		
		采煤工艺	煤层平均厚度/m	煤层平均倾角/(°)	年产量/万t	平均月产/[t·(个·月)$^{-1}$]	平均日产/(t·d^{-1})	液压支架型号	采煤机型号	刮板输送机型号
10	同煤大唐塔山矿综采二队	综放	12.29	3	721.17	600978	20032	ZF13000/25/38	SL－500	PF6/1142（前） PF6/1342（后）
11	神华神东布尔台煤矿综采三队	综采	4.62	1	642.28	535233	17841	ZY10800/28/63	EKF SL－750	JOY 3×1000
12	兖矿东滩煤矿综采工区	综放	9.5	6	630.4	546284	17960	ZYF8500/21/40	SL－750	SGZ－1000/1400
13	神华神东大柳塔活鸡兔井综采二队	综采	5.2	1	602	501667	16493	ZY12000/25/55	EKF SL1000－6650	JOY3×1000
14	神华神东榆家梁煤矿综采二队	综采	4.96	1	573.68	478100	15900	ZY10800/28/63	EKF SL1000	张家口3×1000
15	潞安集团常村煤矿综采队	综放	6.3	4.9	570.17	475139	16770	ZFS6000/582 ZF7000/304等	MGTY400/930 El－1000	SGZ960/1400 SZZ960/250等
16	神华保德煤矿综采一队	综放	7	4	560.71	467262	15575	ZFY10200/25/42D	JOY 7LS6C－LWS637	SGZ1000/2000
17	中煤平朔井工三矿综采队	综放	10.25	4	550.08	458400	15280	ZF10000/23/37	EKF SL－750	SGZ1000/2×700（前） SGZ1200/2×700（后）
18	神华神东大柳塔井综采一队	综采	6.9	1	465.8	388167	12761	ZY16800/32/70D	JOY 7LS8	DBT3×1600

表 1－12（续）

序号	采煤队名称	工作面地质条件			工作面产量			工作面设备		
		采煤工艺	煤层平均厚度/m	煤层平均倾角/(°)	年产量/万 t	平均月产/[t·(个·月)$^{-1}$]	平均日产/(t·d^{-1})	液压支架型号	采煤机型号	刮板输送机型号
19	国投新集刘庄煤矿综采一队	综采	5.56	13	439.5	405119	13319	ZZ13000/27/60	SL－500AC	SGZ1000/1710
20	神华神东大柳塔井综采四队	综采	5.3	1	412.3	343583	11296	ZY9000/25.5/55	JOY 7LS6	DBT3×855
21	神华保德煤矿综采二队	综采/综放	4/7.3	3.5	397.75	331458	11048	ZFY10200/25/42D DBT2×3716	JOY 7LS6C－LWS637 JOY 6LS－LWS507	DBT3×855 JOY 2×10050
22	神华神东乌兰木伦矿综采二队	综采	4.2	1－3	377.5	314583	11439	DBT2×4319	JOY 7LS6C	SGZ－1000/3×700
23	神华神东寸草塔矿采煤队	综采	2.87	1－3	366.08	305075	10169	ZY8800/17/35	SL－750	JOY3×700
24	神华神东大柳塔矿活鸡兔井综采三队	综采	3.2	1	365	304167	10000	ZY8820/17/35	EKF SL900/4.5	DBT3×855
25	神华神东上湾煤矿综采一队	综采	6.11	1.5	333.1	333100	12202	ZY18000/28/63	EKF SL－1000	DBT 3×1000
26	国投新集刘庄煤矿综采二队	综采	4.05	12	324	298727	9821	ZZ10000/22/45	SL－500AC	SGZ1000/1710
27	淮南谢桥煤矿综采三队	综采	2.4	14.7	296.31	246925	8231	ZZ6400/15/30	SL－300	SGZ－900/1050

表1－12（续）

序号	采煤队名称	工作面地质条件			工作面产量			工作面设备		
		采煤工艺	煤层平均厚度/m	煤层平均倾角/(°)	年产量/万t	平均月产/[t·(个·月)$^{-1}$]	平均日产/(t·d^{-1})	液压支架型号	采煤机型号	刮板输送机型号
28	神华神东榆家梁煤矿综采三队	综采	1.85	1	256.19	213500	7100	ZY9200/13.2/23.2	JOY 7LS－1A	天地奔牛2×1000
29	神华柳塔煤矿综采队	综放	6.5	1－3	251.12	209316	6881	ZYF10200/25/42D	JOY 7LS6/715	JOY2×1050
30	淮南张集煤矿综采二队	综采	3.3	8	251.08	209233	6974	ZZ6400/18/33	SL750	SGZ－1000/1400
31	山西上榆泉煤矿综采二队	综放	8.7	1	215.7	215700	7190	ZF8600/20/38	SL－300	SGZ－1000/1400
32	神华灵新煤矿综采一队	综采	2.8	13	178.7	137470	4910	TAGOR－5200/17/35	MG－450/1030－WD	SGZ900/1400
33	神华灵新煤矿综采二队	综采	2	12	135.3	112766	4027	TAGOR－4800/12/28	MG－300/720－AWD	SGZ－800/1050
34	淮南潘集第一煤矿综采二队	综采	1.8	11	123.05	102540	3362	ZZ7000/13/26	SL－300	SGZ900/1050
35	淮南潘集第一煤矿综采三队	综采	1.6	9	111	92501	3033	ZZ7000/13/26	SL－300	SGZ900/1050
36	淮南潘三矿综采一队	综采	1.7	7	88.05	73375	2446	ZY5000/11/24	SL－300	SGZ900/1050
37	山西上榆泉煤矿综采一队	综采	2.7	1	76.8	76800	2560	ZY6600/18/38	SL－300	SGZ－1000/1400
38	徐矿集团夹河矿综采准备队	综采	2.7	27	46.16	59743	1972	WS1.7－1.3/3.2	MG180/435－W	SGZ764/400

表1－13　2011年度煤炭工业安全高效矿井全部采用进口设备的采煤队

序号	采煤队名称	煤层平均厚度/m	煤层平均倾角/(°)	工作面产量		工作面设备		
				年产量/万t	平均月产/[t·(个·月)$^{-1}$]	液压支架型号	采煤机型号	刮板输送机型号
1	神华神东石圪台煤矿综采一队	3.9	1.5	678	564979	DBT－4.5m	JOY 7LS6C	DBT3×1000
2	神华神东布尔台煤矿综采二队	2.93	1	475.52	396267	DBT3.5	JOY 7LS6C－LWS738	JOY 3×1000
3	神华神东石圪台煤矿综采二队	2.7	1.5	393.3	327708	DBT－3.5m	SL750/6558	DBT 3×855
4	神华神东哈拉沟煤矿综采二队	5.28	0	351.5	439372	DBT8638/2.55/55	JOY 7LS6C	DBT3×1000
5	神华神东乌兰木伦煤矿综采一队	2.8	1－3	236	196666	DBT2×4412	JOY 7LS2A/LWS605	JOY 3×1000

表1－14　2011年年产量超过300万t安全高效井工矿综采队

序号	采煤队名称	工作面地质条件			工作面产量		工作面设备		
		采煤工艺	煤层平均厚度/m	煤层平均倾角/(°)	年产量/万t	平均月产/[t·(个·月)$^{-1}$]	液压支架型号	采煤机型号	刮板输送机型号
1	神华神东补连塔煤矿综采一队	综采	7.08	1	1312.4	1093664	ZY18000/32/70D	EKF SL1000/7m	DBT3×1600
2	神华神东补连塔煤矿综采二队	综采	4.96	1	1035.67	863055	ZY12000/25/50D	EKF SL1000	DBT3×1000
3	神华宁煤羊场湾煤矿综采一队	综采	7.3	6	983	428883	ZY10000/28/62D	JOY（7LS7）	JOY3×855
4	中煤平朔井工二矿综采一队	综放	12.6	2	956.26	796885	ZFY12000/23/40D	EKF SL－750	SGZ1000/2000
5	神华神东上湾煤矿综采二队	综采	6.32	1.5	939.8	783166	ZY18000/32/70	JOY－7LS7	DBT 3×1000
6	神华神东万利一矿综采一队	综采	4.8	2	939.7	783000	ZY8600/24/50D	EKF SL500	JOY3×1000
7	中煤平朔公司井工一矿综采队	综放	10.5	3	931.6	806174	ZFY12000/23/40D ZFYG12000/23/40D	EKF SL－750	SGZ1000/2000（前） SGZ1200/2400（后）
8	神华神东榆家梁煤矿综采一队	综采	4.08	1	759.48	632900	ZY9000/24/50	JOY －7LS6	JOY3×855
9	神华神东哈拉沟煤矿综采一队	综采	5.28	0	748.5	623752	DBT8638/2.55/55	EKF SL1000	天明3×1000

表 1-14（续）

序号	采煤队名称	工作面地质条件			工作面产量		工作面设备		
		采煤工艺	煤层平均厚度/m	煤层平均倾角/(°)	年产量/万t	平均月产/[t·(个·月)$^{-1}$]	液压支架型号	采煤机型号	刮板输送机型号
10	同煤大唐塔山矿综采一队	综放	14.5	2	728.83	607355	ZF15000/28/52	MG750/1915-GWD	SGZ1000/1710（前） SGZ1200/2000（后）
11	同煤大唐塔山矿综采二队	综放	12.29	3	721.17	600978	ZF13000/25/38	SL-500	PF6/1142（前） PF6/1342（后）
12	伊泰京粤酸刺沟矿业公司采煤一队	综放	11.09	5	706.49	588742	ZF15000/26/42	MG750/1860-GWD	SGZ1000/2×1000（前） SGZ1200/2×1000（后）
13	神华石圪台煤矿综采一队	综采	3.9	1.5	678	564979	DBT-4.5m	JOY-7LS6C	DBT3×1000
14	神华神东布尔台煤矿综采三队	综采	4.62	1	642.28	535233	ZY10800/28/63	EKF SL750	JOY3×1000
15	兖矿东滩煤矿综采工区	综放	9.5	6	630.4	546284	ZYF8500/21/40	SL-750	SGZ-1000/1400
16	兖矿兴隆庄煤矿综采一队	综放	8.78	7	610.05	529558	ZFS7200/135	MG650/1480	SGZ-1000/1400
17	神华神东大柳塔活鸡兔井综采二队	综采	5.2	1	602	501667	ZY12000/25/55	EKF-SL1000-6650	JOY3×1000
18	神华神东榆家梁煤矿综采二队	综采	4.96	1	573.68	478100	ZY10800/28/63	EKF-SL1000	张家口3×1000

表1－14（续）

序号	采煤队名称	工作面地质条件			工作面产量		工作面设备		
		采煤工艺	煤层平均厚度/m	煤层平均倾角/(°)	年产量/万t	平均月产/[t·(个·月)$^{-1}$]	液压支架型号	采煤机型号	刮板输送机型号
19	潞安集团常村煤矿综采队	综放	6.3	4.9	570.17	475139	ZFS6000/582 ZF7000/304 等	MGTY400/930 El－1000	SGZ960/1400 SZZ960/250 等
20	神华保德煤矿综采一队	综放	7	4	560.71	467262	ZFY10200/25/42D	JOY－7LS6C	SGZ1000/2000
21	新矿集团新巨龙公司综放工区	综放	8.1	5.8	559.7	428817	ZF15000/23/43	KSW－1500EU	SGZ1000/2400（前） SGZ1200/2400（后）
22	潞安集团王庄煤矿综采一队	综放	6.81	3－5	551.73	464416	ZF7000－20/40	MGTY400/930	SGZ960/1400
23	中煤平朔井工三矿综采队	综放	10.25	4	550.08	458400	ZF10000/23/37	EKF SL－750	SGZ1000/2×700（前） SGZ1200/2×700（后）
24	神华宁煤红柳煤矿综采一队	综采	5.25	6	507	422500	ZY10000/28/62D	MG900/2210－SWD	SGZ1250/3×855
25	淮南矿业集团张集矿综采一队	综采	4.5	3.5	505.71	421425	ZZ9200/24/50	MGTY750/1715	SGZ1000/1400
26	淮南矿业集团谢桥矿综采二队	综采	5	12.4	501.05	417542	ZY10800/30/65D	MG750/1940－WD	SGZ－1000/2×1000
27	神华神东布尔台煤矿综采二队	综采	2.93	1	475.52	396267	DBT3.5	JOY－7LS6C	JOY3×1000

表1－14（续）

序号	采煤队名称	工作面地质条件			工作面产量		工作面设备		
		采煤工艺	煤层平均厚度/m	煤层平均倾角/(°)	年产量/万t	平均月产/[t·(个·月)$^{-1}$]	液压支架型号	采煤机型号	刮板输送机型号
28	伊泰集团宏景塔一矿综采队	综采	6.1	0－3	469.1	390922.7	ZYG13000/28/63D	MG900/2245－GWD	SGZ1250/2565
29	扎赉诺尔煤业公司灵东煤矿综采队	综放	14.3	3	468.74	390614	ZF12000/25/40	MG650/1560－WD	SGZ1000/1400
30	神华神东大柳塔井综采一队	综采	6.9	1	465.8	388167	ZY16800/32/70D	JOY－7LS8	DBT3×1600
31	伊泰集团纳林庙二号井综采队	综采	5.6	2	454.84	401600	ZY8640/25.5/55	MG750/1915－GWD	SGZ1000/1400
32	国投新集刘庄煤矿综采一队	综采	5.56	13	439.5	405119	ZZ13000/27/60	SL－500AC	SGZ1000/1710
33	神华宁煤枣泉煤矿综采一队	综采	8.2	6.5	422.57	352139	ZY10000/28/62D	MG900/2245－WD	SGZ1250/3×855
34	兖矿鲍店煤矿综采队	综放	7.12	7	416.08	359681	ZFS6200/18/35	MGTY400/930－3.3D	SGZ－1000/1050
35	神华神东大柳塔井综采四队	综采	5.3	1	412.3	343583	ZY9000/25.5/55	JOY－7LS6	DBT3×855
36	潞安集团余吾煤矿综采二队	综放	5.5	5.6	411.73	343110	ZF8000/20/38	MGTY400/930	SGZ960/1400
37	淮南矿业集团张集矿综采三队	综采	4	4	402.41	335341	ZZ6400/22/45	MG610/1400	SGZ1000/1400

表1－14（续）

序号	采煤队名称	工作面地质条件			工作面产量		工作面设备		
		采煤工艺	煤层平均厚度/m	煤层平均倾角/(°)	年产量/万t	平均月产/[t·(个·月)$^{-1}$]	液压支架型号	采煤机型号	刮板输送机型号
38	兖矿济宁三号煤矿综采二队	综放	7.33	5	400.49	333741	ZFS6200/193	MG400/940－WD	SGZ1000/1400（前） SGZ900/1400（后）
39	神华保德煤矿综采二队	综采/综放	4/7.3	3.5	397.75	331458	ZFY10200/25/42D DBT2×3716	JOY－7LS6C JOY－6LS	DBT3×855 JOY2×1050
40	神华石圪台煤矿综采二队	综采	2.7	1.5	393.3	327708	DBT－3.5m	SL750/6558	DBT3×855
41	铁法煤业公司大平矿综放队	综放	11.3	5－9	390.2	325206	ZFS8000/17/29H ZFG8800/23/32H	MG940/400－WD	SGZ1000/1400
42	神华宁煤梅花井煤矿综采三队	综采	3.2	19.5	384.5	320417	ZY8600－22/45	MG650/1710－WD	SGZ1000/1710
43	陕西彬长大佛寺矿业公司综采一队	综采	11.8	5	379.94	316620	ZF10000/24/36	MG500/1330－WD	SGZ1000/1400（前） SGZ1200/1400（后）
44	潞安集团漳村煤矿综采队	综放	6.08	6	378.2	326122	ZFS6000/17/33	MGTY250/600－1.1D	SGZ830/2×400
45	神东乌兰木伦煤矿综采二队	综采	4.2	1－3	377.5	314583	DBT2×4319	JOY－7LS6C	SGZ1000/3×700
46	神华神东寸草塔煤矿采煤队	综采	2.8	1－3	366.08	305075	ZY8800/17/35	SL－750	JOY3×700

表 1－14（续）

序号	采煤队名称	工作面地质条件			工作面产量		工作面设备		
		采煤工艺	煤层平均厚度/m	煤层平均倾角/(°)	年产量/万t	平均月产/[t·(个·月)$^{-1}$]	液压支架型号	采煤机型号	刮板输送机型号
47	神华神东大柳塔矿活鸡兔井综采三队	综采	3.2	1	365	304167	ZY8820/17/35	EKF－SL900/4.5	DBT3×855
48	神木汇森凉水井矿业公司综采队	综采	2.9	3	359.6	325146	ZY8000/17.5/35	MG650/1620－WD	SGZ1000/2×700
49	神华神东哈拉沟煤矿综采二队	综采	5.28	0	351.5	439372	DBT8638/2.55/55	JOY－7LS6C	DBT3×1000
50	伊泰京粤酸刺沟矿业公司采煤二队	综采	2.44	3	349.96	291633	ZY9000/17/35D	MG650/1620	SGZ1000/2100
51	铁法煤业公司大兴矿综采队	综采	6.3	8	336	314606	ZY10000/27/56	MG750	SGZ－1000/2×855
52	神华神东上湾煤矿综采一队	综采	6.11	1.5	333.1	333100	ZY18000/28/63	EKF SL1000	DBT 3×1000
53	陕煤黄陵二号煤矿综采一队	综采	4.1	1	332	276667	ZY10000/26/55D	MG900/2215－WD	SGZ1200/2565
54	神华宁煤枣泉煤矿综采三队	综放	7.95	16	319.44	266199	ZF7800/17/35	MG450/1020－WD	SGZ960/1050
55	陕煤黄陵二号煤矿综采二队	综采	4.1	1	318	265000	ZY10000/26/55D	MG900/2215－WD	SGZ1200/2565

综采设备，均属于神华神东煤炭集团公司，分别为哈拉沟矿、布尔台矿、石圪台矿、乌兰木伦煤矿。5个综采队中最高年产量678万t，最低年产量236万t，见表1－13。

二、2010—2011年度安全高效矿井百万吨采煤队工艺分析

392处井工矿中百万吨采煤队有336个，平均单队年产量221.12万t，集约化程度进一步增强。其中，年产量超过300万t的采煤队有55个（表1－14）；年产量超过600万t的采煤队有17个；年产量超过900万t的7个综采队分别是神华神东补连塔煤矿综采一队1312.4万t、补连塔煤矿综采二队1035.67万t、神华宁煤羊场湾煤矿综采一队983万t、中煤平朔井工二矿综采一队956.26万t、神华神东上湾煤矿综采二队939.8万t、神华神东万利一矿综采一队939.7万t、中煤平朔井工一矿综采队931.6万t，其中补连塔煤矿综采一队、综采二队年产量超过了1000万t。

多数百万吨采煤队采煤工作面煤层赋存条件较好，其中大多数为厚煤层或中厚煤层，煤层倾角多为近水平或缓倾斜。但是也有少数采煤队在倾斜煤层和急倾斜煤层的工作面年产超过百万吨，见表1－15。甘肃华亭煤业集团砚北煤矿综采一队在煤层平均倾角41°、最大倾角52°、煤层平均厚度48.8 m、最大厚度60.3 m的条件下，采用倾斜水平分段综放开采工艺，全年生产原煤192.5万t，创造了2011年全国倾斜煤层工作面最高生产纪录。

表1－15　2011年安全高效矿井大倾角开采百万吨采煤队

序号	采煤队名称	采煤工艺	煤层平均倾角/(°)	煤层平均厚度/m	采煤队年产量/万t
1	华亭煤业集团砚北煤矿综采一队	综放	41	48.8	192.5
2	神华新疆能源公司小红沟矿综采一队	综放	87	42	154.07
3	山东济矿鲁能煤电股份公司阳城煤矿综采一区	综放	28	6.88	146.46
4	徐州矿务集团宝鸡秦源煤业有限公司综采工区	综放	26	6	136
5	神华新疆能源公司碱沟煤矿综采一队	综放	82	50	120.2
6	神华新疆能源公司大洪沟煤矿综放队	综放	82	52	120
7	神华新疆能源公司铁厂沟煤矿综采区	综放	41	29.6	115.44
8	安徽恒源煤电股份公司刘桥第一煤矿综采区	综采	25.6	3.08	110.7
9	冀中能源邯矿集团云驾岭煤矿采一区	综放	28	4.21	109.5
10	河南煤化工鹤壁煤电公司第三煤矿采二队	综放	25	8.5	106.3
11	山东能源淄博矿业集团葛亭煤矿综采队	综放	27.3	7.5	102.57
12	平煤神马集团公司十三矿综采二队	综采	25	4.2	101.98

第二章 煤炭工业安全高效矿井建设发展概述

第一节 煤炭工业安全高效矿井建设发展介绍

一、煤炭工业安全高效矿井（露天）建设发展历程

我国煤炭工业安全高效矿井（露天）建设工作自1992年煤炭部时期开始，至今已有20年的历史。安全高效矿井建设的发展历程大体经历了三个阶段。

（一）摸索试点阶段

开展建设“百万吨综采队”活动，摸索探讨高产高效矿井建设模式。从20世纪80年代开始，我国在提高采煤机械化程度的同时，为提高工作面单产和单进，在全国煤矿组织开展了等级采煤队、掘进队和综采队“年产创百万吨”活动，促进了采煤工作面单产的提高，“百万吨综采队”数量不断增加。1990年国有重点煤矿原煤产量完成4.8亿t，采煤机械化程度达到65.1%，其中综采机械化程度达到35.47%，原煤生产人员效率实现1.2t/工，回采工作面平均月产达到1.6万t，百万吨综采队达到46个。综合机械化采煤技术和装备的发展，大大提高了采煤工作面单产，为我国高产高效矿井（露天）建设奠定了基础。

（二）规范发展阶段

学习和借鉴国外的成功经验，制定高产高效矿井标准，全面规划和开展高产高效矿井建设。随着20世纪中叶科学技术的发展，一些发达国家开始用新的科学技术对煤炭等传统工业进行技术改造，在煤矿开采中不断提高机械化程度，按照以集中生产为核心，综合机械化开采为基础，提高工作面单产和劳动效率为目标，向高度集约化和大型化发展来获取最大经济效益的发展思路，主要产煤国家基本实现了矿井的高产高效。

在学习和借鉴西方先进采煤国家发展综采技术与装备，建设高产高效矿井成功经验的基础上，1992 年 7 月，原煤炭工业部在河北邢台矿务局召开了“全国高产高效矿井建设工作会议”，要求我国煤炭企业吸收和借鉴当今世界各国一切适合现代化生产规律的先进技术、经营方式和管理方法，提高煤矿生产技术、装备和管理水平，推动矿井高产高效建设。会议决定在邢台东庞矿、兖州南屯矿等 12 个矿井进行试点，首先开展“减头减面、减人提效”工作、最终实现“一井一面”集中生产，建设我国第一批高产高效矿井，并对采用不同采煤工艺的矿井原煤工效提出了目标要求：综采工作面的矿井劳动效率要达到 10 t/工以上，综采与高档普采工作面相结合的矿井劳动效率要达到 5 t/工以上，高档普采工作面的矿井劳动效率要达到 2 t/工以上。原煤炭工业部召开的邢台会议正式拉开了我国建设高产高效矿井的序幕。

1992 年以后，晋城古书院矿、大同燕子山矿、兖州南屯矿等煤矿引进了电牵引采煤机、重型刮板输送机和电控设备，与国产设备配套的高产高效综采工作面先后投产，不断刷新我国单一长壁综采工作面单产的最高纪录；1995 年我国自行开发研制的日产 7000 t 综采成套设备在铁法矿务局试验成功，大大推动了我国高产高效开采技术与装备的发展。

从 1992 年到 1998 年，原煤炭工业部先后在大屯、潞安、青岛、铁法和兖州召开了全国高产高效矿井建设工作会议，不断总结交流各煤炭企业高产高效矿井建设的经验和做法，隆重表彰在高产高效矿井建设中作出突出贡献的单位和个人。原煤炭工业部陆续出台了《建设高产高效矿井暂行管理办法》《建设高产高效露天矿暂行管理办法》和《建设特级高产高效矿井的通知》等规范性文件，对高产高效矿井建设工作起到了重要的指导和推动作用。各煤炭企业均制定了高产高效矿井建设发展规划，在采煤工艺、矿井生产能力、工作面产量和原煤生产人员效率等方面提出了明确的发展目标。

为加速煤矿向集约型生产转变的进程，1995 年原煤炭工业部党组做出了“关于加快高产高效矿井建设的决定”。规划用 5 a 的时间在全国建成 100 处高产高效矿井，实现原煤生产人员效率达到 2 t/工、减人达到 30 万人的奋斗目标。这个目标在 2001 年得以实现，100 处高产高效矿井完成原煤产量 2.38 亿 t，占当年国有重点煤矿产量的 38%。我国高产高效矿井建设取得了初步成果。

（三）提高和推广阶段

建设具有中国特色的高产高效矿井，赶超世界先进水平，引领行业发展方向。1998年煤炭工业管理体制改革后，中国煤炭工业协会承担了推动全国煤矿继续开展高产高效矿井建设的组织工作。

2002年9月，中国煤炭工业协会在四川省成都市召开了“全国煤炭工业高产高效矿井建设经验交流大会”，全面总结了十年来高产高效矿井建设的经验和做法，研究讨论了新时期的工作思路和对策，对高产高效矿井建设的管理办法提出了修改意见，对煤矿安全生产、经济效益、采掘机械化程度等指标及信息化建设和环境保护等方面提出了更高要求。

2004年，中国煤炭工业协会在广泛征求意见的基础上，对原煤炭工业部《建设高产高效矿井暂行管理办法》进行了修订，发布了《煤炭工业高产高效矿井（露天）标准及评审办法》。从我国煤矿的实际情况出发，考虑了不同井型生产能力和开采煤层条件的差异，提出了特级、行业级、省级高产高效矿井标准及评审办法，全面推动了高产高效矿井建设工作。

随着建设高产高效矿井的理念深入人心，企业建设高产高效矿井的积极性也越来越高。2005年全国有33个煤炭企业原煤生产能力达到千万吨以上，共建成高产高效矿井197处，生产煤炭6.35亿t，占全国煤炭产量的29%，平均单井产量322万t，平均原煤工效17.543 t/工，平均单矿盈利1.58亿元，百万吨死亡率0.045，各项技术经济指标接近国际先进水平。高产高效矿井数量和建设质量较20世纪90年代初有了极大提高。2005年在国家发改委颁发的《产业指导目录》（40号令）中被列为煤炭行业鼓励发展类项目，以此可在部分省区（国家西部大开发包括14个省、区、市及新疆建设兵团）享受企业所得税减免优惠政策。

2007年我国“高产高效矿井”更名为“安全高效矿井”，更加突出了煤矿生产必须坚持“安全第一、安全发展”的理念。同年，中国煤炭工业协会发布了《煤炭工业安全高效矿井（露天）评审办法》，在评审办法中将“特级、行业级、省级高产高效矿井”名称修订为“特级、行业一级、行业二级安全高效矿井”，分级方式一直沿用至今。

2010年，国务院国资委办公厅下发了《关于印发国资委评比达标保留项目的通知》，明确保留了中国煤炭工业协会继续开展煤炭工业安全高效矿井评选表彰项目，体现了开展煤炭工业安全高效矿井建设的必要性和特殊性，以及对这项工作的认可。

2012年中国煤炭工业协会在河南省郑州市组织召开了“全国煤炭工业安全高效矿井（露天）建设经验交流会”，全面总结20年来全国煤炭工业安全高效矿井建设工作取得的主要成效，阐述了我国煤炭工业安全高效矿井建设的主要做法和基本经验，探讨了煤炭工业安全高效矿井（露天）建设的发展大计。

二、煤炭工业安全高效矿井建设取得的成效

（一）提升了煤炭行业技术水平

近20年来，我国建成安全高效矿井（露天）数量逐年增加，分别是1993年12处、1994年32处、1995年56处、1996年70处、1997年80处、1998年88处、1999年92处、2000年82处、2001年100处、2002年134处、2003年164处、2004年176处、2005年197处、2006年219处、2007年268处、2008年292处、2009年359处、2010—2011年达到了406处，特别是近十年我国建成的安全高效矿井（露天）数量有了大幅增加，如图2-1所示。多年来，建设安全高效矿井（露天）带动了从矿井设计到施工建设、从大型装备研制到生产应用、从采煤工艺选取到矿井管理的技术管理体系，培育出较高素质的职工队伍，使煤炭行业的整体技术水平有了显著提高。

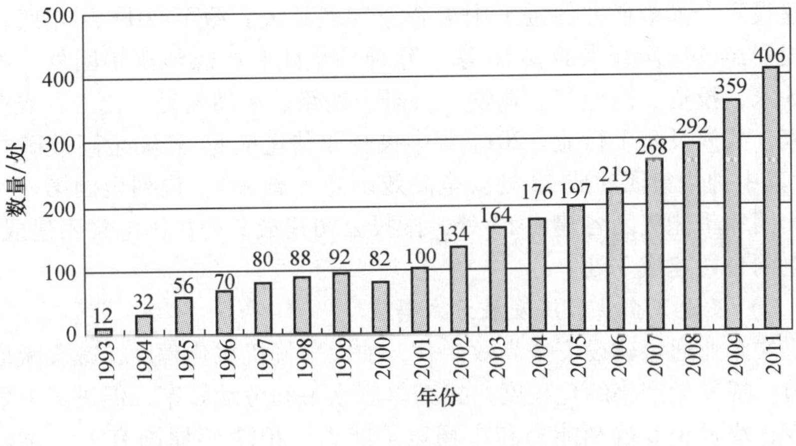

图2-1　1993—2011年全国安全高效矿井数量

建设安全高效矿井使煤矿生产技术水平得以逐步提升，矿井采掘机械化程度、单产单进及劳动效率增幅明显。2011年，我国原国有重点煤矿采煤机械化程度达到92.07%，比1992年提高19.81个百分点，其中综采程度达到89.87%，比1992年提高了48.8个百分点；采煤工作面平均单产达到

68216 t/月，比 1992 年增加了 49274 t/月，提高了 260%；掘进工作面平均单进达到 163 m/月，比 1992 年增加 35 m/月；原煤生产人员效率达到 6. 232 t/工，是 1992 年 1. 33 t/工的 4. 68 倍。

（二）提高了煤炭产业集中度

建设安全高效矿井使煤炭产业集中度得到进一步提高。2011 年，全国年产超过亿吨的煤炭企业有 7 家，年产千万吨以上的煤炭企业发展到 55 家，比 1992 年增加了 38 家，这 55 家企业生产的原煤达到 25. 38 亿 t，占当年全国煤矿原煤生产总量的 72. 1%，全国最大的煤炭企业神华集团原煤产量达到了 4. 07 亿 t。一大批地方和乡镇煤矿通过技术改造和设备更新，提高了生产技术水平和集约化程度，其中伊泰、伊东、华亭、永城、皖北等企业已跻身年产千万吨以上煤炭企业之列。伊泰集团创办之初所拥有的 27 座煤矿属于开采工艺落后的小煤矿，2005 年该公司结合企业实际，加大投资力度，将原有 27 座矿井和其他企业的 6 座矿井整合并技术改造为 13 座综合机械化开采煤矿。技改结束后，矿井采区采出率、采掘机械化程度、煤矿单井能力均有了大幅度提升。该公司坚持矿井生产高效集约化，优化矿井设计，简化生产系统，为安全高效矿井建设打下了坚实基础。

建设安全高效矿井促进了中央企业发展壮大。截至 2011 年年底，中央企业投资经营煤炭开采的有 16 家，除神华集团和中煤能源集团外，电力企业有 6 家，投资、房地产、钢铁、科研、铁路、军品贸易、化工、农业企业各 1 家，共涉及 8 个行业。2011 年中央企业共建成 84 处安全高效矿井（露天），其中神华集团建成 42 处安全高效矿井（露天），位列全国第一，中煤能源集团和华能集团各建成 13 处，国投公司建成 7 处，国电集团建成 6 处、国家电网公司建成 3 处。

（三）促进了企业经济发展方式转变

煤炭企业通过建设安全高效矿井，加大采掘机械化程度，减头减面，简化环节，提升生产集约化程度，提高单产水平和劳动效率，促进经济发展方式转变，增强企业盈利能力和市场竞争能力。2011 年原国有重点煤矿共有采煤工作面 1560 个，生产原煤 12. 42 亿 t，与 1992 年相比，产量增加了 7. 61 亿 t，采煤工作面反而减少了 116 个。2011 年建成的 406 处安全高效矿井（露天），原煤生产总量达到 11. 29 亿 t，平均单井规模是原国有重点煤矿的 6. 31 倍。

（四）增强了煤矿安全基础工作

煤炭企业建设安全高效矿井，通过加大安全投入，提升技术保障能力，增强煤矿安全保障能力，促进安全状况持续稳定好转。全国煤矿百万吨死亡率从1992年的5.378下降到2011年的0.564，而同期原煤生产人员效率从1.33 t/工提高到6.232 t/工。煤矿劳动效率大幅度提高是近几年原国有重点煤矿百万吨死亡率大幅度下降的重要因素之一。2011年我国安全高效矿井百万吨死亡率仅为0.021，达到世界先进采煤国家的安全生产管理水平。

（五）推进了企业管理工作

多年来煤炭企业通过建设安全高效矿井，不断创新、完善和提高企业管理工作。有的企业把安全高效矿井建设列入生产工作日程，融入矿井设计、施工、开采的全过程，培养出大批优秀技术管理人才，以适应企业发展的需要；有的企业改革管理体制，建立竞争机制和激励机制，把建设安全高效矿井与职工的责、权、利结合起来，增强了员工的责任感；有的企业充分利用信息化技术，如神东矿区在我国首次建立完成了基于网络控制与信息技术的矿区生产与管理综合自动化系统，该系统覆盖了矿区所有矿井、选煤厂及装车站。

（六）推动了煤机制造业快速发展

建设安全高效矿井有力地推动了我国煤炭装备制造业的发展，提升了一大批技术管理先进、在国内外具有一定市场竞争力和影响力的煤机制造企业。全国煤炭制造企业总产量由1993年的21.25万t增加到2011年的411.74万t；总产值由1993年的25亿元增加到2011年的1132亿元，增长了44倍；1993年全国煤炭制造企业总共亏损2.94亿元，2011年盈利已达到71亿元。2011年全国煤机企业共制造液压支架90799架、采煤机1003台、刮板输送机5016台、掘进机2328台、矿用带式输送机4922台，各类煤矿机电装备的制造吨位超过400万t，较1993年翻了四番多。煤矿机械化设备的大量更新，反映出目前我国各类煤矿的机械化生产已进入了新的历史发展时期。同时，我国煤矿机械化装备的生产能力和技术性能有了极大提高，研制开发了多种大功率电牵引采煤机、大功率硬岩掘进机、重型刮板输送机、电液控制强力液压支架等具有先进技术水平的综采综掘装备；煤矿机电设备的产品质量、技术功能和可靠性都有了大幅度的提高。

（七）提高了中国煤炭工业地位

经过20 a来的努力奋斗，2010—2011年度全国有18个省（区）建成了406处安全高效矿井，在技术管理上处于国内先进水平。部分安全高效矿井的主要技术经济指标、装备条件、科技水平和管理水平达到了世界领先的水平，创造并保持了煤矿开采的多项世界纪录。早在2004年，神华集团神东公司上湾煤矿使用美国久益公司的综采设备，采用一次采全高综采工艺，单面年产原煤 1075 万 t，创造了新的综采工作面年产世界纪录；神东公司榆家梁矿（一井两面）使用德国艾柯夫公司生产的 LS500 型采煤机、美国 JOY 公司生产的 JOY－2×7625 kN 型液压支架和 JOY700 型刮板输送机，煤矿年产量达到 1480 万 t，刷新了单井年产量最高的世界纪录；2005 年 10 月，上湾煤矿在工作面两次搬家的条件下，生产原煤 106 万 t，其中 10 月 9 日在 51104 工作面日产原煤 50944 t，刷新了当时综采工作面月产和日产世界纪录。从此，我国煤矿就一直保持了综采工作面的年产、月产和日产世界纪录并不断刷新。

一大批安全高效矿井（露天）的建成，代表着我国煤矿现代化建设的方向，为广大煤炭企业的发展提供了宝贵的经验。安全高效矿井（露天）的发展彻底改变了我国煤炭工业的落后面貌，改善了煤矿职工劳动条件，推动了企业管理提升，促进了煤炭工业生产力的提高，大大提高了我国煤炭工业的国际地位。

三、开展安全高效矿井建设基本经验

（一）企业重视是建设安全高效矿井的前提条件

原煤炭工业部把建设安全高效矿井列入工作的重要内容，按照分类指导原则，抓重点，带一般，不断总结交流，在政策上积极予以扶持，有力地推进了这项工作。企业在建设安全高效矿井（露天）过程中，涉及点多面广，离不开企业决策层的高度重视，同时企业应统一思想，加强宣传，了解建设安全高效矿井的意义，提高广大职工对建设安全高效矿井的认识。当前，我国许多煤炭企业能够把这项工作列为企业发展的规划，确定目标，建立完善各项保障制度，真正把这项工作与企业的生产经营活动联系在一起，并长期地坚持下去。有些企业结合实际，建立了激励机制，出台了奖励政策，大大调动了职工建设安全高效矿井的积极性。部分省级煤炭管理部门还制订了安全高效矿井建设规划，加强对本地区安全高效矿井建设的指导。

（二）发展采掘机械化是建设安全高效矿井的有力保障

机械化生产是煤炭开采发展的方向，是提高采掘工作面单产单进水平，实现“减头减面，减人提效”的基础，煤炭企业应结合本单位情况，因地制宜地发展机械化生产。通过提高采掘机械化程度，为实现集约化生产创造条件，使煤矿开采技术条件得到改善，煤矿工作环境更加安全，煤矿生产得到保障。大雁矿业集团一矿是开展安全高效矿井建设的突出范例，该矿通过发展采掘机械化，减少生产区队两个，在生产服务、生活服务全部与生产分离的基础上，全矿职工从 1992 年的 1450 人逐渐减少到目前的 1030 人，而煤炭产量从原设计的 90 万 t/a 增长到 2011 年的 175 万 t/a；矿井原煤生产人员效率从 1.49 t/工提高到 7.42 t/工。

（三）合理集中生产是建设安全高效矿井的重要措施

合理集中生产是优化生产环节，简化生产管理，提高煤炭资源采出率和设备利用率的最有效措施。煤炭企业通过改革开拓布局，优化巷道设计，简化了生产系统和环节，实现了合理集中生产。通过优化设计，加大采区和工作面长度，从而提高了资源采出率和服务年限，以解决提高单产带来的服务年限缩短和搬家次数增多的问题，同时也为简化管理创造了条件。随着煤炭企业集中生产的推进，许多企业已基本上实现了一井一面（两面）的集约化生产模式。

（四）生产系统稳定可靠是建设安全高效矿井的必要保证

确保各个生产系统具备与采区生产能力相匹配的生产能力是建设安全高效矿井的重要工作之一。在安全高效矿井建设过程中，许多煤矿以采煤工作面为核心，重视各个生产系统和生产环节的完善和运转，保证运行质量和生产能力，特别是通过系统改造，解决生产瓶颈问题，对矿井实现安全高效开采起到必要的保障作用。

（五）依靠科技进步是建设安全高效矿井的必要条件

煤炭行业科技进步推动了我国煤炭工业卓越发展，建设安全高效矿井同样离不开科技支撑。依靠科技的同时，矿井发展又促进了技术体系的完善和创新，带动了煤炭工业的科技进步，安全高效矿井建设历程见证了我国煤矿整体科技水平的逐步提高。20 a 来，我国煤矿在采掘机械化、“三下”开采、地质勘探、信息化、自动化技术和装备等方面不断创新和提高，是我国煤炭工业建设安全高效矿井的不竭动力。在安全高效矿井建设中，产学研联合攻关是依靠科技进步的成功经验。彬县下沟矿由炮采小矿变为综采大矿，靖远、铁法和川煤集团难采煤层的改革成功就是充分发挥产学研联合作用的结果。2000 年 3 月，原煤科总院北京开采研究所与陕西彬县煤炭有限责任公司签订了以资本与技术投入共同经营下沟煤矿的合同书。下沟煤矿经过技改后，从年产 45 万 t 的地方煤矿扩建为年产 300 万 t 的大型现代化矿井，实现了以采煤方法为核心的全面技术改造升级，合作双方取得了显著的经济效益和社会效益。在我国煤炭科技大会上，中国煤炭工业协会将这个项目誉为院企优势互补、以较少的投入激活较大的存量、用先进适用技术改造中小煤矿的“陕西彬县模式”，并号召全国类似矿井学习。

第二节　大力推进煤炭工业安全高效矿井建设

一、限制安全高效矿井建设发展的因素

虽然近年来我国安全高效矿井建设取得了长足发展，在煤炭行业技术水平提高、经济发展方式转变、安全生产条件改善、企业管理提升等方面均取得了较大成就，但也存在着一些因素限制了安全高效矿井建设的进一步提高。

（一）各地区安全高效矿井建设发展不均衡

2010—2011 年度安全高效矿井（露天）的申报评审工作，共涉及全国 19 个省（区、市）和 6 个中央企业，地区差异现象明显。山西省名列全国第一，共申报了近百处安全高效矿井，南方部分地区如湖北、湖南、江西等地，由于受资源赋存条件所限、采掘机械化程度低等原因，至今还是空白，未建成一处安全高效矿井。青海、广西和贵州的煤矿是第一次参加申报安全高效矿井。

（二）中央企业建设安全高效矿井具备潜力

多数中央企业没有开办煤矿的经验，在涉足煤炭行业领域后，出现工程技术人员短缺、安全管理人员不够、对煤矿安全生产法规标准不熟悉、安全管理机构待完善等问题。同时，办矿水平参差不齐，既有规模上千万吨的大型矿井，又有几十万吨的小型煤矿，煤矿安全基础条件、生产管理水平和采掘机械化水平相差悬殊。但从目前我国中央企业建设的煤矿规模、建设速度、用人标准以及机械化程度来看，中央企业所属煤矿大多数具备达到煤炭工业安全高效矿井（露天）标准的基本条件，只要企业领导高度重视，各级煤炭管理部门积极引导，“十二五”期间多数煤矿建成安全高效矿井（露天）是有可能的。

（三）原国有重点煤矿建成安全高效矿井的比重偏低

根据有关统计，2009 年原国有重点煤矿拥有 878 处矿井（露天），近年来随着新建煤矿的投产以及资源整合，原国有重点煤矿数量已超过 1000 处，2011 年原国有重点煤矿生产原煤约占全国一半以上。原国有重点煤矿均为大中型矿井，采掘及运输机械化程度高，具有较高的技术管理水平和较强的经济实力，多数煤矿有条件建成安全高效矿井（露天），但部分煤炭企业重视程度不够，2011 年只有 300 多处矿井达到了安全高效矿井标准，仅占原

国有重点煤矿的三分之一，达标比重偏低。

（四）部分申报矿井安全基础工作尚不牢固

安全是企业发展的永恒主题，安全基础工作关系到煤炭企业安全生产的长治久安，是申报安全高效矿井的首要前提。我国部分煤矿安全生产基础管理工作依然薄弱，安全保障能力亟待提升。2010—2011 年度安全高效矿井验收工作中，各验收组在验收中也发现部分矿井仍存在着安全生产隐患、安全质量标准化工作退步等安全生产方面问题。

（五）老矿区开采条件日趋困难带来的影响

我国部分矿区经过多年开采，优势资源逐步减少，部分煤矿开采区域逐渐向矿井深部、远部发展，地质构造日趋复杂，开采条件差，安全技术管理难度大，煤炭生产组织困难，给企业创建安全高效矿井工作带来了新的影响。

二、加快安全高效矿井建设是煤炭行业发展的必然要求

（一）深刻认识开展安全高效矿井建设的重要意义

开展安全高效矿井建设工作，对于煤炭企业发展具有重要意义，主要体现在 4 个方面：

一是提高煤炭企业技术水平的需要。我国煤炭地质条件极为复杂，自然灾害危害严重，目前对一些自然灾害的机理还未完全掌握；部分煤矿生产方式粗放，技术和管理水平发展不平衡，很多小型矿井没有解决笨重体力劳动和落后生产工艺和装备的问题。通过安全高效矿井建设可以有效地提高煤矿生产力水平和抗灾能力。

二是提高企业核心竞争力的需要。随着国家经济体制改革的不断深入，市场经济对资源配置的作用越来越大。在市场经济中企业必须依靠自身的优势，求生存，谋发展。建设安全高效矿井可以大幅提高采煤工作面单产水平和劳动效率，实现矿井集约化生产，提高企业经济效益，提升企业的竞争能力。同时也为增加职工收入，改善职工生活，提高职工生活质量创造了必要条件。

三是保障安全生产的需要。建设安全高效矿井是煤矿安全生产的重要措施。安全高效矿井建设坚持“安全第一”的方针，前提条件就是要实现煤矿安全生产。煤炭企业通过建设安全高效矿井，改善技术装备，改变落后面貌，减少职业危害，加强安全薄弱环节管理，提升现场技术管理水平，夯实安全基础基层工作，给职工创造良好的劳动环境，保障职工人身安全，促进

煤炭工业安全生产状况持续稳定好转。

四是推动产业结构调整的需要。从产业结构角度来说，通过安全高效矿井建设和大型煤炭基地建设，培育一批走新型工业化道路的大型煤炭企业，使其成为煤炭工业的主体，提高大型煤炭企业市场占有率，提高资源采出率和保障程度，提升行业抗风险能力，减少无序竞争现象，确保行业可持续健康发展。同时造就一批技术先进、竞争力强的特大型企业集团，参与国际煤炭市场的竞争，提高国际市场占有率。

2005 年，国务院《关于促进煤炭工业健康发展的若干意见》提出："煤炭工业要坚持依靠科技进步，走资源利用率高、安全有保障、经济效益好、环境污染少和可持续发展的道路"。运用科学发展观，开展以"单产高、效率高、安全好、效益好"为中心的安全高效矿井（露天）建设工作是新时期新形势下提高企业竞争力、促进煤炭工业健康发展的基本途径和重要保证，也是实现煤炭行业转变经济发展方式的主要途径。

（二）贯彻落实《煤炭工业发展"十二五"规划》目标，进一步加快安全高效矿井建设步伐

《煤炭工业发展"十二五"规划》已确定了安全高效煤矿建设的奋斗目标：2015 年全国将要建成 800 处安全高效煤矿，原煤产量达到 25 亿 t。按照《煤炭工业发展"十二五"规划》的要求，煤炭工业安全高效矿井建设面临着更多的机遇和挑战，安全高效矿井（露天）建设工作任重而道远。

受客观条件所限，我国多数煤炭矿区地质构造复杂，开采条件与世界主要产煤国家相比属于中等偏下，自然灾害严重，开采难度很大。全国以井工方式开采的原煤产量约占 90%，露天矿产量仅占 10%。高瓦斯和煤与瓦斯突出矿井数量达到 3000 多处，约占全国煤矿总数的 1/3。井工矿开采深度平均达 400 m 以上，超过千米的深井 47 处，开采最深的矿井达到 1500 m。随着矿井开采深度的增加，高瓦斯、高地温、冲击地压和围岩底鼓等现象日趋严重，对煤矿安全生产和职工劳动强度的影响逐年加大。在这种复杂难采的地质条件下，建设安全高效现代化矿井是一项十分艰巨的任务。

根据《煤炭工业发展"十二五"规划》提出的目标，新时期深入开展安全高效矿井（露天）建设的指导思想是：围绕"十八大"提出的总体目标，坚持科学发展观，以新型工业化道路和可持续健康发展为中心，以转变经济发展方式为重点，推动工业化和信息化深度融合，以推动机械化生产为切入点，以实现单产高、效率高、安全好、经济效益好为最终目的，按照分类指导，实事求是的原则和协会服务的宗旨，在全行业范围内深入推进安全

高效矿井（露天）建设，促进煤炭行业整体技术管理水平再上一个新台阶。

煤炭工业深入开展安全高效矿井（露天）建设的基本思路：一是以科学技术为支撑，采用适合矿井煤层赋存条件的生产工艺和机械化装备。同时加强矿井技术改造，提高煤矿技术水平。加大科技创新，提升采掘装备自动化、信息化水平，在矿井灾害治理方面加大技术投入，为煤炭生产提供安全保障。二是通过优化设计，合理集中生产，简化生产系统和环节，减头减面，减人提效，提高矿井综合能力和系统可靠性。三是加强技术培训，提高职工队伍素质，建立人员精干、办事高效、管理科学的安全生产管理体系。四是通过提高煤矿生产效率和经济效益来提升煤炭企业核心竞争力，夯实企业经济基础，提高职工生活质量，增强企业凝聚力和影响力。对因客观条件暂时难以达到安全高效矿井标准的煤矿也要通过科技进步和科学管理，提高单产单进、优化生产系统，实现减人提效。

为此，“十二五”期间煤炭企业应高度重视安全高效矿井建设工作，增强做好安全高效矿井建设工作的责任感和使命感，强化措施，狠抓落实，夯实基础，扎实推进，坚持加大安全投入，加强安全生产管理，采用高新技术和先进适用技术，加快矿井技术改造步伐，不断提高煤矿装备现代化、系统自动化、管理信息化水平。要全面学习贯彻落实党的“十八大”精神，贯彻落实全国科技大会的精神，坚持依靠科技进步和自主创新，不断增强科技创新能力，开展生产领域的重大关键技术攻关，进行采煤方法和采煤工艺的改革，加大新技术、新产品、新工艺和新装备的推广应用，进一步加快我国安全高效矿井（露天）建设步伐，为建设资源利用率高、安全有保障、经济效益好、环境污染少的可持续健康发展的新型煤炭工业作出更大的贡献。

第三章　煤炭企业推进安全高效矿井建设经验介绍

持续提升安全高效水平　努力创建世界一流煤矿

——神华集团有限责任公司

一、神华安全高效矿井基本情况

多年来，神华安全高效矿井数量始终保持全国第一，其中特级安全高效矿井数量全国第一，占全国特级总数的20%左右，神东大柳塔煤矿、准能黑岱沟露天矿等16处矿井连续3届以上获得“特级安全高效矿井”称号。

（一）近5 a神华安全高效矿井建设基本情况

神华集团坚持改造老旧矿井达到安全高效，新建矿井直接达到安全高效水平，依法关闭或资源整合小煤矿，淘汰落后生产能力。近5 a来，神华煤炭产量增长了近两倍；因资源整合等关闭矿井数量和新投产矿井数量基本持平，矿井总数始终保持在60处左右，而安全高效矿井总数从30处增加到42处，增长40%；安全高效矿井占神华全部矿井比例从50%提高到了68%，增幅为18%。神华安全高效矿井数量（2007—2011年）见表3-1。

表3-1　神华安全高效矿井数量（2007—2011年）

年　度	安全高效矿井等级数量/处			
	特　级	一　级	二　级	合　计
2007	24	5	1	30
2008	22	3	0	25
2009	23	5	0	28
2010—2011	28	11	3	42

其中，2011 年度，42 处被命名矿井共生产原煤 3.3 亿 t，占集团总量的 75%，全国同期的 8%，百万吨死亡率为 0，露天矿原煤生产人员效率平均 150 t/工，井工矿原煤生产人员效率平均为 43 t/工，综合机械化程度达 100%，综掘机械化程度为 86%，高瓦斯、高突矿井 5 处，大倾角矿井 5 处。13 项全国安全高效矿井主要生产经营指标新纪录中，神华煤矿共刷新 6 项。

（1）神东煤炭集团补连塔煤矿综采一队生产原煤 1312.397 万 t，创全国煤矿综采队年产第一。

（2）神东煤炭集团补连塔煤矿综合单产 97.84 万 t/(个·月)，创全国井工煤矿综合单产第一。

（3）准能公司黑岱沟露天矿综合单产 69 万 t/(个·月)，创全国露天矿综合单产第一。

（4）准能公司哈尔乌素露天矿原煤生产人员效率 304.61 t/工，创全国露天矿劳动效率第一。

（5）神东煤炭集团补连塔煤矿盈利 50 亿元，创全国井工矿经济效益第一。

（6）准能公司黑岱沟露天矿盈利 22.79 亿元，创全国露天矿经济效益第一。

（二）近 5 年神华煤矿安全生产基本情况

2007—2011 年，神华煤炭产量从 23577 万 t 提高到 40098 万 t，增长了 0.7 倍。主营业务收入从 1070 亿元提高到 2803 亿元，增长了 1.62 倍；实现利润从 298 亿元提高到 742 亿元，增长了 1.49 倍。

利润创造方面，煤炭板块利润贡献率始终占集团公司利润的 70% 以上，其中安全高效矿井创造利润又占到煤炭板块利润的 70% 左右。以 2011 年度为例，煤炭板块共创造利润 531 亿元，占全集团利润的 71%，其中 42 处安全高效矿井共创造利润 350 亿元，占煤炭板块的 66%，全集团的 47%。而特级安全高效矿井创造效益更加明显，其中 28 处特级安全高效矿井共创造利润 337 亿元，占煤炭板块的 63%，全集团的 45%。

神华煤矿与全国、美国煤矿百万吨死亡率对比见表 3－2。百万吨死亡率总体保持在 0.02 左右，其中 2011 年为 0.018，始终远低于全国平均水平，接近世界先进水平。

多年来，神华集团持续大力推动安全高效矿井建设，煤炭生产的安全高效推动了企业的高效益、高质量发展，取得了优异成绩。在实践中建立的以高起点、高技术、高质量、高效率、高效益的“五高”建设方针为指导，

表3-2 神华煤矿与全国、美国煤矿百万吨死亡率对比（2007—2011年）

年份	神华煤矿百万吨死亡率	全国煤矿百万吨死亡率	美国煤矿百万吨死亡率
2007	0.029	1.485	0.02
2008	0.0177	1.182	0.026
2009	0.027	0.892	0.01
2010	0.025	0.749	0.049
2011	0.018	0.564	0.01

以生产规模化、队伍专业化、技术现代化、管理信息化“四化”为特征的新型集约化千万吨矿井群的安全高效生产模式，更是成效显著。

二、安全高效矿井建设基本经验

（一）坚持新型工业化道路不动摇，努力建设大型现代化矿井

神华集团高度重视资源规划管理，坚持整装资源，有序开发，集约开采。按照“五高”建设方针，率先建成国内首个亿吨、两亿吨矿区——神东矿区，形成了具有神华特色的“五高”“四化”安全高效生产模式。并通过准格尔、宁东大型煤炭基地的建设，不断丰富和完善神华模式。

一是采用先进的矿井设计理念，最高程度地实现系统优化和集约生产。坚持新建矿井直接达到安全高效水平，根据地质条件，采用斜硐式开拓，条带式布局，简化生产系统，将工作面长度延长到240~400 m，走向长度3000~6000 m；采用大断面、多通道的巷道布置方式，降低通风阻力；辅助运输无轨胶轮化，运输能力大幅度提升；采用连采快速掘进、长短壁结合的高效生产方式，实现了安全高效开采，安全保障能力大大提高。神东煤炭集团先后建设了世界上第一个7 m大采高重型工作面、第一个中厚煤层综采自动化工作面和国内第一个千万吨矿井、第一个千万吨综采工作面，准能公司建成我国唯一采用吊斗铲工艺的现代化特大型露天煤矿。神华集团先后建成并达产千万吨级矿井17处，占全国同期总数量的35.4%，总产能达2.9亿t。其中，大柳塔煤矿、补连塔煤矿、黑岱沟露天矿、哈尔乌素露天矿、北电胜利露天矿、宝日希勒露天矿等6矿产能超过2000万t。

二是实施技术升级和扩能改造，提高矿井安全生产能力。坚持老矿井通过技术改造达到安全高效水平，在所属各个煤炭生产企业开展优化系统，减头减面，最大限度地简化生产环节，减少井下人员，推动煤炭产业升级。改

造后煤矿生产能力由12万～207万t/a，提升至150万～1000万t/a，煤矿单井平均产能由2006年末的360万t/a提高至770万t/a；其中将17处老旧矿井产能从1.19亿t/a提升到1.58亿t/a，净增3900万t/a。原“西三局”（乌达、海勃湾、包头矿务局）与划归神华集团前相比，主力矿井平均采煤工作面个数由3个减少到1.7个，掘进面由5.3个减少到3.8个，工作面单产从每个月1.6万t提高到7.9万t，百万吨死亡率从3.43降低到0.096。

三是大力推进生产技术装备现代化，促进技术与装备达到世界一流水平。站在“行业领先、世界一流”的高度，统筹研究、制定完善神华集团相关装备技术规范和设备配套选型原则。遵循“大功率、重型化、高可靠性”和“统一类型、统一型号、利于互换”的原则选择装备。先后引进生产设备100多种、1300多台（套）。坚持“引进和消化兼顾”的原则，始终瞄准国内外新技术、新设备、新工艺，不断提高生产装备安全水平。同时加大设备管理科学化、现代化、信息化手段，实现设备管理的效率最大化，保证设备效能的充分发挥。坚持产、学、研、用相结合，与煤科总院等科研院所和郑州煤机厂等制造企业合作攻关，实现了液压支架、刮板输送机、掘锚机等主要采掘设备的国产化，国产化率已达80%左右，促进了我国煤矿装备制造水平和能力的提高。

四是推进煤矿专业化服务，高效助推煤矿安全生产。神华按照“精干主业，主辅分离，剥离企业办社会的职能及市场化经营，社会化服务”的改革思路，大力开展专业化队伍建设，神东矿区构建了涵盖矿井地质测量、物资供应、开拓准备、综采工作面安装回撤、设备管理及维修、信息通信、洗选加工等20多个方面的专业化服务体系。宁东矿区、神华新疆公司神新公司也在设备维修、物资供应、搬家倒面等方面实现了不同程度的专业化管理，实现装备、技术、人才和管理资源的共享，提高了设备、人员效率，提升了安全生产水平。以综采搬家倒面为例，使安装时间从平均15天下降到9天，回撤时间从平均26天下降到7天，神东10 a来共完成367次综采工作面安装、329次回撤，累计多采出原煤1.58亿t。

五是持续推进安全生产信息化、自动化，不断提高安全高效程度。神华积极推进安全生产信息化、数字化，建设先进的综合信息系统，搭建了集团总部、子（分）公司、煤矿三级信息网络平台，实现了煤矿监测监控和综合信息管理系统的网络化、带式输送机运输和辅助生产系统的自动化，建立了较为完善的监测监控和人员定位系统，安装了移动通讯系统，固定设备均实现了远程控制、监测和诊断，全部生产过程及设备控制均可以在地面调度室完成。自动化综采工作面的实施，实现了工作面的记忆割煤、液压支架与采煤机联动。这些信息化、自动化技术的普遍应用，大大减少了井下作业人数，简化了作业环节，提升了整体安全水平。

（二）牢固安全生产理念，完善安全管理手段

2005 年以来神华已经生产原煤 22 亿 t，原煤生产百万吨死亡率为 0.02，2011 年百万吨死亡率是 0.018。期间，神华集团两次实现一周年“零死亡”，神东煤炭集团 4 次实现生产亿吨煤炭无死亡，神宁煤业集团连续 3 a 多实现“零死亡”，神华集团 62 处生产矿井有 12 处实现开建以来“零死亡”、6 处安全生产达 10 a 以上、13 处实现安全生产 2000 天以上，32 处安全周期 1000 天以上。其中宁煤灵新矿、新疆大洪沟矿、乌海露天矿安全生产周期超过 5000 天。

一是树立先进的安全理念，为安全生产奠定坚实的思想基础。神华致力于“把煤矿建成安全行业”，始终把安全工作放在第一位，率先提出“煤矿能够做到不死人”“生产时瓦斯不超限，超限就是事故”等先进理念，作为神华的安全观，坚持以理念指导行动、以思想约束行为，从源头上消除不安全意识和行为，把“零死亡”“零伤亡”作为企业价值追求，奉行“无人则安”，不断优化劳动组织，减少高危岗位人员数量。通过各级宣传贯彻，将安全理念逐级传递至矿井基层和全体员工，并深入人心，为安全生产奠定坚实的思想基础。

二是推广应用风险预控管理体系，为安全管理提供有效手段。神华煤矿具有全国煤矿共性的特点，既有千万吨大矿，也有 60 万 t 的中小型矿井；既有条件好的，也有瓦斯、水、火等灾害严重的；既有厚达 7 m 以上的厚煤层，也有 90 cm 左右的薄煤层。从 2005 年开始，在国家安全生产监督管理总局和国家煤矿安全监察局的指导下，神华与国内 6 家科研院所联合研究煤矿安全管理体系课题，形成了一套以危险源辨识为基础，以风险预控为核心，以不安全行为管控为重点，以切断事故发生的因果链为手段，全面、系统的煤矿风险预控管理体系。据统计，推行煤矿风险预控管理体系之后，员工不安全行为发生概率整体下降超过 50%，安全隐患年均减少 20% 以上，重大隐患得到了有效控制，在体系运行比较好的神东公司，“三违”现象减少 80% 以上，设备故障停机率下降了 76.9%。这套体系也受到了国家安全监督管理局的充分肯定，已经上升为行业标准，全国推广。

（三）实施科技创新工程，以科技为支撑，提高安全生产水平

神华集团认真贯彻落实国家科技创新的一系列方针政策，确立了“支

撑神华科学发展、引领行业科技进步、提升国家科技实力、领先全球煤炭科技”的创新战略，开展了一系列关键技术攻关和重点技术创新示范工程建设，取得了一批创新成果，支撑了产业技术和生产力水平的提升。

一是坚持产学研相结合。在引进国外先进管理理念、技术的同时，先后与航天科技集团、清华大学、中国科学院、煤炭科学研究总院等单位建立技术创新战略联盟，成功实现了矿用防爆车、急倾斜煤层大段高顶煤弱化破碎、中厚煤层自动化开采、露天煤矿抛掷爆破等一批重大技术的攻关与应用。与国内顶尖科研单位合作，分别成立煤矿瓦斯、水、火安全生产科学研究院，强化重大安全技术问题科研攻关，加强重大灾害专项治理，加速科技成果转化应用。

二是坚持引进、吸收、消化、再创新。瞄准国内外新技术、新设备、新工艺，先后引进各类安全生产设备100多种、1300多台（套）。对引进设备全面消化吸收，积极组织实施国产化研发，牵头制定液压支架本土化实施规划、技术方案和主要技术参数，实现采高2.4～7 m一系列高端液压支架国产化，打破国外生产厂商近30 a的垄断，促进了我国煤机装备制造业的整体研发、设计和制造水平提升。

三是坚持自主创新，走可持续发展道路。探索出适合浅埋深厚煤层和特厚煤层的超长工作面、超大采高、超长推进距离的“三超”型开采工艺、煤炭开采与水资源协调保护技术、煤炭开采与生态环境协调保护技术，将煤炭采出率由71.9%提高到83%，创造直接经济效益上百亿元。科技投入逐年加大，拥有专利大幅增加。据统计，“十一五”期间，神华集团科技创新总投入超过100亿元，研发投入41.35亿元，累计申请专利1336项，拥有有效专利654项，其中发明专利152项。2011年完成专利申请500项，是2005年申请数量（51项）的近10倍；并先后获得国家科技进步奖9项，省部级科技进步奖52项；创中国企业新纪录202项，获得“中国工业大奖表彰奖”，成为我国首批“创新型企业”，企业可持续发展能力大幅提升。

（四）围绕战略目标，结合自身特色，推动矿井安全高效发展

神华集团是集“煤、电、路、港、航、煤制油、煤化工”为一体的综合能源企业，煤炭作为神华的支柱产业，在一体化运营中占有重要位置。同时，神华将“建设具有国际竞争力的世界一流煤炭综合能源企业”作为发展战略目标，围绕这一目标，在用3 a的时间提前实现经济总量翻番的基础上，提出了“科学发展再造神华，5 a实现经济总量再翻番”的奋斗目标，先后开展了一系列卓有成效的活动，安全高效矿井建设作为活动内容之一，

得到了全面推动与发展。

一是充分发挥一体化运营优势，为矿井安全高效生产营造外部条件。具有神华特色的矿、路、港、航、电、油化一体化，产、运、销、储一条龙的经营模式是神华的核心竞争力，除煤矿外，神华拥有现代化配套选煤厂40座，超过3亿t的洗选能力；自有铁路1600 km，超过3亿t的铁路货运能力；两个过亿吨吞吐能力的港口和超过0.8亿t的航运能力；百万吨级的储煤基地；以及年消耗约1.8亿t的自有电厂和煤化工企业。通过统一管理、密切配合，高效协同的运作，以及“神华煤”良好的市场品牌形象，为神华煤炭的持续、安全、稳定、高效生产和产能的有效释放，提供了有利条件。

二是丰富活动载体，全面推动安全高效矿井建设。在“建设具有国际竞争力的世界一流煤炭综合能源企业”战略目标指引下，神华集团在公司内部广泛开展“找差距、抓整改、促提升”活动和管理提升活动。煤炭板块作为神华骨干板块，制定了详细的活动方案，并将安全高效矿井建设水平提升作为主要活动内容之一，深入开展对标提升活动。通过召开生产技术经验交流会、安全高效矿井建设推进会等方式，组织各矿井进行内外部对标，分析现状、剖析问题、分类指导、合理定级，研究3～5 a工作规划，制定安全高效矿井建设实施方案，落实具体推进措施。

三、今后工作思路

按照党中央和国务院加快转变经济发展方式的重大战略决策部署，在神华集团“科学发展，再造神华，五年经济总量再翻番，建设具有国际竞争力的世界一流煤炭综合能源企业”发展战略的指引下，神华集团将进一步认真落实《煤炭工业“十二五”规划》《安全生产“十二五”规划》，继续大力推动安全高效矿井建设。

（一）全面对标、稳步推进，实现安全高效矿井建设新水平

按照安全高效矿井建设标准和整体规划，继续开展逐矿逐项对标活动，落实具体整改措施，持续提升安全高效矿井建设水平。力争到2015年，使该集团80%以上的矿井达到安全高效矿井水平，50%以上的矿井达到特级安全高效矿井水平。百万吨死亡率持续下降，安全生产达世界一流水平，原煤生产突破6亿t，总收入超过4400亿元，利润过千亿元。

（二）率先示范、引领创新，跨越安全高效矿井建设新高度

在安全高效矿井建设基础上，打造更安全、更高效、更环保的绿色智能矿山。一是落实《神华数字矿山规划》，以条件较为成熟的大柳塔矿等做试

点，在全行业率先实现百人千万吨，工作面无固定人员值守，决策科学化，管理数字化，生产专业化，作业智能化，技术自主化，环境生态化，建设具有世界一流水平的绿色智能矿山。二是推行精益化管理。启动神华煤矿岗位标准流程，建立覆盖煤矿1900多个工种的标准岗位流程，提升精益化管理水平，在实现“增产增效”的基础上实现“稳产增效”甚至是“减产增效”，提高煤矿效益水平。三是不断加大矿井核心技术创新。在工作面自动化开采、区域自动化控制和露天矿自动调度与控制等方面取得重大突破，不断总结提升神华煤矿安全高效生产经验，主动参与国内国际煤矿规程、规范、标准的制定修订工作，并力争形成标志性成果。

（三）科学引领、健康发展，开创安全高效矿井建设新局面

重点围绕队伍建设、技术装备、安全防护、制度建设等人机环管方面，以建设世界一流煤矿为目标，优选合理和先进指标，量化分析，有针对性地进行对标，针对查找出来的差距与不足狠抓整改。加快《神华集团公司关于促进煤炭生产安全健康可持续发展的指导意见》中所提到的煤矿安全风险预控管理体系工程、技术创新工程、体制创新工程、标准化体系工程、精益运营工程、增量提质工程、煤矿运营服务工程、对标管理工程、人才工程和幸福矿工工程等“十大工程”的落地工作，通过科学的管理，引领神华煤炭产业的安全健康可持续发展，推动安全高效矿井建设水平达到新境界，继续发挥我国煤炭行业发展的引领作用，为我国的煤炭工业安全健康可持续发展作出更大的贡献！

努力创造行业一流安全高效新水平

——中国中煤能源集团有限公司

中煤集团主要从事煤炭生产和贸易、煤化工、坑口发电、煤矿建设、煤机制造、煤层气开发以及相关工程技术服务等，现有生产、建设煤矿55处，总产能2.85亿t，分布在山西、内蒙古、陕西、江苏、黑龙江、新疆六个省区。现有资产总额2500亿元，2011年原煤产量1.64亿t，实现营业收入1154亿元，利润总额166亿元。

长期以来，中煤集团高度重视安全高效矿井建设工作，通过建立长效机制，坚持“重技术、强管理、提标准、抓创新”，全面提升矿井技术装备水平，大力推行安全高效生产模式，创建一大批安全高效矿井，安全生产水平和煤炭产量、生产效率、经济效益等生产经营指标得到大幅提升。同时中煤集团发挥整体专业优势，在煤矿设计、矿建施工、装备制造等方面服务行业，支撑行业的安全高效矿井建设，为我国煤炭工业的安全、高效、可持续发展做出了积极的贡献。

一、建立长效机制，持续提升安全高效水平

（一）建立长效机制

一是加强组织领导。成立了以集团公司主要领导为组长，分管领导为副组长，相关职能部门主要负责人为成员的安全高效建设领导组，领导组下设办公室，明确了领导组和办公室的职责，全力推进安全高效建设工作。二是科学合理规划。制订了安全高效矿井建设规划，并编制了详细的实施方案。规划“十二五”期间建设安全高效矿井45处，其中特级20处，并按照实施方案逐步落实规划内容。三是强化激励约束。制定安全高效建设工作管理及奖励办法，定期检查考核，兑现奖罚，促进安全高效矿井建设工作。四是加强交流推优。积极学习神华集团等国内先进企业及美国、澳大利亚等国外煤矿安全高效建设经验；评选出具有典型经验的企业、矿井和区队，作为示范单位，在中煤集团内部推广。

（二）安全高效水平显著提高

一是安全水平不断提高。原煤生产百万吨死亡率由2002年的0.19下降到2011年的0.006，年均降幅达32%，原煤百万吨死亡率平均为0.043。

二是原煤产量大幅增加。由2002年的3150万t增加到2011年的16400万t，年均增产1472万t，年均增幅超过20%。

三是原煤工效稳步提升。由2002年的12.16 t/工增加到2011年的32.8 t/工，年均增幅达到12%。

四是经济效益快速增长。2011年，营业收入1154亿元，利润166亿元，分别是2002年的5.6倍、38.6倍。10 a（2002—2011年）来，累计实现利润超过700亿元，被国务院国资委授予“业绩优秀企业”称号。

二、创新开采模式，全面推进安全高效矿井建设

（一）创建露井联采矿区，实现资源安全高效开采

一是创新开采模式。优化矿区布局，建立了平朔矿区露井边界参数优化模型，研究露井联采安全保障技术，科学确定了露天与井工合理的开采界限，建立了露井联合开采的协调发展模式，产量规模迅速提升。二是攻克技术难关。攻克了浅埋深、硬顶板、硬厚煤层条件下综放开采中的顶板难冒落、顶煤难破碎和采出率低等一系列技术难题，填补了国内空白。三是应用先进技术和装备。露天矿采装使用斗容量55 m^3电铲，运输使用300 t运输卡车，安装GPS卡车智能调度系统及24 h边坡监测雷达等世界先进露天装备技术。井工矿建成了具有国内领先水平的安全监测监控、人员定位、压风自救、供水施救、通信联络和紧急避险六大系统。四是建成安全高效亿吨矿区。平朔矿区2010年原煤产量突破亿吨，建成了全国首个露井联采单一亿吨级矿区；2012年有望突破12000万t，原煤生产人员效率达到125 t/工，杜绝了原煤生产死亡事故；5处生产矿井全部建成行业特级安全高效矿井。

（二）推行“一井一面”模式，全面建设安全高效矿井

一是简化生产系统。优化矿井开拓布局，在晋陕蒙新矿区，由传统的采区布置改为大巷条带式布置，工作面顺槽直接与大巷相连，运输与通风巷道长度比传统设计减少50%以上；在华东地区老矿井通过优化设计，合并采区，加大采煤工作面长度和走向长度，工作面储量增加2倍以上。二是推行一井一面生产模式。坚持减头减面，推行一井一面生产模式，目前中煤集团所属井工矿97%以上实现了一井一面或一井二面生产。三是倡导“无人则安”的先进理念。80%的矿井实现了固定岗位无人值守，取消了井下变电

工、主要运输皮带司机和排水泵司机等。

三、发挥专业优势，有力支撑行业安全高效建设

（一）发挥技术优势，编制安全高效矿井新标准

一是高起点编审。自2010年5月开始，历时一年，组织30余位国内行业一流的专家，六易其稿，编制完成《安全高效现代化矿井技术标准》（以下简称《标准》）的评审稿。2011年6月26日，由中国煤炭工业协会王显政会长为主任，5位工程院士、12位国内知名专家、学者等组成的专家评审组进行了系统、严格的质询评审。《标准》分六篇二十六章共324条，除保留现行标准83条外，高于现行国家级行业标准和补充完善的为241条，为矿井设计、建设、生产等各阶段提供先进系统的技术标准。二是持续完善提升。中煤集团所有新建、在建矿井全面按照《标准》要求建设，生产矿井对照《标准》开展优化升级，并在实施过程中不断发现不足之处，对《标准》进行持续完善提升。国家安监总局、国家煤监局和中国煤炭工业协会正在组织对《标准》进行修改完善，准备升级为行业标准。

（二）发挥设计优势，为行业安全高效建设提供技术保障

一是理念创新。树立为客户创造价值的理念，坚持“简捷、时尚、美观、大方、可靠”，用最少的投资实现安全高效开采。二是设计创优。高标准、开拓性地完成了神东和平朔2个亿吨级煤炭生产基地矿区总体规划和主要设计任务。三是工作创效。承担了22处年产1000万t以上矿井和50余处年产500万t以上矿井的设计任务，获得省部级以上优秀咨询及设计等奖项300多项，为行业安全高效建设提供了可靠的技术保障。

（三）发挥矿建优势，为行业安全高效建设奠定坚实基础

一是提升矿建标准水平。先后主（参）编矿建施工国家及行业标准5部，企业标准5部。二是提升矿建技术水平。先后创出国家一级工法6项、国家二级工法4项、部级工法27项，获国家及行业级科技成果52项，申请专利119项。三是提升矿建装备水平。共装备了矿建施工机械化作业线124条，其中，立井50条、斜井6条、岩平巷4条、煤巷64条。四是安全高效施工。近10 a，共创井巷工程施工纪录10余次，平均建井速度提高50%。参与建设千万吨级矿井19处，施工千米以上深立井14个，9 m以上大直径立井井筒15个（其中超10 m的4个）。获“鲁班”奖工程4项，太阳杯工程45项，优质工程奖123项，承建的工程质量全部合格，为行业安全高效建设奠定了坚实的基础。

（四）发挥装备优势，为行业安全高效建设提供装备支撑

一是构建完备煤矿装备制造体系。构建具有自主研发、设计、制造于一体的综采“三机一架”配套能力，成为全国第一家实现煤矿井下综采、综掘成套装备设计、生产制造、供应及售后服务的企业，也是国内最大的煤机装备制造企业。二是提升装备制造技术水平。完成了多项国家重点科技攻关项目，成功开发了年产千万吨综采工作面成套装备。三是提升装备制造能力。综采成套装备，大范围替代进口产品，已在28处千万吨矿井及44处年产600万t以上矿井中使用，为提升行业安全高效装备水平奠定了基础。

四、突破制约瓶颈，努力创造安全高效新成果

（一）努力建设复杂条件安全高效千万吨矿井群

按照“先研究、后建设”的思路，加大研究攻关力度，着力解决蒙西地区特殊条件井壁设计与施工、防治水与保水采煤、矿压与岩移规律及采场与巷道支护、西部矿区生态治理与重建等行业技术难题，建设内蒙古呼吉尔特矿区、纳林河矿区及陕西榆横北区安全高效千万吨矿井群，建设蒙陕亿吨级安全高效示范矿区。

（二）努力建设行业一流安全高效样板矿

继续加大《安全高效现代化矿井技术标准》推广实施力度，结合实际对标优化，推进现有生产矿井的优化升级工作；新建在建矿井按照《标准》要求建设，建成行业一流的安全高效样板矿。

（三）努力研制薄煤层自动化无人工作面成套装备

发挥产业链优势，加大投入，集成优质资源，加强技术攻关，研发滚筒采煤机和刨煤机，研制薄煤层自动化无人工作面成套装备，为我国丰富的薄煤层资源安全高效开采提供系统技术支撑和全套技术装备。

（四）努力建设环境友好型绿色矿山

落实《中煤集团绿色发展纲要》《中煤集团“十二五”节能环保规划》，倡导“绿色中煤、厚德自然”的核心理念，大力发展循环经济，践行“生态发展产业化，产业发展生态化”，努力建设环境友好型绿色矿山。

人企合一　顺势而行　全面提高
安全高效矿井建设水平

——河南煤业化工集团有限责任公司

煤炭是河南煤化集团的主导产业。集团现有矿井180对（含两批兼并重组的82对小煤矿）。矿井分布地域广，开采条件复杂，自然灾害严重。目前，集团所属矿井中有高突矿井58对、水害严重矿井38对，占河南省属煤炭企业自然灾害严重矿井总数的一半以上，水文地质条件中等以上矿井占矿井总数的2/3；百年老矿焦煤是全国瓦斯和水害最严重的矿区之一，鹤煤矿区是高瓦斯、煤与瓦斯突出和煤层易自燃并存的矿区；兼并重组小煤矿系统隐患多、技术装备落后、人员素质低，安全管理难度大。

河南煤业化工集团针对矿井实际，不断加强各项安全管理工作。坚持“生产必须安全，不安全不生产”，认真贯彻落实国家安全监管总局、国家煤监局和河南省委、省政府关于加强安全生产工作的一系列部署和要求，始终坚持把安全生产作为国企的重大政治任务，按照“抓系统、系统抓”的工作要求和“管生产管业务必须同时管安全”的原则，以“生命至高无上、安全生产第一”为最高信条，以安全生产零事故为目标，以推行“012345”主动预防型安全管理模式为载体，深化“双基”建设，推行“五自”管理，落实安全主体责任，突出抓好瓦斯区域治理和水害防治，强化隐患排查治理、专业系统管理、“打非治违”和“六大系统”建设等重点工作，提高了预防预控水平，实现了安全生产。2012年1—11月，河南煤化集团完成煤炭产量6925万t，百万吨死亡率为0，特别是永煤公司连续8 a、鹤煤公司连续3 a实现了安全生产零死亡。

一、河南煤化集团安全管理的主要做法

自成立以来，河南煤化集团始终秉承和践行“人企合一，顺势而行”的企业哲学、“用心做事，追求卓越”的核心价值观和“从零开始、向零奋斗”的安全管理理念，经过多年探索和实践，在安全管理方面形成了

“012345”主动预防型安全管理模式，即安全零理念、一号工程、双基建设、三项机制、四大体系、五自管理。零理念，即坚持“从零开始、向零奋斗”的安全核心理念；一号工程，即把安全工作作为“政治上、组织上、管理上、责任上、投入上、技术上”的一号工程落实；双基建设，即深化安全基层建设和基础建设；三项机制，即健全以安全业绩为导向的用人机制、以安全效果为导向的奖惩机制和以动态达标为导向的考核机制；四大体系，即完善以科技投入为导向的安全保障体系，以素质提升为导向的职工培训体系，以强化管理为导向的安全评价体系，以防灾抗灾为导向的应急救援体系；五自管理，即推行安全工作矿井自主、系统自控、区队自治、班组自理、员工自律。

河南煤化集团“012345”主动预防型安全管理模式得到了时任副总理张德江同志的充分肯定。

二、河南煤化集团安全高效矿井建设开展情况

河南煤化集团在中煤协会、国家安监局、省工信厅等上级部门的正确领导下，持续开展安全高效矿井建设工作，并取得了一些成绩。2010—2011年，共创建安全高效矿井17对，其中特级安全高效矿井4对，分别是永煤公司陈四楼煤矿、城郊煤矿，焦煤公司赵固一矿、赵固二矿；一级安全高效矿井5对，分别是永煤公司新桥煤矿，焦煤公司中马村矿，鹤煤公司中泰矿业和三矿、六矿；二级安全高效矿井8对，分别是永煤公司红岭矿、主焦矿、云盖山一矿、云盖山二矿、嵩山矿，焦煤公司朱村矿，鹤煤公司二矿、九矿。在创建安全高效矿井过程中的主要做法有以下几方面。

（一）切实加强组织领导，为建设安全高效矿井提供组织保障

深入落实科学发展观，正确把握和处理安全与生产、安全与效益、安全与发展的关系，高度重视安全高效矿井建设工作，进行科学规划，按照“高境界、高起点、高标准”的要求，坚持领导重视、目标引领、正向激励、措施保障等工作策略，促进了安全高效矿井建设工作的全面开展。为确保安全高效矿井创建活动扎实有效开展，集团公司成立了组织机构，并多次组织召开安全高效矿井创建会议，严格按照中国煤炭工业协会制定的《煤炭工业安全高效矿井（露天）评审办法》要求，修订完善了公司安全高效矿井创建活动实施办法，对创建活动进行了全面部署，明确了工作思路、工作目标、措施要求和相关激励机制。各生产矿井按照公司的总体要求，结合自身实际情况，制订下发了创建文件，成立了相应机构，有效促进了安全高

效矿井创建活动的深入开展。

（二）践行企业安全文化，打造本质安全型矿井

秉承“用心做事、追求卓越”的核心价值观和“从零开始、向零奋斗”的安全理念，始终把安全生产放在高于一切、重于一切、先于一切的位置，狠抓自主化、精细化和标准化安全管理，构建了安全生产长效机制。围绕抓基层、打基础，坚持“抓系统、系统抓”的工作思路，健全完善“5+3”安全考核体系（从公司到岗位纵向到底的五级考核体系和三级机关层面横向到边的考核体系），实施“三合一”（双基考核、质量标准化考核、瓦斯区域治理考核）安全大检查，安全考核做到了动态化、常态化、专业化、精细化、问题责任化。公司所属云盖山二矿、陈四楼煤矿、城郊煤矿分别创造了连续安全生产4200多天、3500多天、3300多天的辉煌纪录；创造了全国先进水平，接连受到国家安监总局、省委省政府领导的高度赞扬。

（三）创建标准化精品工程，巩固安全生产基础

始终把安全质量标准化作为安全生产的一项基础工作来抓，细化质量标准，狠抓动态达标，瞄准全省先进、全国一流的目标，扎实开展岗位达标、专业达标；以动态管理为手段，量化标准、细化工序、强化考核，严把工程质量关；制定实施了八大专业《质量标准化管理细则》，完善了专业质量检查制度和措施。以创建精品工程、本安路线、样板区队、样板车间为切入点，加快样板矿区建设，推进了安全质量标准化水平稳步提升。

坚持“工程质量是根基，工作质量是标尺，产品质量是人品”的原则，实行工程质量终身制和“缺陷工程”追究制，狠抓基础质量和动态施工质量。从掘进施工到工作面安装，从回采作业到撤面搬家，所有关联工序逐级实行保质量、保工期、保赔付的“三保承诺”，出现质量问题实行逆向逐级追溯，层层分析，追究责任。将管理延伸到每道工序、每个岗位、每个环节，质量标准化由采掘生产向安装、回撤、修复、加工全方位延伸，实现了由集中整改向动态过程控制的转化。

（四）树立先进安全生产理念，提升采煤装备水平

为提高矿井的安全保障水平，深入贯彻落实“多上设备少上人”管理理念，按照“能综则综、能升则升、能重则重”的原则，着力提高装备水平。2011年以来，新增综采综掘装备130余台套，采掘机械化率大幅提高；2012年集团公司采煤机械化率达到83.53%，较2010年提高了12.72个百分点；煤巷掘进机械化率达到62.73%，较2010年提高了24.72个百分点。

永煤本部四对矿井、云一矿、云二矿、主焦矿、红岭矿、郭村矿、焦煤赵固一矿、赵固二矿、演马庄矿、九里山矿、鹤煤二矿、中泰矿业、九矿等16对矿井采煤机械化率达到100%，同时积极在驻外子公司推广采掘综合机械化。积极推进“一井一面”达产工作，矿井集约化生产水平不断提高，新桥矿、云二矿、嵩山矿、赵固二矿、徐庄矿等十几对矿井实现了“一井一面”达产。

（五）大力推进老矿井安全高效创建，取得显著成效

集团公司所属云盖山一矿、云盖山二矿及安阳鑫龙主焦煤矿、红岭煤矿均为在河南省内重组的地方煤矿，产量低、系统复杂，重组前建矿时间都在30年以上。虽然这些矿井创建安全高效矿井基础弱、起步晚，但是通过高标准的建设，已经发生了翻天覆地的变化，真正达到了“小而精”的安全高效矿井标准。云盖山一矿、云盖山二矿、主焦煤矿、红岭煤矿、嵩山煤矿通过优化采掘布局、合理集中生产，均实现了“一井一面”达产。

（六）推广采煤新工艺技术，实现绿色开采

鉴于部分矿井资源枯竭，在朱村矿、小马矿、韩王矿等矿井推广应用了“膏体充填绿色开采”技术，应用成果达到国内先进水平。该技术将煤矿附近的煤矸石、粉煤灰、炉渣、劣质土、城市固体垃圾等在地面加工成不需脱水的牙膏状浆体，通过充填泵和管道输送到井下，适时充填采空区，一方面减轻开采对底板的破坏，预防底板突水；另一方面支撑上覆岩层，防止地表沉陷，保护地面建筑物和水土资源。解放了“三下”压煤，提高了煤炭资源采出率，实现了焦作矿区的可持续发展。

（七）创新企业核算机制，提高煤炭生产效益

通过优化劳动定额定员、改革薪酬制度、开展劳动竞赛等举措，挖掘企业内部潜力。推行一职多能，实现了减人提效；实施内部市场化和全面预算管理，有效保障了企业的经济效益；实施标煤计量、工时买卖、煤炭产品收购等内部市场化运作，做到矿、区队、班组三者之间各项核算要素清晰规范，激发了员工自我管理的积极性。

（八）优化布局和设计，实现集约化生产

在生产布局上大胆革新，力求集约高效。赵固一矿、赵固二矿结合矿井地质条件实际，优化矿井开采系统，积极推广盘区式开采，最大限度简化生产系统。在赵固一矿、二矿优化设计大走向（2150 m以上）、大斜长（200 m以上）、大采高（6 m厚煤层一次采全高）回采工作面，增加了回采工作面可采储量，提高了回采工作面生产能力及工效，减少了采面搬家次数，提高

了设备利用效率。

总结近年来的安全高效矿井建设工作，河南煤化集团的主要体会有以下三点：

一是加强组织领导，落实主体责任；

二是坚持科学引导，完善激励机制；

三是推动装备升级，提升工作水平。

三、下一步努力方向

“十二五”期间，河南煤化集团将一如既往地开展好安全高效矿井建设工作。按照中煤协会新的《煤炭工业安全高效矿井（露天）评审办法》，明确工作思路、工作目标和措施要求，对创建活动进行全面部署，充分调动广大职工群众的积极性和主动性，促进安全高效矿井创建活动向纵深方向发展。“十二五”期间，除保持已创建的 17 对安全高效矿井外，还要继续增加投入，积极创造条件，力争在省内再创建 10 对安全高效矿井。为确保顺利实现“十二五”期间安全高效矿井建设规划，将采取以下措施：

（一）抓好煤矿安全管理

始终把安全工作放在高于一切、重于一切、先于一切的地位，作为“一号工程”严格落实。继续坚持集团公司瓦斯综合治理纲要，坚持瓦斯区域治理规划，三年内实现高突矿井低瓦斯开采，实现采、掘、抽平衡，实现矿井安全高效发展。

（二）加强建设安全高效矿井的管理

一是完善符合自身实际情况的激励机制，重要工种和部位要与普通工种拉开工资档次；二是强化培训。加强职工安全文化理念培训和岗位操作能力培训，提升员工业务素质；三是建立人才引进的倾斜政策，引进人才的重点是大专院校的毕业生、高新技术人才及重要工种的工人技师；四是充分利用现代技术的发展，加强矿井监测监控和信息自动化技术；五是改革管理体制，优化企业内部组织机构，减少层次，增加管理跨度，建立和形成精干高效、运转灵活的管理机制；六是加强煤炭企业间的交流与合作，尤其是信息交流，实现成果共享，不断学习、借鉴和引进新技术、新装备，提高矿井煤炭生产的技术水平。

（三）调整生产布局，实现合理集中生产

结合各矿生产条件，改革开拓部署，优化巷道布置，调整生产布局，合理集中生产。凡是年产能力在 100 万 t 以下的矿井，都要尽快实现“一井一

面”生产格局。

（四）大力发展机械化，提高单产单进水平

采掘工作面是矿井生产诸多环节中最关键的环节，单产单进是衡量煤矿技术水平的最重要指标。公司将继续大力推广应用采掘机械化工艺，提高单产单进水平，减少原煤生产人员，提高原煤生产人员效率。

推动技术装备升级　提升安全保障水平
坚持走安全高效发展之路

——山东能源集团有限公司

一、山东能源集团基本情况

山东能源集团是山东省省属国有独资公司，注册资本100亿元。集团总部设在山东省济南市。下辖新汶、枣庄、淄博、肥城、临沂、龙口等六个矿业集团，内蒙古、贵州两个区域公司，山能国际与山能国贸等四个直属机构，现有员工23万余人。

山东能源集团立足山东，企业分布在蒙、新、贵、陕、晋等11个省、自治区，并在加拿大、澳大利亚等国家和地区加快资源开发步伐。2011年，完成煤炭产量1.08亿t。2012年跻身世界500强第460位。

二、安全高效矿井建设工作取得的成效

近年来，山东能源集团深入贯彻落实安全高效矿井建设总体要求，不断探索企业安全高效发展的管理机制，实现了安全形势总体平稳发展、生产经营持续高效运行。2011年，集团共有32对矿井被评为安全高效矿井。其中，新矿集团8对，枣矿集团7对，淄矿集团6对，临矿集团6对，肥矿集团3对，龙矿集团2对。

围绕安全高效矿井建设工作，集团的主要做法包括：

（一）加强组织领导，落实安全主体责任，为建设安全高效矿井提供组织保障

深入落实科学发展观，正确把握和处理安全与生产、安全与效益、安全与发展的关系，百万吨死亡率连续多年保持全国先进水平，鄂庄煤矿安全周期超过20周年，付村、新安等煤矿安全周期超过10周年。2011年，山东能源集团整体实现安全生产年。

（1）切实加强组织领导。高度重视安全高效矿井建设工作，积极进行

科学规划，按照“高境界、高起点、高标准”的要求，坚持领导重视、目标引领、正向激励、措施保障等工作策略，促进了安全高效矿井建设工作的全面开展。

（2）坚持安全发展理念。始终坚持“安全第一、预防为主”的方针，严格做到“四个必须”，即不管经济如何发展，安全理念必须坚持；不管企业如何改革，安全工作必须加强；不管效益如何波动，安全投入必须保证；不管体制如何变化，安全制度必须落实。

（3）完善安全责任体系。突出各矿业集团独立法人主体地位和安全责任主体地位，强化能源集团的指导、协调和监督作用。建立以总工程师为首的技术保障机制，构建“能源集团—矿业集团—生产矿井”三级管理体系，有效保证了安全责任的落实。

（4）强化安全基础管理。坚持“查大系统、治大隐患、防大事故”，突出“一通三防”、防治水、顶板管理、机电运输等安全管理重点，强化了安全工作的基础。

（5）创新安全管理机制。坚持用市场经济的手段抓安全，实行安全风险抵押金、“四三三”结构工资等制度，深入开展了“五精管理”“安全评价”“一岗双述”等管理创新，有力地调动了抓好安全工作的主动性和自觉性。

（二）加大资金投入，提高装备技术水平，为建设安全高效矿井创造前提条件

（1）不断提高采煤装备水平。不断加大装备投入和自主技术创新。大力实施薄煤层综采技术，2011 年，滨湖煤矿薄煤层工作面生产原煤 99.25 万 t，创造了全国薄煤层工作面最高纪录。积极应用大采高一次采全高工艺，亭南煤业和双欣矿业应用了 6.3 m 和 6.5 m 液压支架，工作面最大采高达到 6.5 m，大大提高了生产效率及安全保障程度。

（2）积极抓好掘进机械化工作。推广应用了大功率综掘机、全岩掘进作业线、半煤岩综掘机和掘锚一体机等先进的综掘装备。新巨龙公司装备的 MH620 型进口掘进机在大断面硬岩巷道月进 162 m，长城煤矿综掘二队平均月单进 430 m，达到了国内先进水平。

（3）大力推进矿井辅助运输系统升级。积极推进矿井辅助系统全面升级，在多个矿井实现了单轨吊运输网络化。新矿集团装备了 73 台单轨吊机车，运输网络总长度达到了 135.6 km。杨家村矿井全部采用无轨胶轮车运输。多个矿井建立了矿井轨道运输的“信、集、闭”系统。

（4）全面进行机电技术改造。能源集团省内矿井变电站二次控制保护

装置全部实现了远程自动化控制。华丰矿建成了第一个数字化变电站。唐口矿投资1400万元建成柴油发电机组备用电源。积极推广绞车PLC控制和设备变频技术，有效提升了企业机电设备管理水平。

（5）扎实推进数字化矿山建设。按照“创建一流信息化矿井”的目标，制订了建设规划。各单位先后建成了井下千兆工业以太环网及矿井综合自动化平台，完善了煤炭生产、设备运行、安全监测监控等网络体系，实现了全方位的监测监控。

（三）明确管控重点，突出重大灾害治理，为建设安全高效矿井奠定坚实基础

（1）在一通三防方面，紧紧抓住采掘布局、通风系统、瓦斯抽采、安全监控等重点环节，多个矿井被命名为“通风示范化矿井”。高度重视省外煤矿特别是云贵煤矿的瓦斯治理，采取抽放等综合措施，杜绝了瓦斯事故。实施精细管理无尘化作业，粉尘等职业危害得到有效控制。

（2）在防治水方面，重点对龙矿集团海下采煤、枣矿集团湖下采煤、肥矿集团高承压水上采煤等进行治理。积极依靠科技手段做好防治水工作，健全完善水动态监测系统和降雨量自动观测系统，采用瞬变电磁仪、直流电法等技术手段对矿井水文情况进行探测，保障了安全生产。

（3）在冲击地压防治方面，强化冲击地压防治，做到监测系统完善、监测手段先进、解危措施全面、专业管理到位。在所有冲击危险矿井安装了微震监测系统和实时监控系统，为安全生产提供了有力保障。

（四）实施科技兴安战略，优化开采工艺，为建设安全高效矿井提供技术支撑

（1）改进工艺提高生产效率。以系统安全、设计优化、工艺创新、支护改革为重点，优化开拓布局和生产系统。在大力实施综掘作业的同时，积极发展炮掘连续化运输，极大提高了生产效率。

（2）创新驱动支撑优势明显。注重创新的层次与针对性，全员创新创效活动蓬勃开展。2012年，先后召开防治水技术、冲击地压防治、通风防尘、大型设备在线监测等推进会60多次，取得显著效果。

（3）保障安全强化设备管理。推行设备生命周期管理和设备点检制，建立了设备管理系统和机电设备计划检修系统，对设备实现采购、检验、入库、维护、租赁、报废等全过程管理，极大提高了设备使用效率。

（4）大力推动资源综合利用。积极应用低浓度瓦斯发电技术，多个矿井实现了瓦斯综合利用。截止到2012年4月，亭南煤业公司完成瓦斯发电

量 1.571×10^{7} kW · h，并利用发电余热进行矿井供暖。该项目年节省煤耗 3508 t，减少电费支出 942.6 万元，实现了安全、环保、节能的三重价值。

（5）坚持资源节约，实施绿色开采。加快生产方式变革，将绿色开采的理念贯穿于煤炭开采全过程。2011 年，新矿集团完成以矸换煤量 260 万 t。淄矿集团推行膏体充填、高水充填等技术，累计置换煤炭 200 多万吨。龙矿集团对与煤伴生的油母页岩资源进行了开发利用，取得了很好的经济效益。

三、下一步工作思路

山东能源将大力实施“大能源、大资源、大合作、大运营、大协同”战略，全力做大做强能源、现代服务、装备制造、煤化工四大产业板块，努力实现企业安全发展、绿色发展、高效发展、转型发展和跨越发展。规划到“十二五”末，实现主要经济指标翻一番，主营业务收入达到 2700 亿元，实现利润总额 270 亿元，煤炭产量达到 2 亿 t。

围绕安全高效矿井建设工作，集团将从以下五个方面入手。

（1）抓安全，保生产。全面加强生产技术基础管理和安全薄弱时间、薄弱环节的管理，坚决消灭瓦斯、煤尘、水害、火灾、顶板等重大事故，努力实现百万吨死亡率为零的奋斗目标。

（2）重科技，上装备。大力倡导“无人则安”和“宁花百万上装备、不花一万用一人”的理念。努力建设采掘装备机械化、辅助运输连续化、安全监测数字化的现代化安全高效矿井。

（3）调结构，促发展。着重加大后备资源开发力度，积极向神华、淮南、陕煤、伊泰、潞安等先进单位学习，将主要精力投注在大型矿井的开发和建设上，走安全高效发展之路。

（4）严标准，提质量。按照中国煤炭工业协会关于安全高效矿井的标准，从安全生产、经济效益等方面加大工作力度，提高安全高效矿井的建设质量，为企业安全高效发展奠定基础。

（5）抓组织，保目标。成立专门的工作领导小组，协调统筹安全高效矿井建设工作，出台相关激励政策，推进能源集团的安全高效矿井建设工作。

科技创新谋发展　安全高效创特色

——兖矿集团有限公司

兖矿集团有限公司是以煤炭、煤化工、煤电铝及机电成套装备制造为主导产业的特大型省属国有企业。矿区开发建设始于 1966 年，1976 年成立兖州矿务局，1996 年整体改制为国有独资公司，1999 年成立兖矿集团。现有全资及控股子公司 56 家，在册职工 9.6 万人。

多年来，兖矿集团秉承“奉献光热、创造价值”的企业使命，牢固树立和全面落实科学发展观，加快产业结构调整和经济发展方式转变，企业实现超常规跨越式发展。目前已形成煤炭、煤化工、煤电铝及机电成套装备制造“三大主业”，本部鲁南、兖州、邹城“三大园区”，外部贵州、陕西榆林、新疆、内蒙古鄂尔多斯、澳洲“五大基地”的“43335”发展格局。

兖矿集团围绕建设“主业突出、核心竞争力强的国际化企业集团”战略目标，坚持产业一体化、布局区域化、发展国际化“三向并进”发展策略，推动兖矿集团由本土化企业向国际化企业转型，由实施低成本竞争战略向差异化竞争战略转型，由追求规模扩张向规模效益并重转型，逐步探索出传统资源型企业科学发展的新路子。

兖矿集团荣获我国工业领域最高奖项——第二届中国工业大奖，获得全国优秀企业（金马奖）、中国质量效益先进企业特别奖、全国实施卓越绩效模式先进企业、“五一”劳动奖状、中国环境保护示范单位、中国节能减排十大功勋企业、中国最具影响力企业等荣誉。被大公国际评估公司评估为“AAA”级信用企业。“兖矿煤”入选首届中国品牌 500 强名列第 68 位。控股子公司兖州煤业股份有限公司，是我国煤炭行业第一个同时境内外发行股票，并在香港、纽约和上海三地成功上市的企业。2011 年实现营业收入 814.13 亿元，利润总额 100.04 亿元，名列 2011 中国企业效益 200 佳第 31 位、2011 中国能源集团 500 强第 32 位、2011 中国煤炭企业利润总额第 4 位，被美国标准普尔指数推为全球最具投资价值的 30 只股票之一。

一、兖州矿区安全高效矿井建设简要回顾

兖州矿区是一个以综采为主的特大型现代化矿区，位于山东省济宁市境内，位置优越，交通发达，矿区主要包括兖州煤田大部和济宁煤田东部。兖州煤田现有南屯、兴隆庄、鲍店、东滩、北宿、杨村六对生产矿井，面积 244.2 km^2，济宁东部煤田有济宁二号、济宁三号两对生产矿井，面积 200 km^2。矿区设计生产能力为 2275 万 t/a。主采二叠系山西组的第 3 号煤层，属于低灰至中灰、低磷、高发热量、高挥发分的中变质气煤。兖州煤田的 3 层煤、分叉区域的 $3_{上}$ 煤及济宁东部煤田的 $3_{下}$ 煤是适合综放开采的厚煤层，是兖州矿区煤炭生产的主要煤层。

开展安全高效矿井建设二十年来，兖矿集团始终坚持改革、创新和加强企业管理综合推进的方针，瞄准“安全优质高效一流矿区”目标，坚定不移地走大型化、集约化、系统化和现代化的发展之路，积极组织开展以提高综采单产保矿井总产为目标的采煤创水平竞赛活动，不断研究发展新技术、新工艺、新装备，加大科技投入，不断把矿区煤炭生产和安全高效矿井建设引向深入，逐步形成了独具兖矿特色的安全高效矿井建设模式和一流的安全高效现代化矿区。

回顾兖州矿区安全高效矿井建设里程大致可分为四个阶段。一是起步阶段（1993 年），南屯矿率先建成煤炭行业首批高产高效“达标”矿井，标志着矿区安全高效矿井建设的起步；二是发展阶段（1994—2001 年），1994—1996 年，兴隆庄、鲍店、东滩矿相继建设成为煤炭行业高产高效矿井。2000 年，新投产的济宁二号煤矿建成了特级高产高效矿井。2001 年，济宁三号煤矿实现当年投产、当年达产、当年建成煤炭行业特级高产高效矿井。6 对矿井跃居煤炭工业安全高效矿井建设先进行列，形成了矿区安全高效矿井建设全面发展和蒸蒸日上的新局面；三是提高巩固阶段（2002—2004 年），2003 年，济三矿突破 1000 万 t 和东滩矿突破 800 万 t 大关，2004 年，东滩、兴隆庄和济三矿年产均达到 700 万 t 以上，采煤工作面平均单产和工作效率等主要生产指标均创最高水平，标志着矿区安全高效矿井建设处于提高巩固阶段；四是创新深化阶段（2005—2011 年），兖州矿区优化整合本部资源，深化煤炭开采方法，研发先进技术装备，深挖内潜创高效，实现从增量到增效的模式转变。2011 年，本部南屯、兴隆庄、鲍店、东滩、济二、济三等 6 对大型矿井保持了煤炭工业特级安全高效矿井荣誉称号，北宿、杨村等 2 对薄煤层矿井继续保持煤炭工业行业一级安全高效矿井荣誉称号。

2011 年，新建投产的菏泽能化公司赵楼煤矿也达到煤炭行业特级安全高效矿井标准，兖州矿区的安全高效矿井建设处于创新提效的深化发展阶段。

二、安全高效矿井建设所取得的主要成就

（一）建立高效集约化生产和经营效益管理的新模式

多年来，兖矿集团紧紧依靠科技进步，提升装备能力，大力开展以提高单产水平为主要内容的采煤创水平竞赛活动，使目前公司本部 9 对矿井，均实现了高效集约化生产，形成了一矿一井 1 ~ 2 面的安全生产模式。近十年来，集团公司牢固树立"安全大于天"的经营理念，安全形势得到有效控制，从安全中创效益。大力实施"三零"工程，从煤炭产品质量中增效益。开展"四大"清理活动，从管理上降成本找效益。逐步形成目前的技术先进、生产安全和效益最大化的矿井生产模式。

（二）主要生产指标在突破创新基础上实现高质量增长

（1）原煤产量由快速增长，转为均衡稳定。公司原煤产量由 1992 年的 1089 万 t 增长到 2003 年的 4560 万 t，以每年平均 270 多万吨的幅度递增。特别是"九五"期间，矿区原煤产量进入一个高速增长阶段，年平均递增幅度达到 300 万 t 左右，其中 2001 年比 2000 年增幅 600 万 t，2002 年比 2001 年增幅 443 万 t，2003 年比 2002 年递增 488 万 t。2005 年以来，科学核定矿井生产能力，优化矿井开拓布局和生产组织，矿区原煤总产量稳定在 3700 万 ~ 4000 万 t 之间，2011 年兖矿本部原煤产量为 3896 万 t。

（2）综采队产量由快速增长，转为高质量稳定生产。自实施安全高效矿井建设规划以来，综采队单产从最初的年产 100 万 t、200 万 t，到 500 万 t、600 万 t，保持了较高的增长幅度。其中，东滩矿综采队在 1997—2004 年连续 7 年创出全国立井综采单产最好成绩。2005 年以来，矿井产量和重点综采队产量受采场条件及生产能力限制趋于稳定。2011 年本部 9 矿有 2 个放顶煤采煤队超过 600 万 t，5 个采煤队产量为 200 万 ~ 500 万 t，2 个薄煤层采煤队达到 60 万 t。

（3）采煤工作面单产和生产效率增长平稳。1992 年回采工作面单产为 4.8592 万 t/（个·月），2003 年采煤工作面单产达到 31.0475 万 t/（个·月）。2005—2011 年工作面平均单产稳定在 20 万 t/（个·月）左右，2011 年为 20.0388 万 t/（个·月）。1992 年矿区原煤生产人员效率仅为 2.136 t/工，2003 年达到 19.786 t/工，济三矿最高达到 48.569 t/工。2005 年以来，原煤生产人员效率稳定在 16 ~ 17 t/工。2011 年，原煤生产人员效率为

16.388 t/工。

（4）安全状况持续好转。安全高效矿井建设的过程中，通过加大安全投入，全方位技术保障，在百万死亡率连续多年保持在1以下的基础上，安全状况持续好转。2007年以来，百万吨死亡率为0，安全生产超过2300多天，到2012年6月29日，兖矿集团实现安全生产6周年，到2012年8月31日，兴隆庄煤矿实现安全生产11周年，保持了安全较高水平。

（5）矿井利润及职工收入持续增长。1992年兖州矿务局利润总额为8219万元，2001年煤业公司利润总额11.5亿元，到2011年公司利润总额增至100.04亿元。2011年有4对矿井利润超过10亿元，其中东滩煤矿利润达到21亿元。职工收入保持了7%～17%的年增长率，从2001年到2011年，平均工资由14364元增至69246元。

（6）矿区环境综合治理成效显著。把环境工作摆到与安全工作同等重要的位置，实施了以节能、节水、节约煤炭资源和原材料为重点的资源节约模式，构建了资源综合利用和矿山环境治理为核心的循环经济体系，加强矿区绿化和煤矸石、矿井排放水的综合利用。环境管理体系持续有效运行，"三同时"执行率达100%，环境保护设备运转率达100%，完好率为100%，各种污染物排放均符合国家标准。矿井水复用率达100%，生活污水复用率达到70%，煤矸石、煤泥和粉煤灰综合利用率达到了100%。

三、安全高效矿井建设的经验做法

二十年来，兖矿集团紧紧依靠科技进步，大力实施科技兴煤发展战略，大力发展综采放顶煤技术，积极提高技术装备水平，推进主运输系统改造、巷道锚网支护技术及其他相关保障技术措施，基本形成了一套完整的安全高效矿井生产模式和建设体系。其经验和做法，主要有以下几个方面。

（一）优化矿井开拓布局，大力推广煤巷锚网支护技术，提高掘进单进水平

为充分发挥综采设备的生产效能，公司各矿井不断对矿井开拓布局和巷道布置进行优化调整，一是合理归并采区以及优化开采参数，减少生产采区个数。如兴隆庄矿通过优化合并构成矿井三个主要采区，采区平均可采储量扩大到2200万t以上。各矿井生产采区个数控制在2～3个，集中生产程度高，生产系统简化。二是积极推广先进的巷道布置方式，对新矿井尽量采用全煤巷布置方式，最大限度减少岩石巷道；对老矿井新采区巷道布置进行改革，优化布置方式，从而大幅度降低掘进率（矿井生产掘进率由1992年的

94.4 m/万 t 下降到 2011 年的 45.4 m/万 t），为矿井合理集中生产和减人提效创造了有利条件。三是优化回采巷道布置方式，推广窄煤柱沿空掘进巷技术，提高资源采出率，研究发展沿空留巷技术，提高煤巷综合利用率。

为满足综采工作面安全、高效及快速推进的要求，该公司积极推广应用煤巷锚网支护技术。对综放面实体煤和沿空顺槽的锚网支护关键技术进行探索和研究，对综放（包括普通综采）工作面大断面切眼以及埋藏深、地压大和煤层特别松软破碎等特殊条件下的煤巷锚网支护技术进行攻关，煤巷锚网支护技术的推广应用，大大提高了掘进单进水平，提高了采煤工作面接续保障能力。2006 年公司煤巷锚网支护率实现 100%，2011 年煤巷综掘进尺 157079 m，占巷道总进尺的 67.8%。目前兖州矿区的煤巷锚网支护技术建立了以 S150、EBZ200 掘进机为主、配套带式输送机、适应矿区实际的高效掘进装备模式，并积极引进应用大功率掘锚一体化机组，推广应用岩巷掘进液压钻车、高效装岩机、移动矸石仓、综掘机载临时支护、机载锚杆钻机等先进设备，促进单进水平进一步提高。

（二）加大科研攻关力度，不断完善厚煤层综放工艺及薄煤层机械化装备技术，提高矿井单产水平

兖州矿区综采放顶煤技术的始于 1992 年，在经过试验、推广和完善提高之后，综放技术得到迅速发展，成为兖矿主要的采煤方法。为保持我国综放开采技术的国际领先地位，先后进行了“九五”、“十五”、“十一五”综采放顶煤核心装备技术攻关，提出了“装备现代化、系统自动化、生产集约化、管理信息化”的煤炭开采理念，形成了兖矿集团具有国际竞争力的核心技术，提高了我国煤矿安全高效生产的科学化水平。综放工作面单产水平由 100 万 t 到 600 万 t 的跳跃式发展，实现了历史性突破。

“十一五”期间，一是组织完成了“年产 600 万 t 自动化综放工作面高可靠性装备及系统技术研究”项目，进一步提高我国综采放顶煤技术的竞争力，实现集约化、信息化、自动化生产，该套装备最高日产 2.5161 万 t，最高月产 62.3418 万 t，最高原煤生产人员效率为 405.82 t/工，各项指标均创综放工作面开采以来历史最高纪录。二是成功研制两柱掩护式放顶煤液压支架，并获得了中国、澳大利亚、南非多项发明专利，为综放技术输出国外打下了基础。该项目成功开发了世界首套放顶煤液压支架电液控制系统和基于神经网络的综放工作面自动化控制系统及自动化放顶煤工艺，实现综放工作面自动化生产。三是实现综放技术国际输出。2006 年兖矿放顶煤技术在澳大利亚顺利应用，实现我国海外采矿发展战略，实现了我国煤炭行业向发

达采煤国家输出采矿技术“0”的历史性突破，形成了国际市场条件下具有核心竞争力的安全高效综放开采技术。

在完善厚煤层综放开采技术的同时，积极开展薄煤层综合机械化研究攻关，着力破解薄煤层机械落煤和设备配套技术难题。为解决含硫化铁结核和硬夹矸薄煤层的落煤问题，2007 年，兖矿集团联合有关煤矿设备制造企业、高等院校进行科研攻关，研究开发出薄煤层综合机械化安全高效开采的成套技术装备与生产工艺，“1 m 以下含坚硬夹矸薄煤层安全高效综采成套装备与技术”项目获得成功，并荣获中国煤炭工业科学技术一等奖，达到国际领先水平。2011 年杨村煤矿薄煤层工作面最高日产量达 3365 t，最高月产量为 6.5 万 t，平均单产达到 5.5 万 t/（个·月），年产达到 66.2099 万 t。回采工效为 20.81 t/工，是原来同等地质条件炮采的 4.6 倍。

（三）大力推进系统改造和技术服务，巩固技术保障能力，为安全高效矿井建设提供综合保障

1. 主运输提升系统保障

围绕矿井集约化生产目标，公司统一制定了以改造提升运输为主线及扩大外围储装运能力为目标的技改规划，各矿推进主井提速、箕斗扩容及煤流运输、地面储装运和洗选能力改造。1996—2004 年，8 对矿井、13 台负责原煤主井提升机系统技术改造完成，全部实现全数字自动化控制，提高了主运输提升系统的安全可靠性和自动化程度，提高主井提升能力。公司对矿井主带式输送机采用增大传动滚筒的直径、尾部加驱动装置、降低减速箱速比等技术手段进行了提速改造，为矿井产量的提高提供了保证。至 2003 年 7 月，矿井原煤运输系统全部实现了集中控制。各单位在对主井提升运输系统改造的同时，不断加强对地面生产系统、地面储装运系统、选煤厂主选煤系统和通风环保系统技术改造。各矿通过实施技改工程，生产系统进一步完善，系统能力大幅度提高，系统的可靠性明显增强，为矿井稳产高产创造了条件。

2. “一通三防”技术保障

本部矿井瓦斯涌出量较低，主采煤层属自燃煤层，针对开采强度高，生产粉尘控制难度大，放顶煤工作面自然发火概率高的情况。公司深入开展防治煤层自然发火、粉尘治理等技术攻关，一是成功解决了“煤自燃位置判定、煤自燃温度判定、煤自燃时间判定”三大煤自燃早期预测预报难题。二是实现了煤层火灾治理“由被动治理到主动预防的转变、由分散技术到成套技术的转变”，成功解决煤层自燃防治技术难题。三是积极研究采掘工

作面粉尘控制关键技术及其工艺设备，解决了采掘工作面的粉尘危害问题。四是系统研究采空区瓦斯爆炸的危害及防治技术，解决了大面积采空区有害气体控制问题。五是完成了高温矿井热害防治关键技术研究与实践课题，解决了深井降温问题。2005 年以来，全公司杜绝了煤层自燃事故，生产性粉尘浓度显著降低，井下作业环境明显改善，为放顶煤技术的安全发展和海外输出，提供了有力的技术保障。

3. 地质防治水技术保障

公司积极推进地质防治水保障系统建设，一是建立厚松散层下综放工作面安全开采研究与水害防治体系，有效解放了第四系防水煤柱下压覆的大量煤炭资源。二是建立开采沉陷规律预测与地质灾害治理技术体系，形成了一套水体下厚煤层综放开采、建筑群下薄煤层不搬迁开采、离层带注浆减沉技术，有效防范和解决了“三下”压煤开采可能引发的地质灾害。三是建立综放工作面综合防治水技术体系，解决了侏罗系红层、3 煤顶板含水层赋水规律及水害防治，超前布设防排水工程，避免了水害事故，实现了矿区十五年防治水工作安全。四是建立采区工作面小构造精细化分析解释技术体系，有效解决了大埋深煤层小构造探查精度技术难题，大大提高超前预测预报断层构造精度，对优化采区工作面布置、减少和避免地质风险、优化采煤方法等保障矿井安全生产等方面发挥了重要作用。

4. 冲击地压防治技术保障

针对综放开采深度不断增加、开采条件日益复杂等实际，大力开展技术攻关，通过深入研究和不断创新，逐步形成了以区域预测、综合监测预警、超前预防、局部解危、综合防护和综合管理为主要内容的一整套较为成熟的综合防治技术体系，十余项成果获得了省部级以上科技奖励，有力地促进了安全生产。在煤炭行业率先制定了《冲击地压防治技术规范》，又下发了《冲击地压防治工作“十项硬性规定”》，7 对冲击地压矿井全部安装了微震监测系统，7 个冲击地压防治重点工作面安装了应力实时在线监测系统，实现了区域监测与局部监测相结合。各矿配备大直径钻孔卸压的架柱式风动钻机不少于 3 台、德国哈泽玛格手持风动钻机不少于 6 台。2007 年自从公司成立防冲专职机构以来，杜绝了冲击地压（矿震）灾害事故。

5. 建立独具特色的兖矿辅助运输模式

为了适应集约化生产的发展，以“减人提效、节支降耗和优质安全运输”为目标，经过十几年的研究与探索，矿井辅助运输取得了重大的技术突破。一是立井无轨直达运输。济三矿在国内井工开采矿井中首次采用无轨胶轮车运输技术，实现了从井口（井底车场）到工作地点连续直达运输。济二煤矿全力改造井下辅助运输系统，新建了轻型无轨胶轮车运人系统。二是研制推广连续牵引车，实现了工作面顺槽长距离、多变坡、多转弯条件下连续运输，具有软启动、双制动和综合保护功能。三是高速架空乘人技术，研制应用了国内首套高速架空乘人装置，可实现无级调速、静止上下人、可转弯运输。目前在东滩煤矿、兴隆庄煤矿等推广使用21套。研制推广了顺槽架空乘人装置，解决了长距离顺槽的运人问题。四是辅助运输安全保障技术，副井操车实现动态监控、故障检测、实时图像监视。机车具有行车调度指挥程序化、动态显示、实时监控，程控、集控、手动多方式控制等功能。斜巷挡车栏、上下车场阻车器及道岔实现自动控制，车辆超速报警及斜巷挡车栏自动闭锁，阻车器、挡车栏、道岔、雷达捕捉器动作实时模拟显示和故障报警。通过大力组织辅助运输方式改革和技术创新活动，较好地解决了辅助运输与矿井开采技术同步发展问题，为安全高效矿井建设创造了良好的安全生产条件。

（四）树立先进的安全文化理念，不断完善安全管理体系，为安全高效矿井建设提供支撑保障

认真落实“安全第一、预防为主、综合治理”方针，针对产业跨度大、区域分布广、高危行业集中、安全管理难度不断加大的实际，兖矿集团探索形成并大力实施安全管理“511工程”，以推动高危行业逐步向安全行业转变为目标，确保了公司安全稳定发展。

一是创新理念引导体系。把安全工作摆在“高于一切、先于一切、重于一切、决定一切”位置，增强“以预为主、以防为先、以控为要”的超前意识。推广“三为六预”（以人为本、安全为天、预防为主，预教、预测、预想、预报、预警、预控）安全文化，形成符合兖矿实际的安全预控理念体系。二是创新过程预控体系。加强安全预控机制和制度建设，完善了156项风险预控管理制度，修订了45项技术标准规范和128个煤矿工种技术操作规程。实行岗位、班组、区队、科室、矿处、专业公司、集团公司“七级隐患排查”制度，全面强制性推行“三位一体和手指口述”安全确认制度，及时排查消除现场动态隐患。三是创新责任落实体系。健全安全决策、安全技术、组织落实、群防群治、安全培训、监督考核“六个责任体系”。全面推行安全风险目标管理，做到人人有责任、处处有标准、事事有考核。落实职工“十项权利”，形成干部工人双向监督制约机制。推行全员安全风险抵押，严格执行领导干部效益年薪和评先树优安全“一票否决”

制度。四是创新科技支撑体系。大力实施“科技兴安”战略，落实安全投入保障机制，围绕煤层自然发火、瓦斯、煤尘、水害、冲击地压（矿震）等重大灾害防治，集中力量开展攻关。积极推进信息化与工业化融合发展。实施安全供电智能化、提升运输数控化、胶带运输集控化、安全生产监测监控自动化改造。五是创新素质提升体系。加强培训机构、师资和教材“三项建设”，建成综采放顶煤、薄煤层开采、掘进、辅助运输、机电、通风、爆破、矿山救护等7个重点专业地面实训基地，制作成26套多媒体仿真教材，建成通过局域网可实时访问的电子教室，自主编写出版51个煤矿工种、86个非煤工种的安全培训教材。

（五）发挥人力资源效能，提高原煤生产效率

为全面提升人才队伍整体素质，积极开发人才资源，提升人才效能，为安全高效矿井建设提供强有力的人才保障。公司相继制定了《“个十百千”人才建设工程实施方案》《人才工作目标责任制考核办法》《关于加快引进高层次创新创业人才的实施意见》以及《优秀技术技能人才评选管理办法》人才队伍的建设为企业的高效运转作出了巨大贡献。

减员增效，合理控制员工总量，是公司降低人工成本、实现增收节支的有效措施。一是建立减员增效长效机制，纳入人力资源考核管理，逐年考核，评先树优。二是严格管控，调控“三类人员”工资分配比例，有效发挥薪酬分配的激励作用，提高劳动效率。三是坚持开展劳动定员工作。提高原煤人员的操作、技术水平和业务素质，向一专多能复合型用人方向发展，合理减员。四是始终把转岗培训作为工作重点，以劳动定员为基础，强化生产一线和井下辅助岗位富余人员转岗培训，结合公司主辅分离，搞好人员合理分流。坚持原煤全员效率统计分析制度，统一核算标准，逐月落实目标任务，使原煤生产效率不断提高。

（六）持续改进煤炭产品质量，创出经济效益最大化

公司深入细致地分析产品缺陷和质量问题，围绕培育国际知名品牌和“精品”战略，于2001年全面实施了以零杂物、零缺陷、零投诉为主要内容的“三零”工程。一是加大硬件和科技投入。自2001年以来，公司累计投入近3亿元进行技术更新和改造工程，适时调整工艺流程和产品结构，使选煤生产能力和产品质量有了较大提高。二是不断强化生产源头、洗选加工、装车外运等环节的质量控制。充分发挥管理和监督职能，加强了对井下毛煤水分、灰分和除杂等情况的检查和问题处理。三是精细控制把好对客户的每一道质量关，确保用户满意。通过质量管理和实施“三零”工程取得

了丰硕成果，产品合格率达100%，精煤含杂率降至1 kg/万 t 以下，达到世界先进水平，“兖矿煤”的质量品牌优势得到充分体现。

四、存在问题及展望

兖矿集团安全高效矿井建设取得了长足发展，生产规模和经济效益均取得了较大成果，但也有部分不利因素限制了安全高效矿井建设的进一步提高。

（1）本部矿井长期开采时间长，优势资源减少，由厚煤层向薄煤层开采转型的情况下，原煤生产人员效率降低，在申报安全高效矿井时由于厚薄煤层不单独核算，申报级别降低。

（2）煤炭开采区域逐步走向矿井边远、深部、构造复杂地段，开采条件极差，安全管理难度大，煤炭生产组织困难，给安全高效矿井的建设提出了新的要求。

兖矿集团“十二五”期间，将以技术创新为先导，继续深化安全高效矿井建设。一是加强人才引进、引领、培养，储备高素质的人力资源，建立高标准的煤炭企业团队。二是加大科技创新，进一步提升采掘装备自动化、信息化水平，继续保持技术领先优势，在冲击地压防治，瓦斯、防灭火、高温治理等灾害治理方面加大技术投入，为煤炭生产提供安全保障。三是坚持产业发展与资本运作相结合，选择资源优越、经济发达、法制健全、社会稳定的国家和地区作为“走出去”的重点，发挥区域和产业之间协同效应，在全球范围内实现资源最佳配置，推动兖矿集团由本土化企业向国际化企业转型，打造国际一流的能源企业，保障国家能源安全。

强基固本　夯实安全生产基础
务实创新　建设安全高效矿井

——内蒙古伊泰集团有限公司

内蒙古伊泰集团有限公司是以煤炭生产、经营为主业，以铁路运输、煤制油为产业延伸的大型现代化企业。公司为中国企业500强第237位、全国煤炭企业百强第19位、原铁道部确定的百家运输大客户和内蒙古自治区煤炭50强之首。

伊泰集团现有大中型生产矿井14座，筹建矿井1座，在建矿井1座，总生产能力超过5000万t/a。伊泰集团煤矿产销能力突破7000万t。

公司生产的煤炭具有低灰、特低磷、特低硫、中高发热量等特点，是天然的“环保型”优质动力煤。公司一直秉承“安全是企业的最大政治、员工的最大福利、企业的最大效益”的指导思想，在安全上坚持抓基层打基础，强基固本抓安全，以理念铸魂，靠典型引路，凭制度保障，大力推进安全生产保障体系建设，安全生产成效显著。2005年以来，公司连续7a煤炭生产实现了零死亡，安全业绩处于行业领先水平。集团公司所属酸刺沟煤矿、纳林庙煤矿二号井、宏景塔一矿、纳林庙煤矿一号井、大地精煤矿、宝山煤矿、丁家渠煤矿等七座矿井通过了煤炭工业协会专家组验收，荣获“特级安全高效矿井”称号，凯达煤矿荣获“二级安全高效矿井”称号。伊泰集团经过多年的煤矿建设和生产实践，走出了一条具有伊泰特色的安全高效矿井建设道路。伊泰集团安全高效矿井建设的主要经验如下。

一、加强理念引导、制度保障、过程控制，为安全高效矿井建设提供强有力的安全保证

（一）确定高标准安全生产目标

伊泰集团在安全上始终坚持一个信念：“煤矿可以创建成为最安全的企业”，在这一信念支持下，确立了高标准的安全生产目标，不断推动安全工作创新，注重安全基础建设，强化现场安全管理，加强安全保障体系建设，

实现了连续7 a煤炭生产零死亡。伊泰坚持一个安全理念、两个基本点、三个基本准则。一个安全理念指宁可少产100万t煤，也不死一个人，宁可多投入1000万元，也不死一个人，这一理念阐明了安全与生产、安全与投入的关系。两个基本点指一是靠管理，二是靠投入。三个基本准则指安全是企业的最大政治，是员工的最大福利，是企业的最大效益。

（二）抓住管理和投入两个关键

1. 安全投入

伊泰集团用3 a时间，投资25.8亿元，将所属32座煤矿技改整合为13座。彻底改变了传统落后的房柱式炮采工艺，煤矿全部实现了综合机械化长壁垮落法采煤。矿井采区采出率由过去的不足30%提高到75%以上。大功率、高可靠度机电一体化装运系统的实现，使矿井装备水平有了极大提升，为矿井安全生产提供了可靠保障。2007年6月5日，国家安监总局在鄂尔多斯组织的资源整合现场会上对伊泰集团大投入进行技术改造的做法给予了充分的肯定。

在煤矿安全监测监控装备方面，伊泰集团以达到全国一流水平为目标，现已投资1.8亿元，为煤矿装备了安全生产监测监控系统、程序调度通信系统、井下人员定位系统、井下无线通信系统、束管监测系统、工业电视和大屏幕系统，并通过系统集成建立起了综合自动化系统平台。仅2011年伊泰集团用于煤矿安全技措投入1.86亿元，大大改善了煤矿生产条件。通过安全大投入，夯实了安全基础，为集团公司实现安全生产目标提供了可靠的保证。

2. 安全管理

为了适应集团公司安全管理的需要，伊泰集团在安全管理组织机构建设、安全奖惩机制、安全生产过程控制、班组建设、安全文化建设等方面进行了成功的探索和实践。

（1）组织机构建设。集团公司建立了安委会领导下的安全生产管理机构。董事长任安委会主任，实现了安全生产管理的一把手工程。专职副总经理全面负责安全管理工作，直接抓集团公司设置的安全监察部。各矿设集团公司垂直领导的安监站，赋予驻矿安监站经济处罚权、停产整顿权、提出免去矿长和相关管理人员职务的建议权。构建起自上而下垂直管理的安全监管架构。

在队伍建设方面，按照“坚持原则，责任心强，业务精通”安监队伍建设的总体要求，安全监管人员全部采取竞聘上岗制度。一批学历高，安全工作经验丰富，安全意识强的管理人员被聘任为安监站长等关键岗位领导。

一批爱岗敬业，业务熟练，工作上秉公执法，敢抓敢管的员工被聘任充实到驻矿安全监察员岗位，建设了一支特别能战斗的安监队伍。

（2）制度建设。构建安全生产奖惩机制是实现安全生产的有效手段。安全风险抵押金制度与事故处罚机制是安全生产管理的重要举措。公司要求科级以上安全管理人员全部进行风险抵押，年内不出现轻、重伤和死亡事故按风险抵押金两倍奖励；不出现一次重伤，按风险抵押金一倍奖励；出现一次死亡事故，扣除所有风险抵押金。公司每年用于风险抵押金奖励近 2000 万元。另外，年产 300 万 t 以上矿井出现一人死亡事故，扣除矿长全部风险抵押金并罚款 20 万元。年产 120 万 t 以下的矿井出现一人死亡事故，矿长就地免职。

每月召开一次集团公司专题安全工作会议，各单位通报安全信息，分析事故隐患，制定整改措施并部署下月安全工作。公司自上而下形成了一套完善、高效的安全管理机制。

公司严格管理人员下井制度是加强过程管理和控制的关键。以下井次数考核为依据，每缺一次罚款 500 元，年底统计不达标的与风险抵押金挂钩。

集团公司认真执行安全调度汇报制度，及时掌握各单位生产过程中存在的突出安全隐患并严格督促各单位认真落实整改。各单位每天在公司调度视频会议上汇报隐患整改情况和需要公司协调解决的安全问题，使突出的安全隐患及时得到整改。

（3）过程控制。为进一步细化安全管理工作，全面提高各煤矿安全管理水平，集团公司安监部结合各煤矿生产的实际情况，分煤矿综采、综放、掘进、连采工作面、工作面回撤及安装、地面机房和井下主要硐室及生产系统、软件资料等方面，制定出详细的安全检查表。采取现场检查的方式，每月对煤矿进行安全大检查，做到检查全面不漏项，根据检查内容现场打分，现场公布分数，充分体现安全检查评分公平、公正的原则。每月按得分取前三名煤矿进行表彰奖励，并把每月安全检查综合得分作为年底评选安全先进的依据。

公司将隐患排查治理工作贯穿于全年生产工作之中。每年的隐患排查治理工作按照安排部署、自查自改、督促检查和“回头看”四个阶段进行。同时在各个阶段结合实际情况开展春季安全大检查、百日安全生产无事故、安全生产月、秋季安全大检查等多个安全专项活动。

安监部对各煤矿巡回检查与驻矿安监站日常监督检查相结合，形成了一套完善的安全生产监督监察体系，使隐患排查治理工作日常化、规范化、制度化，为安全生产提供了可靠的保障。

（4）班组建设。学习推广“白国周班组管理法”，把加强班组建设作为强化煤矿安全基础管理的关键环节，有效提升了安全管理水平。公司各单位认真学习贯彻落实推广“白国周班组管理法”，建立班组建设组织机构，召开专门会议，制订实施方案，保证班组建设工作的顺利开展。定期组织员工学习“白国周班组管理法”，让员工掌握其内容和工作要求，明确新时期开展学习推广“白国周班组管理法”的重要意义。结合本单位的实际，制定详细的班组建设实施方案，扎实推进班组建设工作。根据现场员工流动性大、文化素质低的特点，和有关院校达成培训协议，将班组长以上的骨干培养成具有大专学历的人才，为企业的长远发展奠定基础。

公司每季度对各单位班组建设情况进行综合考核，每半年进行一次班组建设先进单位评比，并表彰奖励评选出的单位级示范班组和公司级明星班组。充分发挥先进班组的示范带头作用，促进公司安全生产工作的顺利开展，夯实筑牢安全生产的第一道防线。

（5）安全文化建设。积极推进安全文化建设工作，倡导从先进的安全文化理念入手，营造关注安全、关爱生命的舆论氛围。在全公司范围内开展安全诚信教育，提出“有法不依就是违法，有章不循就是违章，目标责任制不落实就是违约，违法、违章、违约就不可避免地导致事故的发生”，要求全体员工在安全上务必尽职尽责，诚信做人，培养树立员工对企业的责任感和使命感，使按章作业成为每个员工的自觉行动。

为了适应现代化矿井建设的安全管理需要，集团公司每年投资1000万元进行全员培训，开展安全生产月活动。每年举办“伊泰集团安全生产知识竞赛”，活动邀请自治区安监局、自治区煤炭局、内蒙古煤矿安全监察局包头分局、鄂尔多斯市安监局、鄂尔多斯市煤炭局、市总工会的有关领导出席。通过开展形式多样的安全活动，有力地推动了安全文化和安全知识的普及，提高了员工的安全意识，促进了企业安全文化提升，为集团公司安全生产工作的顺利开展打下了深厚的思想基础。

（三）加强三大保障体系建设

1. 安全目标管理体系建设

建立了安委会领导下的安全生产目标管理责任制，从集团公司总经理到生产班组基层单位，层层签订《安全生产责任状》，按照集团公司《安全生产责任状考核细则》进行定期考核评比，考核结果与绩效考核及职务升迁挂钩，形成了横向到边、纵向到底的目标责任制考核体系。

2. 技术管理体系建设

（1）“一通三防”技术管理。做好矿井瓦斯等级、煤尘爆炸性、自燃倾向性的鉴定报批工作，保证通风设施的质量，从巷道设计入手优化矿井通风系统。在完善防尘系统的基础上，强化采煤机、掘进机内外喷雾和运输转载点等自动喷雾的使用。加强了瓦斯监测监控系统的管理，并委托两家专业化的队伍负责六大监测监控系统的运行和维护，确保其发挥作用。

（2）顶板管理。顶板管理是集团公司安全管理的重点。针对部分煤矿采掘工作面顶板破碎、构造复杂，分层开采层间距较小区域和薄基岩区域下采掘顶板管理困难等情况，公司加强了地质勘探工作，为采区的合理布置提供了科学依据。各煤矿针对围岩性质和浅层地压的特点，制定专项顶板管理方案。根据不同的围岩性质，掘进工作面坚持“先探后掘”的原则，确定了合理的支护方案。

（3）矿井水患防治。公司定期组织对矿区及周边积水情况调查，加强预测预报，完善有关水文图纸资料。公示技术预测结果，让职工清楚水情、水患，并掌握防范措施。公司坚持“有疑必探、先探后掘”的原则，制定和完善防治水措施，配备足够的防治水装备，制订防治水应急预案，确保水患的有效防治。

（4）技术档案管理。成立由总工程师负责的技术管理小组，加强现场协调指挥。加强技术资料档案管理，准确、及时标注图纸资料，健全技术资料档案。对记载矿井开采情况和隐患的技术资料及周边小煤矿的开采技术资料实现了建档管理。

3. 事故应急救援体系建设

根据事故应急救援的需要，集团公司成立了矿山救护队和消防救护队，配齐了人员和设备，加强了队伍建设和日常演练，为事故应急救援工作提供了保障。

为了保证煤矿已经装备的井下无线通信、安全生产监测监控、人员定位、工业电视大屏、数字程控调度交换机、束管火灾监测等六大系统正常运行，充分发挥煤矿监测监控系统的作用，集团公司投资1799.6万元用于系统运行的日常检修维护，保证了集团公司煤矿安全监测监控系统的正常运行。公司每年都组织各单位编制修订《重大事故应急救援预案》，煤矿单位还编制了《矿井灾害预防和处理计划》，由集团公司总工程师负责组织对《预案》和《灾防计划》进行会审，并组织各单位员工认真学习贯彻。另外，集团公司安委会要求各煤矿结合实际，每年进行事故应急救援预案演练。通过演练，检验煤矿的事故应急救援能力，让井下员工熟悉避灾自救、互救的方法。同时，发现了救援预案执行中存在的不足，为修订预案提供了实际资料。

通过三大保障体系建设，为集团公司安全生产目标的顺利实现奠定了坚实的基础。

二、坚持科学规划、统筹兼顾、规范管理，全力打造安全高效矿井

（一）坚持矿井建设高起点，高标准，建设一流现代化矿井

伊泰集团在矿井建设初期，结合国际、国内煤矿发展现状，进行充分的调研、论证，瞄准先进水平，确定了建设国内一流的现代化矿井的战略目标。严格按照目标要求对矿井规模、回采工艺、生产系统、采面参数等重要矿建指标进行了精准定位，实现了高起点、高标准矿井建设一步到位，有效保障了安全高效矿井建设。安全高效矿井经济指标见表3－3。

表3－3　2011年伊泰集团有限公司安全高效矿井原煤产量和生产效率统计

矿　　井	原煤产量/万t	生产效率/（$t\cdot 工^{-1}$）
酸刺沟煤矿	1126.581	39.04
宏景塔一矿	500	68.68
纳林庙煤矿二号井	500	69.14
纳林庙煤矿一号井	180	31.74
丁家渠煤矿	179	42.62
大地精煤矿	239.1	22.33
宝山煤矿	180	27.79
凯达煤矿	90	13.33

（二）坚持矿井生产高效集约化，简化生产系统，合理规划生产布局，为安全高效矿井建设创造条件

伊泰集团紧密结合井田浅埋煤层，煤层赋存平缓（近水平煤层）、地质条件简单的实际，优化矿井设计，采用斜井开拓，主运、辅运、回风三条大巷贯穿全部井田。工作面采用条带式布置，生产按照一井一面规划，主斜井采用大功率带式输送机运煤，副斜井实现了无轨胶轮车直接入井。矿井设计的优化简化了生产系统，为实行先进的采面搬家倒面工艺创造了条件，实现

了大煤流连续运输，为安全高效矿井建设打下了坚实的基础。

因地制宜采用大采高设备，实现了矿井的高产高效。针对纳林庙矿区煤层厚度大的实际，集团公司在纳林庙矿区所在的纳林庙一号井、纳林庙二号井、宏景塔一矿采用大采高回采设备，使用国内一流的综合机械化采煤设备，采煤机（MG900/2215 - GWD）功率为 2245 kW，生产能力为 1000 t/h、刮板输送机（SGZ1250/2565）运输能力为 3600 t/h；液压支架（ZY13000/28/63）工作阻力为 13000 kN，最小工作高度为 2. 8 m，最大工作高度为 6. 3 m，现工作面采高 5. 8 m。大采高综采设备的投入使用，大大提高了原煤产量和生产人员效率。

（三）加强机电设备精细化管理，减少了生产中断事故

为加强双回路供电系统的检修、维护，保证供电系统正常运行，集团公司成立供电管理部。由 118 名专业人员负责对公司 7 座 35 kV 变电站、75 座 10 kV 变配电室以及 330 km 高架高压线路进行检修、维护。供电管理部通过日检、定期检查、重点抽查、年度检修等方式对双回路供电系统进行检查维护，超前处理线路故障，保证了矿井双回路供电安全运行。

煤矿井下机电管理方面，公司建立了与安全高效矿井相配套的管理机制，成立了机电设备管理中心，配齐了专业机电设备管理人员。从设备运行、调剂、检修、配件管理等多方面进行重点管控。从机电设备管理中心到煤矿机电科都建立健全了各项机电管理制度，并认真监督执行。对照机电质量标准化标准，每月对各矿进行严格检查，使矿井机电质量标准化水平不断提高。

通过对双回路供电系统和井下机电精细化管理，有效地减少了机电中断事故，最大限度地保证了生产的连续性，实现了矿井的安全高效。

（四）合理配置备用采面设备，实现备用采面超前安装调试，保证回采的连续性

为了使得搬家倒面不影响生产正常进行，公司对各煤矿采煤工作面进行了认真分析归类。通过合理配置备用面设备，做到旧面回采完毕，备用面即超前安装调试完成，并直接进入回采，保证了回采的连续性。

（五）建设专业化服务队伍，统筹安排采面搬家倒面工作，实现采面搬家倒面不停产

为保证煤矿搬家倒面工作正常进行，集团公司成立了专业化队伍生产服务中心，配备人员 300 多人，投资 4 亿元购置了我国目前最先进的支架搬运特种设备，专门从事公司煤矿采面搬家倒面工作。

集团公司为明确责任，制定了《搬家倒面管理办法》和《工程质量验收奖罚办法》，统一安排搬家倒面工作，严格管控。从采掘接续和各煤矿搬家倒面衔接入手，合理安排采面搬家倒面时间，实现了工作有序进行。充分利用并合理调剂公司综采设备，做到采面搬家倒面不停产。

（六）加强人才队伍建设，为安全高效矿井建设提供有力的技术支撑

实施人才战略，招贤纳才，为安全生产提供可靠的技术保障。近年来，集团公司先后从技术力量雄厚的矿区招聘400多人，充实到安全生产的第一线。他们经验丰富，生产管理能力较强，为安全高效矿井建设提供了强有力的技术支撑。

伊泰集团的愿景是打造成煤及煤化工产、运、贸一体化的国际产业集团。目前该公司正处于实现跨越式发展的关键时期，作为以煤为主业的现代化企业，建设安全高效矿井在公司实施大集团战略中起着举足轻重的作用。未来集团将不断学习借鉴兄弟单位的先进安全高效矿井建设经验，进一步创新工作方法，提高管理水平，力争将所有煤矿都建设成为安全高效矿井，为实现企业安全发展、科学发展作出更大的贡献。

安全第一　创新管理　全力推进安全高效矿井建设

——陕西煤业股份公司

一、公司概况

陕西煤业股份有限公司（简称陕西煤业）是陕西煤业化工集团公司联合中国长江三峡集团公司、华能国际电力开发公司、陕西有色金属集团公司、陕西鼓风机集团公司共同发起设立的股份有限公司。公司总股本为90亿股，陕西煤业化工集团公司占71%，中国长江三峡集团公司占10%，绵阳科技城产业投资基金占6.5%，华能国际电力开发公司占5%，陕西有色金属集团公司占3%，中国信达资产管理股份公司占2%，陕西黄河矿业集团公司占1.5%，陕西鼓风机集团公司占1%。

公司控股股东陕西煤业化工集团公司是陕西省人民政府对省属煤炭和化工企业经过两次重组而成立的国有特大型能源化工集团，2011年实现销售收入709亿元，增长200多亿元，在全国500强排名中名列第158位，在效益200佳当中名列第35位，是陕西省属第二大企业。陕西煤业承继了该集团全部煤炭主业资产，集中了全省骨干煤炭企业的人才、技术、管理和产业基础优势，拥有完整的生产、供应、销售业务体系，现有在岗员工6.1万人。

“十一五”期间，公司在陕北、彬长和黄陵矿区相继建成了红柳林、柠条塔、张家峁、大佛寺、黄陵二号等一批大型现代化矿井。公司现有全资及控股子公司17家，拥有生产矿井40对、在基建矿井8对、托管小矿井41对，其中设计产能千万吨以上矿井3对，300万~1000万t矿井9对，总产能达10690万t。

公司控制的煤炭资源地质储量174.07亿t，其中可采储量105.10亿t，居国内已上市煤炭企业第三位。公司主要煤炭资源分布于陕西榆林、延安、咸阳、渭南和铜川地区，煤质优良、赋存条件好、地质构造简单，大多数煤层瓦斯含量低，具有较高的安全性，适宜建设现代化大型矿井。

公司所属矿井综采机械化程度平均达96%，平均瓦斯抽采率达到60%以上（国家标准45%），其中神府、榆横、黄陵、彬长四大矿区各矿井装备精良，采掘机械化程度达到100%，规模、装备、效率等指标均达到了国内领先水平，四个矿区2011年煤炭产量占公司总产量的75%以上，而且所占比重会不断提升；公司2008—2011年原煤生产百万吨死亡率分别为0.43、0.10、0.08、0.12，远低于行业同期平均值。

二、安全高效矿井建设方面的做法

（一）坚持“安全第一”方针，创新安全管理工作理念

公司始终坚持“安全第一、预防为主、综合治理”方针，牢固树立安全第一、不安全不生产的安全生产理念，坚持以预防重特大事故为重中之重，突出“预防为主，超前治理”，加大安全投入，积极实施瓦斯区域预抽和水害超前探查，安全生产环境得到了明显改善。

公司始终把员工的健康和安全放在首位，把人作为安全管理工作的核心，牢固树立“三违、隐患就是事故”的理念；树立“思想的隐患是最大的隐患”的理念；树立“事故是可以预防避免”的理念；树立“零轻伤”的理念。建立人本、诚信、执行、创新、公平的安全预防管理体系；突出安全重点，简化安全管理，强化过程控制；建立重大隐患、严重“三违”辨识处置办法，杜绝零敲碎打事故；完善“六大系统”建设，提高矿井应急保障能力；树立不同类型的标兵、状元、冠军，不断地为员工创建公平工作的平台，让员工在工作中实现自我人生价值。

按照“分工不同、人格平等”的原则，尊重违规员工，推行安全责任追究关口前移制度，加强事故案例教育，抓好员工的心理疏导和心理平衡工作，加强企业和家庭的联系，构建和谐安全的管理环境。

（二）深化管理体系，创新管理机制，全面提升企业管理水平

按照“三简、三细、六统、五精、六化”管理原则，提高企业的管理效能，减少管理成本，做到管理一次到位，实现精准管理。“三简”，即简化管理层级、简化管理程序、简化管理内容。更加注重管理的针对性和实用性，杜绝因层级烦琐而出现管理决策上的遗漏和滞后，减少重复工作和落实过程中的推诿、扯皮现象，降低管理成本；“三细”，即注重细节、细化标准、细致要求。要在管理实施过程中抓重点、抓主要矛盾的关键部位，实现对关键环节的绝对精细管理；“六统”，即统一目标任务、统一思想言行、

统一标准要求、统一安排协调、统一管理节奏、统一宣传发布。明确各级人员的思想认识，做到目标方向明确，行动步调一致；“五精”，即精细、精准、精确、精益、精美。“六化”，即从精细化管理入手，实现企业内部管理的制度化、规范化、流程化、程序化、精细化、智能化。

强力推行“双闭环”管理，提升工作执行力。“双闭环”管理包括“六序”工作执行闭环和“八制”管理执行闭环。“六序”工作执行闭环，即计划、安排、落实、检查、考核、兑现；“八制”管理闭环，即询问制、检查制、协调制、督办制、反馈制、问责制、沟通制、总结制。通过推行“双闭环”管理，加强过程控制，强化责任追究，使各项工作落到实处。

（三）强化安全技术管理，切实防范重特大事故

技术管理首先指导安全生产，其次才服务于安全生产。搞好技术管理是实现安全生产、尤其是预防重特大事故的前提和保障。

（1）超前消除瓦斯灾害。一是各高、突矿井在持续保持“抽、掘、采”接续平衡的基础上，全部实现区域预抽。二是煤与瓦斯突出矿井必须坚持开采保护层，禁止在保护层未开采的突出煤层中进行任何采掘活动。三是对标学习淮南瓦斯治理经验，实行“一面一策”治理瓦斯，将煤与瓦斯突出矿井变为不突出矿井，把高瓦斯矿井变为低瓦斯矿井。四是严格瓦斯管理，一旦出现瓦斯超限，必须坚决停止生产，采取有效措施及时进行处理，并按照“四不放过”的原则追究责任，努力实现瓦斯“零超限”。

（2）超前预防矿井火灾事故。一是开采容易自燃或采用放顶煤开采自燃煤层的矿井，采取以灌浆为主的两种以上综合防灭火措施。二是开采易自燃和自燃煤层的矿井，建立束管监测系统，严格对采空区、高位抽采巷、高位抽采钻孔等位置进行实时、连续监测。三是开采易自燃和自燃煤层的矿井，工作面回撤期间及厚煤层采用分层开采的工作面必须制定专门的防灭火措施，并报上级公司审批。

（3）提前探查，超前治理，预防矿井水灾事故。一是要将水文地质类型复杂、极复杂的矿井、承压开采、受小煤矿威胁的矿井作为管理的重点。二是新矿井、新采区、新工作面在掘进施工前，首先采用物探、化探、钻探等综合手段，查清施工区域及其周边危险水源及其通道，采取针对性措施进行治理。三是承压开采必须编制专项安全技术措施，并报上级公司批准。四是健全、完善矿井排水系统，结合实际设置防水闸门或抗灾强排水系统。

（4）实施源头治理，强化监测检查，不断健全完善优化防尘系统，预防煤尘事故。一是必须严格按规定做好煤层注水工作，积极推广使用采煤机

二次负压除尘系统、综掘巷道强力除尘风机、转载点封闭高压喷雾降尘系统、架间喷雾、放炮喷雾等源头治理系统。二是严格执行煤尘检查、清理制度。三是积极推广使用煤尘在线监测系统，发现粉尘超限，必须立即停止生产，采取措施进行处理。

（5）杜绝无计划停电现象，强化运输提升关键环节管理，预防机电运输事故。一是必须加大技术攻关力度，研究解决供电系统越级跳闸和地面供电系统的防雷问题，确保矿井供电系统安全可靠运行，杜绝无计划停电造成矿井停风、瓦斯超限和运输提升等事故。二是实行设备、设施、工具、仪表全生命周期管理。三是及时进行设备技术升级和更新改造。积极推广运输系统皮带化和无轨胶轮车辅助运输系统；禁止使用国家明令淘汰的机电设备，杜绝电气失爆。四是积极推广使用机电运输设备监测监控系统。

（6）提高支护强度，预防顶板事故。一是大力提高采掘机械化程度，推广、研发掘进工作面自移式临时支护支架，有效解决空顶作业问题。二是合理提高采掘工作面支护强度。掘进工作面优先采用以锚杆为主的锚、索、梁、网、喷支护方式。

（7）落实责任，认真开展安全技术会诊工作。建立矿井安全生产系统和重大灾害治理会诊制度。根据灾害类型建立健全矿井通风、瓦斯抽采、防灭火、供电、提升、运输、排水、安全监控、火灾监测、防尘供水、通信、压风、人员定位、紧急避险等系统，确保矿井系统齐全可靠。各矿井每季度对矿井各系统的合理性、完好性及矿井重大灾害超前治理措施的落实情况进行一次全面会诊，通过检测检验、维护保养和全面排查，认真分析评价矿井各系统的可靠性及重大灾害防治措施的执行情况，及时整改查出的问题，确保系统完好、运行可靠，重大灾害治理措施落实到位。

（四）强势推行“六种行为”，提高职工素质

2012 年在全公司全面推行岗位描述、手指口述、安全风险评估、三三整理、班前礼仪和准军事化管理“六种行为”，不断提高作业人员的安全素质，进一步提升干部职工的精神风貌。

（1）岗位描述。各单位在所有管理、作业岗位全面推行岗位描述活动。岗位描述的主要内容包括岗位名称、职责及性质、基本要求、设备设施概况、设备原理、工作流程、操作规程、风险及防范措施、常见问题处理、事故案例分析等，对不同的岗位结合实际确定描述内容。通过定期的岗位描述竞赛，将优秀人员的岗位描述制成教学片，作为日常培训教材，并定期进行岗位描述考核。

（2）手指口述。各单位要在安全关键岗位和多人配合作业岗位推行手指口述，将操作程序、操作要领、操作标准等编制成“菜单”，按步骤口述手做，做到口到、心到、耳到、眼到、手到，彻底杜绝误操作。

（3）安全风险评估。安全风险评估常用的分析方法有工作危害分析法和安全检查表分析法。工作危害分析法适用于工艺操作、检修、维护等作业活动的风险分析。安全检查表分析法适用于静态设备、设施的风险分析。各矿井用工作危害分析法对所有与作业活动有关的岗位，从作业开始直至结束的主要工序进行危险分析，用安全检查表分析法对所有静态设备，按功能或结构将系统划分为子系统或单元，逐个分析潜在的危险因素，并针对分析出的各项危险因素制定有效的防范措施。安全风险评估工作每月至少进行一次，各岗位作业人员自行分析可能造成人身伤害的危险因素，相关管理人员协助制定措施并监督落实，新工作、新环境作业前先进行风险评估，保证在各项工作操作前，首先让职工知道可能的风险是什么，怎么控制和消除风险。

（4）三三整理。各矿井在实施“三员联合安全确认制”和“四位一体”安全生产负责制的基础上，进一步在采掘工作面现场实行“三三整理”。在作业前、班中和交班前对环境、隐患和作业人员的情绪进行整理，确保作业现场“人、机、物、环”始终处于最佳安全状态。特别是在班中新的作业循环或新的工序开始前作一次整理，重新执行“四位一体”安全生产负责制。

（5）班前礼仪。各矿井进一步规范、完善班前会程序，组织职工唱矿歌，进行安全宣誓，对职工的精神状态、工作情绪、身体状况进行逐一排查，利用各种可能的信息排查不安全人员，组织职工开展安全风险评估、每日一题、每周一案例、每月一考试等活动，进一步加强班组安全建设。

（6）准军事化管理。全面推行准军事化管理，做到以下五个方面：一是推行军礼制，上级检查到的岗位，作业人员要向上级检查人员行军礼；二是实施列队制，任何地方只要有两人以上行走就要列队；三是实行报告制，下级请示上级问题或工作，必须行军礼、喊报告；四是实行复命制，工作任务进行中及完成后，向主管人员复命；五是实行指挥制，只要有两人以上作业，明确一人指挥；多个单位联合作业，必须明确一名总指挥；“三人联合”安全确认开工前，必须请示调度室发布开工命令。

（五）提升“五项”基础工作，确保实现“三零”目标

公司在全面加强安全基础管理工作的同时，重点提升“五项”基础工

作，实现工程质量精品化，岗位作业标准化，杜绝“三违”、根除隐患，依靠科技兴安、推动全员创新，规范干部走动式管理，确保实现“零三违、零隐患、零死亡”。

（1）精化细化质量标准，推进工程质量精品化。各矿井围绕打造精品采掘工作面、精品硐室、精品机房、精品线路等目标，全面细化质量标准和文明生产标准，学习王村煤矿创建“区队长示范区”的做法，认真推广“线长负责制”工作法，严格验收，验收通过进行挂牌表彰，否则摘牌，全力推进工程质量精品化。铜川、蒲白、澄合、神南矿业公司在保证采掘工作面工程质量优良品标准的基础上，对原有标准进行了完善，制定了更高标准。王石凹矿系统巷道畅通靓丽，干净卫生，行人暗斜井管理较好。朱家河煤矿、王村斜井对线路指示、距离标志及爆破警戒等各类牌板的规格、悬挂位置、字体颜色、图例进行了统一规定，并将工作面建设标准、各类牌板标准装订成册。韩家湾煤矿2403综掘工作面顶、帮控制佳，巷道整洁、美观，管线线性强。红柳林煤矿制定了精品工程考核内容及标准，将精品工程艺术化，建成了15204综采工作面生态人文联巷、25202胶运皮带精品机头硐室、温馨人车等14处精品加艺术工程。

（2）打造“五精”示范岗，推进岗位作业标准化。各单位建立了“三工转换”机制，在全体职工中实施“A、B、C”三卡考核，A卡为工作量卡，B卡为日考核卡，C卡为综合得分卡，按照得分高低确定优秀员工、合格员工和潜力员工，定期根据优秀员工累计得分确定首席员工，“三工转换”结果直接与分配挂钩。在“三工转换”的基础上，严格按照精细、精准、精确、精益、精美的“五精”管理要求，制定岗位作业标准、行为要求、作业规范，结合岗位创新、个人基本功等“五精”示范岗的要求，实施干部包岗等创建活动，通过严格考核树立典型，优先给予评先、提干、享受培训、旅游指标、树立岗位专家等激励措施，促进岗位作业标准化。

（3）完善“三违”和隐患辨识标准，杜绝“三违”，根除隐患。各单位应结合实际，认真疏理可能造成人员伤亡的“三违”和隐患，制定严重“三违”和重大隐患责任追究及处罚办法，对其中可能造成人员重大伤亡的“三违”和隐患，列入“红线”进行管理。凡触及“红线”的，解除劳动合同或留用察看；在所有矿井实行安全账户管理制度，对每个作业人员的安全情况、“三违”情况进行积分管理，定期结算，跨年度连续积分，实施受伤、违章等扣减积分直到清零管理法，同时追究有关管理人员、联保人员的连带责任，切实消除违章行为；建立隐患编码分析制度，对隐患进行风险评估，根据风险度制定对应的处理措施，重大风险停产处理，一般风险限期处理，隐患处理不及时追究责任并重罚，及时根除隐患。

（4）提高政策激励标准，实现科技兴安，推进全员创新。积极开展科研创新，科研创新要以解决安全、生产、技术、管理难题为宗旨，把制约安全生产急需解决的问题作为技术攻关的课题，把重大灾害防治过程中的难题作为科研创新的专题，把涉及能够为民生创造条件的新技术的推广应用作为科研创新的命题，使科研创新有人文性、针对性、实效性。鼓励全员岗位创新，让全员立足自己的岗位，围绕一台设备、一个工具、一段工作区域，集中力量进行细节改进，不断的查找问题源、危险源，并将其作为创新源，再把创新源变成安全源。红柳林矿业公司对创新状元给予50万元的重奖，就是要让创新者既有荣誉又有实惠，让其他员工既有羡慕又有动力。

（5）规范干部现场管理行为，完善干部走动式管理工作在管理干部中推行以定人员、定次数、定线路、定任务、定落实为原则的“五定”干部走动式管理。根据干部级别、业务分工确定走动次数和行走路线，确保安全管理全覆盖、无盲区、无盲点；管理干部在走动之前，要从上级主管领导处领取任务单，带着任务深入现场，包括现场考核培训作业人员，检查建设及施工单位安全生产技术管理机构设置及人员配备等，避免形式主义和走过场；走动完毕，要在信息站填写走动结果和发现的安全隐患，对未消除的隐患和问题通过信息站要求有关部门限期解决并跟踪处理。

（六）实施对标管理，促使安全高效矿井建设上台阶

为确保安全生产目标的实现，各单位结合实际建立了岗位、班组、科队、专业、矿井、企业等全方位的对标管理办法，树立标杆，全面实施对标管理。陕西煤业股份公司从以下几方面制定了管理办法（包括奖励标准），实施对标管理。

一是树立瓦斯“零超限”示范矿。高、突矿井年内瓦斯超限次数实现“零超限”或超限次数最少，且达到区域预抽标准的为示范矿。有效杜绝了瓦斯及重大涉险事故。

二是树立防治水工作示范矿。水文地质类型复杂、极复杂的矿井，年内达到考核评比标准的为示范矿。杜绝了水灾及重大涉险事故。

三是树立安全生产周期示范矿。安全生产周期最长的矿井为特级示范矿；安全生产1500天以上为一级示范矿；安全生产1000天以上为二级示范矿。矿井安全生产周期随发生死亡事故或重大涉险事故清零。

四是开展创建安全生产精细化管理示范矿（企业）活动。对连续两年

实现安全生产零死亡且无重大涉险事故的矿井，按照精细化管理示范矿十二项要素的要求，每年对申报矿井验收一次，符合要求的进行命名表彰。

三、安全高效矿井建设效果、效益分析

2012 年，陕西煤业在安全生产方面做了大量工作，取得了一定的成绩。在各单位、各部门的共同努力下，全年安全生产保持良好态势，截至 11 月底，煤炭生产井下百万吨死亡率仅为 0.05，创集团历史同期最高水平，同时为高产高效矿井建设打下了坚实基础。

2011 年红柳林矿业公司主要技术经济指标见表 3－4，2011 年红柳林矿业公司生产创新纪录见表 3－5。

表 3－4　2011 年红柳林矿业公司主要技术经济指标

项　　目	单　　位	指　　标
原煤产量	万 t	1199
掘进进尺	m	27540
销售收入	亿元	65
利润总额	亿元	45
机械化开采程度	%	100
工作面装备水平	%	100
采区采出率	%	98
原煤生产人员效率	t/工	78. 17
职工收入	万元/a	17. 3

表 3－5　2011 年红柳林矿业公司生产创新纪录

序号	项　　目	纪　　录
1	矿井创新纪录	2011 年全矿年产 1199. 89 万 t，4 月份原煤产量 113. 77 万 t，4 月 20 日矿井日产 6. 15 万 t，创建矿以来最高纪录
2	综采工作面创新纪录	2011 年 4 月份 15203 综采工作面月生产原煤 111. 2 万 t，4 月 10 日生产原煤 5. 22 万 t，创综采工作面单产最高纪录
3	综掘工作面创新纪录	2011 年 7 月 25203 掘进工作面月进 1265 m，创建矿以来最高纪录

四、今后工作思路

公司“十二五”22110规划目标，即到“十二五”末，煤炭产量达2亿t，实现利润200亿元，获得一项国家级奖项，承办一次国家级安全生产现场会。下一步的工作思路是继续以“三个体系”为支撑,以“三个目标 ”为引领,努力实现“零死亡”。结合公司实际，努力做好以下工作，为安全高效矿井建设创造良好条件。

（1）继续加强瓦斯治理、防治水工作，预防重特大事故。

（2）合理部署调整多煤层开采关系，实现科学开采。

（3）研究“三软煤层”放顶煤工艺，提升韩城单产水平。

（4）研究奥灰水承压开采技术，解决制约韩城11号煤开采的难题；研究神南柠条塔矿、彬长矿区防治水问题，创造安全开采条件。

（5）进行老矿区升级改造试点，优化系统，推进无轨化运输改造，提升机械化水平，减少炮采炮掘工作面个数。

（6）研究彬黄两区石油、天然气钻井对煤炭回采带来的安全问题，消除安全隐患。

（7）加强机电运输管理工作，杜绝零敲碎打事故。一是继续建设矿区供电自动化系统，研究解决供电系统越级跳闸和地面供电系统的防雷问题。二是加大设备技术升级和更新改造力度，进一步推广运输系统皮带化、无轨胶轮车运输、架空乘人装置及无极绳绞车，逐渐减少或淘汰小绞车及斜巷人车运输。三是强化井下小绞车运行流程管理体系，明确区域管理责任，积极推广铜川矿业公司小绞车五人联签作业和开关智能卡的使用。

（8）以召开现场会的方式，促进内部先进经验的推广和交流工作。

建设千万吨级安全高效矿井集群 提升煤炭核心竞争力

——大同煤矿集团有限责任公司

一、安全高效矿井建设情况

同煤集团综合单产由2000年的5.1万t/（个·月）增加到2011年的15.28万t/（个·月），安全高效矿井数量由1994年的1座（燕子山矿）发展到2011年的17座，其中行业特级5座，包括塔山矿、晋华宫矿、马脊梁矿、云冈矿和四台矿；行业一级8座，包括煤峪口矿、永定庄煤业公司、同家梁矿、四老沟矿、忻州窑矿、大斗沟煤业公司、燕子山矿、王坪矿；行业二级4座，包括杏儿沟煤业公司、马口矿、姜家湾矿、刘家梁矿。

矿井综采单产指标实现：特厚煤层大采高综放最高月产110.6万t，最高日产59000t，顶煤采出率88%，全煤采出率90%；普通综放最高年产252万t，最高月产32.5万t，最高日产8500t，顶煤采出率77%，全煤采出率88%；大采高综采最高日产1.55万t，最高月产31.6万t，最高年产263万t；中厚煤层综采最高日产1万t，最高月产24万t，最高年产达到201万t；较薄煤层综采取得年产104.24万t，最高月产10.23万t，最高日产7166t，最高日推采进度27.1m的全国纪录。

2012年，同煤集团重点打造成了3个千万吨、2个500万t、7个200万t、4个150万t、23个100万t综采队，3个万米、10个5000m、17个4500m机掘队，2个3500m炮掘队，不断提高矿井单产单进水平，着力提升矿井的整体竞争能力和安全保障能力，促进了安全高效矿井的建设。

二、建设安全高效矿井的主要做法

在安全高效矿井建设上，同煤集团依靠科技进步，加强现场管理，克服了老矿区面临的种种困难，推进安全高效矿井的建设步伐。主要做法有以下几个方面：

（一）煤炭主业强势发展，“三类矿井集群”与“一对一”矿井资源接续取得新进展

1. 以千万吨矿井为龙头的“三类矿井集群”建设、改造加速落地

（1）11 个千万吨矿井。塔山、同忻、同发东周窑 3 座矿井已建成，麻家梁、色连、金庄 3 座矿井具备试生产条件；梵王寺、北辛窑 2 座矿井加快建设；铁峰矿加速技改；白家沟、潘家窑 2 座矿井已开始前期工作。

（2）5 个 500 万 t 矿井。马脊梁矿石炭系延深正在掘进首采面，梨园河矿、安平矿、同安矿正在进行升级改造，高庄矿正在协调资源配置。

（3）12 个 300 万 t 矿井。其中阳方口矿当年改造、当年达产，同基矿、圣厚源矿正在实施提能改造，刘家窑矿、大西庄矿已划定井田范围。

2. 资源枯竭矿井“一对一”接续扎实推进

（1）服务年限不足 5 a 的矿井：雁崖矿接续塔山矿三盘区已生产；挖金湾矿接续虎龙沟矿已生产，同时石炭系延深已开工；永定庄矿、白洞矿、王村矿、燕子山矿正在进行石炭系延深；同家梁矿接续梵王寺矿正在建设，同时延深开采同忻南矿二盘区；四老沟矿接续色连矿正在建设，同时正在进行石炭系延深。

（2）服务年限不足 8 a 的矿井：实施 3 a 内接续方案。煤峪口矿接续高庄矿；大斗沟矿接续圣厚源矿正在建设，同时石炭系延深已开工。

（3）服务年限 10 a 左右的矿井：实施 5 a 内接续方案。马脊梁矿、四台矿正在进行石炭系延深；忻州窑矿接续辛屯矿；晋华宫矿接续白家沟矿；云冈矿接续潘家窑矿。

（二）安全狠抓“三化三基”，大安全管理迈上新台阶

突出网络化、制度化、常态化，夯实基础、基层、基本功。

1. 突出网络化建设，夯实安全基础工作

（1）实施了“金字塔”安全系统管理和“六环五步”安全管理法，成立了 19 个专业委员会，形成了八大产业、井上井下纵向到底、横向到边的大安全管理格局。

（2）构建了党政工团齐抓共管的安全网络体系。坚持党委书记也是安全第一责任人；行政领导是安全工作的主体落实者；工会发挥群防群治、安全联保，以及女工井口安全服务和家属枕边风的作用；团委发挥青年安全监督岗的作用。

2. 突出制度化建设，夯实安全基层工作

（1）制定了“包保”和“五人小组”制度，监管责任得到有效落实。

（2）制定了安全管理“红线”规定，以及《标准岗考核办法》《班组安全建设考核办法》等52个安全管理制度，进一步规范了安全行为，明确了责任落实。

（3）出台了“定价考核”规定，将各单位月度工资结算额的30%作为安全绩效工资考核，将月度工资结算额的10%作为安全质量标准化考核，从源头上减少和杜绝了隐患发生。

3. 突出常态化建设，夯实安全素质基本功

（1）创新了安全“一号文件”，深入开展了“一个季度一个会战、一个月一个主题”活动，安全生产月活动，“打非治违”百日煤矿安全集中整治专项行动，做到了安全活动常态化。

（2）按照“一矿一策”“一事一策”“十完善”和“六大系统”要求，对水、火、瓦斯、顶板、煤尘五大隐患进行重点整治，做到了隐患排查治理常态化。

（3）把“三项岗位”人员资格培训作为刚性任务，强化了班组长、区队长和主要工种员工资格培训；特别是严格了入井准入，入井前人人要答3道题，不合格不准入井，做到了安全培训常态化。

（三）依靠科技进步，攻克各种煤层赋存条件开采的技术难题

把加快新技术、新工艺的推广，提高设备装备水平，作为安全高效矿井建设的重要手段，确保安全高效矿井建设目标的实现。

1. 新技术、新装备的研发应用

同煤集团现开采侏罗、石炭两系煤层，属多煤层赋存煤系，通过引进消化吸收，形成了具有自主知识产权、适合各类煤层的开采工艺及装备技术。到目前为止，针对石炭系13～20 m厚的特厚煤层，自主研发了大采高综放开采成套技术与装备，实现最高月产110.6万t，最高日产59000 t。《综放开采顶煤放出理论与厚煤层开采围岩控制技术及应用》获2011年度国家科技进步二等奖。《特厚煤层大采高综放开采成套技术与装备研发》获2012年度中国煤炭工业科学技术特等奖。

针对5～8 m特厚煤层自行设计研发了综采放顶煤成套装备与开采技术；针对3.5～5.0 m厚煤层试验成功了大采高综采技术，特别是2011年在晋华宫矿上马了采高6 m的大采高综合机械化开采技术装备，科技项目《厚煤层开采理论与应用研究》荣获2010年度中国煤炭工业协会科技进步一等奖；针对1.1 m左右的煤层，引进了德国DBT全自动刨煤机开采技术，研发了1.1 m薄煤层自动化综采装备，实现了工作面自动化远程控制

开采。

在塔山、同忻、同发东周窑等矿井的主要带式输送机推广应用了世界一流的多点驱动、变频控制技术，实现了带式输送机的无间隙调速。亚洲最大的多绳摩擦提升机在麻家梁矿投入运行。

2. 针对安全高效矿井建设中出现的技术难题，专项进行技术保障体系的建设

（1）顶板管理方面。对坚硬顶板，坚持“三强对两硬”的技术路线，针对石炭系特厚煤层坚硬难冒顶板，在塔山矿试验坚硬顶板水压致裂技术，取得了成功；对破碎顶板，采用超前化学加固与“化学材料充填冒落空洞”相结合技术；对极近距离煤层开采，在工作面设计布置上采取“一面一策”的方法避开应力集中区；对“两硬”条件下特厚煤层放顶煤工作面采取5巷布置方式，其中2条沿煤层顶板掘进的工艺巷，专门进行放顶和顶煤弱化处理等等。

对于受冲击地压灾害影响的煤层，集团与科研院所共同进行科技攻关，形成了具有同煤特色的以优化设计部署、合理采掘关系为基础的“避让、监测、卸压、强支”立体防治体系，把SOS微震系统、KJ27顶板压力位移监测系统、KBD5电磁辐射监测仪与钻屑法、综合指数法很好地结合应用起来，对井田内有冲击危险区域进行预警分类，及时预测预报，冲击地压预测预报准确率达到80%以上。

（2）瓦斯及火灾治理方面。针对石炭系煤层低瓦斯含量、高产能工作面的瓦斯防治难题，采用了E型通风方式，封闭式抽放方法，有效地解决了工作面瓦斯问题，保证了大采高综放工作面的安全开采。针对大同矿区两系煤层中近距离煤层比例较大，在开采下部煤层过程中，容易与上覆多层采空区导通，造成火区有害气体瞬间释放，集团与科研院校进行联合攻关，攻克了石炭系易自燃特厚煤层千万吨工作面综合防灭火技术难题，完成了《大同矿区侏罗系近距离煤层多层采空区下防灭火安全开采理论与技术》，并荣获中国煤炭工业协会科技进步一等奖。

（3）地测勘探方面。为了更好地进行采区工作面的合理布置，集团开展了地面与井下立体勘探，物探与钻探相结合的综合勘探技术，对各类采空区进行了有效探测，通过黄土覆盖山区、多层采空区下地面三维地震勘探难题研究与应用，结合地面与井下钻探验证，有效查明了矿区内小窑破坏范围，为工作面合理布置提供了可靠资料。《大同煤田穿越采空区的三维地震勘探技术研究》，获煤炭协会科技进步二等奖。

在采区地面及井下，开展瞬变电磁、直流电法等技术查明采区和工作面的各类积水，通过地面车载钻机和井下千米钻探验证和探放积水，保证了矿井安全高效生产。在综采工作面区域采用了坑道透视、音频电透、井下直流电法、千米钻等技术，有效查明了工作面的隐伏构造，确保了工作面安全高效生产。

（四）坚持采掘并举，加大综掘装备投入，提高单进水平

始终坚持采掘并举、掘进先行的方针，提高掘进机械化作业程度。在全岩大断面巷道掘进方面，应用了 TBM 全断面盾构机，最高月进 600 m，引进了全世界最先进的 MK5 大断面全岩掘进机；在半煤岩巷道掘进方面，应用了 LH－1400 半煤岩掘进机，联合研发和普及应用了适合大同矿区地质条件的 EBZ－160、EBZ－220、EBZ－260、EBZ－300 等大功率掘进机。掘进综合机械化程度达 72.6%，掘进装载机械化程度达 100%，从而提高了单进水平，保证安全高效矿井的建设。

（五）强化技术培训，狠抓班组建设，提高员工队伍素质

一是确立“以人为本”的经营理念，强化人才开发和利用，以高素质人才促进生产高效率。围绕建设学习型企业、创新型企业的要求，制定了《同煤集团“十二五”人才衔接规划》，继续加大对主体专业人才的引进力度。

二是发挥集团公司下属安全培训中心的作用，有计划地对中层领导干部、工程技术人员、一二线职工组织培训，不断提高职工队伍的文化水平、专业知识和职业技能，安培中心被评为“中国煤炭工业安全培训示范基地”；对主要技术工种，采用成立“大师工作室”的方式，进行集中培养和提高，创立了马脊梁矿的“雷雨工作室”和云冈矿的“前进工作室”，进行技术攻关、交流创新。2012 年，“雷雨工作室”技术大拿王雷雨光荣当选为党的十八大代表。在用工方面变招工为招生，成建制地培养采掘骨干队组。

三是推进班组本质安全型建设，坚持班组安全质量标准化建设，在安全管理精细化上取得突破。全面推行“可视化、军事化、标准化”三化管理。充分应用编码、标识、图版等方法，提醒员工关注安全、关爱生命，促进员工安全行为养成；从组织领导、工作机构、军事训练、日常检查、考核奖罚等各方面建立健全军事化的班组工作机制，将军事化管理和安全生产、企业管理等有机结合起来，提高班组的工作执行力。

（六）应用信息技术，推动“两化”融合，建设数字化矿山

在数字化矿山建设中，提出了“规范、完善、实用、创新”八字方针，应用了千兆以太网和千兆交换机相结合的技术，构建综合信息支撑平台，集安全生产技术管理、安全生产调度指挥、安全生产调度决策、协同办公系统于一体，将安全监测监控、矿压监测、瓦斯抽放监测、大型设备监测、供配电监测、工业视频监控、选煤厂运行监控、装车站监控、人员定位、产量监测等10个子系统全部集成，利用地理信息、三维可视技术，建立了精确、动态、全面的矿山信息采集和数据更新处理综合平台，实现了安全生产掌控于咫尺之内，运筹于千里煤海。

“十二五”期间，同煤集团将以塔山工业园区为典范，以“黑色煤炭、绿色开采；循环经济、吃干榨净；高碳产业、低碳技术”为路径，以矿井生产规模化、装备现代化、队组专业化、管理信息化、和谐人性化为目标，通过现代先进的采掘、信息、自动控制技术优化集成和自主创新手段，建设高标准、高科技、高管理、高端化、高要求、高质量、高效益、现代文明的“七高一文明”安全高效矿井。

“雄关漫道真如铁，而今迈步从头越”，同煤集团将不断巩固安全高效矿井建设成果，进一步科学建设、标准管理、创新发展，力争用3～5 a的时间，着力再打造一批资源利用率高、安全保障性高、经济效益好、环境优美的代表行业先进水平的安全高效矿井。

依靠科技进步　实施工艺改革　大力推进安全高效矿井建设

——淮北矿业集团有限责任公司

一、淮北矿业集团发展概况

淮北矿业始建于1958年，1998年改制为淮北矿业集团有限责任公司，是以煤炭采选、综合利用发电、煤化工、盐化工、物流贸易为主的国有大型企业。目前已形成组织结构合理、投资主体多元、经营机制灵活、内部运作规范、管理手段科学的母子公司管理格局。

淮北矿区横跨安徽淮北、宿州、亳州、滁州四市，是国家“十二五”重点建设的十四大煤炭基地之一，保有煤炭储量80多亿吨。一方面矿区煤种优势突出，肥煤、焦煤、瘦煤等稀缺煤种占总储量的80%以上，年产冶炼精煤1200万t，位列全国第三、华东第一；另一方面，开采技术条件较差，地质构造极为复杂，煤层赋存稳定性较差，瓦斯赋存大，自然灾害威胁严重。

公司现拥有资产总额超过700亿元，员工8万多人，生产矿井22对，核定产能4200万t。50多年来，淮北矿业累计生产原煤近8亿t，创利税300多亿元。2012年位列中国企业500强第227位，2011年全国煤炭工业100强第19位。

二、安全高效矿井建设的主要经验做法

淮北矿业集团公司认真学习贯彻落实科学发展观，以优化生产布局、推进集约化生产为主线，以强化技术管理和安全质量标准化为抓手，进一步提高采掘装备水平及管理水平，大力推进开采主导工艺技术创新，有效促进矿区采掘机械化程度和单产单进水平稳步提高，为安全高效矿井建设奠定了基础。

（一）高度重视，严细组织，安全高效矿井建设落到实处

多年来，淮北矿业一直将安全高效矿井建设作为矿井发展的根本出路和

最终目标，用安全高效矿井建设这一思路引领各项工作的开展。公司高度重视，保障规划实施。集团公司成立以主要领导为组长的领导小组，负责制定安全高效矿井建设中长期规划及年度实施计划，定期分析实施过程中存在的问题与不足，制定整改措施，明确工作方向，保障规划实施。制定考核办法，严格验收考核。集团公司每年度根据中长期规划，结合当期实际情况，制定年度具体安全高效矿井建设考核办法，实行季度验收考核兑现，确保分阶段目标的实现。制定激励机制，提高创建积极性。集团公司对年度完成创建目标、达到煤炭行业级安全高效矿井标准的矿井主要领导人员实行一次性奖励，其他人员由矿井按对应标准自行组织奖励，极大地提高了基层管理人员对安全高效矿井创建的积极性。

（二）依靠科技进步，实施工艺改革，开采技术水平显著提高

实施采煤工艺改革，逐步形成适合矿区复杂地质条件综采技术管理体系。淮北矿区煤层赋存极不稳定，地质构造复杂，开采技术条件差，制约影响因素多，是国内外难采矿区之一。近几年来，淮北矿业针对实际开采条件，一直致力于开展科研攻关，大力推广应用新工艺、新技术、新设备、新材料，积极研究探索复杂地质条件下采煤综合机械化发展之路，并取得了较好应用效果，为提升企业核心竞争力提供了强有力的技术支持。先后完成复杂地质条件下中厚煤层综采、较薄煤层综采、大采高综采；“三软”特厚煤层综放开采、近距离煤层联合综放开采；大倾角综采、坚硬顶板条件综采、不规则块段综采等研究项目，并取得应用成功，掌握了不同开采条件下综采综放关键技术，逐步形成了适合淮北矿区极复杂煤层条件下综采综放开采技术与管理体系。

淮北矿业承担的“近距离大采高综合机械化放顶煤开采技术”项目获得安徽省科学技术二等奖；“复杂煤层现代实用开采技术模式研究”项目获得中国煤炭工业科学技术二等奖；“芦岭煤矿 8、9 煤合层综放开采关键技术研究”项目获中国煤炭工业科学技术三等奖；“综放开采顶煤放出理论与厚煤层开采围岩控制技术及应用”获国家科技成果二等奖。

发展掘进机械化，建立健全适合矿区地质条件综掘装备技术体系。发展综掘机械化是转变矿区生产准备方式的有效途径，是提高掘进效率、促进安全高效的重要保证，是淮北矿业集团多年一以贯之的重点工作之一。近年来，淮北矿业不断加大安全高效矿井创建力度，打破传统观念束缚，从装备、接续、质量控制、配套政策等多方面提出针对性解决办法，建立健全了适合矿区实际的综掘技术装备体系。煤巷坚持以综掘保综采，扩大岩巷综掘

应用范围，加快发展后运连续化，推广应用辅助运输无极绳化、单轨吊化，积极推进突出煤层挖装机械化和矿井修护机械化，减轻职工劳动强度，提高生产效率。综掘施工基本涵盖了淮北矿区所有煤层，实现了综掘发展“量上新突破，质上新提高”局面。为了适应掘进机械化发展需要，淮北矿业总结多年来成功经验，确立了“设计合理，过程控制，动态加固，效果评价，模式固化”的围岩综合控制理念，有效解决了高地压软岩巷道支护难题，丰富了矿区支护技术，改善了矿井安全生产面貌。

承担的“煤矿极易离层破碎型顶板预应力控制理论研究及工程应用”项目获国家科技进步二等奖，“淮北矿区煤巷高强预应力控制技术及工程应用研究”项目获得安徽省科技一等奖和中国煤炭工业协会科技一等奖，“泥岩渗水巷道围岩强化控制技术体系及应用研究”“深井岩巷锁注一体化底鼓控制技术及在淮北矿区应用研究”“复杂困难条件巷道锚注支护成套技术研究”等项目获中国煤炭工业协会科技二等奖。

（三）优化设计，简化系统，生产集约化程度明显提高

淮北矿区受复杂地质条件影响，矿井设计生产能力低，开采块段几何尺寸小，设备安拆频繁，单产水平低，严重制约了矿区采掘机械化水平及生产效率的提高。

优化矿井生产系统，充分发挥采掘工作面生产能力。完善和改造矿井通风、提升、运输、供电、排水等各个环节，提高矿井综合生产能力，达到生产系统和采区生产能力相匹配的目的。同时，随着矿井生产条件和生产系统能力的变化，通过技术改造、设备更新等措施，保持新的平衡和适应，杜绝出现“短板”现象，制约工作面整体生产能力的发挥。

科学优化设计，提高生产效率。从设计源头出发，本着安全高效生产目标，结合矿井实际情况，采取科学合理的优化方式，在设计上体现“巷道大断面、设备大功率、系统大能力”，着力改造矿井、采区生产系统，最大限度发挥生产能力和劳动效率。

减少生产环节，提高集约化程度。打破原有的采区划分，加大采区和工作面长度，增加采区储量和服务年限，解决提高单产带来的服务年限缩短和搬家次数增多问题，保障和促进矿区综合机械化的快速发展。同时，简化运输系统，减少生产环节，减少矿井采掘工作面个数，实现生产布局的合理优化，最终达到一个采区一个回采工作面要求。2012 年与 2002 年相比，全公司生产矿井数量由 14 对增加到 22 对，但平均工作面数量则由 53.15 个减少到 46.55 个，原煤产量由 1992 万 t 增加到 4000 万 t，实现了矿井集约高效生产。

（四）加大资金投入，优化采掘装备配套，提升装备等级

淮北矿业始终以提高装备水平为核心，加大机械化装备投入和科研攻关力度，优化装备选型配套，不断提高装备适应性和可靠性，实现了采掘装备系列化、掘进后运连续化，信息控制集成化，为集团公司采掘机械化发展及集约化生产奠定了坚实基础。

提高装备适应性，拓宽综采综掘应用范围。近年来，淮北矿业平均每年投入 11 亿元资金用于综采掘设备的更新与维护，打破常规理念，以高工阻、大功率、高强度的综采掘配套装备，提高综采掘装备适应性和有效开机率，极大地拓展了综采综掘应用范围。

加大科研攻关力度，难采、特殊开采设备选型配套有所突破。先后对薄煤层开采、厚煤层大采高开采等方面设备多次优化改进，同时在特殊开采方面，对芦岭矿极松散煤层综放开采、再生顶板下综采、沿空留巷综采、充填开采等设备选型配套进行了深入研究，开展科研攻关，取得了新的突破。

积极引进新技术、新材料、新装备，设备先进性大大提高。针对淮北矿区地质构造复杂、断层多、矸石硬等状况，积极引进进口高强度链条，高硬度、高强度、高韧性、高耐磨性钢板，降低设备运行事故率；综采工作面积极采用机巷电缆自移装置、转载机自移装置、带式输送机机尾自移装置、卷带装置、转弯装置、压带装置、乳化液泵站自动控制装置等；根据两巷支护形式不同，科学设计端头支架及超前支架；辅助运输方面推广使用 JSDB 系列双速绞车、无极绳绞车、单轨吊。大力推广应用岩巷综掘机，配套使用具有德国 CFT 技术的 HCN400 型掘进机除尘系统、正压呼吸过滤系统，岩巷综掘工作面综合防尘实现“三高两隔一监控”；创新综掘架棚施工模式，采用德国进口 AMG2700 型单轨吊架棚设备，实现综掘架棚机械化作业，大大提高作业效率。

加强信息控制技术研究，矿井信息自动化程度大大提高。积极与科研院所合作，在信息控制技术领域开展多项研究，目前主提、主运等系统大型设备已实现远程控制，采区内部系统实现集中控制。建立综合信息管理平台，将生产、调度、通信、监测等信息实现集中控制，达到信息资源共享，减少信息传递和周转环节，提高生产效率。

（五）加大培训力度，强化培训考核，提高员工队伍素质

加强机制建设，推动培训开展。集团公司将职工教育培训工作纳入党委目标考核及公司重大督办事项，定期召开职教例会，将具体工作落到实处。加强基础建设，保障培训落实。先后建立了以十七大代表、全国劳模方国胜

为首的“方国胜工作室”和以十八大代表、全国劳模杨杰为首的“杨杰讲堂”，在煤电技师学院投资8000万元，建成淮北矿业实训基地及安全警示教育基地，另外根据各基层单位技术特长，相应建设分专业实训基地。组建了培训教师师资库，实现优秀教师资源共享。组织编写了涉及矿井安全生产所有工种岗位应知应会及相关培训教材。强化培训考核，确保培训质量。集团公司按季度组织开展技能员工抽考，并将其纳入安全生产体系考核，抽考成绩通过文件、网站进行公示，与绩效考核挂钩，对年度抽考综合成绩排名后五位的单位，集团公司组织人事部将对其分管领导进行工作约谈。

（六）创新安全管理理念，突出安全文化引导，矿区安全管理水平迈上新台阶

近几年来，集团公司为改变安全工作“头疼医头、脚疼医脚”的状况，适应现代煤矿企业安全发展的需要，运用系统工程理论，提出并着力推进以“54321”为核心内容的安全生产体系建设，努力从深层次破解制约矿区安全发展的难题。该体系主要由安全支撑体系、保障体系、防控体系、操作体系和目标体系等五个子体系共15项要素构成。五个子体系及15项要素各有侧重、各有特点，互为条件、互相促进。通过全面推进安全体系建设，强化了安全管理基础，安全环境不断改善，安全生产保障能力日趋增强，促进了矿区安全生产形势的稳定发展。

三、安全高效矿井建设成果成效

淮北矿业是一个投产50多年的老矿区，地质条件非常复杂，地质灾害异常严重，水、火、瓦斯、顶板、地压、地温一应俱全，目前22对生产矿井中，有12对煤与瓦斯突出矿井，7对大水矿井，其他均为高瓦斯矿井。通过近20 a来的不懈努力，特别是近10 a来的扎实推进，安全高效矿井建设取得显著成效，淮北矿业生产经营各项指标大幅攀升，安全效果明显提升，生产发展质量稳步提高，2010—2012年建成8对煤炭行业级安全高效矿井。

淮北矿业集团2002—2012年主要生产指标统计见表3-6、图3-1~图3-6。2012年各项指标与2002年相比，原煤产量由1992万t提高到4000万t，实现翻番；综采机械化程度由44%提高到95.5%，提高51.5%，超过国有重点煤矿平均水平；单产水平由3.2万t/（个·月）提高到6.8万t/（个·月），提高了110%；综掘机械化程度由原先的2%提高到41%，接近国有重点煤矿平均水平；原煤百万吨死亡率由1.5下降到0.15，下降了10倍。

表3-6　2002—2012年主要生产指标统计

年度	原煤产量/万t	综采程度/%	综掘程度/%	单产水平/[t·(月·面)$^{-1}$]	采煤工效/(t·工$^{-1}$)	百万吨死亡率
2002	1992.8	44.1	2.13	31871	10.5	1.46
2003	1919.9	55.3	6.06	34472	11.8	0.68
2004	2150.9	60.0	10.14	35706	11.7	0.37
2005	2280.6	66.6	6.98	36267	12.2	0.75
2006	2306.5	68.0	8.66	37756	12.5	0.61
2007	2471.7	72.5	15.42	41107	13.3	0.53
2008	2653.1	78.2	22.19	45564	14.1	0.42
2009	2865.8	84.4	22.85	50283	15	0.21
2010	3221.1	88.4	28.81	56619	16.7	0.19
2011	3049.6	91.1	35.9	61820	16.3	0.32
2012	4000	95.5	41.1	68358	19.3	0.15

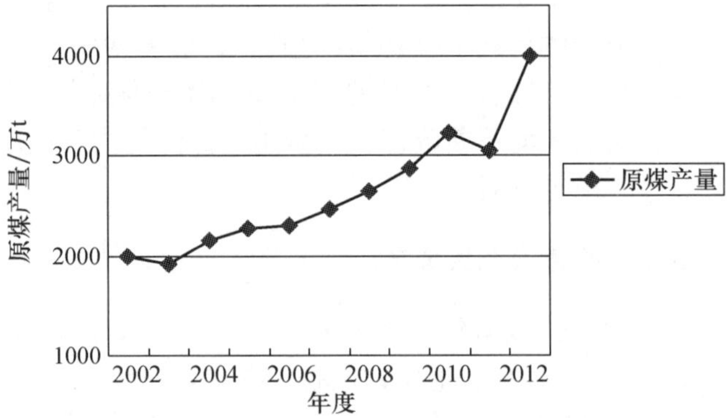

图3-1　2002—2012年原煤产量折线图

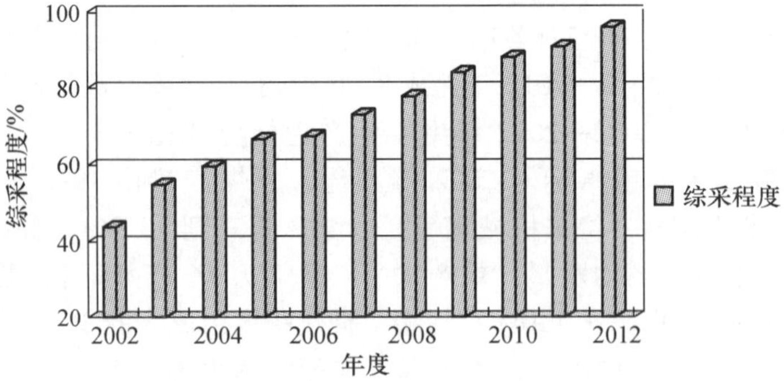

图3-2　2002—2012年综采程度柱状图

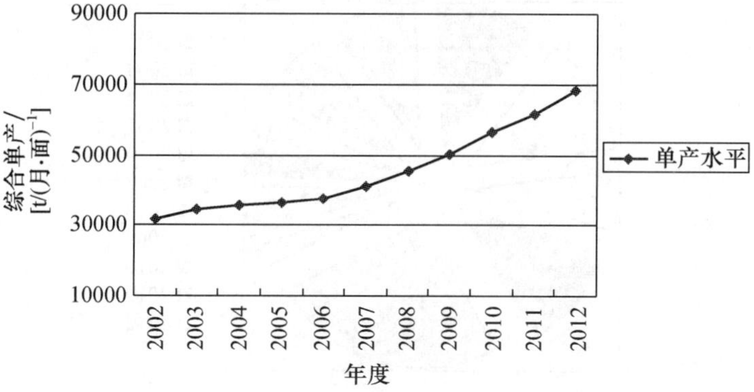

图 3-3　2002—2012 年综合单产折线图

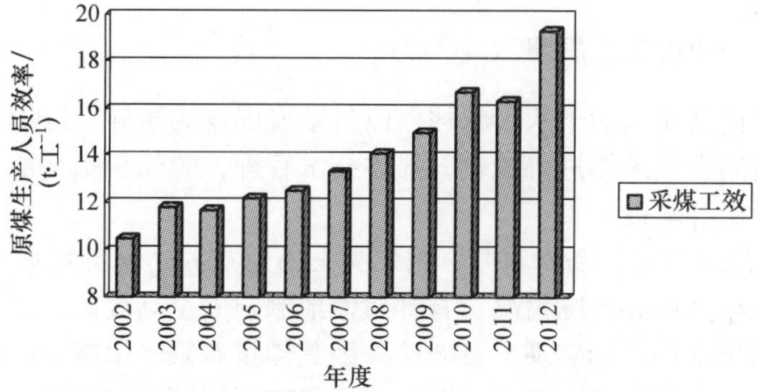

图 3-4　2002—2012 年采煤人员效率柱状图

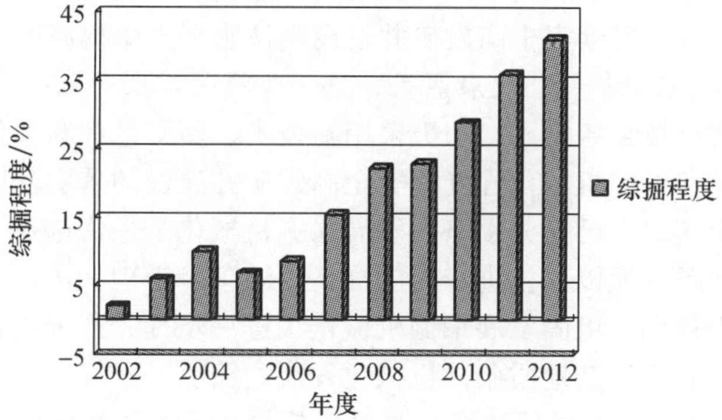

图 3-5　2002—2012 年综掘程度柱状图

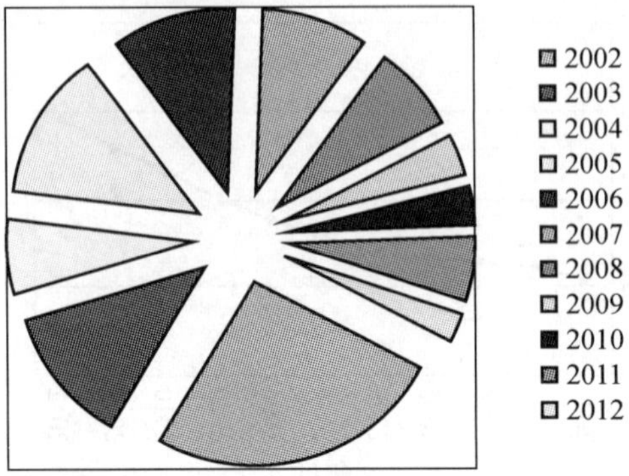

图3-6　2002—2012年原煤百万吨死亡率

四、下一步的工作思路

全面贯彻落实党的十八大精神，以科学发展观为指导，以提高效率效益为中心，巩固发展采掘进机械化，强化技术管理，确保采掘平衡，进一步推进安全高效矿井建设。

（一）因地制宜，分类指导，制定安全高效矿井建设规划目标

根据各生产矿井实际情况，有针对性地制定安全高效矿井建设目标，并通过政策引导确保目标实现。衰老矿井因其储量有限，以减头减面，减人提效，提高人员效率和经济效益为重点。中期矿井储量尚好，以生产系统改造、提高矿井产能为重点，带动矿井安全高效建设。新建矿井以高起点、高标准为要求，投产一对，建成一对。同时，全公司以建设一批行业特级安全高效矿井为重点，带动安全高效矿井建设整体水平大幅提高。

（二）巩固采掘机械化发展成果，进一步提高矿区开采工艺技术水平

不断加大科技装备投入，积极采用新技术、新工艺和新设备，不断提高生产技术水平和采掘机械化程度是安全高效矿井建设的重要基础，淮北矿业在多年的建设实践中已充分领略到发展采掘机械化是最优选择，也是根本出路，必将一如既往地以科技进步为前提，以装备、管理、培训为抓手，以提高单产单进为目标，巩固发展采掘机械化，进一步提升开采技术水平，走出一条适合淮北矿区复杂地质条件机械化发展之路。

（三）建立“以综掘保综采”思路，保持矿区可持续稳定发展

加大投入，加快发展，建立健全适合淮北矿区实际的掘进机械化技术装

备体系。坚定不移发展综掘机械化。综采工作面煤巷原则上全部推广综掘施工，巩固提高煤巷综掘发展成果，提高综掘对综采的保障能力，满足主力工作面接替需要；具备条件的岩巷坚持采用综掘施工，岩巷综掘施工范围从平巷向一定坡度的斜巷扩大，提高岩巷施工进度，保证采区接替，满足矿井生产后劲要求。坚定不移发展后运连续化。煤巷原则上全部实现后运连续化施工。岩巷综掘施工的全部建立后运连续化系统，岩巷炮掘施工的在具备条件时，积极推广建立后运连续化系统。掘进施工辅助运输积极推广采用无极绳、单轨吊，减少作业环节，降低劳动强度，提高施工效率。进一步丰富掘进机械化的内涵和层次。采用综掘施工不经济时的短距离煤巷，推广采用挖装机施工，并建立连续的后配套系统；硬岩条件下不宜采用综掘施工的岩巷，推广采用钻装机施工，并建立连续的后配套系统，实现钻眼装运一体化作业；努力构建“煤巷综掘 + 煤巷挖装机 + 岩巷综掘 + 岩巷钻装机”多层次全方位的淮北矿区掘进机械化技术装备体系。

（四）坚持职工素质建设，提升队伍整体水平

具备一支高素质的职工队伍，是建设安全高效矿井的重要保障。淮北矿业在近几年的“大投入、大开发、大跨越”的进程中，已明显感觉到煤炭人才的匮乏，多年来一直通过各种渠道抓人才引进与培养工作，将来必将更加重视人才培养和人才队伍建设，始终把提高员工业务技能水平作为发展安全生产的重要措施。

加强安全基础　实施科技创新
全力推进安全高效矿井建设

——龙煤矿业集团有限责任公司

龙煤集团是重组黑龙江省鸡西、鹤岗、双鸭山、七台河四个国有重点煤矿优良资产，国有控股、产权多元的大型煤炭企业集团；是省属最大国有企业，东北（蒙东）地区最大的煤炭工业企业。现有生产矿井36个，核定生产能力5754万t/a，总资产662亿元，净资产183亿元，职工25.6万人。所属矿区煤炭资源丰富，煤种齐全，煤质优良。可采储量29.5亿t，接续区储量126.7亿t。煤种是以焦煤、1/3焦煤、长焰煤、气煤、肥煤为主，煤质以特低硫、低磷、低灰、高挥发分、高热值优良特质煤为主，是国内优质动力煤和三大焦煤基地之一。2011年，生产原煤5300万t，主营业务收入344亿元，利润总额10.2亿元，纳税47.2亿元，中国煤炭工业企业100强中排名第17位。

2011年以来，龙煤集团坚持实施“强基固本、安全发展”战略，以灾害治理为核心，以瓦斯防治为主线，不断加大矿井装备投入力度，推广应用先进开采技术，加速推进瓦斯治理、安全补欠和安全高效矿井“三大工程”建设，优化生产布局，合理集中生产，安全生产基础显著改善。安全高效矿井建设取得了重大突破，所属36个井工矿有13个矿井跻身于国家安全高效矿井行列，各项安全生产技术指标创出历史最高水平。

一、强基固本，推进“三大工程”建设

龙煤集团所属矿区煤田地质构造极为复杂，煤层赋存极不稳定。开采过程中，所有矿井均不同程度受水、火、瓦斯、冲击地压以及地温等灾害制约。前期，受行业危困所造成矿井装备投入不足、安全欠账严重、技术人才和管理人员流失，以及采掘队伍不稳定等因素的影响，安全生产难度很大，重特大事故没有得到有效遏制。随着矿井开采深度的不断增加，灾害程度逐步加重。现有的36个生产矿井中，突出矿井或有突出危险性的矿井达到16

个，突出矿井和高瓦斯矿井占80%以上，个别矿井绝对瓦斯涌出量高达120.38 m^3/min。面对困难的生产条件和严峻的安全局面，龙煤集团从2011年开始，规划投入56.86亿元，实施瓦斯治理、安全补欠和安全高效矿井“三大工程”建设，力争用2~3 a时间，解决安全生产基础问题。其中，投入瓦斯治理工程28.34亿元，安全补欠工程18.13亿元，安全高效矿井建设10.39亿元。建成了一批安全高效矿井，其中国家特级安全高效矿井5个，行业一级矿井6个，行业二级矿井8个。截至目前，“三大工程”已投入资金共计48.7亿元，完成瓦斯治理工程224项，资金8.5万元；安全补欠工程750项，资金26.8万元；安全高效矿井建设投入13.4万元。

二、加大投入，提升矿井装备水平

由于龙煤集团多数矿井采掘工艺落后，机械化程度低，生产效率低，单产单进徘徊不前。为了更好更有效地解决制约企业发展的突出矛盾，龙煤集团加大了安全生产装备投入力度，着力推进安全高效矿井建设。2011年以来，生产装备总投入为18.1亿元，更新设备2580台（套），淘汰落后生产工艺采面25个，新上综采面10个、综掘面28个，引进岩巷综掘机4台，购置综采支架25套、采煤机60台、综掘机58台，综采工作面由原来的45个提高到55个，综采机械化程度达到75%；采煤工作面综合单产由原来的3.6万t/(个·月)、提高到4.2万t/(个·月)，提升幅度达17%；综掘工作面由原来的82个提高到110个；综合单进由原来的120 m/月提高到150 m/月；原煤生产人员效率由原来的1.4 t/工提高到2.6 t/工，提升幅度达85.7%；采掘机械化程度达到93.6%和82%，比集团成立初分别提高22.6%和24%。

三、优化设计布局，提高矿井抗灾防灾能力

由于龙煤集团所属部分矿井开发历史久远，平均采深600 m以上，系统复杂、战线较长，采掘队组多，井下作业人员多，矿井抗灾防灾能力很低。为优化矿井开采设计，科学生产布局，合理采掘作业布置，一是实施减人缩面，减少采区30个，减少采煤面52个，减少掘进面67个，减少井下作业人员8482人，矿井安全生产保障水平全面提高。二是在新井建设、新水平和新采区开拓上，充分考虑矿压、煤层发火等危险因素，积极打破原有的设计方式，将主要大巷、上下山等布置在煤层中，既减少了工程量和工作量，又提高了单进水平和效率。三是根据矿井不同煤层的赋存条件，科学选择适

宜的开采方法和采煤工艺，做到“一面一策”。四是针对构造多、断层多的客观实际，推广采区过断层、过上下山的设计方式，增加采煤工作面走向和倾斜长度，向“三维空间”要效益，提高块段连续生产能力，减少搬家倒面次数，为建设安全高效矿井创造先决条件。南山煤矿先后施工2条巷道，改造4条皮带，安设双向给煤机，改造外围运输提升系统，采煤工作面平均单产达12.8万t/月。通过上ZF6400型综放液压支架、MG－300/730－WD采煤机、可伸缩式输送机等新型装备，综采面日产达到万吨以上。

四、淘汰落后工艺，提高单产单进水平

龙煤集团薄煤层开采工作面占60%以上，炮采、炮掘工作面分别占35%、80%。为了尽快淘汰落后生产工艺，解决采掘机械化程度低的问题，集团公司先后组织有关人员远赴川煤、百色等局学习薄及极薄煤层（0.8 m以下）综合机械化开采先进经验，制定薄煤层综合机械化开采和综掘系列化装备规划。一是大力发展薄及极薄煤层综采工艺，先后投入资金1.6亿元，装备四套薄煤层综采工作面，1.2 m煤层单产最高达到5.5万t/月。二是推广柔性掩护式支架生产工艺和走向长壁分带仰斜采煤方法，使急倾斜、薄煤层采面顶板支护质量和通风系统管理明显改善。三是通过装备综采、综放、轻放等采煤设备，淘汰落后的∏放采煤工作面15个，使工作面采出率平均提高16%。四是推进掘进一体化作业方式，重点引进大功率煤（岩）巷掘进机、耙装机、凿岩钻车、二运皮带等设备，加快掘进速度。截至目前，龙煤集团采掘单产单进水平分别达到4.2万t/月和150 m/月，比组建初分别提高1.4万t/月和45 m/月。掘进系统引进掘进机、侧卸式装煤机，机械化程度达到100%；开拓系统配备新型耙装机，使用锚网索喷碹联合支护，锚喷支护率达97%，有53个队次月进尺突破百米。

五、强化灾害治理，营造良好安全环境

根据瓦斯治理的实际需要，龙煤集团建立了集团、分公司、矿井三级瓦斯抽采达标评价工作体系，制定了矿井瓦斯抽采达标评判细则，对保护层开采面积、钻孔量、抽采量、抽采率、瓦斯治理专用巷道等主要指标，实行目标管理、量化考核和重奖重罚。目前，共建有44套地面瓦斯集中抽采系统和78套井下移动抽放系统，全年瓦斯抽采总量达到3亿m^3，瓦斯抽采量达到48%以上。在防突上，坚持区域防突措施先行、局部防突措施补充的原则。推行保护层开采、抽采卸压瓦斯，实现区域性治理；采用底板岩巷先

行，穿层钻孔条带预抽方式消突，严禁直接进入突出煤层进行采掘活动；推广首采关键卸压层无煤柱沿空留巷Y型通风技术。在防治冲击地压上，坚持优化开采设计、区域防范先行、局部解危补充的原则，及时开展煤层冲击危险性鉴定。建立微震、地音监测预报系统，强化钻屑法、电磁辐射仪等检测手段。推广应用解放层卸压开采、采空区充填、沿空留巷等技术，提高了安全生产系数。新建矿一采区87号煤层属突出煤层，经过综合分析和反复论证，采用“一面五巷”（专用排瓦斯巷、两条底板岩抽巷、入回风巷）技术进行瓦斯综合治理，施工穿层钻孔进行卸压和采前本煤层预抽，收到了很好的防突效果。南山煤矿西二区18层五分段综采二队工作面开采期间，采取顶板岩石专用排瓦斯巷、打仰角钻、上隅角埋抽放管、后部专用排瓦斯尾巷、煤体顺层两巷打预抽钻孔同时抽放等手段，使工作面的配风量由2600 m^3/min降到520 m^3/min，产能得到最大释放，创出了最高日产8740 t、最高单产22.13万t/月的水平。

六、强化专业培训，提升员工综合素质

不断创新安全培训思路，根据矿井灾害类型，有针对性地对煤矿各层面管理人员开展安全生产专业培训。举办矿长、专业副矿长灾害分析、研究与治理研讨班，聘请专家集中授课和专题辅导，重点强化防突、防冲和防治水等灾害治理新技术培训。强化作业人员岗位必知、必会、必做培训，提高全员安全技能和自我保安能力。强化以班组为核心的现场安全管理，把安全生产责任、各项安全管理措施、安全防范技能、安全文化建设落实到班组，提高安全质量的掌控力、执行力和落实力。

龙煤集团“十二五”期间的发展方向是坚持安全发展、绿色发展、可持续发展，到“十二五”期末，煤炭生产和贸易总量达到1亿t。一是稳定扩大生产规模。现有生产矿井产量规模稳定在5500万t；推进现有生产矿井技改，新增产能840万t；加快省内新矿井建设，新增产能500万t；整合开发外埠资源，外埠煤炭产能达到1000万t；煤炭贸易量达到3000万t；“十二五”期末达到1亿t煤炭规模。二是加速安全高效矿井建设。一切以建设安全高效矿井为核心，着力实施矿井技术改造，大力发展薄煤层机械化，不断完善综掘系列化装备。建成安全高效矿井32个，其中特级10个，行业一级8个，行业二级14个，原煤生产人员效率5 t/工以上。三是强化安全生产基础。高瓦斯、煤与瓦斯突出矿井实现先抽后采、不抽不采，瓦斯抽采率达到50%以上，利用率达到32%以上，瓦斯煤尘事故得到有效遏制；矿井

系统更加完善，布局更加合理，抽掘采平衡，生产后劲充足，装备设施完备，地质情况清晰，矿井综合抗灾能力得到明显提高。

目前，龙煤集团正处在强基固本、安全发展的关键时期，在中煤协会的指导和支持下，该集团将科学谋划，精心部署，强化措施，细化管理，加速安全高效矿井建设，促进企业更好更快发展。

第四章　2010—2011 年度煤炭工业安全高效矿井建设经验

开滦集团有限责任公司东欢坨矿业分公司

一、矿井概况

东欢坨矿井隶属开滦集团有限责任公司煤业分公司，是车轴山煤田开发建设的第一对矿井，位于河北省唐山市丰润区韩城镇以西，东距唐山市区约15 km。2004 年 12 月，邯郸设计研究院完成了《开滦集团有限责任公司东欢坨矿业公司矿井改扩建可行性研究报告》，确定矿井生产能力为 300 万 t/a。

矿井采用立井多水平分区前进式开拓方式，现有两个水平，即 -500 m 水平、-690 m 水平；矿井采用机械通风，通风方法为抽出式，矿井生产初期的通风方式为中央分列式，后期与新风井形成对角式通风方式。目前生产区域为中央上段、北二、中央采区南部三个采区。

二、2011 年主要技术经济指标

全年实现了安全生产自然年，百万吨死亡率为 0，杜绝了重伤及二级以上非伤亡事故，安全质量标准化保持了一级水平，采煤工作面工程质量达到行业一级。全年完成原煤产量 254.3 万 t。矿井综合单产达到 9.6 万 t/（个·月）。原煤生产人员效率达到 8.37 t/工。单进 736 m/（个·月），掘进进尺 23025 m。各项指标继续创出新高，达到行业一级水平。采区采出率达到 84.2%、采煤机械化程度 100%，掘进装载机械化程度达 100%，综掘机械化程度达到 68.8%。全年实现利润 9828 万元，完成了年初确定的既定目标。员工人均年收入 5.99 万元。

三、安全高效矿井建设的主要做法

（一）不断健全管理机制，全力打造稳定的内部发展环境

一是构建了适应矿井发展需要的安全管理机制。安全实时监测监控系统

开始向区科和班组岗位延伸，实现了安全管理由事后分析处理向过程严密控制、超前预测防控的实质性跨越。二是依法实施安全管理的意识明显增强。各级管技人员进一步强化了依照法律法规组织安全生产的自觉性和责任感，定期开展隐患排查和日常检查，质量标准化工作实现了新发展。三是安全文化建设取得了新的成果。坚持“以人为本”，修订了部分偏重于处罚的考核标准；组织新工上岗后签订师徒合同，在安全操作规程、技术措施贯彻上开小灶、办特班。

（二）以安全高效矿井建设为目标，继续推进了生产能力保障工程，保证经济工作的健康运行

一是调整产品结构，提高产品附加值。应对市场，积极发挥选煤厂工作人员的聪明才智和主观能动作用，多次实施设备改造，大大提高了高热值动力煤产出量，丰富了商品煤品种。二是着力过程管控，降低生产成本。坚持指标管理与过程控制相结合，物资部门每月对生产单位作业计划、现场物料用量、库存实际储备“三核实”。三是开展增收节支，促进内部挖潜。利用生产单位地面小库积极组织修理复用活动，鼓励生产区队开展井下修旧利废。四是拓宽开源渠道，提高煤炭采出率。为增加煤炭总量，开拓出煤和套修出煤，采用矿车单独装车运输，卸入翻笼进入主运系统，挖仓煤泥也组织装车并入主运系统。

（三）凝心聚力，共建和谐，生产生活设施建设持续增速

一是着力改善员工工作、生活条件。二是全面改善人文环境。出台员工佩戴胸牌上岗、车辆定置管理等七项日常管理规定，与准军事化管理同步考核，促进了员工职业行为养成。

（四）建设精品大矿山，营造幸福大家庭

2011年启动五年战略规划，坚持走科学发展、永续经营之路，把精品大矿山与幸福大家庭提到同一高度，坚持同步推进。大力宣传规划，宣传企业的发展愿景，再造浓厚的创业氛围，全力推动全员创业，引导干部职工积极投身到创业发展的大潮中，以每个职工的具体创业行动保证企业战略目标的顺利实现，共创企业美好的未来。

开滦集团蔚州矿业有限责任公司
崔家寨矿

一、矿井概况

开滦集团蔚州矿业有限责任公司崔家寨矿是经国家计委批准建设的河北省蔚县矿区第一对大型矿井，由原煤炭工业部石家庄设计研究院进行初步设计，于1996年10月正式开工建设，2003年正式投产。矿井设计生产能力为180万t/a，设计服务年限84.3 a，投产后通过对井下采掘设备、运输系统、主副井提升系统等环节进行技术改造，充分挖潜了生产能力，2010年重新核定生产能力为265万t/a。

该矿井田开拓方式采用立井单水平开拓（局部设辅助水平），设主、副、风三对井筒，矿井通风方法为抽出式，通风方式为中央并列式。采煤方法为长壁后退式，全部垮落法管理顶板。工作面采用综合机械化采煤工艺，一次采全高。巷道主要支护形式为锚喷和锚网。

二、2011年主要技术经济指标

2011年百万吨死亡率为零。完成原煤产量265万t。工作面单产达到95835 t/（个·月）。采区采出率达到82.78%。采煤机械化程度和掘进装载机械化程度均达100%，综掘机械化程度达到100%。全年实现利润30583.64万元。

三、安全高效矿井建设工作

（一）着力完善安全保障体系，巩固和发展了安全生产的稳定局面

一是深化了安全生产管理长效机制建设。以强化责任落实为重点，进一步明确了安全职责。实行层层签订安全生产责任书、安全承诺书，明确五级隐患排查体系中各层次的主体责任，特别是强化班组、区科及专业小组的责任落实。二是狠抓矿井重大灾害事故的预防。密切关注重大危险源治理，加强安全监控、安全防护、火工品管理，尤其是东三采区透小煤窑有害气体超

标以及顶板压力异常区域，都采取有力措施确保安全生产。三是推进质量标准化高标准达标工作。

（二）以原煤生产的均衡稳定为重点，系统谋划，科学组织，努力推进安全高效矿井建设

一是以稳产高产为目标，树立风险防范意识，科学组织生产。从“规划、设计、施工、验收”以及“机电、运输、通风”等环节入手，明确了每一个环节的责任，实行责任目标管理和责任追究制度，提高抵御制约均衡稳定生产风险的能力。突出生产技术工作的先导性，增强了生产作业计划的针对性、严肃性和指导性。重点做好采掘战场的稳定性分析，加强采掘工作面地质构造分析，及时优化设计，保持了正常的生产能力。二是强化生产准备工作，保证生产衔接到位。克服了战场集中、系统紧张等不利因素的制约，超前做好生产准备工作，严密组织，强化管理，实现了采掘平衡。三是加强协调指挥，保持均衡稳定生产。推行正规循环作业，是实现均衡稳定生产的需要。实现正规循环作业是一项系统工程，全矿上下树立了以“安全生产为中心”的观念，杜绝本位主义。技术部门超前谋划，精心组织，严格监督，统筹安排，积极深入现场，解决技术难题；基层单位加强了设备维护和检修，提高了开机率，保证了8 h内的工作效率，达到了安全生产的良性循环，实现了安全生产双收益。

（三）依靠管理、技术创新，不断提升企业发展水平

一是引入了大功率、高性能采煤机，使用大采高、高强度、高可靠性的液压支架，采、掘工作面安设大运力带式输送机，极大地提高了生产效率。二是改进工作面尾巷支护。采用悬移支架对尾巷进行支护，实现工作面尾巷支护动态管理，减少职工劳动强度，提高尾巷管理的安全性。三是引进短壁工艺，提高煤炭资源采出率。该工艺主要针对长壁工作面回采后形成的不规则块段，采用相应的回采设备，发挥设备小、搬运灵活的特性，对不规则块段使用短壁工艺回采，提高资源采出率。四是针对1煤层复合顶板、底软、局部煤层赋存不稳定、自然发火期短等特点，研究煤层顶底板管理、煤层自然发火控制，形成一套行之有效的顶、底板管理、自然发火控制理论，在生产实践过程中取得了良好的效果。五是实现煤层合理配采，平衡采掘关系，确保矿井全年实现安全高效稳产的目的。

开滦能源化工股份有限公司范各庄矿业分公司

一、矿井概况

开滦范各庄矿业分公司是我国自行勘察、自行设计、自行施工的大型现代化矿井，1958 年开始建井，1964 年 10 月 21 日投产，设计生产能力 180 万 t/a，1975 年开始进行改扩建工程，扩建设计井型年产量为 400 万 t/a，2008 年核定生产能力为 470 万 t/a。范各庄矿业分公司位于开平煤田东南翼的中部，距京山线古冶车站 10.2 km，井田面积 38.3 km^2。开拓方式为立井多水平集中上山采区石门开拓，总体前进，局部后退。目前矿井有四个水平。

二、2011 年主要技术经济指标

2011 年矿井原煤产量 469.92 万 t。矿井原煤生产期末人数 1208 人。原煤生产人员效率达到 15.321 t/工。2011 年实现利润 4.349 亿元，人均年收入 7.09 万元。百万吨死亡率为 0.212，保持行业一级安全高效矿井水平。

三、安全高效矿井建设的主要做法

（一）依靠科技进步，推广和应用新技术、新工艺，为安全高效矿井建设提供新动力

一是积极探索矿井深部锚网巷道支护工艺，为综采工作面的高速推进创造条件，2011 年公司 3275N 工作面达到了月产 105602 t 水平，为公司原煤生产任务的完成打下了坚实的基础。二是积极推进新设备、新工艺的应用。为进一步提高综采工作面液压支架的安装速度，2011 年公司引进一套液压支架组装平台，并为该设备的投入使用进行了组装、应用等方面的技术培训，该平台投入后工作效率明显提升。三是立足小革小改，不断增强原有设备的生产能力。2011 年公司全年实现技术改进项目 105 项，为公司安全高效矿井建设打下技术基础。

（二）加强生产组织，推进管理创新，为安全高效矿井建设提供有力支撑

一是实行重大地质构造会审制度，以提高生产组织的科学性。二是优化设计，实现煤质科学配采，不仅保证了安全高效生产，而且有效保证了煤层的合理配采和工作面顺畅衔接。三是立足实现以机保煤，遵循“科学检修、合理使用”的要求，把握设备运转规律和检修周期，全面推行强制性、计划性检修和设备“点检”制度，着力规范检修行为，提高检修质量，降低了机电事故率，为原煤稳产高产创造了条件。四是以实现集约化生产为目标，不断优化工程设计，简化生产与运输系统，为实现矿井长远发展提供了有力支撑。

（三）加强人才队伍建设，提高员工素质，为安全高效矿井建设提供人才保障

一是加强区队干部学习培训。二是认真落实“员工素质提高五年规划”，以提高员工操作技能和职业素养为重点，采取自培、送培、业余培训与集中培训相结合等方式，深入开展了全员技术培训和技术练兵比武活动，造就了一支高素质的操作员工队伍。三是变“相马”为“赛马”，鼓励技能型人才脱颖而出。

（四）夯实基础，加强质量标准化管理，为安全高效矿井建设创造良好环境

一是认真落实国家关于煤矿企业安全生产工作通知中六大系统建设要求，完成了人员定位系统，完善了压风自救、监测监控等系统。二是进一步落实《河北省煤矿安全质量标准化标准及考核评级办法》，从基础工作抓起，制定相应的工作目标，认真落实质量标准化工作，同时加强质量标准化考评工作，对于逾期不能完成任务的进行强制整改，强力推进质量标准化工作的开展。三是强化矿井防尘综合治理，实施了综合防尘自动化改造工程。

（五）加强企业安全文化建设，促进矿井安全生产

一是启动了教练文化建设。二是深入推进了安全文化创建工作。三是积极培育“五精”管理文化。四是坚持用企业文化打造高标准全国文明单位。

开滦集团蔚州矿业有限责任公司单侯矿

一、矿井概况

单侯矿是蔚州矿业公司并入开滦之后自行建设的第一座大型现代化矿井，矿井于2004年5月1日开工建设，2006年10月1日开始联合试运转，设计生产能力为150万t/a，2009年12月省局批准核定生产能力为175万t/a。

单侯井田位于河北省张家口市蔚县涌泉庄乡境内，地处蔚县矿区的南部。井田东西宽约5 km，南北长约8 km，面积约40 km^2。矿井开拓方式采用立井单水平开拓，水平大巷标高为+650 m，矿井采用抽出式通风。采煤方法为走向长壁后退式综合机械化一次采全高，全部垮落法管理顶板。掘进为综合机械化施工，巷道采用锚喷和锚网支护。

二、2011年主要技术经济指标

2011年度安全生产百万吨死亡率为0，月累计千人负伤率均小于0.03‰，安全质量标准化达到了特级水平。实现了稳产高产，工作面单产达到12.5万t/(个·月)。采区采出率达到85.2%。采煤机械化程度达100%，掘进机械化程度和掘进装载机械化程度均达到100%。

三、安全高效矿井建设情况

（一）以员工技能提升促工作效率提升

坚持从员工技能提升抓起，结合矿井“三新”实际，以“提高技能、锻炼队伍、选拔人才、树立典型”为目标，进一步完善落实培训制度以及考核激励机制，采取专业线培训、月培季考、课件评比等方式，在回采、开掘、机电、地测防治水等方面，加强了先进技术工艺培训，促进了员工技能提升。同时，坚持理论与实际相结合，构建实物培训基地，锻炼员工现场实际操作能力，保证了培训效果，提高了实用型技能人才储备，促进了高技能人才培养。另外，单侯矿还从健全完善定额定员机制着手，对标先进单位，按照岗位职责和工作任务，科学定岗定编，强化劳动组织，保障了定额定员工作的科学性和实效性。

（二）以生产组织促安全高效生产

一是优化工作面设计以及巷道施工工艺，在加强地质预测预报的同时，根据地质实际情况及时修订设计方案，克服地质构造异常难题，为生产正常有序衔接创造条件，确保煤炭资源得到最大限度回采。二是科学组织工作面原煤生产，准确分析生产动态，促进正规循环作业，提高原煤生产效率。三是深化了动态达标理念，谋划动态达标流程再造，以安全质量标准化动态达标标准组织生产，推行了系统检查、检查系统以及“交管式”达标考核，开展了以岗位达标、班组达标、区科达标为内容的三级达标，以安全质量标准化促进安全高效矿井建设。

（三）以机电管理保障稳产高产

在安全高效矿井建设中，坚持“以机保产”方针，落实“大机电”及经营型机电思路，从抓机电质量标准化着手，做好采掘机电设备、带式输送机、主副井提升等各机电系统日常管理，注重隐患排查和事故分析，严格落实四检制，强化机电检修，加大备品备件管理，提升了机电管理水平，保证了各系统机电设备正常运行。2010—2011 年机电设备完好率均达到了 95% 以上，机电事故率实现了 1% 以下。

（四）以技术创新解决制约生产难题

一是在 5 煤应用了综采超前支护液压支架，改变了以往单体液压支柱超前支护方式，实现了机械化、自动化超前支护。二是应用了变频无极绳绞车运输，减少了辅助运输环节和运输时间，提高了工作效率和安全系数。三是应用回撤新工艺，在工作面回撤过程中，采用三组掩护支架支护方式，降低了劳动强度和材料费消耗，提高了工作面支架回撤安全系数和工作效率。四是推广应用了乳化液智能泵站，实现了乳化液自动配比，促进了节能降耗，减少了泵站、液压支架及管路维护投入。五是南翼大巷开拓创新技术工艺，实现矸石连续装载，提高了开拓效率。

开滦集团有限责任公司林南仓矿业分公司

一、矿井概况

开滦集团林南仓矿业分公司位于河北省玉田县西南 12 km 的林南仓镇，矿井地处京、津、唐三角地区，所属井田是蓟玉煤田东北端一个独立的盆地构造，井田周围以 14 煤层露头线为界，东西长约 7 km，南北宽约 3.5 km，整个井田呈不规则椭圆形分布，占地面积约 25 km^2。该矿井是 1970 年 4 月由天津筹备处筹建，1978 年 8 月转交开滦矿务局管理，1985 年 11 月 21 日正式投产。矿井设计能力年产 120 万 t，服务年限 91 a。

矿井采用立井—多水平—区段开拓方式，现有一对中央立井和边界风井。矿井通风方式为中央边界式（中央分列式）。煤层间开采顺序为自下而上的上行开采，采区内同一煤层开采顺序为自上而下；回采工作面布置均为走向长壁方式；各煤层均采用一次采全高；回采工作面顶板管理为自然垮落法。

二、2011 年主要技术经济指标

2011 年，该矿实现了安全生产第八个自然年，百万吨死亡率为 0，杜绝了重伤及二级以上非伤亡事故，月均千人负伤率仅为 1.81‰。采煤机械化程度为 100%，掘进装载机械化程度达 97%，综掘机械化程度达到 90%。全年完成原煤产量 115 万 t。矿井综合单产达到 6.08 万 t/（个·月）。原煤生产人员效率达到 5.5 t/工。单进 225 m/（个·月），掘进进尺 8071 m，机掘进尺 7500 m。采区采出率达到 83.1%。全年实现利润 1188 万元，员工年人均收入 5.84 万元。

三、安全高效矿井建设工作

（一）以“三按”管理为抓手，持续推进“精品矿”建设

为进一步提高矿井本质安全水平，公司着重做实“三按”管理工作、深入落实《一体化设计施工管理规定》等文件，强调掘进、安装、回采、回撤设计施工的计划性、科学性、经济性和一体化，强调在掘、安、采、回

各环节的工程设计和施工中树立整体意识、标准意识，提升了质量标准和经济效益，保证了安全生产。

（二）以打造本质型安全矿井为目标，继续推进了长效安全工程

（1）全面推进了企业安全文化建设，强化员工安全理念的灌输，不断推进了企业安全文化建设。

（2）进一步深化了“双标”工程建设，建立了质量标准化动态达标管理机制，探索出了项目负责制、工程档案化管理等好做法，促进了质量标准化动态达标。

（3）继续加强矿井质量标准化工作，推进了“精品矿”建设。

（4）不断加大安全投入，提高矿井防灾、抗灾能力，不断进行矿井安全设施、设备的更新改造。

（三）以安全高效矿井建设为目标，继续推进生产能力保障工程

（1）不断加强生产组织管理，挖潜煤炭储量，随着开采技术和回采工艺的不断改进，生产技术水平不断提高。2011 年对西一采区 8－1 煤层进行储量挖潜，充分利用老区域已有井巷工程对该煤层的揭露，通过系列设计优化，对该区域 8－1 煤层进行储量挖潜。

（2）进一步加强掘进综合机械化进尺的应用和保障，掘进的机械化程度有了大幅度提高。同时，实现了煤炭运输皮带化，提升了矿井的运输能力，保证了矿井生产能力的提升。

（3）先后完成了风井变频改造及远程控制、压风机和带式输送机远程控制、远程供电系统改造和防越级跳闸系统、主井定子变频系统改造，完善了井下光环网络，为整合各个分系统，打造矿井综合管理平台奠定了基础。

（4）积极应用锚注技术对主要巷道进行治理，保证系统安全可靠高效。

（5）通过应用硬岩掘进机，加快新水平新区域的开发速度，保证正常生产衔接。

冀中能源峰峰集团有限公司万年矿

一、矿井概况

万年矿位于河北省邯郸市西部、峰峰矿区北部，隶属武安市磁山、伯延镇和峰峰矿区和村镇地界。井田东西走向长 1～4.0 km，南北长约 9.0 km，井田面积约为 21.2 km^2。万年矿于 1977 年 1 月 12 日投产，设计能力 30 万 t/a。2006 年生产能力核定为 200 万 t/a。

井田开拓方式为斜井多水平开拓，有 ±0 水平（一水平）和 －240 m 水平（二水平），三水平正在延伸。共有七个井筒，其中斜井六个，立井一个。矿井通风方式为抽出式，为中央分列和对角混合式通风系统。井田可采煤层 6 层，总厚 9.63 m。

矿井为低瓦斯矿井。煤层无突出危险，煤尘无爆炸性，为Ⅲ类不易自燃煤。无冲击地压现象和地热现象。矿井正常涌水量为 12.64 m^3/min，最大涌水量为 13.34 m^3/min。矿井相对瓦斯涌出量为 1.61 m^3/t，相对 CO_2 涌出量为 1.19 m^3/t。绝对瓦斯涌出量为 5.94 m^3/min，绝对 CO_2 涌出量为 4.41 m^3/min。矿井采用走向长壁后退式综采一次采全高采煤工艺。

二、2011 年主要技术经济指标

万年矿原煤产量 299 万 t。综合单产 12.499 万 t/（个·月）。总进尺完成 24510 m，综合单进 315 m/（个·月）。采煤机械化程度 100%，掘进装载机械化程度 100%，综掘机械化 62%。原煤生产人员效率为 12.25 t/工。制造成本为 284.52 元/t。利润 22000 万元。职工人均收入达到了 6.29 万元，同比增幅 16%。

三、安全高效矿井建设的主要做法

（一）积极推广使用新技术、新工艺、新材料和新设备

一是发挥技术装备优势，依靠科技进步，装备了冀中能源最先进的智能化电液控大综采设备，新装备了八套综合机械化掘进生产线，应用大综采、大功率岩巷掘进机、锚网索支护等新技术、新工艺，单产单进和效率得到进

一步提升。

二是在深部高应力、4.2 m 大采高综采工作面成功实现沿空留巷，探究和验证大采高留巷围岩分位控制技术，突破高应力、大断面巷道留巷支护，寻求复杂条件下支护新方式，并通过现场测试进一步分析大采高留巷围岩的矿压显现特征，为大采高留巷的应用和推广提供借鉴。

三是做 13269 联眼，实现了开切眼与两巷同时掘进，通过做联眼来掘进开切眼，做到了 13269 运料巷与运输巷的同时掘进开切眼，在 13269 工作面三组队伍同时掘进，加快了 13269 工作面的掘进速度。

（二）改进辅助运输方式

一是在采煤工作面巷道辅助运输使用无极绳绞车运输系统，简化了运输环节，减少了安全隐患点。在 13268 工作面运料巷安装一套载人卡轨车，减轻了职工的体力消耗，实现了安全连续运输，为安全高效生产奠定了基础。

二是综采工作面支架安装就位采用滑道滑板代替轨道车盘运输支架，消除了车盘掉道、斜坡跑车盘、车盘支架下车盘等安全隐患。

（三）积极探索围岩加固技术

针对 13269 地区埋深大、地压大的特点，顶板支护由 U 钢箍变为锚杆配 8 m 锚索支护，最后改为全锚索支护，有效地控制了巷道围岩的变形量。

－440 m 水平泵房、变电所埋深大围岩破碎，巷道变形严重，采用注浆与预应力锚索两种不同性能支护的组合结构对巷道底板进行联合支护，发挥了两种支护形式各自的特点。在注浆和锚索预应力的综合加固支护作用下，围岩整体性得到增加的同时进一步被压缩，选择一定的参数，可使松散围岩在注浆和锚索的共同作用下形成自承拱，提高了围岩的内在抗力和岩体的整体抗变形能力，保证了－440 m 水平泵房、变电所的正常使用。

冀中能源峰峰集团有限公司大淑村矿

一、矿井概况

矿井位于峰峰煤田东北部，南距峰峰矿区 13 km，东距邯郸市 22 km，地处河北省武安市、磁县、峰峰矿区接壤地带，行政区划属武安市所辖。南部薛村、小屯两矿井均有准轨专用线通往邯（郸）—磁（山）—马（头）环行铁路新坡站，大淑村矿准轨专用线与小屯矿接轨，邯峰公路从井田工厂门前通过，交通便利。

井田东西走向长 7. 0 km，南北宽 2. 5 km，面积约为 9. 8 km^2。大淑村矿于 2004 年 1 月 1 日正式投产，设计能力 90 万 t/a，服务年限 59 a。2006 年矿井核定生产能力 125 万 t/a。

矿井采用立井单水平、分区式上下山开拓方式。目前共分 4 个采区。矿井绝对瓦斯涌出量 48. 71 m^3/min，相对瓦斯涌出量 23. 82 m^3/t，为煤与瓦斯突出矿井。其中，2 号煤层采用走向长壁后退式综采放顶煤采煤工艺；4 号煤层采用走向长壁后退式薄煤综采一次采全高采煤工艺。

二、2011 年主要技术经济指标

2011 年大淑村原煤产量计划 120 万 t，实际完成 125 万 t。采煤机械化程度达 100%，综掘机械化程度达 40%。矿井综合单产 64099 t/(个・月)。原煤生产人员效率 5. 7 t/工。总进尺计划 13500 m，实际完成 14331 m，超计划 831 m。原煤成本计划 342. 81 元/t，实际完成 342. 74 元/t，比计划降低 0. 07 元/t。矿井年度利润 3391 万元，职工人均收入达到了 7. 6 万元，同比增幅 20%。

三、安全高效矿井建设的主要做法

（1）积极推广使用新技术、新工艺、新材料和新设备。

一是在野青薄煤层应用综采工艺，并实现自动化采煤技术。使矿井薄煤综采实现了无人值守远程自动化控制，确保井下生产高产、高效和安全生产。

二是在野青薄煤层工作面推广无煤柱沿空留巷工艺，实现了Y型通风；减少巷道掘进量，缓解接续紧张，该技术为大淑村矿瓦斯治理等方面提供了新思路、新举措，采掘生产方面带来了示范效应。

三是大煤综放工作面下端头及超前支护段使用端头支架，消除了超前支护高档段，提高了端头和超前支护段的支护强度，减轻了工人的劳动强度。

（2）在回采工作面巷道使用卡轨车辅助运输，使用卡轨车运输支架、物料，简化了运输环节，减少了安全隐患点，实现了安全连续运输。

（3）-450 m主运大巷由原来的22 kg轨道换成43 kg重轨，提高了-450 m主运巷运输能力。

（4）优化开拓方式、合理集中生产，按一井一面集中组织生产。向东三采区和南四采区延伸的东翼三条大巷，受孤岛煤柱应力集中影响，巷道变形严重，长期安排专业队伍进行整修。针对这种情况，将大巷布置到174102及172102采空区下，有效解决了这一难题。

（5）采取措施积极治理瓦斯。

一是建立瓦斯抽采系统。地面建有高、低浓度瓦斯抽采系统，矿井总抽采能力可达到317.5 m^3/min。

二是完善矿井瓦斯治理机制，健全和完善了“一通三防”管理机构，建立健全了瓦斯治理管理制度，明确各级领导瓦斯治理责任制，牢固树立“大通风观”，突出抓好防突和瓦斯治理工作。

三是在防治煤与瓦斯突出方面，积极推行区域消突措施，变防突为消突；与重庆煤科院合作完成煤巷掘进工作面煤与瓦斯突出预警工作；严格执行两个“四位一体”的综合防突措施；组织开展瓦斯参数测定和防突技术研究。

冀中能源峰峰集团有限公司梧桐庄矿

一、矿井概况

梧桐庄矿井位于河北省邯郸市峰峰矿区东南部，磁县西部，漳河、岳城水库以北，北距邯郸市 60 km，东南距河南省安阳市 45 km。井田南北长约 11.5 km，东西宽 0 ~ 5 km，井田面积 39.6 km^2。井田煤系地层含水层埋藏深，且无露头，不存在地表水与大气降水的补给条件，矿井不受地表水威胁。

矿井属低瓦斯矿井，相对瓦斯涌出量 2.22 m^3/t，相对 CO_2 涌出量 2.89 m^3/t。煤层为Ⅲ类不易自燃煤层，煤尘具有爆炸性，爆炸指数为 12.18%。

矿井探明地质储量为 43769.6 万 t，设计利用地质储量为 42626.16 万 t。矿井为立井单水平开拓方式。通风方式为混合式，采用副井、主井进风，中央风井和西风井回风。矿井采煤方法为综采，采用长壁后退式采煤方法。

二、2011 年主要技术经济指标

2011 年原煤产量 210 万 t。综合单产 109721 t/（个·月）。总进尺 17831 m。原煤生产人员效率 8.22 t/工。利润 51321 万元，人均收入 7.3 万元，同比增幅 28%。

三、安全高效矿井建设的主要做法

（1）提高科技创新能力，合理进行村庄采煤。矿井对南神岗、北神岗等 7 个村庄煤柱采用协调式跳采开采技术设计，煤柱的采出率达到 94.0%，可采优质肥煤 3046.3 万 t，大部分房屋为Ⅰ级轻微损坏。

（2）优化矿井开拓设计，实现矿井集中生产。采区数量由原设计的 16 个优化为 8 个，由 1 个主水平、2 个辅助水平优化为 1 个主水平。

（3）优化开拓与巷道布置，推广锚网索支护。开拓大巷及采区巷道设计布置在煤层中，巷道支护形式均采用了锚网索支护。

（4）大倾角下综掘机应用研究。矿井地质构造复杂，煤层倾角不定，起伏多变，最大倾角可达34°。为满足生产需要，梧桐庄矿与外埠共同研制、开发并改进了适合本矿生产的EBZ-160型掘进机。

（5）掘进后路使用卡轨车辅助运输。矿井182208回风巷、六采轨道巷掘进后路成功采用卡轨车无转载连续运输，取代小绞车多级转载运输，提高了后路运输的本质安全性，从而改善了职工作业环境和劳动效率。

（6）实施科技攻关，破解褶曲综采工作面采煤难题。支架运输设备由过去的SDJ-14A型双速绞车改为KWGP-90/600J型卡轨车，将原来的十几部双速绞车运送支架改成了一部卡轨车运送支架；实现了卡轨车长距离、大坡度、拐弯、变坡等运输综采支架大型设备运输。

对于俯斜开采工作面，采用采煤机单向割煤，双向装载，加大采煤机滚筒转速等方法提高采煤机装煤效率；改造采煤机滑靴，提高采煤机俯采的适应性；带式输送机机头、机尾做混凝土基础，安装ZJT-30隔爆兼智能变频调速装置和KPZ自冷盘式制动器，提高带式输送机运行的稳定性，避免输送带超速运行，阻止输送带飞车现象发生。

对于仰斜开采工作面，采取煤壁注化学浆，提高煤体和顶板岩石的完整性，避免煤壁片帮；改造采煤机滑靴，提高采煤机对仰采的适应性；采用带横纹的皮带提高皮带的摩擦力，解决上山皮带运煤难题。

对于大倾角采煤工作面，采用综采工艺，在生产中采取以下措施：①调整工作面推进角度；②单向割煤；③沿工作面分段安装防倒、防滑千斤顶，移架时操作防倒操纵阀，使千斤顶收缩拉住被移支架，避免支架倾倒和下滑；④带压擦顶移架，防止支架下滑和倾倒；⑤打斜戗柱，防止最下端支架倾倒。

冀中能源峰峰集团有限公司薛村矿

一、矿井概况

冀中能源峰峰集团有限公司薛村井田在峰峰煤田东北部，位于邯郸市峰峰矿区大社镇。地理坐标为北纬36°33′、东经114°11′。主井地面标高+234.8 m。面积为16.9926 km^2，开采标高为+270～-720 m。井田西部较宽，东部较窄，形状不规则。交通条件便利，有运煤铁路专线和公路与主干线相连。运煤专线自矿储煤场经牛儿庄、羊渠河到新坡编组，至马头站与京广线接轨。公路北线经战备路22.5 km到邯郸市，东距107国道京深高速公路15 km，向北15 km与309国道相连。煤炭主要为贫煤和无烟煤，资源量为17139万t，工业储量6383.2万t，可采储量3159.4万t。

矿井采用立井多水平、暗斜井石门延深，水平集中大巷、上山分区开拓方式，共划分为13个采区。采煤工作面为走向长壁采煤法，回采工艺为轻放，轻放工作面采用ZF2600-16/24型轻放支架，MGY150/375型采煤机采煤。

二、2011年主要技术经济指标

原煤产量完成142万t。综合单产完成69608 t/(个·月)。总进尺完成20065 m，综合单进291 m。全矿采煤机械化程度为100%，掘进装载机械化程度为100%，综掘机械化程度为30%。原煤工作人员效率完成7.26 t/工。原煤成本完成356.78元/t。利润实际完成2890万元。职工人均收入达到了7.05万元，同比增幅24%。实现了安全生产。

三、安全高效矿井建设的主要做法

（1）提高机械化程度。取消了高档普采，积极推广大综采和薄煤综采支架。

（2）轻放工作面上下出口支护改进。将现端头支架支护改为开天窗放顶煤支架支护，提高出口支护强度，实现减人提效。

（3）提高解放层开采效率。开采解放层使用机械化薄煤综采。

（4）巷道支护方式的改造。逐步采用高强度 U36 支撑钢与锚网索共同支护的形式，以增加巷道支护强度，同时，增大巷道断面，取消 9 m^2 以下的断面，工作面两巷至少 10.4 m^2 以上，石门要求 12 m^2 以上。

（5）岩巷喷浆机由现在的两部分（喷浆机和除尘器）改为一体的 SPZ－5湿式混凝土喷射机，从而减少回弹、节约材料等优点，并起到减人提效的作用。

（6）对锚网支护巷道实行在线全时段观测，采用山东尤洛卡公司生产的便携式顶板离层指示报警仪。便于观察数据，加以分析，保证安全。

（7）进行矿井局部通风机专供高压电控系统改造，即在三万五变电站安装一条下井电缆作为风机专线。

（8）推广无极绳辅助运输。即在井下西翼皮带坡上（180 下山）安装一套无极绳辅助运输系统，长度650 m，降低了员工的劳动强度。

（9）副井通过实现绞车高压变频改造达到了提高效率减少用电量的效果。

（10）优化生活用水系统改造，取消一水平吃水泵房，由一水平中央泵房直排地面，各方面效果明显。

（11）西翼皮带更换钢丝绳芯皮带改造。将西翼一、二部带式输送机使用的 PVG 阻燃输送带更换为钢丝绳芯阻燃输送带。减少维护工作量，增加胶带抗拉强度，防止断带事故。

（12）矿井优化运输系统建设：从一水平延伸至三水平轨道坡，将一、三水平由两级提升改为一级提升，并将井下现有的三个水平运输进行调整，在三水平加装反罐笼，充分利用东风井排矸，副井实行两班运输，减少运输距离，并安装三水平机车运输“信、集、闭”系统，提高矿车周转率和工作效率。

冀中能源峰峰集团有限公司新三矿

一、矿井概况

矿井地处河北省南部邯郸市峰峰矿区大峪镇。矿井于1995年11月5日建成投产，年设计生产能力为45万t，经过技术改造，目前核定年生产能力为95万t，煤种为肥煤，单井单面生产。井田为石炭二叠纪煤系地层，地层产状，走向为NE20°～NW35°，东北倾向，倾角5°～20°，包括本溪组、太原组和山西组，煤系总厚度220 m，含煤12～16层，煤层总厚度14.58 m，含煤系数6.6%。现主采2号煤层，为肥煤，煤厚3.5 m左右，全区可采，沉积较稳定。局部与其$2_{上}$煤层存在合并分叉现象，与$2_{上}$煤层合并处，煤厚达4～6 m，局部分叉可分为2～3个分层，各分层煤厚1～1.5 m，夹矸0.8～3.5 m。

矿井为高瓦斯矿井。煤层无突出危险，为Ⅲ类不易自燃煤层，煤尘具有爆炸性，煤尘爆炸指数为16.99%。无冲击地压现象和地热现象。正常涌水量96 m^3/h。井田地质储量3142万t，矿井可采储量1583万t。

井田矿井开拓方式为立井—暗斜井。矿井通风方式为抽出式，为中央并列式通风系统。采煤方法为走向长壁后退式采煤法。

二、2011年主要技术经济指标

2011年，全矿生产原煤76.65万t。采煤机械化率为100%，掘进机械化率为95%，综掘机械化率为66%。制造成本373.26元/t。实现利润81万元。职工人均收入7.05万元，同比增幅12%。实现了安全生产年。

三、在生产组织和科学管理方面取得的经验及具体做法

2011年新三矿始终以科学发展观为指导，立足企业的生产实际，优化了工作面设计，进行了设备技术改造，采用了沿空留巷技术，增加了煤炭采出率，从而保证了安全高效矿井建设的较高水平。

（1）一直以来，暗斜井提升是制约新三矿生产能力提升的瓶颈，针对此问题，矿井在2010年1月进行了提升自动化改造，由原来的每小时开11

钩，增加到每小时开 13 钩，提升了矿井的生产能力。

（2）合理安排和调整生产地区，加强生产衔接准备，保证矿井生产地区正常衔接，实现稳产和矿井可持续发展。回采工作面运料道推广使用无级绳牵引普轨卡车，简化运输环节，提高运输安全性，减少运输用人，提高效率；掘进工作面使用了 EBZ135 型掘进机，SSJ800/2 ×40 可伸缩带式输送机，使采掘机械设备向系统化、大功率化和经济化靠近。

（3）开展矿井深部巷道大地压、高应力、大变形条件下的支护技术研究。积极推广开切眼大断面桁架锚索一次掘进成巷技术，提高支护强度，提高围岩承载抗变形能力。实施巷道围岩注浆加固技术，大力推行注浆快速“穿线”超前加固技术应用。

（4）完成北翼、东翼带式输送机和地面运销科带式输送机的集中控制，实现了带式输送机无人值守。2010—2011 年新三矿实现了 30 部带式输送机的集中控制，无人值守运输，减少了用人环节和事故率。

（5）推广采煤工作面沿空留巷开采，实现 Y 型通风。2010—2011 年，新三矿在 2502 工作面积极推广柔模混凝土沿空留巷技术，减少了区段煤柱的留设，增加了煤炭回采，并实施了 Y 型通风技术，解决了工作面上隅角瓦斯积聚的问题。

（6）全矿井上下积极做好瓦斯综合治理工作，牢固树立“瓦斯超限就是事故”的安全理念，将瓦斯断电值设置为 0.8%，实现瓦斯零超限。

冀中能源峰峰集团有限公司九龙矿

一、矿井概况

九龙矿位于河北省邯郸市西南部峰峰矿区与磁县交界地带，井田位于鼓山背斜东翼，西高东低，平面呈菱形，南北走向长 8 km，东西倾斜宽约 2.5 km，面积为 20.2 km^2。1991 年 4 月 29 日投产。矿井设计生产能力为 120 万 t/a，1995 年达到设计生产能力。矿井服务年限为 52.5 a。经过生产系统改造，2009 年核定生产能力为 150 万 t/a。

井田开拓方式为立井分水平开拓，有 -600 m 水平（一水平）和 -850 m水平（二水平）。共有主、副两个井筒。矿井通风方式为抽出式，为中央分列和对角混合式通风系统。目前开采深度为 -600 m，采用轻型综采放顶煤和综采开采工艺，采煤方法为走向长壁后退式采煤法。

二、2011 年主要技术经济指标

原煤产量 148.5 万 t。总进尺 15000 m。采掘机械化程度 100%，综掘机械化程度 96%。原煤生产人员效率 8.59 t/工。实现利润 3587 万元。职工工资收入人均 6.68 万元，同比增加 14180 元，增幅 21.2%。实现了安全生产。百万吨死亡率为 0。

三、安全高效矿井建设的主要做法

（1）沿空筑留巷的施工应用，提高了煤炭采出率，减少巷道掘进量，减少了巷道维护工作量，缓解了采掘衔接紧张的局面，改善了矿井安全生产环境，提高了矿井技术经济效益。15224 工作面回采结束后开切眼沿空筑留巷 162 m；跨南三条上山回采结束后通过沿空留巷的方式，多回采煤炭 6394.5 t，少掘巷道 162 m，解决了 15234 工作面上巷掘进无通风系统和出煤系统的问题，综合创效 385.3 万元；15224 工作面沿空筑留巷是峰峰集团唯一一例大采深、高矿压情况下的工艺实践，填补了峰峰集团中厚煤层沿空留巷技术空白；15228 工作面回采结束后开切眼沿空筑留巷 180 m。该工作面末采也采用了跨过三条上山推进后停采沿空留巷方式，多回采煤炭 25357 t，少掘巷道 180 m，解决了 15246 工作面安装运输系统及通风系统的问题，综合创效 1219.5 万元，安全与经济效益也取得显著成果。

（2）在 15228S 工作面采用了煤体预注化学浆加固技术超前维护顶板技术，超前加固 7 m 再向前推进 4 m，预留 3 m 保护帽的注浆施工方案，有效防治了煤壁片帮情况，维护了顶板，取得了良好效果。

（3）针对 15246 主采工作面的地质条件，反复摸排调查，探讨研究，制订最优的工作面三机配套方案，即 ZZ4800/17/36 型液压支架、SGZ764/500 型工作面刮板输送机、MG300/700 - WD 型采煤机的配套方案，自投产后，工作面日产水平已达 3000 t，最高月单产达到 9 万 t 以上，创历史最高水平。

（4）瓦斯抽采和瓦斯治理。采用瓦斯地质图作为指导，结合工作面生产及地质构造等，分析瓦斯赋存规律，从而指导新地区生产过程中的瓦斯抽采情况。15238 工作面运料巷每隔 80 m 施工一个高顶钻场，每个钻场施工 7～10个钻孔对工作面瓦斯进行抽放。该工作面共安设瓦斯抽采系统三套（井下两台移动泵和地面一台瓦斯抽采泵），分别针对工作面上覆煤层受采动影响后涌出瓦斯和上隅角以及采空区涌出瓦斯进行抽放，达到了良好的抽放效果。

（5）防治水管理。坚持“预测预报、有疑必探、先探后掘、先治后采”的原则，积极采取防、堵、疏、排、截的综合治理措施。对有水害隐患的地区，编制探水设计，并发放探水通知单，待隐患排除后，方可正常施工；每周三定期对全矿生产地区的水害隐患进行排查；深部开采前进行地面三维地震勘探和直流电法勘探等物探方法；废弃的水文钻孔及时封孔，对封孔不良的钻孔留设保安防水煤柱。

冀中能源峰峰集团有限公司
河北省磁县申家庄煤矿

一、矿井概况

峰峰集团磁州煤业申家庄矿于1972年建井，1980年投产，通过技术改造，矿井核定生产能力为85万t。煤矿建有一座210万t选煤厂和2.4万kW的矸石发电厂，总资产10亿元。生产原煤全部入洗，洗出的煤矸石用于发电，并建有一座年产4500万块标砖粉煤灰砖厂，形成了一个系统的产业链条。

矿井分为申家庄区和辛安区两个区域，矿区总面积5.4359 km^2。申家庄矿地质构造比较复杂，给开采带来诸多不利因素。矿井可采煤层为2号、6号煤层，其中2号为主要开采煤层，煤层稳定，煤质较好。2号煤层的自燃倾向性为不易自燃。火灾危险因素主要是外因火灾。截至2011年底，矿井总地质储量为713.5万t，可采储量306.7万t。矿井为斜井开拓、暗斜井延深，现生产采区为22采区。矿井采煤方法为走向长壁和倾斜长壁相结合。矿井提升为二级提升。矿井通风方式为中央分列式，通风机工作方法为抽出式。采煤工作面设备有FMG350－WD型采煤机、SGZ630/264型刮板输送机、ZF2600/16/24型轻放支架、SZB－730/75型转载机和SDJ－1000型带式输送机。煤巷掘进工作面采用EBZ－90型掘进机，岩巷采用耙斗装岩机和风动凿岩机。

二、2011年主要技术经济指标

原煤产量84.9万t。综合单产66624 t/（个·月）。总进尺完成2266 m，综合单进300 m/（个·月）。采煤机械化程度100%，掘进装载机械化程度85%，综掘机械化85%。原煤生产人员效率5.06 t/工。利润62500万元，销售收入154000万元，职工人均收入达到了5.01万元。

三、安全高效矿井建设的主要做法

（1）认真贯彻执行国务院第446号令《关于预防煤矿生产安全事故的

特别规定》要求。一是合理计划安排生产，按生产能力制订全年计划和月生产计划，生产过程中合理安排落实，确保月生产不超过计划的10%。二是合理生产布置，搞好集中生产，控制采面生产人员人数，减员增效，实现了高产高效，并做到了不超核定生产能力，不超强度生产，不超下井人数。三是依靠科技创新，合理对小三角煤进行布置开采，使工作面大幅度调斜技术得到了全面应用，加减架工艺得到了熟练掌握。四是在回采过程中把掘进时留设的煤柱全部带采，提高采区采出率，直接提高矿井经济效益。

（2）针对2218工作面倾角26°以上、走向倾角最大25°以上的难题，申家庄煤矿积极总结2209工作面大倾角回采经验，与实际相结合，制定合理可行的防倒、防滑措施，领导现场跟班指导，确保了该工作面安全生产。

（3）在工作面回采时，采取高位钻场抽放，瓦斯得到很好的控制，并配备了两台60 m^3 瓦斯抽放泵，进行了本煤层抽放和尾巷抽放，有效控制了瓦斯超限。

（4）为解决工作面采煤机喷雾雾化不好、煤层注水效果不佳的问题，申家庄煤矿引进了风水喷雾和支架自动喷雾装置，采取工作面高压短壁注水，防尘效果大幅度提高。

河南煤业化工集团河南龙宇能源股份有限公司陈四楼煤矿

一、矿井概况

陈四楼煤矿是河南煤业化工集团永煤公司开发建设的第一对大型现代化矿井，矿井可采储量20180万t，设计生产能力240万t/a。矿井于1990年7月开工建设，1997年11月建成投产，2001年达到设计生产能力。2009年矿井核定生产能力450万t/a，煤种为特低磷、特低硫、中低灰分、高发热量的优质无烟煤。矿井煤层瓦斯含量较低，属瓦斯矿井，煤层不易自然发火，煤尘无爆炸性。矿井正常涌水量为595 m^3/h，最大涌水量为1145 m^3/h，目前矿井实际涌水量为569 m^3/h。

目前矿井通风方式为两翼对角式，通风方法为抽出式，副井、主井、中央风井三个进风井，北风井和南风井为回风井。

二、2011年主要技术经济指标

矿井原煤产量445.55万t。矿井综合单产15.06万t/（个·月）。采区采出率为92.2%。矿井掘进总进尺23592 m，其中开拓进尺6294 m。原煤制造成本完成190元/t，较计划191.49元/t降低1.49元/t。实现内部利润15亿元。职工年人均收入98120元，同比增幅31.2%。原煤生产期末人数1096人。原煤生产人员效率为16.7 t/工。安全生产组织方面，轻伤及以上人身伤害事故和三级及以上非伤亡事故为0。

三、安全高效矿井建设的主要做法

（一）秉承先进理念，打造本质安全矿井

始终把安全作为政治上、组织上、责任上的一号工程，认真践行“012345”安全管理模式，深入解码“从零开始，向零奋斗”安全理念，不断拓展安全管理和安全文化的新内涵，熔炼成了独具特色的“陈矿五自”管理体系，形成了矿井、系统、区队、班组、岗位层层消灭隐患、消灭违章

的良好态势。同时积极探索，构筑起一套既贴心又安心的人性化安全管理模式。

（二）实施正向激励，提高单产单进

按照“正向激励为主”的原则，在采掘区队推行了“单产单进台阶奖”“正规循环”“标杆队创建”等正向考核机制，在全矿形成了“你追我赶”的良好生产氛围。2011 年综采一队、综采二队原煤产量均超过 170 万 t，掘进单进水平较 2010 年有大幅度提高。

（三）优化劳动组织，提高工作效率

采煤方面，坚持“两采一备”的管理模式，即两个综采队正常生产，一个综采准备队主要负责安装撤除，必要时做好矿井生产调节。开拓方面，推行了“四八制平行作业”及“双循环作业法”，正规循环率达到 90%，效率提高了 45%。掘进方面，提前谋划实现了“搬家不停掘”的目标。在采掘辅助岗位推行了“走岗式”管理，大大提高了工作效率。

（四）细化计划分解，增强任务观念

坚持年计划月分解，月计划旬分解，旬计划日分解，日计划班分解，并执行计划旬通报月考核，促使采掘区队严格执行好生产计划，保证矿井高效发展。

（五）升级采掘设备，提高机械化水平

采煤机功率由 500 kW 升级到 720 kW，采煤机械化率达到 100%，大大提高生产效率；综掘机械化率达到 86.3%，其中 EBZ－260 型岩巷综掘机的投入使矿井岩巷施工工艺发生变革，平均月进尺增加 40 m。

（六）大力推广创新，提供技术保障

在采煤工作面轨顺采用了 ZT2×3200/15/30 型超前支护液压支架代替单体支柱和金属铰接顶梁的支护方式，大大减轻了工人劳动强度；在煤巷成功实践了带式输送机与无极绳绞车同时布置的“机轨合一”运输体系以及 EBZ－160 悬臂式掘锚护一体化，大大提高了时效和原煤生产人员效率；在炮掘岩巷头，推出了“装载机—带式输送机—储矸仓—矿车”出矸方式，缓解了矿车供应相对紧张的难题。通过不断的技术创新，提高了单产单进，为矿井安全高效发展提供了技术保障。

河南煤业化工集团永锦能源有限公司云盖山煤矿二矿

一、矿井概况

云盖山煤矿二矿隶属河南永锦能源有限公司，位于河南省禹州市磨街乡刘门村，东距禹州市 35 km，有水泥公路与禹州—磨街公路相通，交通便利。矿井始建于 1997 年 4 月，2003 年 1 月投产。原设计生产能力 9 万 t/a，2006—2008 年进行了技术改造，技改后设计生产能力达 45 万 t/a。

云盖山煤矿二矿主要开采二$_1$ 煤，属优质贫瘦煤。矿井采用两立一斜，多水平上、下山开拓，采煤方法为走向长壁后退式综合机械化放顶煤回采，煤巷掘进工作面采用 EBZ－132（A）型掘进机截割，配合 SSJ－800 型带式输送机运煤的综掘施工工艺；岩巷掘进工作面采用炮掘施工工艺，运输系统采用 P60B 耙斗装岩机及 1 t 矿车装岩。矿井通风系统为主立井、副斜井进风，回风立井回风，构成中央并列抽出式通风，矿井提升系统采用主立井提煤。

二、2011 年主要技术经济指标

2011 年矿井产量 44.937 万 t，综合单产为 40302 t/(个·月)。采区采出率 86%。矿井掘进总进尺完成 3637 m，其中开拓进尺完成 1223 m。销售收入 26194 万元，实现利润 16369 万元，上缴税金 2800 万元。职工年均收入 5.8 万元，同比增幅 12%。原煤生产期末人数达 400 人。原煤生产人员效率为4.41 t/工。采煤机械化水平达 100%，掘进装载机械化程度达 100%，综掘机械化程度达 48%。杜绝重伤以上人身事故和二级以上非伤亡事故，矿井连续十年实现安全生产。

三、安全高效矿井建设的具体做法

（一）生产组织方面

为加快掘进进度，矿井每月对各单位的单进水平进行评比，对先进单位和落后单位分别给予奖励和处罚，同时推行了生产任务承包制度和生产任务抵押金制度，根据全年任务的完成情况给予奖励或罚款，极大地提高了施工单位的积极性，实现了矿井持续稳产、高产。

（二）科技创新方面

矿井始终坚持“工作中需要解决的问题就是创新点”这一理念，投资90万元完成架空乘人装置和压风机房无人值守、微电脑时控开关、净化饮用水等项目。宾得TIP GPS平台、FQZ-HN2型强力风动钻芯取样机、MP-J-8型锚喷质量检测仪等新技术得以推广应用，实现了自主检测喷砼强度，提高了锚喷巷道支护质量。2011年3月，矿井的“两软一硬”不稳定煤层综采低位放顶煤技术研究应用获得许昌市科技进步一等奖，经河南省科技厅鉴定达到国内领先水平。优化改造了22201工作面生产布局，成功完成工作面对接，延伸工作面长度47 m，解放储量21万t。

（三）安全管理方面

认真践行安全“零”理念，带着亲情抓安全，敬畏生命抓安全，各系统建立了安全“零”理念台账，把“零”理念管理渗透到各阶段安全管理的全过程，抓好月中过程控制和月度考核，把实现“零”奋斗目标作为考核的主要依据。

推进“3456”工程建设，开展“六颗之星”评比活动，即开展安全之星、管理之星、创新之星、团队之星、感恩之星、文化之星等先进推优评选活动。把获得星级称号的次数作为年终各级评先的重要依据，星级员工优先进入矿井人才和后备干部储备库。通过“六颗之星”的评选，不仅促进了员工争先创优的积极性，激发了企业骨干员工更好地发挥带头作用，并引导全员向先进之星比着学、照着做、追着干，着力形成“比学赶帮超”，营造出践行先进文化体系的浓厚氛围。

中国平煤神马集团平顶山天安煤业三矿有限责任公司

一、矿井概况

三矿位于平顶山矿区西北部，矿区面积6.1173 km^2。矿井于1955年10月动工建设，1957年12月投产，原设计生产能力45万t/a，现核定生产能力68万t/a。矿井地质条件类型为Ⅱ类。含煤地层为石炭系太原组、二叠系山西组和下石盒子组。含煤地层总厚度750 m，含煤14～41层，结构复杂。矿井开拓方式为立井开拓，采煤方法为单一走向长壁后退式，采煤工艺为综合机械化采煤，管理顶板方法为全部垮落法。

二、2011年主要技术经济指标

2011年实现安全生产，无二级以上非伤亡事故。原煤产量完成66.2万t。开掘进尺完成5595 m，其中开拓进尺1522 m。销售收入31759.37万元。实现利润4677.07万元。职工人均年收入48086元，同比增幅10.52%。矿井综合单产6.0772万t/（个·月）。原煤生产人员效率为6.16 t/工。

三、安全高效矿井建设的主要做法

（一）优化矿井系统

为了建设安全高效矿井，对矿井生产系统进行了一系列改造。

（1）通风系统改造。矿井通风机由风叶直径1.8 m、功率2×132 kW更换为风叶直径2.6 m、功率2×355 kW的高效对旋轴流通风机。

（2）供电系统改造。为实现矿井可持续发展，将原90 mm^2架空线路更换为240 mm^2架空线路；在工业广场新建变电所一座，安装高压开关柜25台；在井筒新敷设120 mm^2高压铠装电缆两趟，为井下扩容奠定了基础。

（3）压风系统改造。安装无锡压缩机厂生产的LGFD185型空气压缩机3台。在主井井筒内敷设ϕ108 mm压风管路一趟，在井下分支后经过主要巷道，进入各主要工作地点。

（4）提升系统改造。矿井更换主井提升系统一套。

（5）轨道运输系统改造。为满足大型设备的运输，对井下环形车场及大巷道轨全部更新为30 kg/m，并对己组东大巷进行扩修。

（二）坚持安全第一，强化质量达标，实现安全发展

强力推进精品工作面创建。以示范工程创建活动为载体，扎实开展示范工作面、精品硐室、精品线路创建活动，以点带线、以线促面，努力提高矿井动态达标水平，有效调动了各战线、各单位创建安全质量标准化的积极性，矿井质量标准化水平显著提高。

安全隐患排查及安全整治力度进一步加大。树立“隐患就是事故”的理念，健全规范了四级隐患排查治理制度，明确责任、关口前移。切实抓好现场安全管理工作，实施关键环节、重点时段监管监控，督促安全技术措施落实，保证了安全生产。

（三）突出内控管理体系的健全完善，经营管理水平不断提高

一是劳动工资管理不断加强。建立健全了矿井劳动定员管理制度，科学组织生产，积极落实集团减员提效工作安排，坚持“按劳分配、多劳多得”的分配原则，保证了经济分配的合理性。

二是煤质管控稳定有效。在生产条件持续困难，断层多、构造复杂的情况下，严把煤质源头关，针对生产的不同时期，强化重点头面的监督控制，确保了煤炭质量，完成了集团公司下达的煤质指标。

（四）大力实施科技兴矿和人才强企战略

科技创新成果丰硕。积极贯彻科学发展理念，推进科技创新，完成了“平煤股份三矿地面煤场分煤系统方案的优化研究与实施”等科研项目。《矿井回风热源泵工程技术研究与实施》科研项目荣获河南省工业和信息化厅科技成果二等奖、集团科技进步与管理创新成果一等奖，并有多个项目获得集团科技进步与管理创新成果奖。

坚持人才强企战略。矿成立了人才建设领导小组，建立了人才引进、分类管理、评价聘用、考核激励等管理制度，着力营造引才、育才、留才的环境。“五职”矿长、工程技术人才和特殊工种从业人员全部符合省局准入规定，为三矿发展奠定了坚实的人才基础。

中国平煤神马集团平顶山天安煤业股份有限公司四矿

一、矿井概况

四矿位于平顶山西部，距市中心 5 km，井田东西走向约 2000 m，南北倾斜长约 5500 m，井田面积约 12 km^2，可采煤层 4 组 9 层。矿井于 1958 年建成投产，原设计生产能力 60 万 t/a。1985 年二水平投产，新增设计生产能力 60 万 t。后经多次技术改造，2008 年核定生产能力达到 280 万 t，实际生产原煤 279. 899 万 t，连续多年保持煤炭行业特级安全高效矿井荣誉。

矿井开拓方式为立井多水平上、下山开拓，开采标高 +120 m 至 -600 m，一水平标高 ±0，二水平标高 -265 m。截至 2010 年底，矿井剩余工业储量 15466. 0 万 t，可采储量 9098. 1 万 t。矿井环境、水文、工程地质条件简单，通风系统可靠，矿井通风方式为中央并列式，通风方法为抽出式。

二、2011 年主要技术经济指标

2011 年原煤产量实际完成 279. 837 万 t。开拓进尺实际完成 21799 m。经济效益实现利润 9212 万元，职工人均年收入达到 5. 28 万元。矿井综合单产达到了 111542 t/(个 · 月)。全年原煤生产人员效率达到 12. 22 t/工。全矿杜绝了重伤以上人身事故，瓦斯超限次数同比下降 26%，轻工伤同比下降 53%。

三、安全高效矿井建设的主要做法

（一）多措并举，强化落实，努力实现安全目标

创新“3 +6”安全管理模式，突出超前管理、超前防范，大力推进安全文化建设，严格落实安全责任，提升质量标准化建设水平，夯实安全基础。

丰富安全文化建设内容，提高干部职工安全意识。坚持矿队两级安全主

题教育活动，开展“安全为了谁”“三违害了谁”大讨论活动，组织“爱的表白”、与安全同行、警示教育、安全演讲、老工人话安全、夫妻安全互保、农民工结对子、“三违”帮教、电视曝光等一系列安全教育活动，将安全融入生活，用亲情感化行动。对班组长进行全员培训，大力推进班组建设。建立安全档案、民情日记，规范班前会安全教育程式，深入开展“四级”安全包保。结合不同时期工作重点，召开控制零星事故专题座谈会、案例分析会和扩大安办会，努力做到时时想安全、处处见安全。

（二）合理布局，科学谋划，稳步推进高效生产

进一步规范生产平衡会、技术分析会和工程设计、措施会审等制度标准，建立重点工程进度表和日汇报制度，完善生产事故、设备检修和机电事故责任追究等管理办法，强化现场管理，狠抓质量达标，减少各类事故对生产的影响，为推进正规循环、确保安全高效奠定了基础。

采煤战线在地质构造复杂、瓦斯治理难度大、高地温、高矿压、顶板破碎等困难情况下，制定完善了采煤工作面正规循环考核办法、机电事故追查分析等制度措施，实行隐患排查分级整改、闭合管理，坚持工作面周评价和旬检、月评制度，全年打造出 4 个集团公司示范化采煤工作面，最高月产达到 30 万 t 以上。

开掘战线以安全、质量、快速为目标，推行区队领导干部业绩量化考核，认真落实措施会审、技术管理和质量达标等工作，提单进、创精品、强班组、抓管理。

机电战线狠抓七个关键环节，加强设备检修和大型固定设备安全评价，开展斜巷人车、皮带管理、供电设备安全检查和电气防爆安全月等专项治理活动。

（三）以人为本，创新发展，和谐矿区建设稳步推进

进一步完善《四矿中层干部执行力考核细则》，制定领导干部下井和深入现场工作的有关规定，成立转变作风督察组，促进执行力建设健康开展。坚持机关科室和女子督察队双重监督、严格考核，规范职工文明行为和岗位操作行为。开展“四矿道德人物”“家庭美德之星”和“五好”家庭等评选活动，倡导快乐工作，感恩、善念等理念，营造诚信友爱、团结互助的人文环境。

中国平煤神马集团平顶山天安煤业股份有限公司十二矿

一、矿井概况

十二矿始建于1958年，1960年投产，原设计生产能力30万t/a，矿井经过四次改扩建，2011年核定生产能力130万t/a。该矿位于平顶山市东部，距平顶山市中心约7.5 km，矿区有专用铁路与国铁京广线、焦枝线连接。公路以平顶山市为枢纽，与四通八达的公路相连接，交通较为便利。井田单一开采己组煤，己组煤共四层，自上而下分别为己14（不可采）、己15、己16、己17。在井田范围内，后三层煤层间距变化较大，致使煤层时分时合。东区己15和己16－17煤层间距0～20 m，己15煤层平均厚度3.5 m，横向上稳定分布，己16－17煤层厚1.3～2.9 m，平均厚2.1 m。在西区，己15与己16－17合并为一层，称己15－17，层厚4.5～7.6 m，平均厚5.4 m。煤层具有煤尘爆炸危险性，煤尘爆炸指数为22.93%～31.11%，是一级自然发火矿井。己15、己16－17、己15－17煤层煤种牌号为肥煤、焦煤、1/3焦煤，低硫、低灰、高热值，全部供洗选精煤，产品深受用户好评，被誉为精煤之“味精”。

二、2011年主要技术经济指标

2011年原煤产量完成130万t。实现安全生产，百万吨死亡率为0。原煤生产人员效率达到10.077 t/工。综采机械化程度100%，综掘机械化程度48%。综合单产105442 t/（个·月）。实现利润11295万元。职工人均收入5.63万元，同比增幅15.1%。

三、安全高效矿井建设的主要做法

（一）深化安全自主管理，不断夯实安全基础工作

牢记“三不四可”，坚定“三零”目标，重新修订关于严格安全事故隐患责任追究的若干规定，实施安全合同管理和安全保证金制度，实施区域瓦

斯治理。深化“三基三抓一追究”，加强班组建设，规范职工行为。加强职业安全健康管理，严格落实防尘、防噪声、防有害气体措施。加强安全防护系统建设，安装老副井下井口操车设备，设计无极绳绞车张紧装置，研制绞车与红灯闭锁装置，完善带式输送机机身声光警示标志。

（二）抓住关键，强化重大事故防治

按照上级有关文件精神要求，狠抓现场落实，实际工作中按照坚定一个信念，坚持“双不”原则，完善“三个系统”，做到“四个纳入”，保证五个突破，做到六个落实的要求，做到了严格防突工作评价制度的落实，严格通风管理，严格瓦斯检查和监测监控，积极探索瓦斯区域治理新技术手段，完善矿井瓦斯抽放系统，加大抽放和利用，实现良性循环。

（三）严格管理，均衡生产

以核定生产能力为依据组织生产；严格控制定员，杜绝超强度生产；坚持精采细收。

（四）持续加强经营管理，有效发挥精细化管理作用

2011 年，由于瓦斯治理投入增加，经营形势比较严峻。面对困难，十二矿严格实施预算制管理，深入开展内部挖潜增效，积极推进班组核算工作。煤质管理部门坚持源头治理，采煤工作面过断层期间，严格控制破岩厚度，掘进工作面煤层不稳定时，灵活采用煤研分运措施。严格落实精细化管理检查制度，形成矿、战线、区队三级检查网络。

（五）树立创新发展理念，建设科技领先型矿井

深入推进人才强企战略，增强技术工作保障能力；打造安全生产集成技术群，构筑煤炭行业生产技术高地；实施长壁综采充填采煤技术；抓住煤炭行业发展重要机遇期，加快推进数字化矿井建设；健全技术创新激励机制，激发职工群众创新热情。

中国平煤神马集团平顶山天安煤业股份有限公司十三矿

一、矿井概况

十三矿位于平顶山市东北 17 km 处，距襄城县 9 km，郏县城东南 18 km 处，辖区属许昌市襄城县紫云镇。十三矿兴建于 1993 年 12 月，井田走向长 15 km，倾向宽 2.3 ~ 5 km，矿区面积 53.6365 km^2。原设计能力 180 万 t/a，2008 年矿井生产能力核定为 210 万 t/a。现有己一采区、己二采区和己三采区生产作业。

矿井 2005 年被煤炭科学研究总院抚顺分院鉴定为煤与瓦斯突出矿井。煤层自然发火期 1 ~ 3 个月，为一级自然发火矿井。

二、2011 年主要技术经济指标

全矿累计完成原煤 202.4 万 t。完成开掘总进尺 13009.5 m，超计划 174.5 m，其中开拓进尺完成 2589.5 m，超计划 35 m。打瓦斯抽放钻孔 16.8 万 m，抽放瓦斯 395.74 万 m^3，杜绝了煤与瓦斯突出等重大事故。百万吨死亡率为 0。完成销售收入 11.95 亿元，实现利润 4.89 亿元。在岗职工年均收入同比增幅 15.7%。原煤生产人员效率 10.5 t/工。

三、安全高效矿井建设的主要做法

（一）规范管理，严格考核，确保安全零事故目标的实现

为确保“安全零事故”目标的实现，十三矿始终把安全工作放在高于一切、重于一切的位置抓紧抓好，结合实际，研究制定了安全 1 号文件及配套的《安全风险抵押金管理办法》《质量标准化检查验收办法》等，健全落实安全生产责任、安全投入保障制度，在集团率先实行职工培训、安全宣传教育、职工安全体系纳入结构工资进行考核。

近年来，十三矿牢固树立“治理瓦斯就是解放生产力，治好瓦斯就是发展生产力”的瓦斯治理理念，把瓦斯管理作为矿井安全工作的重中之重

来抓，因地制宜采取不同措施进行治理，做好采煤工作面瓦斯抽放，从源头上消除了瓦斯危害。2012 年以来，全矿杜绝了瓦斯、煤尘、水害等恶性事故，顺利实现了安全生产。

（二）抓典型，树标杆，全面搞好安全质量达标工作

质量标准化是煤矿安全生产的基础和保证。十三矿紧抓这一中心，提出走固本强基之路，大搞质量标准化，坚持实施井上下全员达标。

（三）严格管理，均衡生产，建设行业特级安全高效矿井

在煤炭行业高产高效工作中，一是按照“以风定产”要求，坚持无突出危险区与突出危险区相协调开采、大采高与中等采高支架互补，合理配采，保证矿井长远稳定可持续发展；二是在科学论证基础上，优化布局，实施合理集中生产。矿井已形成“两综、两掘、两开拓”集约化生产格局，采煤机械化程度达 100%，掘进装载机械化程度达到 97%；三是坚持精采细收，建立了资源回收联合管理体制，监督施工单位做到精采、细采。

（四）实施科技兴矿战略，促进矿井可持续发展

科技是第一生产力。近年来，十三矿坚持走科技强企之路，不断完善创新机制，广泛开展交流合作，加大科技投入，以生产与安全需要带动技术创新，把增强技术创新能力作为矿井增效防灾的重要手段，重点解决一通三防、矿井防治水等问题。科技创新成果集中涌现，全年共荣获集团以上科技成果奖 13 项，其中省部级成果奖 2 项，市厅级成果奖 5 项，集团级成果奖 6 项，这一系列重大成果彰显了科技创新在推进企业发展中的强大力量。

（五）抓班组、提素质，着力打造坚强的企业团队

十三矿高度重视班组建设工作，为深入学习白国周班组管理法，特意邀请白国周同志到矿现场讲课，月月组织举办班组长讲堂，提高班组长的素质。

十三矿把提升职工素质作为一项重要工作来抓，在充分发挥矿三级安全培训基地作用的同时，在全矿组织开展了“每日一题、每周一课、每月一考”培训活动，组织职工学习安全知识和业务技能，收到了比较好的效果。

中国平煤神马集团平顶山天安煤业香山矿有限公司

一、矿井概况

中国平煤神马集团平煤股份香山矿位于平顶山煤田西部，在宝丰县周庄镇境内，东距平顶山市区约 16 km，西距宝丰县 10 km。香山矿始建于 1958 年，前身是地方国有煤矿，设计生产能力 15 万 t/a。2003 年 5 月 27 日被平煤集团收购重组，设计生产能力 45 万 t/a，2006 年矿井生产能力核定为 60 t/a，2009 年经过产业升级，现核定生产能力为 90 万 t/a。香山矿是一座现代化矿井。

矿井井田面积 3.9 km^2，井田走向长 3.9 km，倾斜宽 1 km，可采储量 1728.3 万 t，煤层倾角呈上陡下缓分布，是平顶山矿区知名的急倾斜矿井。现矿井为立井多水平分区式开拓；下山开采；分区抽出式通风；全部垮落法管理顶板；走向长壁后退式综合机械化采煤。目前开采水平为二水平，其标高为 -446 m，二水平下山部分工作面开采深度在 580 m 左右。矿井通风方式为分区式通风，通风方法为抽出式通风。矿井绝对瓦斯涌出量 6.85 m^3/min，相对瓦斯涌出量 3.12 m^3/t。矿井 2011 年 4 月鉴定为瓦斯矿井。

二、2011 年主要技术经济指标

原煤产量实际完成 89.2 万 t。开掘总进尺实际完成 9240 m。全年实现利润 3901.5 万元，同比增幅 10.87%。全矿职工人均年收入 5.4 万元，同比增幅 12.9%。矿井百万吨死亡率为 0。

三、“一矿一区一面”安全高效矿井工作的主要做法

（一）科学谋划，一矿一面，安全高效

（1）优化布局，简化系统，安全高效。围绕矿井发展长远发展规划，科学谋划，统筹布局，突出“安全高效、科学接替、恰到好处”的指导原则，及时调整生产战场，简化矿井生产系统，实现了“一矿一区一面”高

产高效的目的。

（2）创新施工工艺，提高单产效率。坚持投入与管理并重，加大科技投入，推进科技攻关，在集团公司的大力支持下，风巷引进了防爆胶轮车，实现了不间断运输，降低了职工的劳动强度。

（3）加大科技攻关力度，稳步推进矿井可持续发展。为了解决制约矿井安全发展的技术难题，矿每年科研资金投入均占当年煤炭销售总额的3%。

（二）坚持以人为本，强化队伍建设，提高全员素质

（1）优先实用技术，构建可持续人才梯队。以开展职业技能大赛为载体，创新学习培训的方式、方法，坚持“专业问题重点学、共性问题全员学”，分战线、按工种，多层次、全方位地开展了岗位技能、安全知识培训，职工队伍素质得到显著提升。

（2）抓住关键岗位，突出重点培训。

（三）树典型，促成效，确保矿井安全高效健康发展

（1）树立品牌，争做第一。2011 年以来，香山矿领导班子围绕争做“河南省资源整合矿井典范”这一目标开展了一系列工作。一是坚持管理、装备、培训三并重，大力实施科技兴安，不断提高矿井安全装备水平；二是提出了“三步走”战略，即“全员学习标准，对照标准找差距，对照差距抓整改”，企业实现了安全高效生产格局，并按照“六个一”创建思路，选样板、树典型，走出了一条全面夯实、局部治理、以点带面、整体推进的创建之路。

（2）突出重点，强化治理，杜绝重大事故的发生。坚持把提升全员安全意识作为安全管理的基础，大力开展“塑造本质安全人、打造本质安全岗”活动，组织井下各单位签订了“安全互保合同、治安联保合同、夫妻安全合同”，进一步构建了“人人联保、相互监督”的安全保障机制。

（3）持之以恒，常抓不懈，深入开展全方位质量达标工作。

中国平煤神马集团河南平禹煤电有限责任公司二矿

一、矿井概况

平禹煤电公司二矿位于河南省禹州市鸿畅镇玉皇山北麓，距禹州市 24 km，东距许昌市 57 km，南与平顶山市相距 65 km，交通便利。

平禹煤电公司二矿兴建于 1970 年 5 月，1971 年 6 月简易投产，井田面积 5. 26 km^2，主要可采煤层为$二_1$ 煤层、$五_2$ 煤层、$六_4$ 煤层，保有储量 3332 万 t，原设计能力 30 万 t/a，经过煤炭产业升级改造，现核定生产能力 60 万 t/a。矿井为多水平斜井开拓方式，属瓦斯矿井。通风方式为中央并列抽出式。现采用“一井一面”生产模式，开采煤层为$五_2$ 煤层，煤层平均厚度 1. 3 m，采面采用走向长壁后退式采煤法，综合机械化作业；掘进工作面采用掘进机掘进；运输系统从工作面到地面煤仓实现了输送带连续运输。矿井建有符合要求的供电排水系统和“六大系统”。

二、2011 年主要技术经济指标

全年生产商品煤 59. 8 万 t。完成开掘总进尺 4145. 2 m，其中开拓进尺 523. 8 m。吨煤综合售价 322. 92 元，吨煤成本控制在 231. 59 元。全矿销售收入 1. 9 亿元，实现利润 5081. 53 万元。在岗职工人均收入 40761 元，同比增幅 16. 3%。杜绝了二级及以上非伤亡事故和重伤以上人身事故，矿井百万吨死亡率为 0。原煤生产人员效率达到 4. 6 t/工。

三、安全高效矿井建设的主要做法

（一）规范管理，严格考核，实现“三零”目标

为确保矿井实现“零死亡、零超限、零事故”目标，平禹二矿始终把安全工作放在高于一切、重于一切的位置抓紧抓好，健全各级人员安全生产岗位责任制，制定实施《安全绩效考核办法》《安全风险抵押金管理办法》《质量标准化验收考核办法》《质量安全评价考核办法》等，顺利实现了安

全生产。

（二）树标杆，提标准，全面搞好安全质量达标工作

质量标准化是煤矿安全生产的基础和保证，平禹二矿紧紧抓住这个中心，立足高起点，高标准要求，在全矿组织开展“质量标准精品化”创建活动，坚持实施井上下全员达标，推进工程质量和工作质量全面达标，先后开展了两巷达标整治、工作面顶板专项治理、作业措施规范、岗位操作规范等活动，并投入300多万元，大力创建精品工程、亮点工程，提高了矿井整体质量标准化水平，被集团认定为“集团示范化矿井”。

（三）加大科技投入，实施科技兴矿战略

科技是第一生产力，平禹二矿坚持“科技兴矿、人才兴矿”战略，不断完善创新机制，扎实开展科技攻关和技术创新活动，引进新技术、新设备、新工艺，促进了矿井安全高效发展。

（四）抓班组、提素质，着力打造坚强企业团队

班组是生产组织的基本单元，班组的素质和稳定在生产中至关重要。平禹二矿高度重视班组建设工作，学习白国周班组管理法，深入开展“三无班组”（无“三违”、无工伤、无事故），“明星班组”“金牌班组长”等活动，增强班组长管理水平，强化班组团队协作性。

先进的生产装备需要依靠高素质的职工队伍来发挥。平禹二矿注重加强职工业务技术教育培训工作，认真落实“每日一题、每周一课、每月一考”职工培训制度。

（五）科学规划，严格管理，建设行业安全高效标兵矿井

一是根据矿井生产能力，结合矿井地质条件等因素，科学进行矿井生产规划，合理地制订产量计划，使产量稳定在科学合理的水平，保证矿井长远可持续发展。二是在科学论证的基础上，优化生产布局，实施集中生产，实现了薄煤层综采、综掘开采，矿井形成“一综、两掘、两开拓”集约化生产格局，矿开采机械化程度达到100%，综掘机械化程度达到96%，采煤单产比炮采提高了3倍，掘进单进提高了2.5倍。三是强化现场管理，抓好劳动组织，合理安排作业时间，推行正规循环作业，抓交接班，抓工时利用，抓开机率，提高正规循环率，提高原煤生产人员效率，保证矿井安全高效生产。

中国平煤神马集团河南平禹煤电有限责任公司六矿

一、矿井概况

平禹煤电公司六矿地处大刘山南麓，位于中州名镇“钧瓷之都”——河南省禹州市神垕镇。矿井于1970年开工建设，1975年简易投产，井田面积约为8.9333 km^2，主要可采煤层为$六_4$、$五_2$、$四_4$、$二_1$煤层，保有储量1899万t。原设计生产能力29万t/a，2010年矿井技改完成后设计生产能力45万t/a。矿井为斜井开拓，多水平上下山开采，属瓦斯矿井，采用中央边界全负压抽出式通风方式。现采用“一井一面”生产模式，开采煤层为$五_2$煤层，煤层平均厚度1.3 m，采用走向长壁后退式采煤法，综合机械化作业；掘进采用综掘机施工；运输系统实现了胶带井上下连续运输。矿井建有符合要求的供电排水系统和“六大系统”。

二、2011年主要技术经济指标

2011年原煤产量实际完成45万t。开掘总进尺实际完成3530 m，超计划330 m。杜绝了重伤级以上人身事故和二级以上非伤亡事故，百万吨死亡率为0。在岗职工人均收入42180元，同比增幅13.7%。原煤生产人员效率达到3.72 t/工。2011年分别获得省一级安全质量标准化矿井、省级五优矿井、国家级安全质量标准化煤矿等荣誉。

三、安全高效矿井建设的主要做法

（一）加强安全管理，实现安全生产

2011年平禹六矿认真贯彻落实上级有关安全、法律法规和文件精神，严格执行集团“三不四可”安全工作指导思想，深入推进“三基三抓一追究”安全管理模式，以“一通三防”和顶板管理为重点，从安全质量标准化工作入手，以强化制度健全落实为动力，严格落实领导干部带班下井制度，狠抓安全技术措施落实，加强隐患排查整改及文明生产治理工作，强力

推行“手指口述”“岗位描述”，实行了走动式巡查现场安全管理，保证了矿井安全生产。

（二）狠抓质量标准化，夯实安全基础

平禹六矿立足于高起点、高标准要求，结合矿井实际，提出了整体规划，突出重点，以点带面，全面推进工作思路，在巩固“五优”矿井创建成果的基础上，拉标杆，提标准，强化质量标准意识，制定了质量达标规划和具体措施，使矿井质量标准化水平得到持续稳步提升。

（三）强培训、提素质，强化班组建设

平禹六矿以开展“双述一化”活动为契机，加强对职工特别是新进矿职工的安全培训工作。同时，平禹六矿以学习推广“白国周班组管理法”为载体，切实加强班组建设。

（四）严格控制成本，抓好经营管理

一是细化成本指标。坚持推行“五日成本”核算制度，强化“分级负责，刚性考核”的原则，将成本指标逐级细化分解到各科室、区队。实行科室和区队“双向”考核，形成了全矿上下责任共担、逐级负责的成本目标考核体系。二是加强过程控制。建立了成本预算和经济活动分析等制度，严格生产经营全过程的监督，严格成本考核和责任追究，严格资金管理和审批权限，建立和完善了单项工程立项、预算审批、质量监督、开竣工和工程决算的管理制度和运作程序，杜绝了计划外工程的发生，确保各项指标处在可控状态。三是规范材料的计划、审批、领用等管理，搞好设备和材料的回收复用和修旧利废工作，降低新品投入。2011 年，平禹六矿共完成回收价值 210 万元，修旧利废价值 185 万元。

（五）优化生产布局，精心组织生产

一是根据矿井生产能力，对矿井进行科学的生产规划，并结合矿井地质条件，合理制订生产计划。二是优化矿井生产布局，实施长走向、大采长综合机械化工作面，采用“一井一面”集约生产模式。三是强化现场管理，加强劳动组织，推进正规循环作业，抓好工时利用，提高开机率，对地质条件异常多变的采掘头面，根据现场实际情况调整工艺工序，保证了矿井产量进尺的稳定。

郑州煤炭工业集团有限责任公司 裴沟煤矿

一、矿井概况

郑煤集团公司裴沟煤矿位于河南省郑州市西南35 km处，为省属国有企业，矿井生产能力为205万t/a。现开采的杨河井田，为一般平缓的单斜构造，倾角10°~25°，一般为15°左右。矿井是立井多水平上下山开拓，有+50 m、-110 m、-300 m三个水平。裴沟煤矿现开采油房沟断层以南杨河井田31、32两个采区，煤厚0.81~23.39 m，平均煤厚7 m。截至2011年底，裴沟矿井田范围内剩余保有资源储量20660.8万t，可采储量10716.6万t。采用走向长壁一次采全高采煤方法，液压支架配合采煤机放顶煤回采工艺，全部垮落法管理顶板。

二、2011年主要技术经济指标

全年完成煤炭产量193.83万t，其中综采产量为184.09万t。开拓掘进总进尺计划7300 m，实际完成7716 m，完成计划的106%。采煤机械化程度100%，综掘机械化程度53%，掘进装载机械化程度100%。原煤生产人员效率达到10.72 t/工。实现利润10100万元。厚煤层采区采出率88.1%。全年无瓦斯、水、顶板、运输等重大事故发生，死亡事故为0，地面单位杜绝了重伤事故，实现了全年安全生产。质量标准化达到特级。

三、2011年安全高效矿井建设情况

（一）抓科技，促创新，激活力

加强信息化建设，井下主变电所、主排水、主要带式输送机等设备和岗位，实现远程控制、远程诊断，提高矿井自动化水平。在31071综采工作面进行设备升级试验，电压由1140 V升至3300 V，支架工作阻力由3600 kN升至6000 kN，并取得圆满成功，为提升工作面设备整体效率奠定了基础。在42采区泵房、变电所大胆尝试锚索配合工字钢梁进行耦合式结构补偿、

底板全封闭式浇筑结构工艺，减少因变形引起的底鼓，达到预期效果。

（二）加强计算机网络化管理

在生产、调度、经营、通风、安检等方面都利用郑煤集团数字化信息管理平台和郑煤集团数字化综合调度系统实现了计算机网络化管理，并建立了会议视频系统。建成了生产办公自动化网络，完善了郑煤集团裴沟煤矿协同办公自动化系统，进一步提升了矿井安全生产管理水平，实现了信息共享。

（三）实施矿井信息自动化，推进矿井信息化进程

在集团公司支持下，投入专项资金建设矿井生产自动化系统。安装完成了矿井无线通信、视频监控和人员定位系统，为井下管理人员配备“小灵通”，实现了信息互通。

（四）严抓细管，用心经营，经济效益稳步增长

一是完善管理制度，推行成本目标管理。二是规范用工管理，强化劳动组织。三是利用人员定位系统，对井下人员进行实时监测、在线管理，规范入井人员管理，提高了工时利用。四是加强材料管理，控制成本费用。开展以“修、节、创”为目标的修旧利废、回收复用和自制加工活动。五是加强供、用电管理。排水系统实现了排水泵房的自动运行和一键操作，根据实时水位监测、在“尖、高峰”时间段蓄水，在“平、谷”段增加开泵时间，实现自动运行状态下的“避峰填谷”。六是多措并举抓煤质管理。工作面坚持多轮次循环放煤，根据煤质条件执行分时段分装、分运，集中出渣，保证煤炭质量。

（五）抓抽放，治瓦斯，积经验

严格执行工作面瓦斯浓度 0.4% 预警，0.6% 报警，0.8% 断电的管理制度，有效控制瓦斯超限事故发生。坚持“区域防突措施先行、局部防突措施补充”原则，建立了区域防突实验室，共完成 182 个瓦斯含量测试。全年共抽出瓦斯纯量 230 多万立方米，累计钻进进尺 183092 m。

通过对采用大直径钻孔“两堵一注”瓦斯抽放技术，系统瓦斯抽放浓度由以前的 1.5% 左右提高到了 10% 以上，最高达到 18%，其他主要指标得到突破性提高。

郑煤集团(河南)白坪煤业有限公司

一、矿井概况

郑煤集团（河南）白坪煤业有限公司是河南省“十一五”重点建设工程项目之一。矿区铁路东与京广线相连，西与焦枝线相通，北与陇海线相接。郑少高速公路、永登高速公路穿插其中，交通十分便利。

白坪矿东西长 14 km，南北宽 2 ~ 4 km，面积约 24.15 km^2，地质储量 1.64 亿 t，设计年生产能力 180 万 t，服务年限 45 a，采用主斜井、副立井、立风井混合开拓方式，首采区采用中央边界式通风方式，布置三条上山，一个综采放顶煤工作面，主采二$_1$ 煤层，煤质为低灰、低硫、低磷，高发热量，是优质的动力用煤，发展前景十分广阔。2004 年 4 月 18 日正式开工建设，建设工期 42 个月，2007 年 10 月 13 日矿井开始联合试运行，2008 年 10 月 17 日通过国家发改委组织的竣工验收，之后进入正常生产。

二、2011 年主要技术经济指标

矿井百万吨死亡率为 0，实现了安全年。质量标准化保持了行业一级水平，跻身集团公司前列。产量实际完成 180 万 t。进尺实际完成 10789 m。煤质实际完成 21.1 MJ/kg。销售完成 180 万 t，实现产销平衡。销售收入实际完成 109548.25 万元。成本控制在 532.79 元/t。利润总额完成 14726 万元。人均收入 58768 元，同比增幅 17%，其中采掘一线人均收入 66169 元。原煤生产人员效率达到 10.22 t/工。

三、安全高效矿井建设的主要做法

（一）从严要求，夯实根基，保持安全生产平稳态势

2011 年，面对严惩严控的安全形势，按照“九个坚持不懈”的要求，以“三基”建设为抓手，以建设国家级安全质量标准化矿井为目标，公司深化“三本六无”安全管理体系，以铁腕抓安全，坚守安全红线，确保安全的平稳态势，同时宣贯先进安全理念，提升安全意识，强化“三基”建设，夯实安全基础，通过高标准严要求，使质量标准化建设迈上新台阶。

（二）科学计划，精心组织，合理安排，圆满完成生产任务

2011 年，矿井生产异常困难，面临地质条件复杂、工作面大范围采渣、大倾角回采、厚煤区瓦斯防治任务重、接替紧张、供电系统不稳定等因素，克难攻坚，基本完成了生产任务。多策并举治瓦斯，突出重点抓接替，科学组织保产量，为完成全年产量任务奠定了基础。

（三）精打细算，强化管理，经济效益持续增长

面对增支因素多、成本压力大的情况，坚持“五强化一深入”，即强化材料管理，强化工资管理，强化用电管理，强化煤质管理，强化非生产性支出的管控，深入开展“修、节、创”活动，不断提升企业经营管理水平。

（四）围绕难题，推进创新，为企业发展提供有力支撑

牢固树立科技兴矿的理念，始终把科技创新摆在重要位置。组织召开科技表彰会，奖励了 75 项科技成果，表彰了 10 名创新标兵和 20 名优秀创新人才。积极推广应用新技术、新装备、新材料。采煤工作面，应用深孔高压注水技术，既解决了煤墙片帮，又降低了粉尘浓度；推广工作面回风巷、运输巷超前加固技术，降低了巷道失修率；应用无坑木替棚技术，节约坑木 935 m^3，减少投入 126 万元。

（五）以人为本，着力民生，不断深化和谐矿区建设

坚持把改善民生摆在更加突出的位置，落实集团公司上调工资的政策，员工人均收入同比增长 17%，采掘一线员工年收入突破 1 万美元；抓好井下防尘降尘和地面筛选系统除尘改造，加强“两堂一舍”管理及矿区环境卫生综合治理，营造了整洁舒适的工作、生活环境；积极筹措资金为员工定做冬、夏工装，为大中专毕业生宿舍安装网线，满足其工作和学习需要；坚持为员工过生日的制度，坚持生日“四送”（送祝福、送生日贺卡、送生日礼品、送生日工资），为 3710 名员工发放生日工资 39. 27 万元；深入开展困难帮扶、大病救助和金秋助学等活动，发放慰问金、救助金、资助金共计 13. 77 万余元；关注员工健康，为全体员工进行定期体检并建立健康档案；组织 600 名管理人员到洛阳杨子沟拓展训练，安排 33 名劳模和 12 名生产骨干赴华东五市、黄山、桂林荣誉休养等；开展庆元旦、庆建党 90 周年歌咏比赛、职工运动会、激情广场大家唱等文体娱乐活动，丰富了员工的业余文化生活。公司三届一次职代会承诺的九件实事全部兑现，实现了“企业和谐人人有责，和谐企业人人共享”。

郑州煤炭工业集团有限责任公司
米村煤矿

一、矿井概况

米村煤矿是郑州煤炭工业集团有限责任公司上市公司郑州煤电股份有限公司子公司。米村煤矿由武汉设计院设计，原设计生产能力60万t/a，1966年开始建井，1970年投产；经过1975年、1984年两次改扩建和2002年通风系统增能改造，2011年矿井核定生产能力为190万t。

米村矿现有四个生产井筒，分别为副井、中央主斜井、张湾风井、宋村风井。矿井开采采用的采煤方法为走向长壁一次采全高采煤方法，以全部垮落法管理顶板。

二、2011年主要技术经济指标

2011年全矿产量为185万t。掘进总进尺为4698 m。采煤机械化程度达到了100%，装载机械化程度达到了97.7%，综掘机械化程度达到了38.3%。2011年米村矿吨煤成本为375.2元，吨煤净利润106.8元，经济利润达到了19764万元。人均收入68308元，同比增幅20%。原煤生产人员效率达到了10.29 t/工。矿井百万吨死亡率为0，实现了安全生产，质量标准化达到一级。

三、安全高效矿井建设的主要做法

（一）创新安全管理，实现了安全生产

完善安全管理制度，实行制度化管理。米村矿制定了《安全生产责任制》《安全办公会议制度》等26种安全管理制度，以制度管人，靠制度办事，明确了各级管理人员和各岗位人员在安全生产中应负的职责，分级管理，层层落实，使安全管理走向了正规化、标准化道路。

（二）深化安全文化建设，塑造本质安全人，确保矿井安全生产

把加强企业文化建设作为提升企业管理水平的有效途径，坚持整体规

划、重点突出、全面提升的原则，积极打造具有米村特色的企业文化品牌。以巩固“五优”矿井为目标，年年实现创建“安全高效”矿井为目标，大力加强企业文化建设，深挖“家”文化内涵，用“家”的原始动力打造本质安全人，积极引导广大干部职工树立正确的安全观、道德观和价值观。建立了矿与基层区队安全文化理念，编制了《企业标注》《安全文化手册》《企业文化手册》，推行“两述一化”、安全确认、班组安全网络建设等管理法，规范了现场作业和员工操作行为，强化了走动式管理，严密了现场安全管控。

（三）抓重点整治

质量标准化建设是一个动态、需长期坚持的过程，米村煤矿始终把质量标准化建设作为一项“效益工程”来抓，扎实开展整治活动，实现了煤尘防治自动化、材料码放超市化、管线吊挂直线化、灯光效果明亮化、牌板悬挂一体化、机电设备标准化。采煤工作面重点抓工程质量和上、下副巷文明生产，确保工作面“三直二平两畅通”；煤巷掘进工作面重点抓“七线”管理；岩巷开拓工作面重点抓临时支护、锚喷质量、壁后注浆、文明生产，真正实现了过程达标、工艺达标、动态达标。

（四）推行了岗位绩效工资考核办法

利用工资杠杆作用，合理地配置了劳动力资源，严格工资发放程序，推行岗位绩效工资考核，每月坚持对工资核算的效能监督，提高定岗、定员、定编工资，清退不合理用工，减少了工资支出，提高了工作效率。

（五）精细管理，实现了经济效益最大化

通过开展“精管理、降成本、作贡献”活动，大搞修旧利废、回收复用、增收节支工程，降低了经营成本，提高了经济效益。

（六）积极推广应用新技术、新工艺，向技术革新要效益

2011 年，米村煤矿结合实际情况，以安全生产，节能降耗，降低成本，提高企业经济效益为宗旨，立足走“科技兴煤，科技兴矿”之路，加强科技管理，建立科技创新机制，充分调动广大职工，尤其是工程技术人员的积极性和创造性，坚持不懈地开展技术革新、创新，努力提高煤炭生产的科技含量，向科技要产量、要质量、要安全、要效益。

郑州煤炭工业集团有限责任公司
超化煤矿

一、矿井概况

超化煤矿位于河南省郑州市区西南50 km的新密市超化镇境内，隶属郑州煤炭工业集团有限责任公司，区域地形属丘陵地区，矿区专用铁路与京广铁路接轨，107国道从矿区东部通过，公路四通八达，交通十分便利。

超化井田整体呈一单斜构造形态，区内构造以近东西向正断层为主，伴有逆断层及宽缓褶曲，地质构造类型为中等，水文地质条件中等，矿井正常涌水量680 m^3/h，最大涌水量1000 m^3/h。根据地质赋存条件，采用立、斜井单水平上、下山开拓。采面采用走向长壁后退式开采，全部垮落法管理顶板。采用综合机械化放顶煤开采。

二、2011年主要技术经济指标

煤炭产量完成207.1866万t，其中综采产量完成200.4179万t。开拓掘进总进尺完成8512 m。商品煤发热量完成21.1 MJ/kg。吨煤成本完成380.95元/t，比计划降低18.68元/t。原煤生产人员效率为10.02 t/工。利润完成13520.12万元。人均工资53640元，同比增幅11.5%。采煤机械化程度为100%。采区回采率为84.2%。实现安全生产，质量标准化达到国家级水平。

三、安全高效矿井建设的主要做法

（一）优化开拓方式，采用新工艺、新技术、新设备合理组织生产

31采区泵房平均埋深接近710 m，泵房底鼓难以控制，超化矿对深部大断面条件下巷道底鼓进行了研究分析。首先控制非泵基础位置底板设计标高以下400 mm厚的松散层剥离，并使底板呈弧形。在此基础上布置底板注浆锚杆，对底板浇筑200 mm厚的混凝土封闭底板，并对底板进行注浆。待注浆凝固后，施工底板锚网索，底板施工锚杆、锚索保证预紧力。经质量验收

合格后，在支护好的弧形底板上进行二次浇注，浇注底板至设计标高。经过对底板有效加固，取得了显著的经济效益。

认真落实规程规定，确保系统安全可靠。进一步优化通风系统，把原11号皮带上山与东翼总回风巷改造为并联回风，建成投用31号风井，保障矿井通风安全。加大瓦斯抽采力度，新建21号大功率抽放泵站，组织施工顶、底板抽放巷，采取穿层钻孔、顺层钻孔等综合瓦斯抽采措施，消除突出区域瓦斯威胁，实现突出区域安全掘进。

（二）努力提高防突工作

（1）坚持“区域防突措施先行，局部防突措施补充”的原则，做到了“不采突出面，不掘突出头”，全年杜绝了煤与瓦斯突出事故。

2011年，根据《防治煤与瓦斯突出规定》及集团公司防突技术文件要求，超化煤矿强力推进底板穿层钻孔预抽煤巷条带煤层瓦斯区域防突措施，在矿井31采区、21采区掘进了31041顶板预抽巷、31061底板预抽巷和21121底抽巷，施工穿层钻孔开展突出煤层预抽消突工作，全年共完成预抽巷工程1600 m，完成穿层钻孔62300余米，为31041工作面上、下副巷的安全掘进打下了基础。

（2）严格防突技术管理和现场管理，做到了分析准确，措施到位，杜绝了煤与瓦斯突出事故。

对位于突出危险区的煤巷掘进工作面，严格按照《防治煤与瓦斯突出规定》《集团公司“四标一规”防突技术标准》等防突技术规定，坚持穿层钻孔增透卸压和“穿层钻孔+顺层钻孔”预抽煤巷条带煤层瓦斯区域防突措施，严格区域防突措施循环报告制度，坚决做到“煤层瓦斯地质情况不明确不掘进、区域消突措施不达标不施工”，实现了安全生产。

郑州煤电股份有限公司告成煤矿

一、矿井概况

告成煤矿位于河南省登封市东南 12 km 的告成镇境内，隶属郑州煤炭工业集团有限责任公司，区域地形属丘陵地区。地理位置：东经 113°06′56″～113°12′09″；北纬 34°22′19″～34°27′29″。南北走向长 10 km，东西倾向宽 3.5 km，井田面积约 35 km^2。1992 年 4 月开始建井，1999 年 9 月投产，2001 年达产。矿井设计年产量 90 万 t，2006—2010 年核定生产能力为 100 万 t/a，2011 年核定生产能力为 120 万 t/a。

告成井田位于颍阳—芦店向斜的东段南翼，受区域构造的控制与影响，构造具有两个特点：一是因处于北西向的嵩山与五指岭平移断层之间，地层呈北东走向。二是因位于芦店滑动构造西部，井田大部分受滑动构造的影响，地质条件十分复杂。

根据地质赋存条件，采用立井多水平上、下山开拓，走向或倾斜长壁布置。中央混合式通风，主、副井进风，中央风井、北风井回风。采煤方法：现开采的 21 采区采用走向长壁后退式，一次采全高综采放顶煤开采，全部垮落法管理顶板；13 采区采用倾斜长臂后退式，炮采放顶煤一次采全高回采工艺，全部垮落法管理顶板。主井提升方式：单绳缠绕式立井箕斗提升，提升能力为 140 万 t/a，副井提升方式：多绳摩擦式立井罐笼提升。

二、2011 年主要技术经济指标

煤炭产量完成 120 万 t，其中综采 113.86 万 t。采煤机械化程度达到 100%，综掘机械化程度达到 37%。开拓掘进总进尺完成 10152 m，完成计划的 102%。实现利润 5583 万元。人均收入 53582 元，同比增幅 11.73%。原煤生产人员效率为 7.27 t/工，比计划提高 0.17 t/工。杜绝了人身事故和二级以上非伤亡事故，矿井百万吨死亡率为 0，实现了安全生产，质量标准化达到一级。

三、安全高效矿井建设的主要做法

（一）强化安全管理，确保安全管理稳步提升

加强安全责任追究。坚持“铁腕治矿、铁腕抓安全”，将安全管理责任进行层层分解、层层落实。

（二）大力创新，确保矿井生产稳定

大力开展技术攻关，推广应用先进技术设备，确保生产安全高效。告成矿通过计算机网络在全矿井对井下通风、瓦斯监测、安全监控、人员定位实施了井下实时监控；通过计算机终端联网与集团公司安全生产网相联接，有效地提高了矿井安全生产管理水平；充分利用局矿两级局域网，充分利用生产信息网和办公自动化系统，实现了生产信息的高度共享和各个系统的协调办公网络管理。

（三）实行精细管理，加强煤质管理，降低成本，提高经营效益

加强材料管理，降低生产成本。施行“切块承包、严格考核、节奖超罚”的管理办法。针对煤质管理，合理实施分采、分掘、分运、分储、分装。使全年商品煤发热量保持在21.5 MJ/kg以上。

（四）提升理念，企业繁荣发展

在深入对企业精神、企业愿景及8种企业理念进行宣贯的基础上，教育引导全矿干部职工牢固树立“一切事故都可以防范，一切伤害都可以避免”的安全理念，“铁制度硬执行，动真格不糊弄”的执行理念，“不掘突出头，不采突出面”的瓦斯治理理念，“采准巷道不扩修”的质量理念，“发现不了问题可怕，解决不了问题可悲，不去解决问题可耻”的管理理念，通过理念的提升促进了工作质量的提高，为企业繁荣发展奠定基础。

郑州煤炭工业集团振兴二矿有限公司

一、矿井概况

郑州煤炭工业集团振兴二矿有限公司位于郑州市二七区侯寨乡三李村境内，东北距郑州市约 15 km，西南距新密市约 25 km。矿区西有郑（州）—登（封）公路通过，向北与 107 国道相接，交汇于京广铁路；矿区附近简易公路四通八达，交通条件较为便利。

井田走向长 3.85 km，倾斜宽 2.0 km，井田面积为 4.5215 km，地质储量 18.95 Mt。矿井采用立井单水平上、下山开拓方式，为 +34 m 水平。开采煤层为$二_1$煤层，平均煤厚 2.94 m，属中灰特低硫高发热量无烟煤。矿井设计生产能力 0.45 Mt/a，2010 年生产能力核定为 0.45 Mt/a。$二_1$煤层自燃倾向性为Ⅲ类（不易自燃），煤尘无爆炸危险性。2010 年经河南省工业和信息化厅鉴定为煤与瓦斯突出矿井。

二、2011 年主要技术经济指标

煤炭产量全年完成 45 万 t，回采产量为 42.1078 万 t。开拓掘进总进尺实际完成 2136 m，完成计划的 107%。实现利润 4726.9 万元。人均收入 7.6875 万元，同比增幅 12%。原煤生产人员效率达到 5.07 t/工。杜绝了人身事故和二级以上非伤亡事故，矿井百万吨死亡率为 0，实现了安全生产，质量标准化达到一级。

三、安全高效矿井建设的主要做法

（一）多措并举，狠抓落实，确保安全

抓落实，铁制度，硬执行。落实好领导干部值班带班制度，定期对值班带班、交接班时间、行走轨迹等情况进行督查，并张榜公示结果，接受监督。抓基层，打基础，练内功。开展以“安全责任，重在落实”为主题的安全月活动，营造“人人抓安全，人人要安全”的浓厚氛围。抓抽放，治瓦斯，积经验。坚持“区域防突措施先行、局部防突措施补充”原则，围绕 11071 采煤工作面消突，11031 工作面和 11031 下副巷底抽巷开展防突工

作。抓培训，学业务，提素质。修订完善《自主保安知识读本》《振兴二矿“三违”明细手册》等安全读本，全员发放学习，并组织考试，考试不合格人员，不得上岗作业，确保培训合格率达到100%。抓质量，严标准，做精品。实行“质量标准化信得过单位”挂牌制度，抓精品工程建设，加大采掘工作面生产过程中精细化管理，提升质量标准化内在质量。抓科技，促创新，激活力。加强信息化建设，对井下主变电所、主排水、主运输皮带等设备和岗位，实现远程控制、远程诊断，提高矿井自动化水平。完善科技创新机制和激励机制。

（二）科学组织，狠抓环节，实现稳产高效

抓机采、保生产。采取深入动员、分解指标、奖优罚劣，制定月度安全生产管理规定等措施，激发干部职工的工作热情。抓开拓，保接替。组织开展11031工作面掘进组织工作，实现深部开拓工程11回风下山下段、11轨道下山下段及11运输下山下段等工程安全施工。为矿井中长期接替打下了坚实的基础。

（三）严抓细管，用心经营，经济效益稳步增长

强化成本管理，完善内控机制，深挖内部潜力，开展节支降耗活动。一是完善管理制度，推行成本目标管理。以三级目标管理和内部承包责任制为基础，把各项经济技术指标层层分解，责任到人。进一步强化经营调度职能，每季度定期召开成本分析会，及时查纠问题，堵塞漏洞。二是规范用工管理，强化劳动组织。三是利用人员定位系统，对井下人员实现实时监测、在线管理，规范入井人员管理，提高了工时利用。四是加强材料管理，控制成本费用。

（四）改善民生，惠民利民，提升职工幸福指数

一是推行新岗工资标准，工资分配向井下生产一线和地面苦、脏、累、险岗位倾斜，人均全年工资达到7.6万元，同比增幅12%，实现职工收入与企业经济同步增长。二是为职工量身定做夏装、冬装，提升职工形象。三是改善职工洗浴条件。四是筹建实施矿井水净化处理厂工程，加大矿井水综合利用。

河南神火煤业有限公司新庄煤矿

一、矿井概况

新庄煤矿是上市公司河南神火煤业有限公司的骨干企业，位于豫皖两省交界的河南省永城市东部。矿工业广场西至永城市 24 km，东距安徽省淮北市 19 km。井田西以王庄断层（F21）与葛店煤矿扩大区毗邻；南至煤层露头线。南北长约 7.5 km，东西宽约 3 km，面积约 21 km^2。矿井可采煤层为$二_2$煤和$三_2$煤，$二_2$、$三_2$煤层平均厚度分别为 3.3 m、1.5 m。煤层在该区域内发育较好，厚度稳定，控制较为可靠，倾角 6°～10°。

新庄煤矿 2011 年矿井瓦斯和 CO_2 绝对涌出量分别为 30.31 m^3/min、17.87 m^3/min，瓦斯和 CO_2 相对涌出量分别为 6.67 m^3/t、3.94 m^3/t，为瓦斯矿井。煤矿采用立井多水平开拓。

二、2011 年主要技术经济指标

2011 年新庄煤矿共生产原煤 223 万 t。矿井原煤生产人员效率为 13.21 t/工。2011 年全矿计划开掘进尺 9100 m，实际完成 9560 m，其中开准进尺 2258.4 m，回采进尺 7301.6 m。2011 年 8 月 17 日刷新采面全矿最高日产纪录一次，为单日最大产量 7791 t/日。2011 年 6 月 16 日掘进二队刷新全矿回采巷道单进最高日进尺纪录一次，为单进 15.95 m。2011 年新庄矿工资总额为 18050 万元，同比增幅 15.5%，职工平均收入达到 7.35 万元。

三、安全高效矿井建设的主要做法

（一）安全管理方面

1. 安全理念深入人心

继续深化“以人为本，和谐管理”的阳光安全管理理念，深入推行中层干部敬业度评价和区域事故连带责任追究制度，大大提高了各级管理人员的责任意识。

2. 专项治理取得成效

结合实际生产情况，针对不同时期的安全管理特点，适时组织开展了阶段性的安全生产活动，大大提高了各专业的安全管理水平，提高了广大干部职工搞好安全生产工作的积极性。

（二）生产管理方面

1. 生产组织更加协调有序

2011 年，技术部门结合矿井实际，科学部署，加强管理，注重配合，保障了生产的正常接替；加强机电设备检修管理，提高工作面开机率；施工了北副井矸石仓，每月可多提原煤 15000 余吨，实现了增产增效。

2. 开展劳动竞赛，提高生产效率

根据不同的生产季节和形势，组织了各种安全劳动效益竞赛活动，调动了广大干部职工的生产积极性，确保了任务指标的顺利完成。

3. 加大新设备投入

加大设备投入，生产提速提效。先后投入岩巷掘进机 2 台，大功率钻机 ZDY4000S10 等设备，生产效率大大提高。

（三）经营管理方面

通过开展“材料严管月”活动；加强对大型材料的建账管理；实施材料考核到班组管理制度；推行市场化精细管理；开展修旧利废、节支降耗、节能减排活动；通过各种活动的开展，降低了各种材料费用的投入。生产成本得到有效控制，经济效益显著提高。

河南神火集团有限公司薛湖煤矿

一、矿井概况

薛湖煤矿隶属河南神火集团，位于河南省永城市北部，井田面积73.95 km^2，地质储量2.021亿t，可采储量8674万t，设计生产能力120万t/a，服务年限51.6 a，井田以贫煤和无烟煤为主，其中主采煤层平均厚度2.23 m，矿井水文地质特征为中等，煤层平均倾角10°，正常涌水量150 m^3/h；薛湖煤矿为煤与瓦斯突出矿井，煤尘有爆炸危险，井田内各煤层均属不自燃煤层。

矿井采用立井单水平上下山开拓，混合式通风，采煤方法是倾斜长壁后退式，一次采全高，全部垮落法管理顶板。回采工作面均为综合机械化采煤，掘进工作面采用耙装机装渣和掘进机掘进。

二、2011年主要技术经济指标

2011年薛湖煤矿零工亡、无重伤，无三级以上非伤亡事故，实现了安全生产。在经济效益方面，2011年实现利润2.16亿元，人均工资为6.4万元。综合月单产为8.3万t/（个·月），原煤生产人员效率是6.1 t/工。采煤机械化程度为100%，掘进装载机械化程度为100%。以上各类指标均达到行业一级标准。

三、安全高效矿井建设的主要做法

（一）强化制度建设

薛湖煤矿自开展创建安全高效矿井以来，成立了以矿长为组长的安全高效矿井建设领导组，树立“安全第一、预防为主、综合治理”的方针，坚持一切从实际出发，依靠科技进步，优化生产布局，强化生产装备，推进以采煤工艺为主导的各项技术改造，提高全员素质，准确定位，高起点、高标准建设安全高效矿井。

（二）注重安全培训

薛湖煤矿坚持“以人为本”的原则，把安全培训作为矿井的一件大事来抓，结合工作实际制订培训方案，有针对性地开展员工安全培训，利用每日班前会组织职工学习，并开展了各种各样的安全宣传教育活动，营造温馨和谐的安全文化氛围，促进职工自保、联保、互保意识，使员工时刻坚持“安全第一，预防为主”的方针，坚决做到不安全不生产。

（三）强化技术管理

薛湖煤矿成立了技术中心，负责技术管理工作，大力开展小改小革和技术攻关活动，设立了地质创新专项奖、通防创新专项奖等 10 余种创新专项奖，每年投入的资金都在 1500 万元以上，有力地支撑了矿井技术工作的开展。

（四）提高机械化水平

围绕安全高效矿井建设目标，薛湖煤矿不断优化生产系统及布局，坚持正规循环作业，科学组织生产，为适应建设现代化安全高效矿井的需要，薛湖煤矿大力推广综采综掘技术。目前，矿井各工作面均为综合机械化采煤，采煤机械化程度为 100%，掘进工作面采用耙装机装渣和掘进机配合桥式皮带出渣，掘进装载机械化程度 100%，不仅减轻了工人的劳动强度，而且提高了生产效率，保持了原煤产量稳定，解决了矿井生产接替难题。

（五）发展循环经济

矿井投资建立了矿井废水污水处理系统，矿井水经处理后被广泛用于井下生产及井上绿化用水，还供应给企业内部自备电厂作为冷却用水，废水处理利用率达到了 100%。锅炉产生的固体废弃物，作为建材原料和塌陷区充填材料，实现了废物逐层减量利用，最终被“吃干榨尽”。在瓦斯综合利用方面，建立了“地面抽放＋采区抽放＋移动泵抽放”的立体瓦斯抽放系统，每年抽取的 1000 万 m^3 瓦斯全部送到装机容量达 2000 kW 的瓦斯发电站进行发电，年度发电量近 4.0×10^6 kW·h，环境效益和经济效益十分显著。

（六）强化安全文化建设

薛湖煤矿形成了以四级目标愿景为引领，以“三基”（基层、基础、基本功）建设为根基，以“六精”（精细、精准、精确、精益、精美、精彩）管理为主体，以“零目标、零追求、零境界”（零隐患、零事故、零伤害、零工亡、零丢失、零浪费、零漏洞、零间隙以及知识零缺失、技能零缺陷、操作零失误、行为零违章）为目标的“360”管理体系，打响了企业文化品牌。

河南神火集团有限公司泉店煤矿

一、矿井概况

泉店煤矿位于许昌市灵井镇境内，东距许昌市 16 km，西距禹州市 21 km，省道 S273 公路在井田内穿过，泉店煤矿往东与 107 国道和京珠高速公路相连，往西与郑尧高速相连，交通便利。

井田东西走向长约 7.0 km，南北倾向宽约 1.8 ~ 3.0 km，面积约 16.6 km^2，地质储量 1.65 亿 t，可采储量 8107 万 t。井田内有$二_1$、$二_3$、$四_6$共三个可采煤层，煤层倾角 25° ~33°，煤层总厚度为 8.3 m。

矿井由煤炭工业郑州设计研究院设计，于 2006 年 3 月开工建设，2010 年 5 月竣工投产。采用立井单水平上下山开拓方式，中央并列式通风系统，设计生产能力 120 万 t/a，服务年限 48.3 a，属瓦斯矿井。主副井口高程 +122.6 m，开采水平高程 -540 m，水平与工作面顺槽运输均采用胶带连续运输方式，采用走向长壁综放和一次采全高采煤方法，全部垮落法管理顶板，配套建有同等能力选煤厂。

二、2011 年主要技术经济指标

2011 年生产原煤 108 万 t。开掘进尺 7838 m。百万吨死亡率为 0.93。矿井综合单产为 46154 t/（个·月）。原煤生产人员效率为 6.11 t/工。实现利润 3.8 亿元，人均工资 5.2 万元，同比增幅 15%。

三、安全高效矿井建设的主要做法

（一）抓好安全管理，确保安全生产

一是深入开展了“跨年度百日安全赛”“防麻痹、反松劲、查漏洞、保安全”以及“后四个月安全决战”等活动；开展了“班队长话安全”演讲比赛，做到“月月有活动，天天有提升”，进一步丰富了活动载体，强化了安全意识，筑牢了安全防线。

二是强化现场管理，认真落实各项安全措施和“一岗双责”制度。各级管理干部坚持跟班制度，实行每天至少有两名矿领导和四名机关干部值

班、带班。在四点班、零点班相对薄弱时间段，有效发挥安全小分队、青安岗、群监网活动对安全工作的促进作用，形成党、政、工、团齐抓共管安全的浓厚氛围，做到了“工人三班倒，班班有领导”的安全管理机制，形成安全监管网络。

三是积极开展专项检查，根据不同时期的不同特点，有针对性地开展专项活动，如以主副井提升、斜巷运输、大型皮带运输、主要通风机和矿井供电系统等关键环节为重点，开展阶段性的专项治理活动。严格日常维护保养，实现机电设备安全高效经济运行。

（二）狠抓生产组织，加快生产进度

一是加强激励，充分调动工人的工作积极性。对煤巷圆班进尺 9.6 m，全月达到 150 m；岩巷炮掘圆班进尺 5 m，全月进尺达 100 m；岩巷综掘月进尺 110 m 以上的进行奖励。二是大力开展阶段性劳动竞赛活动。相继开展了“万米开掘大会战”、大干“三四五六”、奋战“七八九”、决战“第四季度”等活动。三是组织区队长及相关人员到兄弟单位观摩学习先进经验，最大限度地提高质量，优化施工工艺及劳动组织，较好地推进了工程进度。

（三）抓好质量标准化建设，全面提高工程质量

一是按照“以点带面、动态达标”的工作思路，全面推进质量标准化的开展。二是严把工程质量关，新施工工程质量到标准化工作力争一次到位，返工现象逐步减少。三是通过旬检互学、自查活动，区队与区队之间、自营与外围之间形成了竞赛热潮，有力地促进了质量标准化的开展。三是分批次到兄弟矿井学习，推动了质量标准化建设。四是按照《安全质量标准化考核评分评级办法实施细则》，每月对各区队进行考核评分、奖罚兑现，促进了矿井质量标准化提档升级。通过狠抓安全质量标准化的基础工作，做到工程设计达标、开工工程质量达标、施工动态达标；做到工程施工、文明生产同步进行，达标费用专项化；工程质量优良率达 75% 以上。

河南神火集团有限公司梁北矿

一、矿井概况

梁北煤矿位于河南省禹州市以南约 7 km，东距许昌市 37 km，西经登封至洛阳市 160 km，向南至平顶山市约 62 km，向北经新郑至郑州 80 km。于 1997 年 7 月开工建设，2004 年 12 月竣工投产，设计生产能力 0. 9 Mt/a，属于煤与瓦斯突出矿井，矿井采用立井单水平上、下山开拓方式，中央分列与中央并列混合抽出式通风系统，开采水平为 -550 m，井口标高为 +130 m。井田东西长 8. 5 ~13. 4 km，南北宽 1. 2 ~4. 9 km，面积约 43. 3 km^2。井田范围内$二_1$煤层地质储量 256 Mt，工业储量 210 Mt，设计可采储量 104 Mt。

$二_1$煤层位于二叠系下统山西组底部，煤种为贫瘦煤，煤层厚度 0 ~10. 79 m，一般厚度 3 ~6 m，平均厚度 4. 18 m，结构简单，东厚西薄，属较稳定煤层，虎头山（F1 断层）以北其稳定性稍差。

矿井通风系统为中央分列与中央并列混合抽出式通风系统，副井和混合井进风，东风井、中央风井回风。目前矿井总进风量 14933 m^3/min，总回风量 15637 m^3/min，能够满足生产需要。矿井压风系统采用地面集中供风方式，主要担负井下生产设备动力、压风自救系统等供风任务。

二、2011 年主要技术经济指标

2011 年，梁北矿共生产原煤 72 万 t，其中回采 69. 6 万 t，工程煤 2. 4 万 t。原煤生产期末人数为 518 人，原煤生产工日 124320 个。矿井原煤生产人员效率为 5. 6 t/工。全矿计划开掘进尺 3900 m，实际完成 4260 m，其中开准进尺 1020 m，回采进尺 3240 m。

三、安全高效矿井建设的具体做法

（1）提高思想认识，深入宣传发动，强化组织领导，保证矿井安全高效建设深入人心。

（2）强化标准学习，健全完善制度，狠抓责任落实。首先对全矿各级管理人员进行了集中培训，对生产科室管理人员定期、不定期组织有关专业知识的考试，并且从外单位聘请有丰富经验的人员给他们上课、讲解，做到不断学习、不断提高。

（3）保证投入，依靠科技，推动矿井安全高效建设。始终坚持优先保证矿井安全投入，推广使用新技术、新装备，不断夯实安全基础设施。

（4）根据不同的生产季节和形势，全年连续不断地组织各种安全效益竞赛，调动广大干部职工的积极性，确保任务指标的顺利完成。

（5）打造亮点工程，以点带面，整体推进，全面发展。根据实际情况，每月由各生产区队上报亮点工程计划，统一安排各队实施，在日常的工作中进行监督、督促和指导，月底组织人员对亮点工程的进展情况、达到的效果等具体指标进行验收和评比，并兑现奖罚。

内蒙古平庄能源股份有限公司老公营子煤矿

一、矿井概况

老公营子煤矿位于赤峰市东40 km，地理坐标为东经119°17′~119°24′，北纬42°22′~42°24′，行政区隶属赤峰市元宝山区风水沟镇。井田南北长约2.7 km，东西宽约2.24 km，井田面积约6.05 km^2。煤层地质储量约195 Mt，可采储量112 Mt，矿井设计生产能力为1.2 Mt/a，服务年限67 a。井田内共赋存有11个煤组，18个可采煤层，可采煤层总厚度最大72.42 m，可采煤层平均可采厚度27.51 m，煤系地层平均厚550 m左右，煤质为褐煤，瓦斯等级鉴定为低瓦斯矿井。

开拓方式为立井多水平开拓。矿井提升方式为塔式多绳摩擦轮提升，其中主井为多绳摩擦式9 t箕斗提升，副井为多绳摩擦式单层罐笼提升。主要运输方式为带式输送机运输。通风方式为中央并列抽出式。老公营子煤矿配备一个综采工作面，采煤方法为走向长壁顶板垮落机械化开采。

二、2011年主要技术经济指标

老公营子煤矿生产原煤119.58万t。完成掘进进尺8176 m。实现利润13034万元。全年无死亡。原煤生产人员效率达到10.416t/工。矿井综合单产达到121163 t/（个·月）。员工平均收入6.65万元。采区采出率完成80.2%。采煤机械化程度达到100%，掘进装载机械化程度达到98.7%，综掘机械化程度达到76.81%。

三、安全高效矿井建设的主要做法

（一）加强管理体系建设，提高执行力

（1）完善制度。对不符合工作实际的制度进行修改，完善并健全各项制度，使各项制度具有可操作性和实效性，更好地发挥其刚性约束作用。

（2）落实责任。明确责任分工，界定责任范围。对生产工艺流程全面

进行梳理、整合、优化，及时调整影响效率、效益的环节，清晰科室、区队、班组、岗位的责任边界。

（3）细化管理。提高认识，转变观念，实现粗放管理向精细化流程管理转变，由松散型管理向集约化流程管理转变，积极倡导和推行技术专业化，操作程序化，管理规范化，对每项工作、每项工程、每道工序进行全过程管理控制。

（4）量化考核。建立全方位的闭环考核体系，对工作流程的各个环节、各道工序进行拆分、量化，制定标准严格监督和控制，建立一级考核一级，一级对一级负责的层级管理机制，实行责任追溯和责任追究，奖优罚劣，使各级岗位责任制真正落到实处，实现考核过程与精细化管理的全面接轨，促进执行力的提高。

（二）坚持以人为本，着力提高全员素质，打造过硬队伍

培养和打造一支作风硬、素质高、能力强，具有核心竞争力的员工队伍，合理开发和利用人力资源，满足高标准“两型三化”矿井的客观要求。

（三）强化基础管理，实现安全、稳产、高效

（1）抓好系统和流程管理。一是优化劳动组织，科学配置人力资源；二是优化生产系统；三是改进工艺流程。

（2）继续推进高产高效采煤队和快速高效掘进队建设。

（3）加强机电运输管理，提高保障能力。

（四）以质量标准化为基础，全面提高安全生产水平

坚持“安全第一，预防为主”的方针，不断创新安全管理的方式方法，不断探索实现安全生产的有效途径。

（五）深入开展内涵增效，不断提高企业经营管理水平

树立精打细算，过紧日子思想，开源节流，练好内功，提高管理水平，使增长方式由增产增效转向内涵增效。深入搞好内涵增效，把不断提高企业管理水平当做一项重点工作抓实抓好。

内蒙古平庄能源股份有限公司风水沟煤矿

一、矿井概况

风水沟煤矿位于内蒙古自治区赤峰市元宝山区风水沟镇，于1979年1月开工建设，1985年11月30日移交生产，矿井设计生产能力90万t/a。1999年通过二水平开拓延深和技术改造，核定能力为120万t/a。2007年进行改扩建，2008年1月通过验收，现核定生产能力210万t/a。

风水沟煤矿井田位于元宝山煤田东北端，地理坐标为东经119°21′~119°26′，北纬42°22′~42°25′。井田边界南起浅部8号煤层露头，北至深部煤层可采边界，东起F40号断层，西至F1号断层，平均走向长2.4 km，倾斜宽3.2 km，面积7.68 km^2。井田以中部F38断层为界划分为一、二两个采区。煤系地层为晚侏罗系元宝山组，有可采煤层7组18层，主采层为5、6煤组，煤层赋存为东厚西薄、南厚北薄，煤层由东南向西北逐渐分岔变薄。井田地表标高为+650 m，目前最深开采深度为+130 m，不属于深部开采矿井。煤质硬度为1.5。煤层顶板多为细砂岩、粉砂岩，局部有泥岩，底板为泥岩、细砂岩。砂岩抗压强度低，胶结稳定性差，遇水软化。泥岩、砂质泥岩具有强膨胀性和流变性，是典型的软岩矿井。矿井开拓方式为平硐—盲斜井分区分水平开拓。

二、2011年主要技术经济指标

2011年，风水沟煤矿生产原煤209.81万t。完成掘进进尺8288 m。实现利润2420万元。全年无死亡。原煤生产人员效率达到12.04 t/工。矿井综合单产达到120113 t/（个·月）。员工平均收入提高到63287元，同比增幅12.4%。采区采出率完成80.2%。采煤机械化程度达到100%，掘进装载机械化程度达到100%，综掘机械化程度达到79.57%。质量标准化达到了一级，各项指标均达到行业特级安全高效矿井标准。

三、安全高效矿井建设的主要做法

（一）改进生产工艺，加强生产组织管理

采用底板注浆打锚索加固围岩技术，有效控制了巷道变形。实践煤柱综

放回采工艺，采用波雷因加固技术，有效防治工作面帮顶破碎，控制了顶板事故，确保安全生产。运用注氮防灭火技术，有效控制了采空区的自然发火；完成了井下人员定位、井上下电力监控、地面开闭所智能化改造。

（二）加大工作力度，夯实安全生产基础

一是加强安全生产责任制的落实，坚持干部入井带班制度，及时解决现场存在的各种实际问题。二是成立安全检查中心，实施专业化垂直管理。三是加强班组建设。四是积极推行现场6S管理和“手指口述”安全确认操作法。五是加强安全基础设施投入，基本完善了“六大系统”建设。六是加强了质量标准化建设。

（三）完善机制，提高经营管理水平

一是深化全面预算管理，坚持经济活动分析制度，严格执行公司资金审批计划，按预算控制非生产性成本费用支出。二是积极推进薪酬制度改革，在一采区推行了全员劳动定额管理。三是加强修旧利废、回收制修工作，增收创效。

（四）以人为本，实施惠民工程

在公司的大力支持下，积极开展惠民工程，改善了员工生产生活条件，提高了福利待遇。一是建成了设施齐全、环境优越的职工食堂和洗衣房，实现了工作服公管；二是进行更衣箱吊篮式改造，使员工更衣环境有了根本性改观；三是对矿灯房实施超市化管理。

内蒙古平庄煤业集团有限责任公司
红庙煤矿

一、矿井概况

红庙煤矿隶属内蒙古平庄煤业集团有限责任公司，位于内蒙古赤峰市元宝山区元宝山镇西南部，西距赤峰市中心21 km，南距平煤集团公司所在地平庄35 km，与赤峰市资源型城市经济转型开发试验区及元宝山林场相邻。矿区井田走向长4 km，倾斜宽2.5 km，井田面积11.27 km^2，截止到2011年末煤矿保有可采储量3515万t。五、六煤组为主要可采煤组，煤质属中灰、低硫、发热量在12.6～16.7 kJ/g之间，主要作为动力用煤和民用煤。

二井1983年4月开工建设，1989年11月建成移交生产，核定生产能力180万t。斜井多水平分区开拓，主井采用强力带式输送机提升，两个副井均采用一吨矿车提升，开采水平+236 m，大巷采用3 t底卸式矿车运输，走向长壁缓倾斜单一中厚或厚煤层综采与综放联合开采，中央分区抽出式通风方式。

二、2011年主要技术经济指标

原煤产量完成155万t。掘进总进尺完成5033 m。矿井综合单产达13.22万t/（个·月）。利润完成4227万元。员工人均收入达56253元。

三、安全高效矿井建设的主要做法

（一）把握关键，多措并举，战胜各种困难

在五区5－2S工作面上下两道进行了软岩巷道支护项目科研攻关，确定了巷道支护形式和参数选择原则。该项目采用高强度高预应力ϕ22 mm锚索、ϕ22 mm锚杆，锚杆树脂全长锚固，巷道经采动影响后未发生明显变形，取得了成功经验。

在六区运输大巷底鼓处进行治理。组合锚索由3根长12.5 m、ϕ17.8 mm钢绞线构成，头部3 m段编成串珠状，配合专用钢梁和组合托盘

（400 mm×400 mm×16 mm 及 200 mm×200 mm×12 mm）使用，采用五花眼布置，间排距均为 2.0 m，主体巷道变形得到有效控制。

（二）强化基础，完善制度，推进本安型矿井建设

工作中，红庙煤矿始终把安全工作放在首位，坚持严谨审慎的原则。从安全的基础工作抓起，进一步完善各级安全岗位责任制，一级为一级负责，一级保一级，并加大安全管理责任的连带追究，增强了管理人员的责任意识。通过严密排查，强化安全隐患的动态抽查和整改，及时消除隐患，实现了闭合管理。通过加强安全班组建设，开展“三无”和“明星班组”竞赛活动，突出发挥班组长的作用，提高了现场的安全管理水平，增强了全员的安全意识。推行“手指口述”安全确认法，规范了员工的操作行为。通过到兄弟单位观摩学习，借鉴兄弟煤矿安全质量标准化工作的管理经验和做法，分阶段召开质量标准化座谈会，转变思想观念，狠抓工程质量，实施了质量标准化专项治理，2011 年达到了质量标准化一级标准，未发生死亡事故。

（三）统筹兼顾，果断调控，克服不利因素影响

通过进一步完善《内部经营承包实施细则》，强化经营管理责任，增强了经营指标的可控度。通过实施“两定一限”的成本管理办法，压减了材料的超支超耗。在被动的生产形势下，及时调整了各单位工资结算方式，对重点工程和主要工作切块结算；对选煤厂实施了地销煤、块煤销量提成制度；对机厂采用对外加工提成和计件工资等，有效地调动了员工工作的积极性。

（四）系统优化，设备升级，提高了矿井装备水平

“十一五”期间红庙矿淘汰了炮采工艺，采煤机械化程度从“十一五”初期的 58.42% 提高到 100%，实现了一井一面综采与综放对调开采生产局面，采煤机功率从 375 kW 提高到 600 kW、液压支架工作阻力由 2000 kN 提高到 4000 kN。

2011 年使用了顶板动态在线监测系统、井下人员定位和电力监测监控系统，完善了井下压风系统，改造了选煤厂筛分系统。在电控系统中应用了变频技术，部分采掘工作面排水设备实施了自动控制。系统的优化、设备的升级和改造进一步提高了矿井机械化水平，增强矿井的安全保障能力。

内蒙古平庄能源股份有限公司六家煤矿

一、矿井概况

六家煤矿位于内蒙古赤峰市东南45 km处，坐落在老哈河畔，隶属平庄煤业集团公司。六家煤矿与辽宁省建平县隔河相望，矿区内有叶赤铁路通过，北至赤峰市49 km处与京通铁路相接，紧邻赤朝公路和平双公路。公路、铁路交通非常便利。2001年10月16日建成投产，设计生产能力0.9 Mt/a，现核定生产能力1.8 Mt/a。

井田南北走向长4.0 km，东西倾斜宽1.61 km，面积为6.44 km^2。矿井划分为南一、南二、西二、东一、北一5个采区。现有南二、西二两个采区生产，东一采区正在开拓。煤质牌号属于老年褐煤，灰分15.14%，水分12.8%，挥发分41.6%，硫分0.5%，发热量18.5 MJ/kg。截止到2011年末地质储量为11991.3万t，可采储量为7209.2万t。

六家煤矿位于平庄煤田东部边缘，总体上井田地层北北东展布，倾向北西，倾角7°~26°，呈单斜构造，井区内地层由于断裂构造影响，地层产状变化较大。井田水文地质类型以裂隙水充水为主，水文地质条件简单为“二类一型”。发火期1~3个月，属自然发火煤层。2011年测定矿井瓦斯绝对涌出量为6.55 m^3/min，相对涌出量为2.44 m^3/t，为低瓦斯矿井。

六家煤矿采用立井—斜井综合开拓方式，工业广场内布置主立井、副立井和回风斜井三条井筒。通风方式为中央分列式。其中主立井、副立井为进风井，斜风井为回风井。南二、西二采区采用分区供风，采煤工作面和掘进工作面都采用独立通风。工作面采用走向长壁式布置方式，采煤工艺为综合机械化低位放顶煤开采工艺，采用全部垮落法管理顶板。

二、2011年主要技术经济指标

商品煤产量完成119.5万t。利润完成14713万元。全年无死亡事故发生，实现安全生产年。原煤生产人员效率达到7.59 t/工。矿井综合单产达到97765 t/（个·月）。人均年收入达到58433元，同比增长6214元。各项指标均达到了安全高效矿井行业一级标准。

三、安全高效矿井建设的主要做法

（1）应用新工艺、新技术，创造性地开展工作。WⅡ$N_1$6－9“刀把”型工作面的精心设计、精心组织回采为矿井创效1000多万元，由于前期设计周密，仅用了7个小班就完成了长短工作面对接，精细化管理效果显著。“刀把”型工作面的设计、成功对接及安全回采得到了公司的肯定，为特殊地质条件下综放工作面回采积累了宝贵的经验。

（2）对南二采区通风系统进行改造，井巷工程已完工，改造后的南二采区通风系统更加合理、简单。

（3）对正规循环作业进行了规范和扩展，辅助单位作业也要求正规循环。对采掘一线的正规循环作业制度化管理并建立了严格的考核机制。

（4）加强了全面预算管理。进一步细化了承包管理办法，通过过程控制、月度考核、季度兑现奖罚等有效措施的实施，各单位细化指标，落实责任，较好地完成了年初预算指标。

（5）能加强了成本细化管理。进一步健全完善了成本管理制度，特别是在配件管理方面，坚持以旧换新、收支日清日结等制度，初步实现了材料费定额—限额—核算—考核一体化、规范化管理。

（6）挖掘潜力，推进内涵增效。加强了煤质管理，充分发挥“六家煤”的品牌效应。严格煤质源头控制，严格落实煤质管理办法，从采、掘工作面、运输、筛选加工、装车外运等各系统，分解落实煤质考核指标，层层落实煤质管理责任。取得了良好的效果，减少了灰分、降低了水分、增加了块率，提高了煤质，为六家煤品牌战略打下了坚实的基础。

陕西煤业集团黄陵建庄矿业有限公司

一、矿井概况

陕西煤业集团黄陵建庄矿业有限公司位于陕西省延安市黄陵县店头镇，是由陕西煤业集团蒲白矿业有限公司、华电集团有限公司、国电山东电力有限公司联合投资兴建的一座现代化矿井，属国有重点煤矿。矿井设计生产能力240万t/a，服务年限61.3 a，配备同等能力洗选厂一座，项目总投资11.66亿元。2006年10月开工建设，2010年6月完成了全部建设工程，2010年8月11日进行联合试运转，2011年12月14日通过项目竣工验收后投产。

黄陵建庄矿业有限公司地处陕北黄土高原南部的低中丘陵地带，区内山峦起伏，沟壑纵横，森林茂密。井田地质构造简单，为倾角3°左右的宽缓单斜构造。可采面积为48.0 km^2，地质资源储量311.5 Mt，设计可采储量206.01 Mt，主采煤层4-2号煤层，平均可采厚度5.54 m，主体煤层稳定在4~10 m，属特厚煤层。该煤层赋存稳定、结构较简单，全井田范围可采。4-2号煤层基本顶板为“小街砂岩”，厚度15~20 m，岩性以中细粒砂岩为主，属较稳定性顶板。直接顶板为泥岩，局部地段变薄为零，属不稳定性顶板。4-2号煤层底板多以泥岩、炭质泥岩、粉砂岩为主，属稳定性差至较稳定底板。井田煤层埋深较大，4-2号煤层最大埋深733 m，一般埋深为450~730 m。

矿井属瓦斯矿井，煤层为Ⅱ级自燃煤层，煤尘具有爆炸危险性。水文地质类型中等，井田地温正常，无地热灾害。矿井采用斜井盘区式开拓，布置主斜井、副斜井、回风斜井三条井筒，布置运输、辅助运输、回风三条大巷，井田沿大巷两侧划分7个盘区；矿井采用两进一回的中央分列式通风系统、抽出式通风方式；采用长壁综合机械化放顶煤采煤方法，全部垮落法管理顶板。回采工作面采用U型布置。

二、2011年主要技术经济指标

矿井生产实际完成240.6万t/a。煤层平均厚度为5.54 m。平均工作面个数为0.96。采区采出率75.9%。原煤生产人员效率15.04 t/工。矿井综合单产21.67万t/（个·月）。掘进进尺6010 m。百万吨死亡率为0。实现利润5.2亿元。人均年工资8.31万元。

三、安全高效矿井建设的主要做法

（1）加强制度建设，推行准军事化、精细化管理，全面落实安全生产岗位责任制，提高工作效率和执行力。

（2）坚持科技创新，促进高产高效矿井的建设。全年完成科技创新项目39个，解决了困扰矿井生产的一些技术问题。

（3）推广应用新技术、新装备。综掘工作面交错式超前支架的应用，提高了综掘工作面的安全条件和掘进效率。

（4）加快信息化、数字化矿井的建设。与北京富力通、西安大唐电信合作，进行信息化、数字化矿井的建设，提升了矿井的管理水平。

（5）加强技术培训，提升员工技术素养。将技术培训设在岗位、设在煤矿井下生产现场，强化培训效果及员工的安全操作技能水平。

（6）加强安全文化建设。通过树典型、创氛围、立制度、强培训、干部走动式管理等形式开展矿井安全文化建设。

（7）合理安排组织生产，做到工作面安装、回撤不停产。公司配备了两套同等能力的综放设备，形成接续工作面，开始组织安装、调试；生产工作面采到终采线时，接续工作面投入生产，原生产工作面进行闭采回撤。

（8）优化工作面设计，加大工作面长度，提高工作面单产。

陕西中能煤田有限公司榆阳煤矿

一、矿井概况

陕西中能煤田有限公司榆阳煤矿的前身是一个年产 15 万 t 的小煤窑，2003 年由民营企业收购。随着陕北能源基地的开发，2005 年陕煤化集团、华电煤业、江苏悦达集团先后投资加盟，企业改制为股份制。十年来，榆阳煤矿广大员工大力弘扬“忠诚务实、互动沟通、追求卓越”的企业精神，按照“不求最大，但求最好”的核心理念，坚持“高起点、高标准、严要求”的工作方针，不断革故创新，实现科学发展，先后实施了两次重大技术改造，目前矿井生产能力为 3.0 Mt/a，是陕西省榆横矿区（北区）总体规划的大型骨干矿井之一。

井田面积 193.7 km^2，地质储量 6.46 亿 t，可采储量 2.69 亿 t，服务年限约 64.1 a。主采 3 号煤层，平均总厚度 3.5 m，煤层赋存水平，地质构造简单，顶板稳定性好，低瓦斯。煤质属特低灰、中硫、特低磷、高发热量，是优质的动力用煤。煤尘具有爆炸性，煤层属Ⅲ级不易自燃煤层。

矿井采用斜—立井混合开拓方式。采用中央并列式通风方式，机械抽出式通风方法。矿井布置一个综采工作面、三个掘进头。

二、2011 年主要技术经济指标

2011 年原煤产量 299.6 万 t。掘进进尺 14.9 km。采煤机械化程度 100%，工作面装备水平 100%。采区采出率 86.1%。原煤生产人员效率 16.2 t/工。职工年收入 11.8 万元。

三、安全高效矿井建设的主要做法

（1）推行“四五四”管理模式。“四线”卡位、“五精”对标、“四无”结果是榆阳煤矿新的管理模式，是对原来“五精四无”管理方式的完善和发展，每人用“四线”卡位，每线以“五精”对标，每事求“四无”结果。其中“四线”卡位是基础，“五精”对标是方法，“四无”结果是目标。

（2）建立两大预控管理体系。建立超前风险预控管理体系和员工不安全行为管理体系，通过危险源辨识，明确管理对象；通过风险评估，明确管理重点；通过制定管理标准，明确管理依据；通过制定管控措施，落实管理责任；通过危险源监测监控，及时发现危险源风险变化；通过预警消警机制，保证风险持续可控。通过员工准入管理，明确岗位准入条件；通过员工岗位规范，明确各岗位工作任务、管理职责和行为标准以及个人所需防护用品及工具；通过制定行为标准和防范措施，促进员工安全行为养成；通过员工培训教育，提高员工安全知识、意识和技能；通过对员工行为监督，及时发现和管控不安全行为。

（3）按照“预防第一、补短第一、对标第一”的思路，做到安全体系预防化、工作现场标准化、基础工作精细化、工作举措实效化、制度执行军事化、安全投入先进化，推进“六化”管理。

（4）开展红线警示，即安全红线管理、成本红线管理、销售红线管理、作风红线管理、基础红线管理。

（5）文化管理以“六双”为载体，落地生根。双化，标准化建设，精细化管理；双管，四无管理，四线卡位管理；双制，工作责任制，精准确认制；双述，岗位描述，手指口述；双上，党支部和党员上档晋级，班组上档晋级；双标，企业对标，岗位达标。

（6）党群工作以“六双”为载体，把握四项职能。“六双”即双培，把党员培养成骨干，把骨干培养成党员；双带，党支部带领党员，党员带动员工；双创，干部创安全责任区，党员创安全示范岗；双学，干部学政策、学理论、学管理，工人学技术、学安全、学规程；双转，干部转变思想观念，机关转变工作作风；双提，领导干部提高思想管理境界，专业技术干部提高业务能力。四项职能即引领发展、思想动力、融入管理、健康身心四项目标效能。

神木汇森凉水井矿业有限责任公司

一、矿井概况

凉水井煤矿位于榆神矿区二期规划区东北部，行政区划隶属陕西省神木县西沟乡、瑶镇及麻家塔乡管辖，矿井北距神木县城 16 km，南距榆林市 94 km、西安市 770 km。井田面积 68.9 km^2，地质储量 6.65 亿 t，可采储量 4.07 亿 t，矿井设计生产能力 400 万 t/a。配套建设相应规模的选煤厂，凉水井煤矿矿井于 2005 年 3 月 20 日开工，2008 年 8 月联合试运转，2009 年 4 月 29 日通过了竣工验收，正式投入生产。2009 年，凉水井矿业公司生产原煤 400 万 t，矿井达到了 400 万 t 的年设计生产规模，实现了当年投产当年达产的目标。

井田范围内可采煤层为 3－1、4－2、4－3、4－4、5－2、5－3 煤共 6 层，开采深度由标高 1195 m 至 1015 m。矿井采用斜井开拓方式，多水平开拓全井田，长壁综采机械化采煤法。

二、2011 年主要技术经济指标

原煤产量 398 万 t。全年未发生安全事故，百万吨死亡率为 0。采煤机械化程度达到 100%，综掘程度达到 97.51%。矿井完成掘进进尺 18826 m。回采工作面平均月产 31.83 万 t/（个·月），最高月产 407551 t/（个·月），掘进工作面最高日产 39.1 m/（个·日），最高月产 922.2 m/（个·月）。原煤生产实际工日 102250 个，矿井原煤生产人员效率为 35.17 t/工。实现利润 100014 万元。人均年收入达 9.5 万元，同比增幅达 11.8%。

三、安全高效矿井建设的主要做法

（一）夯实安全管理基础

一是牢固树立“生命至上，安全第一”和“以人为本，预防为主”的安全理念，加强安全理念的宣传贯彻，使安全理念深入人心。二是加强安全生产责任制建设。完善安全基础制度 42 项，层层签订安全目标责任书，落实安全管理责任，严格执行矿级领导带班下井制，落实月度安全办公会议制度，逐项整改落实安全隐患。三是加强安全现场管理。重点治理了凉水井煤矿一盘区水仓泵房、风机安装等方面存在安全隐患，在井下一线推行“两票”工作制，促进生产一线的规范化管理。四是加大安全投入力度。全年安全投入3635万元，落实“两措”及环保设施计划，提高了矿井防灾、抗灾能力。五是有针对性地开展安全活动。先后组织开展“一通三防”“雨季三防”“百日安全无事故”等活动，加强矿井隐患排查治理，提升了安全管理水平。六是加强安全全员培训。采取“走出去”“引进来”相结合的方式，全年开展各类“外培”共1799人次，利用四级培训机构，组织开展内部职工技能培训，提升职工的安全生产素质。

（二）努力加强生产经营管理

生产管理方面，继续健全生产责任制建设，科学分解生产任务。加强重点工作的推进，修订完善生产管理办法，提高矿井单产单进水平，提升设备开机率。

经营管理方面，围绕企业战略和年度重点工作，认真组织编制全年预算，确保预算的科学性和先进性。立足项目建设和生产经营需要，完善资金风险管控，提高资金管理水平。继续完善内控制度，依照集团公司稳增长要求，健全内部审查机制，严格控制各项成本支出，将各项可控费用下浮10%。开展国家矿产资源节约与综合利用以奖代补项目申请工作，积极争取国家奖励政策支持。

（三）加大科技创新管理力度

完善科技创新基础制度，制定《创新项目管理办法》，建立组织机构，负责公司创新管理和科技研发工作。重视创新激励，开展创新评奖活动，召开公司科技工作大会，对创新工作进行表彰和奖励，有效提高了员工的创新积极性。与中国矿业大学签订了校企合作协议，加强与西安交通大学等科研院校的沟通联系，在人才培养、科技研发等方面开展校企合作，推动了科技创新工作开展。积极开展群众性创新活动，围绕企业技术进步、工艺改造、安全生产等工作，广泛开展以“小发明、小革新、小改造、小设计、小建议”为主要内容的群众性创新活动，通过评比奖励，激发了广大职工的创造力和工作热情。

内蒙古伊泰煤炭股份有限公司
纳林庙煤矿二号井

一、矿井概况

内蒙古伊泰煤炭股份有限公司纳林庙煤矿二号井位于内蒙古自治区鄂尔多斯准格尔旗境内，行政隶属准格尔旗纳日松镇，是由原宏景塔三矿、纳林庙二、四号井整合而成，煤炭总储量194.28 Mt。矿井设计生产能力300万t/a，核定为500万t/a。

井田内赋存可采煤层3层，自上而下分别为4－1、4－2、6－2煤层，平均厚度分别为4 m、2 m、6.25 m。煤层赋存条件良好，主要可采煤层为6－2煤，煤种确定为不黏煤，煤层倾角1°~3°；煤层瓦斯含量极低，煤层自然发火期为1~3个月，属易自燃煤层；煤层顶板岩性为砂质泥岩、泥岩、细砂岩、粉砂岩，底板岩性为粉砂岩、泥岩、砂质泥岩；6－2煤平均埋藏深度为150 m，属浅埋煤层。

矿井采用斜—立井综合开拓方式，倾向长壁大采高自然垮落后退式综合机械化采煤方法。主、副井筒采用斜井开拓，风井采用立井开拓。矿井通风方式为中央分列抽出式，主井、副井进风，风井回风。

二、2011年主要技术经济指标

2011年纳林庙煤矿二号井总资产51592万元。销售（营业）收入226177.6万元。利润总额91012.3万元。从业人数301人，人均利润350.04万元/a，人均收入10.1万元/a。原煤产量500万t，其中原煤生产人员241人，原煤生产人员效率69.14 t/工。采煤机械化程度100%。百万吨死亡率为0。

三、安全高效矿井建设的主要做法

新科技、新工艺、新装备的应用，为矿井高产高效、安全生产建设带来了一场深刻的革命。纳林庙煤矿二号井工作面设备采用国家攻关项目，配备了 MG750/1915 - GWD 型采煤机，SGZ - 1000/1400 型刮板输送机，ZY8640/25.5/55 型液压支架。掘进采用 EBZ - 160 型综合机械化掘进机，后配套采用 SSJ - 800 型可伸缩带式输送机；矿井主运输采用带式输送机运输，主井采用（DX630 × 2 - 1400）钢丝芯强力带式输送机，工作面主运输顺槽采用 SSJ1200 型带式输送机，地面两条皮带宽度均为 1200 mm，运输能力均为 1500 t/h。地面设三个一万吨煤仓。辅助运输采用防爆无轨胶轮车，实现了井上下全封闭运输。

纳林庙煤矿二号井管理机构设置充分体现高产、高效、集约化生产的先进设计理念，组织系统简单、层次分明、人员精干。靠严谨、科学的设计实现集中生产，靠合理、灵活的配置实现有效管理。管理人员本着拓宽管理幅度、精简高效的原则，配备懂技术、会管理、高素质人员，实行“一职多能”“一专多能”。通过加强职工队伍建设，管理团队呈现出专家型、学者型、经验型的特点，工程技术人员达到 96 人；工人团队实现了技术与经验相结合，井下作业环境大大改善，劳动强度大大降低，工人的价值体现在技术素质、思想道德品质上。职工总人数由原设计的 315 人减少到 301 人。

纳林庙煤矿二号井认真贯彻集团关于安全生产“宁可少出一百万吨煤，也不死一个人；宁可多投入一千万元，也不死一个人”的安全生产理念，矿井配备了瓦斯监测监控系统、人员井下定位系统、井下小灵通通信系统，实现了 24 h 在线监测监控，保证了安全高效生产。

内蒙古伊泰煤炭股份有限公司
纳林庙煤矿一号井

一、矿井概况

内蒙古伊泰煤炭股份有限公司纳林庙煤矿一号井位于内蒙古自治区鄂尔多斯准格尔旗境内，行政隶属准格尔旗纳日松镇，是由原纳林庙一、三号井整合而成，矿井可采储量为3257万t，设计生产能力120万t/a，核定生产能力180万t/a。

井田内赋存可采煤层3层，自上而下分别为4-2、$6-2_{上}$、6-2煤层，平均厚度分别为1.61 m、2.1 m、4.02 m。煤层赋存条件良好，主要可采煤层为6-2煤，煤种确定为不黏煤，煤层倾角1°~3°；煤层瓦斯含量极低，煤层自然发火期为40~60天，属易自燃煤层；煤层顶板岩性为砂质泥岩、泥岩、细砂岩、粉砂岩，底板岩性为粉砂岩、泥岩、砂质泥岩；矿井正常涌水量100 m^3/h。

矿井采用斜井和立井综合开拓方式，长壁一次采全高自然垮落后退式综合机械化采煤方法。掘进工作面采用综合机械化掘进机掘进。矿井通风方式为中央分列抽出式，主、副井进风，风井回风。

二、2011年主要技术经济指标

2011年纳林庙煤矿一号井总资产30120.3万元，销售（营业）收入57600万元，利润总额43200万元。人均收入8.6万元/a。原煤产量180万t。采煤机械化程度100%。原煤生产人员效率31.74 t/工。百万吨死亡率为0。

三、安全高效矿井建设的主要做法

安全是煤矿企业的永恒主题，建设安全高效矿井是维护煤矿职工基本生存权利的根本要求。针对煤矿行业的特殊性，纳林庙煤矿一号井始终把广大职工的安全工作放在第一位，坚持把全体职工安全文化建设作为贯彻落实安全生产方针、深化群众安全管理工作的重要载体，积极引导职工正确处理安全与生产、安全与效益、安全与发展的关系。在日常工作中，煤矿通过影像资料、板报、宣传画、条幅等形式大力宣传安全文化，利用开展安全知识竞赛、安全知识普及、安全文化主持人大赛、安全月等系列活动，引导教育广大职工积极投身安全文化建设，营造人人讲安全、事事要安全的良好氛围。

为不断推动群众安全工作的深入开展，煤矿在群监员管理使用上引入竞争激励机制，制定了群监员公开竞聘制度，实行公开竞聘、培训考核、统一着装、挂牌上岗。建立了以制度管理人、以制度约束人的群监员考核评价体系，在现场安全管理工作中，充分发挥群监员安全理念普及员、安全行为引导员、安全隐患排查员、安全事故分析员的作用，经常性地组织群监员开展现场隐患排查，不定期组织群监小分队对关键岗位、重点区域进行安全监督检查，及时了解职工的安全思想行为，及时发现和处理安全事故隐患，使每一位职工成为想安全、会安全、能安全的人，使每一个岗位成为无隐患、无失误、无缺陷的岗，实现了群众安全管理工作在矿井安全生产中的全方位覆盖，有力确保了矿井的安全发展。

班组是企业安全生产的前沿阵地，班组建设是搞好企业各项工作的基石。近年来，纳林庙煤矿一号井大力开展“白国周班组管理法”的推广，实施班组规范化管理、标准化建设活动，全面推行班组培训、激励、管理三项机制，积极推动创新、成长、登高三项工程，广泛开展“创新型明星班组”升级竞赛活动，定期部署检查、指导和考核各基层单位班组建设情况，定期组织班组职工开展学习反思交流活动，及时解决班组建设工作中遇到的重大问题和困难。建立了班组安全超前防范的预防控制体系，引导班组成员超前分析问题，及时消除安全隐患，推动了学习型、创新型、自主管理型班组建设的深入开展，探索出了一套有利于企业发展建设，满足职工成长成才要求的特色班组管理体系。

内蒙古伊泰京粤酸刺沟矿业有限责任公司

一、矿井概况

酸刺沟煤矿行政区划属内蒙古自治区鄂尔多斯市准格尔旗薛家湾镇管辖，隶属内蒙古伊泰京粤酸刺沟矿业有限责任公司，该公司由内蒙古伊泰煤炭股份有限公司、北京京能热电股份有限公司、山西粤电能源有限公司于2007年9月18日为开发建设酸刺沟煤矿而共同出资组建。矿井设计生产能力1200万t/a，于2005年4月10日开工建设，2008年8月8日建成投产，总投资21.6亿元，配套建设有选煤厂、煤矿铁路专用线，坑口建有大型矸石发电厂，矿井集煤炭生产、洗选、铁路运输为一体，具有规模大、投资少、技术领先、管理超前、社会效益突出、经济效益显著等特点。

井田位于鄂尔多斯大型构造盆地东北缘的准格尔煤田，构造形态是一个走向近于南北、倾角10°以下、具有波状起伏、向西倾斜的单斜构造。区内主要含煤地层为石炭系上统太原组和下二叠统山西组，含可采煤层4层，埋深85.45~703.9 m，平均倾角5°。矿井地质条件相对简单，开采技术条件较为优越，工程地质条件属中等类型，煤种为中灰、低硫、中热值的长焰煤，煤的焦油产率高，是理想的环保动力用煤和优质的化工原料。

矿井采用斜—立井开拓方式，在井底沿东西向布置煤层大巷开拓一、二盘区。大巷均分煤组布置，4号煤为上煤组，$6_{上}$、6号煤为下煤组。矿井主运输全部采用带式输送机，煤流从采掘工作面到地面选煤厂实现了全程胶带输送化和集控化，井口选煤厂采用国际先进的全重介选煤工艺，选煤采出率高达到97%以上。煤炭运输采用铁路专线运输方式。矿井辅助运输采用无轨胶轮车，人员、材料、设备从地面到采掘工作面实现了无轨化。矿井通风系统为中央分列式通风系统，其中主、副斜井进风，回风立井回风。

矿井目前开采4煤和$6_{上}$煤层，分别布置一个综采工作面和一个综放工作面，装备了国内一流的综采设备，采用先进的双通道回撤工艺，进行综采工作面的安装回撤；4煤、$6_{上}$煤分别布置两套国内一流的综掘设备进行掘进准备；主运输系统配置或采用了国际或国内一流高可靠性的运输设备和工艺，全矿采、掘、运机械化程度达到100%。

二、2011 年主要技术经济指标

2011 年酸刺沟煤矿生产能力 1200 万 t/a。中厚煤层采区采出率为 89.64%，厚煤层为 76.36%。吨煤成本 131.91 元，坑口售价 214.03 元。全员生产效率为 39 t/工。职工平均年收入 12 万元。吨煤电耗 8.2 kW·h，水耗 0.085 m^3。原煤从业人员 315 人。事故次数和死亡人数均为 0。

三、安全高效矿井建设的主要做法

本着“机构精简、人员精干”和“精干主体、剥离附属”的原则，酸刺沟煤矿机关设置六部一中心，即生产技术部、机电动力部、综合管理部、人事企管部、安全管理部、洗选管理部和调度监控中心，重点负责矿井的安全生产管理，矿井的后勤服务、洗选、销售、铁路运行管理全部依托母公司内部或专业化服务队实施管理。

对于内部职工，积极开展思想政治和企业文化宣传教育工作，坚持以“我的伊泰我的家”的主人翁精神和“家以方圆，感恩回报”的文化理念，引导员工想主人事、行主人权、尽主人责，以“宽容、坦诚、尊重、互动”为原则平等沟通，以“人本、简约、效率、适控”的管理思想，努力形成和谐向上的团队合力。

酸刺沟煤矿的开发建设得到了国家和地方政府的高度重视和大力支持。它标志着地方煤炭企业实现了三个根本性的转变，一是由劳动密集型向技术密集型的转变，二是从广种薄收式、多点分散式生产向高度集约化大生产的转变，三是由资源掠夺型、环境冲突型向资源节约型、环境友好型的转变。

内蒙古伊泰集团有限公司大地精煤矿

一、矿井概况

内蒙古伊泰集团有限公司大地精煤矿位于内蒙古自治区鄂尔多斯市伊金霍洛旗纳林陶亥镇，井田东西最长 6.50 km，南北最宽 4.25 km，井田面积 11.6013 km^2。矿井工业储量 100.77 Mt，可采储量为 62.85 Mt，煤种以长焰煤为主，其次为不黏煤。井田构造形态为一向西南倾斜的、平缓的单斜构造，平均倾角 1°～3°，不发育断层、褶皱等构造，亦无岩浆岩侵入体，矿区地质构造简单。井田内主要含煤地层为侏罗系中下统延安组，含煤地层厚度 171.56～220.04 m，平均 185.21 m，含可采煤层 4 层，总厚度 2.99～10.80 m，平均 8.73 m，煤层顶板以泥质粉砂岩、粉砂岩为主，砂岩次之；底板以泥质粉砂岩、粉砂岩为主、砂岩、泥岩次之。

矿井于 2006 年 10 月实施机械化技术改造，设计生产能力 120 万 t/a，核定生产能力为 240 万 t/a。

矿井开拓方式为斜井开拓，布置主斜井、副斜井和回风斜井三条井筒，开采顺序为从上而下，开采方式为走向长壁后退式综合机械化开采，布置一个综采工作面和两个综掘工作面。矿井主运输全部采用带式输送机，井下原煤直接输送至地面万吨储煤仓，实现了全程连续运输。矿井通风系统为中央并列式，通风方法为机械抽出式。

二、2011 年主要技术经济指标

大地精煤矿 2011 年产量为 239.1 万 t。工作面采出率达到 95% 以上，最高达到 98.1%；采区采出率达到 85% 以上，最高达到 89.6%。实现盈利 28700 万元。员工人均年收入 9.1 万元，同比增幅 12%。矿井综合单产 199250 t/（个·月）。矿井累计原煤生产人员效率为 22.33 t/工，最高原煤生产人员效率达到 32.75 t/工。

三、安全高效矿井建设的主要做法

矿井生产调度通信采用 DDK－6 型综合业务调度通信系统，地面工作场所设55门电话，井下主要硐室及采掘工作面等作业场所设18门矿用本质安全型电话。井下设KJ361型无线通信系统，配备小灵通50部，实现移动通信；矿各级管理人员及工作人员所使用计算机均与集团公司计算机网络通过伊泰数字化管理平台连接，实现计算机网络数字化管理，无纸办公；矿井装备KJ205工业电视系统及KJ361型人员定位系统；矿调度室安设KJ73N型矿井安全生产监测系统并与伊金霍洛旗煤炭局实现了联网。

在矿井技改和生产过程中，大地精煤矿始终遵循着伊泰集团“宁可多花1000万元，也不死一个人；宁可少产100万t煤，也不死一个人”的安全理念，加强安全管理，加大安全投入，为安全生产提供可靠保障。井下健全了监测监控、人员定位、调度通信、无线通信、工业电视、束管监测六大系统。实现了井下安全生产系统在地面的集中控制，真正做到了系统防范、消除隐患，做到了人、机、环境、管理的高度协调、可靠。实现了安全管理可控、闭环、坚持、创新，做到装备、管理、培训并重，专门成立了安全培训科，创办了《安全文化宣传专栏》。在安全生产管理方面，走在了地方煤矿的前列。

自建矿以来，大地精煤矿一直坚持开展安全质量标准化工作，始终把安全质量标准化工作视为企业的形象工程、效益工程和基础工程，确立了“以点带面、重点突破、专业推进、整体达标”的总体规划。高度重视，完善制度，保障安全质量标准化全面展开；精细管理，加强检查，实现现场动态达标，从而使煤炭生产真正做到“循环正规化、操作规范化、质量标准化”。

内蒙古伊泰同达煤炭有限责任公司丁家渠煤矿

一、矿井概况

丁家渠煤矿位于内蒙古自治区鄂尔多斯市南东包府路68 km处，隶属内蒙古伊泰同达煤炭有限责任公司，行政隶属鄂尔多斯市伊金霍洛旗镇纳林陶亥镇管辖。矿井由原丁家渠煤矿和同达公司三合厂煤矿二号井田整合而成，整合后的井田东西最长5.4 km，南北最宽4.5 km，井田面积约17.39 km^2，全矿井工业储量64.51 Mt，可采储量为44.62 Mt，2007年6月实施机械化技术改造，2008年10月技改完成并投产。矿井设计生产能力1.20 Mt/a，核定生产能力1.80 Mt/a。

井田基本构造形态为一向南西倾斜的单斜构造，中部较平缓，地层倾角1°~2°，褶曲与断层均不发育，无岩浆活动，属于构造简单地区。

矿井采用斜—立井单水平开拓方式，采用长壁后退式采煤法，综合机械化回采工艺，全部垮落法管理顶板，掘进工作面采用综合机械化掘进工艺。矿井采用中央并列式通风系统，利用机械抽出式通风方式。

二、2011年主要技术经济指标

2011年丁家渠煤矿在保证安全生产各项投入的前提下共生产原煤179.2万t。实现盈利30260万元。实现矿井百万吨死亡率连续三年为0。员工人均年收入7.8万元，同比增幅18%。原煤生产人员效率达到42.62 t/工。矿井综合单产达到13.38万t/（个·月）。矿井采区采出率达到85.6%。

三、安全高效矿井建设的主要做法

（1）丁家渠煤矿不断优化生产组织，提高生产人员效率，构建起了科学、合理、正规、有序的生产秩序。在系统优化上，采掘工作面设计遵循安全可靠、系统简单、一步到位的原则，水、电、通风等系统通盘考虑，避免返工浪费，确保矿井安全、经济、有序运行。矿井形成了一采两掘的采掘格局，保证了采掘接续，降低了成本，提高了安全保障能力。在技术管理上，煤矿坚持顶板防治，逢掘必探，瓦斯监测监控，采空区束管监测的管理模式。矿井五大灾害综合防治，杜绝瓦斯超限，煤尘堆积，采煤工作面实现矿压在线监测。在生产组织上，强化现场管理，向班组要效益，提升班次工作效益。强化检修，杜绝“人歇机器不歇”的旧观念，保证机器的平稳运行，减少设备事故影响率。

（2）煤矿以“科学发展、安全发展”为主题，广泛宣传普及安全生产、应急避险、抗灾减灾、救灾和职业健康知识。定期组织举办安全管理人员、特种作业人员培训班，派出管理人员考察周边煤矿先进的管理经验，积极参加煤矿各级交流研讨会，全面提升了煤矿安全生产从业人员素质，健全了煤矿的标准化、精细化、制度化管理，为煤矿的深入发展奠定了基石。突出抓好隐患排查治理工作。一是强化煤矿排查治理的区队、班组主题责任，按“四定”原则责令整改落实。二是采取闭环管理、持续跟踪考核管理机制，各职能科室严格按照“谁检查、谁签字、谁负责”的原则，对整改或防范措施落实情况进行排查，发现落实不力者，按照煤矿安全生产管理办法严厉追究相关责任人的责任。切实解决了影响安全生产的突出问题，及时堵塞安全漏洞，有效地抑制了事故发生。

（3）在实际工作中，领导干部带头深入现场，靠前指挥，求真务实，发挥领导班子的表率作用。充分利用在不同生产阶段开展“春季百日安全活动”“安全月”“秋季百日安全活动”走基层，开民主生活会等不同方式加强思想政治稳定工作，为企业发展提供精神动力和安全保障。在生产经营方面采取“PDCA 计划循环法”即计划、执行、检查、改进四个阶段，把年初制订的安全生产经营各项指标纳入煤矿的安全管理体系和质量管理体系，最后通过月份、季度、半年、年度循环，一步步进行总结提高，实现煤矿稳定发展。再次，广泛开展了安全知识竞赛、技术比武、“安康杯”文化周等活动，丰富了员工的文化生活。

大同煤矿集团有限责任公司马脊梁矿

一、矿井概况

马脊梁矿位于大同煤田西北边缘，井田面积 18.1948 km^2，工业储量 25064 万 t。1994 年矿井改扩建，设计能力为 180 万 t/a，核定生产能力为 380 万 t/a，现开采 7 号煤层（厚度为 1.6 m）、11－2 号煤层（厚度为 3.69 m）、14－2 号煤层（厚度为 2.7～4.2 m）、14－3 号煤层（厚度为 2.8～4.5 m），开拓方式为斜井单水平多煤层联合开拓，通风方式为中央并列混合式通风，采煤方法为倾斜长壁大冒顶后退式全部陷落法，主运输为胶带运输，辅助运输大巷为架线式电机车运输，盘区辅助运输采用无极绞车。现生产格局为三个综采队、三个机掘队、两个普掘队、一个通风队、一个皮带队、一个轨道运输队和一个年储装运能力为 380 万 t 的煤炭集运站。2001 年以来，矿井产量一直稳定在 330 万～380 万 t 之间，是同煤集团的主力生产矿井。

二、2011 年主要技术经济指标

2011 年全矿原煤产量完成 376.97 万 t。进尺完成 18679 m。百万吨死亡率为 0。利润完成 15151 万元。成本完成 256.65 元/t。煤炭外运量完成 340.24 万 t。采煤机械化程度达到 100%，掘进装载机械程度达到 100%，安全监测覆盖率达 100%。

三、安全高效矿井建设的具体做法

（一）防治并举，安全形势更加平稳

马脊梁煤矿以创建“零事故现场”、打造“零事故环境”为目标，强化执行，狠抓落实，不断完善安全工作体系，始终把“一通三防”放在安全工作的首位，根据矿井采掘部署的变化，不断优化矿井通风系统，共缩短通风路线 3540 m，降低了矿井通风阻力，增加了矿井有效风量。采用 AB 新型材料喷涂密闭墙、粉煤灰充填密闭墙，有效防止了采空区漏风和自燃现象。严格执行干部跟班上岗制度及矿领导安全联点包保责任制度，始终坚持

“三必到三走到”原则，严格“三铁”管理，大力开展了“安全拾缺大行动”等活动，对“一通三防”、地质防治水、主辅运输、顶板支护、支架工况等安全重点工作进行挂牌治理、跟踪督导，全面落实隐患整改情况。全年共排查安全隐患1643条，整改率达到了100%，确保了安全形势持续稳定。

（二）技术创新，实现矿井持续发展

运用松动爆破技术，提高煤炭资源回采率。马脊梁矿采用松动预裂爆破技术辅以机组截割的方式，实现了综采工作面过冲刷带的连续推进，历时25天，工作面推进126 m通过冲刷带，多采出煤炭10万t，多创产值2353万元，减少搬家一次，节约直接费用100万元，少掘巷道168 m，节约材料及工资、附加费用共计40万元，创造价值2493万元。

采用技术革新，解决近距离煤层巷道掘进支护。本着科学的态度，针对不同条件，改革支护形式，优化支护参数，有针对性地采用组合锚索支护、一梁（12号槽钢）三锚支护、可缩U29矩形钢棚支护、锚网全封闭支护、预注马丽散加固顶板等，在顶板支护上使用高强度预应力螺纹钢金属锚杆、彻底淘汰普通金属锚杆，有效地控制了顶板，有力地遏制了顶板事故。

（三）攻坚克难，生产组织更加有序

马脊梁矿按照“打基础、促生产，先稳产、后高产”的思路，通过狠抓基础、强化管理促进生产；通过精心组织，提高单产水平，实现了稳产保高产，高产促稳产。充分发挥调度指挥中心作用，及时准确掌握生产动态，加大对生产各个环节的协调平衡力度，提高了生产效率。

（四）学练结合，人才成果更加突出

始终坚持“按需施教、学用结合、灵活多样、注重实用”的原则，充分发挥“雷雨工作室”导师带徒、技术交流、处理疑难的作用，全年共举办培训班48期，培训员工700多人次；成功研制了综采工作面风机语音报警系统后备电源，为安全生产提供了有力保障；攻克了PLC编程程序，彻底解决了采煤机控制中心的软件故障；下井处理各类机电事故80多次，为兄弟煤矿处理技术上的疑难杂症4次，提高了员工的学习能力、操作能力和创新能力。

大同煤矿集团朔州朔煤王坪煤电有限责任公司

一、矿井概况

大同煤矿集团朔州朔煤王坪煤电有限责任公司位于山西省怀仁县境内，距怀仁县城约 20 km，行政区划属朔州市管辖。井田位置在大同煤田东南边缘，井田原设计走向长 4. 5 km，倾斜长 2. 5 km，面积 11. 25 km^2，现井田面积 8. 9043 km^2。截至 2011 年底剩余工业储量 15893 万 t，可采储量 7549. 9 万 t。

井田开拓为平硐单水平多煤层联合开拓方式，水平标高 +1175 m，由平硐、中央石门、西石门构成主要电机车运输系统。现生产采区有两个，即 303 盘区、404 盘区，301 盘区开拓。各采区均设溜煤眼，皮带运输上下山、回风上下山、进风斜坡及辅助材料斜坡构成生产系统，各采区回风上下山与回风井相连通。矿井采用综合机械化长壁采煤法，回采工艺为厚煤层综放和中厚煤层综采。

二、2011 年主要技术经济指标

2011 年公司共生产原煤 180. 34 万 t。综采工作面在复杂地质构造的条件下，单产最高达到 9. 87 万 t/月。机掘最高单进进尺达到 495 m/月的好成绩。最高月产 177300 t，最高日产突破 7562 t。综采队年产 1636031 万 t，最高月产 15. 2 万 t，最高日产 6758 t，其中综采一队年产达 100. 1939 万 t，达年产百万吨队组。2011 年掘进进尺 13375 m，最高月进尺 1412 m，最高日进尺 63 m。各项技术经济指标达标。2011 年矿井综采综合单产能力稳步提升，月单产达到 80197. 5 t，原煤生产人员效率提升到 8. 27 t/工，达到了行业一级标准。全年货币总收入 10. 42 亿元，员工收入人均 56170 元，同比增幅 21. 8%，员工的生产积极性大大提高。

三、安全高效矿井建设的主要做法

（1）公司每月 3 号组织召开生产例会，将制订的整个月生产经营计划任务划分到各区队，区队再将任务逐日划分并考核，同时制定奖罚细则。每月 15 日定期召开安全例会，将上半月的安全情况进行分析及处理，下半月安全工作安排做进一步部署，保证了公司的安全生产。

（2）公司按照“注重现场、规范作业、严格制度、执行标准、完善系统、落实责任”的要求，不断提升全员安全技术素质和安全工作执行力，保证了安全生产的正常运行。以“零三违、零隐患、零事故、零工伤”的“四零”班组建设为目标，推行安全一票否决制度。对“四零”优秀班组进行奖励。同时加强了员工的安全技术培训。

（3）注重采掘衔接、科学衔接，做到了工作面搬家不停产、安装不停产。在工作面设计上，合理利用原有系统巷道，根据盘区实际布面，对大断层影响的工作面积极采用二开切眼布置，提高了煤炭采出率，将原来 100 m 的开切眼增加到 150 m 长，减少了巷道掘进量，在厚煤层工作面过断层，注马丽散加固，在工作面过空巷处，采用做假顶支护等，积极研究探索急倾斜煤层的开采及联采技术，最大限度地实现了煤炭的精采细采。

（4）2010 年煤矿未发生一起重大安全事故，百万吨死亡率为 0。全矿通过抓现场管理，实行科室包区队，分管领导包盘区，月月进行考核评比，大大促进了安全生产和高效建设。

（5）矿井设有信息化管理部门，在调度、生产、经营管理等部门全部实现计算机网络管理，并给采掘一线队组配备了计算机办公，同时矿井总调配备了工业电视监控系统，对井下工作面的安全生产进行 24 h 监控。目前已实现了矿区局域网，OA 办公系统，瓦斯监控管理，人员定位、财务电算管理等。

（6）按照矿井生产能力核定入井人数特别规定，同时为了提高矿井的综合单产能力，针对各工作面及采区生产系统的实际情况进行合理的定员，优化施工组织设计，减少生产环节，提高劳动效率，降低了生产成本。

山西焦煤集团山西汾西矿业集团有限责任公司双柳煤矿

一、矿井概况

双柳煤矿位于山西省柳林县孟门镇白家焉村，是汾西矿业集团公司调整煤炭产品结构，在离柳矿区三交三号井田开发的大型现代化矿井之一。双柳井田面积29.6066 km^2，含有可采煤层3+4号煤、8号煤、9号煤。至2011年底，矿井地质总储量3.47亿t，可采储量1.64亿t，其中3号、4号煤地质储量1.05亿t、可采储量0.48亿t；8号、9号煤地质储量2.43亿t，可采储量1.16亿t，服务年限为82 a。

矿井井田范围内煤层赋存稳定、结构中等、自东向西倾斜、倾角0°~13°。煤尘具有爆炸性，爆炸指数为38%~40.9%；煤层具有自燃倾向性，等级为Ⅲ类，不易自燃。2011年鉴定矿井瓦斯绝对涌出量75.67 m^3/min，相对涌出量20.02 m^3/min，属高瓦斯矿井。

二、2011年主要技术经济指标

矿井原煤产量实际完成199.98万t。掘进进尺实际完成16995 m。综合单产实际完成178773 t/(个·月)。综合单进实际完成305.18 m/(个·月)。原煤生产人员效率实际为13.07 t/工。采煤机械化程度达到100%，掘进装载机械化程度达到87.13%，综掘机械化程度达到76.13%。矿井人均工资11.2万元/a，同比增幅14.8%。实现利润33193万元。矿井采掘抽衔接正常，“四量”符合规定要求，开采程序符合规定，采区采出率年计划80%，实际83.37%。矿井全年百万吨死亡率为0，且无重伤及二级以上非伤亡事故发生。质量标准化达到规划分数，在集团公司名列前茅，建设成国家级的质量标准化矿井。

三、安全高效矿井建设的主要做法

（一）优化开拓方式，合理集中生产

2011年，双柳煤矿坚持“一矿一井一面”的生产格局，坚持走人员少、

产量大、效益高的新型集约化路子，实施一人多能，增产不增人，不断提高单产单进水平。矿井开拓方式为斜井—立井混合开拓，井田呈一大单翼下山开拓格局，采区大巷设胶带、轨道、回风、辅助运输四条巷道，除井底车场和风桥外，其余巷道均为煤层大巷，大大提高了矿井单进水平，缩短了采区、工作面准备周期。

（二）积极推广新技术、新工艺、新装备，为矿井安全高效发展提供有力保障

双柳煤矿依靠科技进步，坚持科技兴矿战略，坚持管理、装备、培训三并重原则，投入大量资金，完善安全设施，保证了矿井健康发展。在地面重新兴建了郭家山瓦斯抽放泵站，实现了二采、三采瓦斯分源抽放，安装了瓦斯抽放在线监测系统，使矿井瓦斯抽放系统更加完善；在掘开工作面采用了双风机、双电源自动切换装置，安设了除尘风机装置；在采区及中央变电所装备了智能化开关，完善了大型设备的各项保护；井下各采掘工作面安装了KTK125－DH矿用本质安全型扩音电话；完善了现代化监测监控系统，以便能够及时掌握井下各地点生产状况与瓦斯浓度，进一步实现了安全生产指挥作用。

（三）以“一通三防”为重点，多管齐下，进行瓦斯攻坚综合治理，为安全生产提供技术保障

双柳煤矿回采面现采用的抽采方法包括回采面本煤层预抽、回风巷钻场顶板长钻孔抽采、抽采巷顶板裂隙带钻孔抽采、采空区抽采等多种瓦斯抽采方法，使回采面上隅角的瓦斯浓度控制在0.3%～0.5%，回风流瓦斯浓度控制在0.3%～0.4%，工作面瓦斯抽放率在60%以上，确保了回采工作面的安全生产。

掘进工作面采用边掘边抽和钻场超前预抽的方法，同时利用千米钻机开展掘进超前预抽、区域瓦斯预抽等抽采方法。在掘进巷道开口前，巷道帮施工一个超前预抽钻场，利用千米钻机在钻场内施工4个深度为500 m的预抽钻孔，进行掘进巷道前500 m范围内的瓦斯预抽工作，解决了巷道开口掘进期间的瓦斯治理问题。

阳煤集团寿阳开元矿业有限责任公司

一、矿井概况

阳煤集团寿阳开元矿业有限责任公司位于山西晋中市境内距寿阳县城14 km的平舒乡黄丹沟。矿井属沁水煤田，井田面积为27.9 km^2，煤炭地质储量3.9亿t。2000年3月18日，阳煤集团正式对其实行兼并。开元公司矿区行政区划属寿阳县平舒乡及南燕竹乡管辖，隶属阳泉煤业集团公司，属于国有煤炭企业。矿区地势西高东低，北高南低，属黄土丘陵地貌。

井田主要含煤地层为山西组和太原组含煤地层，总厚180.78 m，煤层总厚17.83 m，含煤系数为9.9%，含17层煤，其中3、9、15、15下煤可采。回采工作面采用长壁采煤法，后退式开采，全部垮落法管理顶板，综合机械化放顶煤一次采全高采煤方式。综掘工作面主要设备为EBZ－160型悬臂式掘进机、EBH－120型掘进机、锚杆液压钻机MYT－150、煤电钻ZM－12、梭车SQ－80/75B和SJ－80/2×40可伸缩带式输送机，通风设备为EBS系列局部通风机。

二、2011年主要技术经济指标

原煤产量299.94万t。原煤生产人员效率为12.044 t/工。生产模式实现五进两回。百万吨死亡率为0。机械化程度达到100%。采煤工作面平均单产为12.93万t/(个·月)。实现利润3726.46万元。

三、安全高效矿井建设的主要做法

（一）采用高科技产品，节约电量

在设计上坚决杜绝大马拉小车的情况出现，过去为了保证生产，经常是应该使用单机的也要设计为双机。但开元公司矿区供电人员经常深入到设备使用地点，对带负荷设备卡电流，看温度，掌握启动、空载、满载负荷情况，及时对用电设备进行调整，单机如果可以就立即拆除双机，改变整定值。选择变压器也是如此，根据负荷的变化情况，在井下调整变压器容量，减少空载消耗。在正规操作上也采取了有效的经济运行措施。为了达到节电的目的，要求带式输送机、刮板输送机有效益开机，主要是有负荷开机，空载停机。供电管理人员深入到各岗位讲解节电的意义和对个人工资的关系，通过这一措施节约了大量电量，同时也大幅度减少了对设备的损坏。

为了节支降耗，矿井充分利用高科技产品。从2005年开始，对地面的深井泵（150 kW 两台）使用了变频柜，对职工单宿楼供水采用了变频井泵，在井下的5部带式输送机使用了变频，降压启动。通过使用软启动开关，启动电流由过去的6~8倍降到了2~3倍，运行负荷降低20%，达到了节电目的。照明是现代化社会电耗的一大项目，为了解决这一问题，矿区使用了NJH-01智能型绿色照明节能器，对于不同的灯具有不同的节能效果，节能范围一般在30%~40%，公司一年的照明耗电量原本在50万kW·h左右，降低了约14万kW·h。

（二）落实基数增长，强化经营管理，经营业绩显著提升

按照集团公司基数增长和业绩考核办法，公司把各项指标分解到责任领导和部门，保证了六大业绩指标及其他生产经营指标的圆满完成。在节约型企业建设方面，严格执行逐月资金计划会审和上月资金执行情况分析制度，严肃了资金管理；强化工程管理，控制专项资金使用，规范了各项工程的立项；大力开展回收修旧工作，全年共回收价值598万元，废旧物资变现60万元；从紧缩资金和降低成本两方面采取措施，积极应对经济形势变化。

在岗位价值精细管理和现场成本管理的基础上，结合实际推行“1+3”精益管理模式，优化管理流程和生产流程，达到了降低成本和提高效益的目的，提升了公司的核心竞争力。

阳泉煤业集团有限责任公司
五矿贵石沟井

一、矿井概况

阳泉煤业集团有限责任公司五矿贵石沟井地处山西省阳泉市平定县冶西镇。井田位于沁水盆地东北边缘，太行山背斜的西翼，地理位置在山西省平定县城西南，呈北东南西向延伸。全井田南北长近 9 km，东西宽近 8 km，总面积约 82. 5341 km^2。井田位于沁水盆地东北边缘，地层走向北西南东，倾向南西。由东向西出露地层由老到新。开采深度低于 800 m，不属于深部开采矿井。

矿井采用主斜井—副立井开拓方式，井下采用集中运输、分区开拓。划分为南北两个条带生产，盘区式开采。工作面采用走向长壁采煤法，后退式开采；综合机械化一次采全高采煤方式；全部垮落法管理顶板。

二、2011 年主要技术经济指标

全年生产原煤 497. 25 万 t。掘进总进尺为 1. 25 万 m。矿井综合单产达到 202230 t/(个·月)。原煤生产人员效率达到 15. 112 t/工。人均收入 7. 52 万元。采、掘机械化程度均达到 100%，综掘机械化程度达到 52. 98%。采区采出率达到 77. 44%。百万吨死亡率为 0。

三、安全高效矿井建设的主要做法

（一）科学规划采区布置

以关注大局衔接为重点，科学调整衔接部署。立足长远发展，将 15 号煤层的开采准备作为重点，按照合理集中生产的原则，进一步优化采区设计，科学改进支护形式，发展大采长、大走向高效工作面。

（二）优化采空侧巷道布置和支护工艺，加强构造管理

临采空侧巷道主要使用大直径悬浮式单体液压支柱，加大动压巷道的支护密度和范围，同时加注化学加固材料对煤柱和三角区煤体加固，提高巷道

支护强度。加强对工作面构造的坑透预测，指导队组调整坡度，最大限度减少割岩量；积极采用新工艺对构造区顶板进行提前加固；制定经济组织政策，充分调动员工积极性。

（三）加强机电设备的检修

抓好机电运输管理，提高设备完好率，保证设备正常运转。严格执行定检定修、采掘设备包机、巡回检查等制度。做到各种保护齐全、灵活可靠，降低设备事故率，保证开机率，生产工区加强队组设备检修质量，机电工区抓好各种备品备件的供应、管理、使用，积极为生产服务。

（四）加大运输、洗选环节的技术技改投入

目前，随着工作面高产高效设备的不断投入，井田生产能力大幅提高，使得运输、洗选环节逐渐成为制约高产的瓶颈。因此必须加大运输系统和洗选排矸系统的升级改造。

（五）要深化质量标准化建设，夯实安全管理基础

注重安全培训，提高员工安全生产意识。坚持“以人为本”的原则，把安全培训作为矿井的一件大事来抓，深入现场调查研究，结合工作实际制订培训方案，有针对性地开展职工安全培训，并强化培训考核。

（六）加强安全宣传教育培训，全面提高职工安全素质

各工区、队组要利用“二·五”安全活动、班前、班后会，组织员工进行作业规程、施工安全技术措施及各工种岗位操作规程的学习。尤其是安全生产管理人员、特殊工种和新入矿的人员，考试合格方能上岗作业。

（七）抓好“一通三防”和矿井水害防治两项工作

加强瓦斯管理，采取瓦斯抽放措施，做到监测监控与“人员检测”双保险，杜绝瓦斯事故。不断完善防火、防尘系统做到系统合理，设施齐全，使用正常，消除煤尘、火灾隐患。加强通风设施管理，实现通风系统稳定可靠。

抓好矿井防治水工作。坚持“预测预报，有掘必探、先探后掘、先治后采”的原则。做好水害关系的调查，掌握好周边矿井开采界限，查清水患威胁，采取超前的防范措施，在生产过程中做好探放水工作，确保安全开采。

阳泉煤业集团有限责任公司三矿竖井

一、矿井概况

阳煤集团三矿成立于1950年，位于山西省阳泉市西部，距阳泉市中心7.5 km，井田面积27.37 km^2。西邻太（原）旧（关）高速公路西出入口，石（家庄）太（原）铁路和307国道横穿矿区，有着极为便利的交通条件。

2011年末有地质储量18510.2万t，可采储量11070.6万t，主要开采上石炭系太原组与下二叠系山西组两个煤系的煤层，可采煤层3层，主采3号、15号两个煤层。开拓方式为斜井、立井综合开拓，采煤方法为走向长壁后退式综采放顶煤采煤法，顶板管理采用全部垮落法。矿井采用中央并列、边界混合式通风方式，机械抽出式通风方法。

二、2011年主要技术经济指标

2011年三矿竖井积极进行安全高效矿井建设，优化采区设计，矿井全年完成原煤产量349.56万t。职工人均收入89194元。实现利润1701万元。百万吨死亡率为0。

三、安全高效矿井建设的主要做法

（一）实行计算机网络化管理

目前三矿共有联网电脑800多台，包括中心机房2个，调度机房4个，服务器30多台，全部采用千兆网连接，百兆到桌面。企业应用软件系统包括：井下定位系统、井下人员考勤系统、稽核系统、安全生产信息系统、安全隐患信息反馈系统、成本管理系统、OA办公系统、安全培训考试系统、干部绩效管理系统、考核系统、合同审计管理系统、领导任务交办系统、综合自动化平台、物资供应管理系统等，大大方便了企业管理，提高了网络办公效率。

通过信息化技术应用，逐步实现了信息化促进工业自动化目标，提高了现代企业管理水平，同时也加强了煤矿安全、生产、经营管理水平。

（二）提升矿井安全监控

三矿现有三套安全监控系统，其中竖井区采用KJ90NB矿用以太环网监控系统，裕公区采用KJ4N监控系统，地面抽放泵站采用KJ101N监控系统。目前，全矿共敷设主传输线45 km、光纤9 km、传感器线62 km，井上下共安设分站71台（套）、瓦斯传感器163枚，开停、馈电传感器83枚，风速、温度、一氧化碳等其他传感器38枚。监控（测）系统覆盖了全矿所有的采、掘、开、回收队组及地面抽放泵站、选煤厂、主要通风机房，对生产环境及各主要生产设备运行状态进行实时数据采集、传输、显示、统计和控制。

（三）提高劳动组织管理

三矿根据集团公司的定员标准，本着精干高效、先进合理、安全生产、节约挖潜、有利于理顺核算体系、完善经济责任制考核的原则，对采、掘开、机、运、通五大生产系统进行了合理的定员。为使人力资源配置更加优化、更加科学化，在岗位设置上，三矿坚持提倡一专多能、兼岗操作的用工形式，减少岗位作业人员浪费；在劳动分工方面，实行综合作业、巡回作业的方式，使生产队组工作量达到满负荷；在工作制设置上，根据各生产单位的生产运输条件，矿井除采用劳动法规要求的“三八”制、“四六”制外，还针对生产和运输战线长的特殊情况，在部分生产队组推行“二九一六”工作制，减少了因路途远而产生的无效劳动时间，减少了员工劳动强度，最大限度提高了劳动效率。

阳泉煤业集团和顺新大地煤业有限公司

一、矿井概况

新大地公司位于和顺县义兴镇后沟村，距离和顺县城直距 2.0 km，行政区划隶属和顺县义兴镇管辖。井田东南 5 km 处有 207 国道通过，3 km 处有阳泉—涉县铁路通过。井田南侧 1 km 处有乡级公路通往和顺县城与 207 国道相通，交通条件较为方便。

井田面积 6.5353 km^2，井田位于沁水煤田和顺矿区中部，可采煤层为 8 号、15 号。8 号煤层为不稳定局部可采煤层，15 号煤层为全区稳定可采煤层。截至 2011 年底，矿井井田保有地质资源储量为 5324 万 t，设计可采储量 3194 万 t。其中 15 号煤可采储量为 2559 万 t。

二、2011 年主要技术经济指标

2011 年实际完成产量 90 万 t。总进尺完成 7500 m。矿井百万吨死亡率为 0。实现利润 4059.95 万元。职工平均收入 7.09 万元，同比增幅 16.0%。矿井原煤生产人员效率为 6.173 t/工。综合单产为 67340 t/（个·月）。采区厚煤层采出率为 76.6%。采煤机械化程度达 100%。

三、安全高效矿井建设的主要做法

（一）落实安全生产责任制，狠抓安全管理

（1）为做好安全生产工作，新大地公司从标准、目标、责任、措施、考核等环节入手，逐步建立完善了安全检查工作体系，制定了《安全生产管理办法》，并结合现场实际，不断进行补充完善。同时，对照新标准逐条逐项进行自查自纠，对查出的与新标准不符的项目，制定措施，落实人员，全面整改。

（2）强化隐患排查与治理，杜绝了各类重大事故的发生。根据上级一系列文件精神，及时制定和完善了隐患排查责任追究制度，并加大安全监督检查力度，及时排查分析管理范围内的重大隐患和薄弱环节，并对排查出的各类隐患实行分级管理。

（二）坚持质量标准化建设，提高现场管理水平

（1）提高思想认识，深入宣传发动，强化组织领导，保证了煤矿安全质量标准工作的顺利开展。公司在思想上高度重视，多次召开专题会议，反复学习文件精神，研究制定贯彻措施，细化了标准，落实了责任。为切实保证煤矿安全质量标准化工作的顺利进行，公司成立了以矿长为组长的“安全质量标准化”工作领导小组，并定期召开会议，对照各方面的工作标准要求逐一安排落实任务。

（2）稳固基础，不断提升矿井的安全质量标准化水平。质量标准化建设是煤矿安全生产的基础工作。公司在创建安全质量标准化矿井中，开拓思路，务实创新，做到在借鉴中创新，在巩固中提高，使公司质量标准化水平有了显著提高。首先不断加大安全投入，弥补历史遗留的安全欠账，对照标准进行集中整治；另外，对安全质量标准化规定的新内容，始终坚持高起点、高标准，求真务实、注重实效，不搞突击，不摆花架子，平时抓、抓平时，常抓不懈。工作中，从装备、质量、面貌，大到一个工作面、一条巷道，小到一台开关、一个螺丝都按标准来施工。

（3）坚持以人为本，强化教育培训。公司各单位充分利用“二·五”安全活动和班前班后会对职工强化安全教育培训，使职工的自主保安意识和正规操作能力不断提高，进一步夯实了安全基础。

（三）提高集约化生产经营水平，努力实现稳产高效

狠抓生产管理，产量新增上台阶。合理组织劳动，打破以往的作业方式，实行正规循环作业，生产人员劳动效率不断提高；优化生产布局，简化生产系统，走集约化道路，着力打造百万吨采煤队。强化经营管理，推进成本精细化，进一步完善经济责任考核办法，切实做好煤炭营销工作，牢固树立“以质量求生存”的理念，不断提高煤炭产品质量，提升企业的核心竞争力。

（四）深化内部改革，增强企业活力

加强用工制度改革，认真做好劳动用工测评工作，对不称职人员予以调工和解聘，完善后备人才建设，把优秀班队长、技术尖子纳入后备干部队伍。坚持区别激励的原则，加大收入分配制度改革，进一步提高职工收入。

阳泉煤业集团山西平舒煤业有限公司

一、矿井概况

矿井井田位于沁水煤田的北部，井田面积为 27.8205 km^2，全井田内煤炭资源储量 131.69 Mt。井田现批准开采的 81 号煤层为薄—中厚煤层，属赋存稳定的局部及全部可采煤层，煤层平均厚度 1.67 m，倾角 2°～10°，平均 6°，矿井水文地质条件中等。井田内可采煤层煤质为特低—低硫、低—中灰、特低磷、高发热量的贫煤。矿井属突出矿井，全矿绝对瓦斯涌出量为 130.8 m^3/min，相对瓦斯涌出量为 75.3 m^3/t。煤层自燃倾向性为Ⅲ级，属不易自燃煤层。矿井采用斜井开拓方式，中央并列式通风，布置有主斜井、副斜井、回风立井三个井筒；采用条带式布置开采，采煤工艺为综采长壁式一次采全高，掘进工作面采用综掘机械化施工，矿井核定生产能力为 90 万 t/a。

全矿共分为两个采区，即东采区、西采区，采区准备巷布置有三条，即胶带大巷、轨道大巷、回风大巷，工作面布置三条巷道即进风巷、回风巷、瓦斯尾巷，矿井采区和工作面严格按照瓦斯地质资料和规程规范进行设计，生产布局合理，矿井布置高产高效综采工作面 1 个，准备工作面 1 个，综掘工作面 1 个，开拓工作面 1 个。矿井采用中央并列式通风系统，主要通风机安装在麻地沟风井。

二、2011 年主要技术经济指标

原煤产量完成 87.2 万 t。掘进进尺完成 9337 m。员工人均工资收入达到 75653 元，比 2010 年提高 4423 元。采煤机械化程度为 100%，综掘机械化程度为 84.58%。

三、安全高效矿井建设的主要做法

（1）大力推广新技术、新工艺、新装备的应用，保证安全质量标准化推进项目的按时完成。对采、掘、机、运、通、地测防治水专业每季度均制订了安全质量标准化推进项目，从回采工作面风动倒链、风动扳手的推进，掘进工作面大直径 ϕ21.6 mm 锚索的使用，到运输无极绳连续运输装置的推广使用等，全面提高了安全管理水平，有效预防了零打碎敲事故的发生。

（2）全面推进安全质量标准化亮点工程。标准化亮点工程为东轨道大巷及井下避难硐室亮点工程，两项工程均按时完工。

（3）严格定级管理，建立采掘开专业定级验收档案，各类检查验收坚持“谁检查、谁签字、谁负责”的原则，全部留有记录，明确定级验收的时间、区段、级别和主要问题，通过档案管理形成工程质量的长效责任追究机制。

（4）积极开展安全宣传教育十二法，严格落实“3468”安全宣教体系（“二·五”安全会的三讲，班前会“四讲”，职工安全意识六提示教育，包队部室八项职责）。在事故案例的教育，工会群监网、女工家属联保网和共青团青监岗等群众性的安全监督和反“三违”活动等方面都取得了良好的效果，广大职工安全意识、安全辨识能力有了明显的提升。

山西省长治经坊煤业有限公司

一、矿井概况

山西省长治经坊煤业有限公司隶属山西煤炭进出口集团公司控股管理，是集采煤、选精煤、矸石制砖于一体的现代化新型企业。公司位于长治市长治县，行政区划属长治县城关镇。矿井实际生产能力 240 万 t/a。自有铁路专用线长 12.6 km，与太焦线接轨，自有公路专营线长 2.7 km，与 207 国道和长晋高速公路交汇。公司现有职工 2600 余名（包括选煤厂、新型建材厂、战略装车站等），大中专毕业生 917 名，各类专业技术人员 216 名。煤种为贫瘦煤。

矿井井田面积 30.7418 km^2，经资源整合后储量估算，截至 2011 年底，井田内批采的 3 号、8－2 号、9 号、14 号和 15 号煤层保有资源（储量）总计 49946 万 t。现开采的 3 号煤层地质储量 2.14 亿 t，可采储量 0.9 亿 t，地质条件稳定。矿井采用斜、立井混合开拓方式，采煤方法为综放，掘进方法为综掘，运输系统实现了带式输送化，通风方式为中央分列式。

二、2011 年主要技术经济指标

2011 年生产原煤 239.9 万 t。矿井综合单产达到 20.4 万 t/(个·月)。原煤生产人员效率达 12.95 t/工。累计实现工业总产值 29.39 亿元，同比增幅 22.79%。累计实现销售收入 26.95 亿元。累计实现利润 15.61 亿元。累计上交税金 9.46 亿元，同比增幅 61.16%。全年应提取安全生产费用 4878.38 万元，同比增幅 3.50%，实际支出 3067.42 万元，同比增幅 2.33%。2011 年职工人均收入 92993.08 元，同比增幅 18.52%。

三、安全高效矿井建设的主要做法

（1）经营管理。全面推行以“干部聘任制、员工合同制、经济责任制、分配多元制”为内容的企业改革，坚持以传统产业新型化、新型产业规模化为方向，开发利用好资源，掌握疏通好通道，抓好安全基础工作，完善安全质量标准化体系，实现井下现代化，办公自动化，管理网络化，质量标准化，经营立体化，系统信息化，保证经济稳步、协调、可持续发展。

（2）技术创新。坚持科学发展观，实行科技兴企、科技强企战略，在巩固传统产业的基础上，逐步开辟地面非煤产业。一业为主，多业并举，一轮驱动，多轮快进，不断增强企业的后续力和持续力，把煤炭基地滚动快速地发展大，建设好。

（3）市场营销。坚持铁路、公路、出口煤销售并重的原则，根据市场需求，大、中、小块炭、精煤适度调节，要以质量求生存，以质量求效益，以质量求发展的宗旨来指导营销工作，争取效益最大化。

（4）品牌培育。公司的治企方针是创建一流企业，打造名优品牌。在煤炭深加工的基础上，积极开发动力煤、化工煤、精煤、洁净煤等名牌系列产品，提高煤炭科技含量和附加值，推动煤炭产业结构优化升级。

（5）人才培养。科学技术是第一生产力，人才是科学技术的主要载体。大力营造尊重人才、爱惜人才、保护人才的氛围是公司发展所需，建立和完善选用人才、培养人才、留住人才的激励机制是公司向前发展的基础，加速培育和壮大专业技术队伍是企业向现代化管理迈进的方向。加紧培养适应公司高速发展的综合型人才和专业技术人才是今后工作的重点之一。公司通过走出去、请进来和岗位练兵、技术比武、专业培训、定期测试等方法和手段，发现人才、应用人才，为技术尖子、技术能手提供展现才华的机会，打造了广阔的发展平台。

山西和顺天池能源有限责任公司

一、矿井概况

山西和顺天池能源有限责任公司位于山西省晋中市和顺县城西南 17 km 的喂马乡古窑村西侧，是山西省煤矿企业兼并重组领导办公室批准为单独保留的矿井，企业性质为国有煤矿，矿区井田面积为 18.6806 km^2，批准开采 15 号煤层，生产能力 120 万 t/a，为高瓦斯突出矿井。

目前开采 +1150 m 水平，开采深度为 200 ~ 400 m，不属于深部矿井。矿井内构造较简单，地层总体呈走向北东、倾向北西的单斜构造，倾角平缓，一般在 15°左右。矿井的主采煤层为 15 号煤，煤层厚度为 0.45 ~ 7.6 m，平均 4.45 m，煤层倾角为 4° ~ 19°，平均 9°。煤层硬度为 2 ~ 3。矿井以顶板岩溶裂隙含水层充水为主，主要充水含水层 K8、K7 砂岩和 K2、K3、K4 三层石灰岩富水性弱，区内构造简单。

矿井采用斜井—立井混合开拓方式，采用“四进一回”抽出式的中央并列式通风系统，共设五个井筒，即主斜井、副斜井、专用进风井、行人斜井、回风立井。矿井为单水平开拓，设有三条开拓大巷。

二、2011 年主要技术经济指标

原煤总产量 120 万 t。掘进总进尺 1.006 万 m。实现全年安全生产。利润共计 6900 万元。人均工资 7.1 万元。采煤机械化程度达 100%，综掘机械化程度达 55.8%。采区采出率 82.5%。矿井综合单产 10.05 万 t/(个·月)。矿井原煤生产人员效率 8.34 t/工。

三、安全高效矿井建设的主要做法

（一）合理采掘布局，保证正常接续

采掘布局是否合理是影响矿井正常有序生产的重要因素，根据采掘关系的要求，在制订采掘计划过程中始终贯彻“以采定掘、以掘保采、采掘并举、掘进先行”的原则。公司坚持“一井、一区、一面”模式生产，致力于抓好采掘平衡，调整采掘关系，加强计划的组织实施和考核工作，优化生

产组织，采取有效措施促进安全快掘，实现采煤工作面“一采（正常回采）、一抽（瓦斯预抽）、一掘（掘进准备）”，确保正常生产。

（二）加大安全投入，严抓全员培训

一是足额提取安全生产费用，保障安全投入，在实施维持简单再生产计划过程中，紧紧围绕年度工作目标，科学组织，统筹安排，认真贯彻“四保”原则，即优先保证安全生产、环保节能、科技研发和效益工程，确保项目正常实施。生产安全费用计划以预防、消除安全隐患投入为重点，兼顾一般性生产设施投入，严格项目分级和责任管理，确保生产安全费用计划全面完成。同时强化物资材料全过程考核管理，重点抓好计划审批、调研比价、过程节约、仓库清查、废旧回收利用等环节，降低采购成本，杜绝材料浪费，最大限度降低了材料费。鼓励修旧利废，加大考核奖罚力度。按照“总量控制、定额考核、勤俭节约”的原则，加强招待费、差旅费控制，实现同比下降。

二是将安全教育培训与学习实践活动紧密结合，深入开展安全生产月等主题教育、安全警示及“三违”帮教等活动，安全氛围浓厚。积极构建培训体系，内部举办培训班，组织人员参加月度考评，同时组织外委培训。采取“请进来、走出去”方式，突出强化全员瓦斯防治知识培训，干部职工安全素质不断提高。

（三）探索瓦斯治理，实现安全生产

天池煤矿始终把工作面防突作为落实安全第一思想的重中之重来抓，大力实施“先抽后采”，防治煤与瓦斯突出和对瓦斯进行综合治理，多管齐下，标本兼治，走出了一条具有天池特色的瓦斯防治、高产高效新路子。把煤与瓦斯突出防治作为综采工区的第一要务，大胆突破，从高从严要求，全面提升“煤矿不能够出带血的煤炭”和“瓦斯超限就是事故”两个理念，作为在煤矿安全生产过程中必须坚持的认识标准和基本方向，其核心内涵就是事故是可以预控的，瓦斯是可以治理的，精髓是主动的超前管理，实质是本质安全，杜绝了瓦斯事故。

铁法煤业集团有限责任公司大平煤矿

一、矿井概况

铁煤集团大平煤矿位于辽宁省沈阳市康平县东关屯镇，距铁煤集团所在地调兵山市 35 km，距康平县城 12 km，法库县城 17 km，距铁岭火车站 67 km。矿井东进矿公路（3.46 km）与从矿井东部通过的203 国道相接，矿区铁路通至矿井。井田南北长 8.7 km，东西宽 3.6 km，井田面积约 28.61 km^2。矿井设计生产能力 240 万 t，核定生产能力 405 万 t。地质储量 26841.1 万 t，可采储量 18682.3 万 t，服务年限 59.9 a。矿井开拓方式为立井单水平上下山开拓，井下开拓水平为 -535 m 水平，工作面采用走向长壁式综采放顶煤采煤法进行开采。

二、2011 年主要技术经济指标

原煤产量完成 405 万 t。掘进进尺完成 4527 m，比计划超 7 m。原煤生产人员效率 17.985 t/工，比计划提高 1.213 t/工。企业盈利 8.008 亿元，比计划增加 2.208 亿元。杜绝了重伤以上人身事故和重大非伤列级事故，实现了安全生产。人均收入达到 64331 元，同比增幅 15.9%。

三、安全高效矿井建设的主要做法

（一）科学设计，优化开拓布局、合理集中生产

大平矿自投产之日起，与科研院所紧密合作，通过采用三维地震探测断层及煤层变化等新技术方法与传统的钻孔冲洗液耗失量法、水文地质观测等手段相结合，解决了水库下开采的各种疑难问题，取得了库下开采的初步成功；在原有水文监测系统的基础上，对其进一步完善；每个水库下工作面都邀请国内知名专家组进行安全可行性评审，保障水库下安全开采。

近年来大平矿累计对综放工作面的升级改造投资达 1.2 亿元，通过对各个生产环节的全面更新和改进，一方面使矿井的生产能力得以大幅度提升，现核定年生产能力达 405 万 t/a；另一方面对矿井的生产集约化水平提出了更高的要求。

在软岩条件下的两巷支护技术方面，积累了大量的技术（管理）经验，矿井具备了布置长走向大规模综放工作面的技术能力，对采区、采场进行了优化。

（二）科学支护，不断探索巷道支护技术，提高巷道支护强度，实现巷道满足工作面安全生产需要

为更好地提高储量利用率，大平矿从设计入手，对采区采场设计进行了优化，S2S9 工作面运输顺槽安排沿采区边界布置，地质构造多并且赋存深，加上回采巷道属极软岩巷道，虽掘进施工时采用锚杆、挂网、支 4.6 m 圆棚、喷浆 100 mm 的联合支护方式，但随着掘进巷道压力明显显现，棚缩、巷道明显变形。工作面回采以后，采动压影响范围更多达 230 m 以上，特别是距工作面 100 m 范围内，巷道变形显著，严重失修，无法满足安全生产需要，被迫翻修两遍。针对制约安全生产的严峻形势，在矿领导安排指导下，广大工程技术人员集思广益，对巷道逐步进行了施工锚索、喷浆、施工底板锚杆、底梁下灌混凝土 200 mm 厚等一系列巷道补强支护技术，取得了显著效果，巷道支护强度明显增强。2011 年 3 月初，巷道由原来的翻修两遍已达到翻修一遍，支护技术的改进不仅降低了工人劳动强度、吨煤成本，同时也为矿井安全生产提供了技术支持和时间保证。

（三）科学防控

大平矿成立库下安全开采领导小组，制定防突水安全技术措施、过钻孔安全技术措施及水灾应急救援预案等一系列保障性安全技术文件；根据沈阳煤炭科学研究所、沈阳师友煤矿科技有限公司编制的《大平煤矿水库下南二南九段试采工作面综放开采安全可行性技术论证》、《大平煤矿水库下综放开采大坝安全可行性技术论证》报告，建立了日常矿井防治水预测预报系统，实时对水文状况进行监测预报；回采过程中坚持“有疑必探，先探后采”的原则，过已知断层、钻孔时，严格执行探放水技术措施；2011 年 5 月底已全部完成井下防水闸门项目的施工工作，从而形成完善的防治水体系，为水库下安全开采提供了技术支持和安全保证。

铁法煤业集团有限责任公司晓南矿

一、矿井概况

晓南矿是铁法煤业集团有限责任公司所属的大型现代化矿井之一，位于铁法煤田的东南部，地处辽宁省北部调兵山市区境内辽河北畔，东距铁岭市35 km，南距沈阳市110 km。晓南煤矿南北走向长5.47 km，东西宽4.2 km，面积为23 km^2。

晓南煤田地质条件复杂，井田内断层、褶曲等构造发育，部分煤层受河流冲刷带侵入影响。晓南矿自然灾害严重，瓦斯涌出量大，属于高瓦斯矿井。晓南矿目前开采的最大深度为540 m，煤的硬度为1~1.5，煤种以长焰煤为主，气煤次之。区内14个可采煤层，其中有4个主要可采层，现采动煤层为7、9、14层。矿井设计生产能力150万t/a，矿井核定生产能力210 t/a，煤炭洗选加工能力100万t/a。

矿井开拓方式为竖井多水平集中大巷上下山开拓，矿井通风方式为中央并列与单翼对角混合式通风，整个矿井划分为两个水平开采，一水平标高为-385 m，二水平标高为-522 m，现生产采区是西二采区、西三采区，开采深度分别为385 m水平和522 m水平。煤炭开采主要为走向长壁和倾斜长壁综合机械化采煤法，顶板管理为自然垮落法。

二、2011年主要技术经济指标

2011年矿井无重伤以上人身事故和重大非伤亡列级事故，百万吨死亡率为0。矿井销售净盈利1749万元。职工收入实现5.63万元，同比增幅10.17%。矿井采区中厚煤层采出率达到88.5%，符合国家规定。综采机械化程度为100%，掘进装载机械化程度达到100%，综掘机械化程度为93.9%。

三、安全高效矿井建设的主要做法

（一）实现矿井安全检测监控

晓南矿计算机应用起步早，范围广，硬件配置高，全矿所有科室、区队全部配备微机、打印机，并连接国际互联网。应用OA系统，所有的文件通过网络上传、下达，实现电子办公、人事、财务、供应、销售等各大系统应用不同的信息系统，所有报表都由专门数据库处理并实现各系统的资源共享。选煤自动化集中控制、井口绞车自动控制、调度模拟盘信息系统、入井人员无线定位系统等微机控制系统在矿井生产中发挥重要作用。

晓南矿现在运行的监控系统为KJ2000N系统，实现了光缆环网通信，系统运行稳定。现有主机（服务器）两台，联想T270两台，万全1280G3两台，备用电源UPS3KVA一台。通过联网服务器向外发布数据，实现公司和矿联网。使用分站40台，各种传感器209台，传感器主要包括CH_4传感器、温度传感器、压力传感器、CO传感器、风速传感器、开停传感器、馈电传感器、风门传感器等。采掘工作面均实行“三专两闭锁”，由机电科定期组织进行断电试验，断电范围严格按《煤矿安全规程》执行。地面监测中心主要设有监测中心站工作记录、瓦斯监测情况日报表、监测设备、仪器管理台账、传感器校验记录等。

（二）坚定不移地实施科技兴矿战略

2011年，晓南矿以实现安全生产和提高经济效益为中心，充分发挥广大工程技术人员作用，加大技术创新、技术改造和技术引进力度，各系统有针对性地进行了技术攻关活动，并积极推广运用新技术、新工艺，取得了实质性的科技成果，解决了生产过程中大部分难题，矿井科技含量和科技贡献率不断提高，经济技术指标明显提高，矿井实现了安全生产。2011年全矿完成科研项目117项，其中有91项分别获得铁岭市、铁能公司及晓南矿科技进步奖；完成小改小革48项；撰写论文93篇，其中获奖61篇。同时有13人荣获铁能公司技术专家、学科带头人、专业技术人才称号。晓南矿取得了丰硕的成果，赢得了铁能公司科技创新团队的殊荣。

山西柳林金家庄煤业有限公司

一、矿井概况

山西柳林金家庄煤业有限公司为中外合资经营企业。位于山西省柳林县城东南方向距县城约10 km处的金家庄乡双枣圪塔村一带，行政区划属金家庄乡管辖。矿井始建于1995年，原属金家庄乡办企业，于2006年经山西省煤炭资源整合有偿使用办公室批准整合了柳林县庄上镇南沟煤矿、柳林县陈家湾乡贺家社煤矿，整合后井田面积为6.0842 km^2，矿井设计生产能力为120万t/a，批准开采3～10号煤层，2007年4月建成投产。2009年9月山西省煤矿企业兼并重组整合工作领导组办公室以晋煤重组办发〔2009〕33号文批准山西柳林金家庄煤业有限公司为单独保留矿井。公司现有员工956名，其中大中专以上人员270余名，注册资金3.74亿元，固定资产20亿元。目前井田内保有资源储量7690万t，可采储量3894万t。

矿井开拓方式为主斜副立，采区开采方式为后退式，走向长壁式一次采全高机械化采煤。矿井采用分区式通风，双回路供电。

二、2011年主要技术经济指标

原煤产量完成119.6万t。掘进进尺完成7800 m。矿井百万吨死亡率为0，且无重伤及二级以上非伤亡事故。原煤生产人员效率10.5 t/工。采煤机械化程度达到100%，综掘机械化程度达到85%。矿井综合单产10.58万t/(个·月)。综合单进325 m/(个·月)。实现利润77090.8万元。质量标准化全部达到规划分数，属国标一级矿井。采区采出率85.7%。

三、安全高效矿井建设的主要做法

（一）基础管理精细化

首先，建立以安全为重点的干部考核制度，将各部门行政正职作为安全生产的第一责任人，按照“三大标准”把安全责任层层分解，坚持实行安全风险抵押制度；其次，加强领导干部的管理考核，严格一切外出人员的请销假制度，并将各级领导绩效工资注入安全结构工资一同考核，提升了领导干部的责任意识和大局意识；最后，强化领导干部入井服务生产一线意识，做到超前指挥，超前防范，真正把问题解决在一线，把事故处理在现场。

（二）加强现场管理，实现动态评估，创建长久质量标准化一级矿井

2011 年，矿井根据实际情况，狠抓现场管理，制定《两长一员跟班制度》等一系列硬性制度，从源头上杜绝事故发生。开展“手指口述”、军事化、“白国周班组”三项管理法学习，举办了“手指口述”现场比赛活动，制作相关图版，规范员工安全行为习惯。严格执行考核结果与工资挂钩、科室包队组的管理制度，继续推行一班一评估，一旬一验收的考核办法，促使工人按章作业，按标准化作业，为矿井安全生产工作奠定坚实的基础。

（三）积极推广新技术、新工艺，依靠科技促生产、保安全

一是优化矿井生产系统，充分发挥采掘工作面生产能力。完善和改造矿井通风、提升、运输、供电等各个环节，提高矿井综合生产能力，达到生产系统和采区生产能力相匹配的目的。二是科学优化设计，提高生产效率。

（四）加大资金投入，优化采掘装备配套，提升装备等级

矿井先后将主斜井强力带式输送机、副立井绞车、井下变电所安装了集控装置，实现了智能化管理，同时引进了 MG300/730 - WD 型大功率双滚筒采煤机、ZZ6000 - 21/44 型液压支架等设备。

（五）加大安全设施投入，实现矿井持续安全生产

2011 年矿井投资 2000 余万元率先完善了安全避险六大系统建设，对综采工作面支架工作阻力、综掘工作面顶板离层实现了在线监测。

（六）加强培训，提高素质，力求员工企业同步发展

一是完善人才队伍的培养机制；二是加大职工培训力度；三是将班组长作为选拔提干的首要条件，调动了班组长工作的主动性和积极性；四是优化了薪酬体系和绩效考核机制。

淮北矿业股份有限公司朱庄煤矿

一、矿井概况

朱庄煤矿隶属淮北矿业股份有限公司，坐落于安徽省淮北市以东约9 km，北至徐州50 km。矿区东临合徐高速与京浦铁路，西有阜夹铁路，北靠连霍高速和陇海铁路，京九动脉从西南穿过，地理位置优越，交通十分便利。

朱庄煤矿1958年建矿，1961年建成投产，设计产能75万t/a，经技改扩能，现核定产能220万t/a。朱庄煤矿井田面积25 km^2，现有地质储量3500多万t，可采储量约2000万t。煤种为瘦煤、贫瘦煤，煤质较好，发热量约为21.8 MJ/kg，属低硫、低磷的优质环保型煤炭。矿井采用立井多水平分区式开拓方式，采煤方法为走向长壁顶板垮落机械化开采，采煤工艺为综合机械化采煤。

二、2011年主要技术经济指标

杜绝了重伤及以上人身事故和重大非人身事故。生产原煤219.86万t。原煤生产人员效率为9.147 t/工。实现利润总额1.97亿元。在岗人均年收入6.17万元，同比增幅19.5%。

三、安全高效矿井建设的主要做法

（一）强基础、抓重点，多措并举保安全

深入推进“54321”安全生产体系建设。按照支撑、保障、防控、操作、目标五个子体系要求，完成了15项要素构建，积极推行集体升入井、PAR“手指口述”安全确认、隐患排查、安全预警等做法，为安全生产提供了可靠保证。突出抓好“一通三防”和防治水工作。瓦斯抽排量496万 m^3，超计划26万 m^3，杜绝了瓦斯超限事故；严格落实防治水措施，加强重点头面、异常区域水情监测，实现了安全回采。加强安全质量标准化创建。强化瓦斯、顶板、运输、爆破、安装拆除、煤眼专项整治活动，安全薄弱环节得到了整治。保证安全投入，加大系统改造力度，全年安全投入5864余万元。

（二）细谋划，讲科学，精采细回保产量

精益生产准备，加快开拓采区施工进度，确保采掘平衡，三量符合规定。做好综采安装拆除工作，合理劳动组织，实施大循环作业，对采煤、机电、运输等队伍进行优化组合，确保了采场按期接续。精益产量调控，大力发展机械化，坚持能综采不炮采、能综掘不炮掘的思路，推进采掘工艺改革，形成“一井两面，双综同采”的生产格局，进一步巩固了“安全高效矿井”成果。精益设备检修，在全矿区率先实行保运系统链式结算机制，推行编码、定置、标识、看板四项技术，认真落实机电兑现会、两小时强制检修、零事故运转等制度，变被动检修为主动检修、变事故抢修为超前预防，保证了设备安全运转。

（三）强管理、练内功，精打细算保效益

深入推进内部市场化。制定了《机电维修市场化考核办法》《车皮市场化管理办法》《煤质与销售市场化考核办法》，向辅助、地面、机关单位拓展，一月一考核一兑现，打破平均主义，市场化管理工作获淮北矿业“进步奖”。加强成本控制，坚持成本目标确定市场化、管理全员化、考核刚性化、废旧物资利用化、修理、制造自给化。加大回收复用、修旧利废力度，全年自制加工及修旧利废产值达2160余万元，成本管理一直处于淮北矿业最高水平。

（四）重培训、提素质，科技兴矿促发展

加强技能培训。发挥四级培训基地、党的十七大代表“方国胜培训工作室”资源优势，大力开展全员培训、岗位练兵、技术比武、师带徒、每日一题、每周一课、每月一练、每季一考等活动，15人获集团公司“突出贡献人才”“煤炭行业技能大师”等称号，第九次获淮北矿业职工技术比武团体总分第一名。

淮北矿业股份有限公司童亭煤矿

一、矿井概况

童亭煤矿位于安徽省淮北市濉溪县五沟镇境内，2011 年以前，矿井设计能力 90 万 t/a，核定能力 140 万 t/a，矿井地质条件极其复杂，地压大，为煤与瓦斯突出矿井。井田总面积 33.864 km^2，可采储量 6310.8 万 t。可采煤层有 3、7、10 煤层等，可采煤层平均厚度 8.55 m，井田面积 33.864 km^2。矿井以生产肥煤、1/3 焦煤为主。

矿井采用立井、集中运输大巷、单水平上下山开拓方式，大井运输水平标高为 -500 m，陈楼块段为 -400 m。矿井通风方式为区域混合式，矿井为煤与瓦斯突出矿井，7、8 煤层为突出煤层。主井提升采用 4 绳摩擦式绞车，辅助运输利用 XK12-6/192 型蓄电池电机车、3 t 底卸式矿车运输。矿井安全监测监控、通信联络、压风自救、供水施救、人员定位、安全生产监控及调度等系统运行正常，实现了信息化管理。全矿 2011 年原煤生产期末人数 1126 人，配置 1 个综采区、1 个普采区，2 个综掘队、4 个炮掘队。

二、2011 年主要技术经济指标

2011 年，全矿杜绝了重伤及二类以上重大非人身事故，实现安全生产七周年，荣获“国家级安全质量标准化矿井”“双十佳煤矿”等称号。矿井全年生产原煤 140 万 t，其中采煤机械化产量 128.11 万 t。采煤机械化程度 93.78%，综掘机械化程度 55.01%。全年矿井综合单产为 69028 t/（个·月）。原煤生产人员效率 5.752 t/工。实现销售收入 71230.44 万元，利润 14262.01 万元。在岗职工年人均收入为 5.62 万元，同比增幅 14.3%。

三、安全高效矿井建设的主要做法

（1）坚持加大投入，抓源头，强基础，实现矿井安全形势持续稳定发展。坚持以“构建矿井安全生产长效机制”为主线，积极开展优质工程创建，先后创建 S1073、S10711 综采工作面、109 总回外段及 86 大巷等优质工程；加大煤眼整治力度，倾力打造出了具有童亭特色的“平安煤眼”品牌。

（2）坚持开展各项专项整治活动，抓重点，强举措，严防较大及以上事故发生。突出“一通三防”和防治水安全工作重点，每月组织开展瓦斯、防突、爆破、防尘管理等专项整治活动，全年杜绝了瓦斯、爆破及水害等事故，实现了瓦斯零超限。积极做好瓦斯抽放工作，采取高位钻场和采空区埋管抽排相结合的综合治理模式，全年共抽放瓦斯 337 万 m^3，彻底解决了瓦斯隐患。突出防治水工作重点，加强重点头面水情监控和探放水工作，消除了 10 煤底板灰岩水威胁，增强了矿井的防灾抗灾能力。

（3）坚持依靠科技，抓系统，强管理，实现矿井的集约高效生产。坚持向科技要效益，紧紧抓住以发展采掘机械化为主线，优化了东翼带式输送机大巷、107 采区设计，积极在 7、8 煤中煤组上综采，减少了近 2000 m 的巷道准备工程量，同时多回收资源近 30 万 t。大力实施多项生产系统改造，破解制约生产的难题，特别是圆满完成了 -390 m 输送机系统改造，极大缓解了制约陈楼块段产能发挥的瓶颈问题。

（4）坚持大力发展采掘机械化，抓准备，保接替，保证矿井的稳产高效。通过加大综采综掘投入、强化职工专业技能培训、优化技术方案等一系列有效措施，不断刷新矿井的单面月产纪录，全年综采产量突破 120 万 t。同时掘进系统不断优化生产工艺，精心组织，综掘单进创造了大断面锚网索支护月单进 802 m 的集团公司新纪录。

（5）坚持积极推广应用新技术新工艺，拓思路，求创新，不断提高矿井生产技术水平。在综采面支架回收方面，创新综采组装硐室和起吊装置设计，减少了巷道工程量。针对 S10711 综采工作面不规则的实际，为提高采出率，探讨并实施了隐架跟架技术，顺利地完成了综采工作面下对接回采工作。

（6）坚持创新职工教育培训工作，重培训，提素质，努力建成一支高素质、高技能的职工队伍。建成了井下 4 个实训基地，创造性地将理论学习与井下实训相结合，使职工乐于接受，易于理解，增强了培训效果。

淮北矿业股份有限公司桃园煤矿

一、矿井概况

桃园煤矿位于安徽省宿州市境内，北距宿州市 12 km，南距蚌埠市 75 km。其北界为 F1 断层，南部以第 10 勘探线为界与祁南煤矿毗邻，西界为 10 煤层露头线，东界至 32 煤层 -800 m 底板等高线的水平投影为界。井田南北走向长约 15 km，东西倾向宽 1.5 ~3.5 km，井田面积约 29.45 km^2。截止到 2011 年底矿井保有储量 14497.5 万 t，2011 年底可采储量 7853.1 万 t。

矿井于 1995 年 11 月 15 日建成投产，设计生产能力 90 万 t/a。经改扩建，2005 年核定生产能力 160 万 t/a。矿井采用立井集中石门及大巷开拓方式。回风水平标高为 -310 m，第一水平标高为 -520 m，第二水平标高为 -800 m。矿井主采煤层为 82 煤、10 煤，工程地质条件属复杂类型（Ⅲ类三型），水文地质类型属复杂型。

二、2011 年主要技术经济指标

2011 年矿井实际总产量完成 159.86 万 t，其中机采总产量为 152.26 万 t。矿井没有发生人身伤亡事故和较大涉险事故，实现了安全生产。全年实现利润总额 9378 万元，在岗职工人均年收入达 6.29 万元，同比增幅 16.05%。矿井共有 2 个综采区，采煤机械化程度 100%。8 个掘进队伍（6 个煤巷掘进队，2 个岩巷掘进队）其中炮掘队 5 个，综掘队 3 个，掘进装载机械化程度达到 100%。全年共完成进尺 18808 m，综掘进尺 7703 m，综掘机械化程度 40.96%。矿井为中厚煤层开采，采区采出率达 84%。矿井综合单产为 6.51 万 t/(个·月)。矿井累计计效人数为 1050 人，计效产量 159.86 万 t，累计计效工数 225819，原煤生产人员效率为 7.079 t/工。

三、安全高效矿井建设的主要做法

（一）围绕关键技术难题，加大研究攻关力度

坚持科学技术是第一生产力，加强对矿井瓦斯、防突、防灭火、防尘、防治水、顶板等制约安全生产重大命题进行技术攻关，在人力、物力、资金

投入上给予保证，并成立了科技攻关组，明确项目责任、完成时间，逐个实施攻破。《大倾角煤层地震成像、煤厚预测及陷落柱探测研究》《在用有轨高应力软岩大巷底鼓治理技术研究》《桃园煤矿八采区太灰水可疏放性评价及底板灰岩水害防治对策研究》《深部小岩柱跨采巷道结构稳定型支护技术研究》《桃园煤矿二水平地应力分布规律及对巷道围岩稳定性影响研究》顺利通过集团公司专家评议，其中《大倾角煤层地震成像、煤厚预测及陷落柱探测研究》获煤炭工业协会2011年科研技术一等奖。这些科研项目的顺利完成，有效解决了桃园煤矿在安全生产中的重大难题，提升了矿井安全技术保障水平。

（二）坚持装备技术管理并重，提高安全生产发展水平

按照“安全高效矿井”标准，桃园煤矿对生产布局进行优化，继续积极构建“1207”安全、生产、经营格局（即一对矿井，两个工作面，零死亡，原煤生产人员效率7.0 t/工以上）。进一步总结10煤及中组煤层大倾角综合机械化回采成功经验，通过增加设备投入和科技攻关，生产能力及生产效率大大提高。为确保综采不断线，积极探索薄煤层、大倾角综采工艺，2011年成功回采了7131、Ⅱ1022大倾角综采工作面，通过技术改革和创新，解决了因煤层倾角大、支架歪架、倒架、运输机下滑导致的技术难题；通过煤层注膨化材料加固煤壁，解决了煤层片帮、掉顶、飞矸伤人等制约生产的技术难题，综采工作面单产水平稳步提高。

（三）加强围岩综合治理，构建支护锚杆化矿井

桃园煤矿位于宿南围岩地质条件复杂矿区，围岩裂隙含水、岩石含膨胀组分较大，决定了巷道易产生大变形，支护困难问题制约了生产准备质量和速度。桃园煤矿和有关院校合作，研究探索出适合桃园煤矿地质条件的全封闭U型钢+锚注支护工艺，有效地解决了7煤软岩支护难题，满足了安全生产需要。2011年煤矿进一步推行高强锚杆在各种软岩巷道中的应用，积极推广沿空锚煤支护、“棚索耦合”及“锚索结构补强”等支护加固技术，加大锚杆支护应用的力度和广度，锚杆支护比例大大提高。

淮北矿业股份有限公司许疃煤矿

一、矿井概况

许疃煤矿位于安徽省蒙城县许疃镇境内，是国家“九五”重点建设项目，于1997年10月20日破土动工，2004年11月8日正式投产。矿井井田地势平坦，构造为单斜构造，一水平标高 -500 m，布置一主、一副、两风，共四个井筒，混合式通风，2009年矿井核定生产能力350万t/a。

矿井采用立井、集中运输石门、分组运输大巷开拓。大巷运输主要采取带式输送机和蓄电池机车牵引矿车混合运输方式。回采工艺为综采，掘进工艺有综掘和炮掘两种。

二、2011年主要技术经济指标

全年实现原煤产量336.6万t。原煤生产人员效率15.1 t/工。采煤机械化产量326.2万t。平均生产工作面个数1.92。工作面综合单产13.95万t/(个·月)。采煤机械化程度100%，掘进装载机械化程度100%，综掘机械化程度66.7%。实现销售收入151818万元，利润36978万元，职工年平均收入6.63万元。采区采出率达到81.9%。

三、在生产组织和科学管理方面取得的经验和做法

（一）重视科技创新及科学研究，保障安全高效生产

许疃煤矿鼓励各系统积极进行创新研究工作，近两年先后完成主井提升、通风、监测监控等系统改造，对复杂条件下“三软”煤层大采高开采及收作等工作展开专题研究，为矿井安全高效生产打下了坚实的基础。

（二）优化布局，深入谋划，合理安排生产接替

面对矿井生产接替紧张问题，结合现场实际，找出问题根源，确立了四个生产采区、一个开拓采区的矿井中长期发展布局。同时在这一框架主导思想下，多次组织生产、技术、地测、通风、机电等部门从各采区合理配采、全年均衡生产等角度深入开展调研讨论，共同谋划，认真研究，修订并编写矿井生产接替计划，确保生产的有序发展。

（三）完善安全生产体系和质量标准化建设，加大安全监察力度，促进安全生产

制定煤矿安全管理、“一通三防”、防治水、矿井质量标准化创建等方面的管理文件，建立了以矿长为第一责任人的安全生产责任体系，以党委书记负总责的安全宣传教育体系，总工程师负总责的安全生产技术管理体系，安监处长负总责的安全监察体系，组织形成了比较完备的责任体系、制度体系和标准体系。推广“手指口述”及安全确认制度，使全体职工都能够做到上标准岗、干标准活。同时，不断加大安全检查监督力度，大力开展反“三违”、保安全活动，建立完善重大隐患排查处理机制。对发生的各类安全事故进行统计与分析，有针对性地对事故多发地点、时段和人群进行重点排查管理。此外，安监处制定了矿井定员管理制度，对进入井口、采区及采掘工作面的人员进行全方位管理，严格控制井下作业人员数量，认真落实“限员挂牌”制度，做到超员挂牌不生产。

（四）以推进精细化管理为重点，创新管理、完善措施，提高管理水平和经济效益

逐步完善经营管理制度、加大考核兑现力度，积极推进精细化管理。以增收节支为核心，逐步建立完善了工资分配、材料管理等 15 项专项管理办法。实行材料费定额管理，规范材料审批程序。在全集团公司率先利用计算机网络实现材料申请、审批、发放、库存管理。

（五）以人为本，提高职工队伍素质，营造和谐进取、干事创业的新局面

推动以“崇德广业、聚能精进”为特质的新时期企业文化建设，引导广大职工树立共同愿景，增强对企业的认同感、归属感和使命感。结合新区特点，不断完善人才培养选拔制度，逐步理顺用人机制。扎实开展“五好”班子创建活动，进一步加强基层领导班子和党员干部队伍建设。

淮北矿业股份有限公司祁南煤矿

一、矿井概况

祁南煤矿坐落在安徽省宿州市祁县镇浍河南岸，北距宿州市 23 km，南距蚌埠市 70 km，设计年产 180 万 t，服务年限为 132. 8 a，后经技术改造，核定生产能力 300 万 t，1992 年破土动工，2000 年正式投产，矿井开拓方式为立井、集中运输大巷、分区石门分水平开拓方式，一水平标高为 -550 m，二水平设计标高为 -800 m，目前仅一水平生产，二水平尚未开拓。井田共有可采煤层 10 层，分别为 23、32、61、62、63、71、72、8、9、10 煤层，其中 32、72、10 煤为矿井主要可采煤层。本年度开采的煤层为 32 煤、10 煤、71 煤、72 煤、61 煤。矿井水文地质条件为水文地质复杂型（Ⅲ类）矿井；属煤与瓦斯突出矿井；煤层具有自燃倾向，煤尘有爆炸危险性。

二、2011 年主要技术经济指标

矿井实现了安全生产，原煤产量 288. 2 万 t，其中综采产量 273. 6 万 t。综采程度为 100%。矿井综合单产 88721 t/(个·月)。原煤生产人员效率 6. 607 t/工。掘进进尺 21379 m，其中综掘进尺 14209 m。综掘程度为 66. 46%，掘进装载机械化程度 100%。全年主营业务收入为 113056. 9 万元，实现利润 9019 万元。职工平均年收入 6. 752 万元，同比增幅 24. 22%。

三、安全高效矿井建设的主要做法

（一）不断优化生产布局和采区设计，保证矿井产量稳步提升

祁南煤矿始终按照“着眼当前、兼顾长远”的总体发展思路和“稳定 3 煤、配采 10 煤，努力提高中煤组产量”的矿井生产布局原则，“一层一策、一区一策、一面一策”的瓦斯治理方法，制订了 34、36 采区与 $34_{下}$ 采区、81 采区和 101 采区等跳采方案和“三综高低区域时空交替”长远接替规划，稳定了矿井的产能。

（二）积极推广新技术、新工艺、新装备，全面提高矿井效能

（1）本着“围岩治理是保证矿井安全生产的前提，是提升矿井安全质

量标准化水平的基础”这一认识，以“依托科技、多措并举，积极构建矿井围岩综合治理模式”为目标，采取与科研院校合作等方式积极开展围岩治理攻关，坚持“大断面、高强度、一次到位”的治理方针，实施应用了锚架联合支护、锚锚注联合、深孔注浆、底板钻锚注一体化等支护技术，形成了“一层一策”“一区一策”“一面一策”“一巷一策”的治理技术体系。矿井支护形式发生了“从被动支护到主动支护、从架锚支护到锚架支护、从单一支护到复合支护”质的转变。

（2）加强生产地质条件的研究，通过充分调研和采场分析，大力发展岩巷综掘和后运连续化，提高矿井掘进单进水平，加快生产准备速度，保证矿井生产接替平衡。

（3）开展薄煤层和大采高综采工作面高效开采技术研究。加强大采高综采端面片帮掉顶规律性研究，提出并实施了“科学监测、加强预报、超前固化、固支结合、以支为主”的片帮、冒顶治理理念。

（4）在新设备推广方面，积极引进大功率、高强度采煤机、综掘机、凿岩台车等先进设备。综掘机由起初的 AM50 型发展到现在的 220 型，实行综掘设备专业化管理，杜绝了设备带故障、带隐患运转；液压支架由原来 3600 kN 最大提升至 10000 kN，支架选型更加适应煤矿特点；采煤机功率的提升大大提高了工作面的生产和过地质构造带的能力。

（三）依托科技、敢创新、建模式，狠抓瓦斯治理工作；强化抽采，提升瓦斯综合治理效果

祁南煤矿始终把瓦斯治理作为安全生产中首要任务，扎实推进“通风可靠、抽采达标、监控有效、管理到位”瓦斯综合治理工作体系建设，筑牢瓦斯防治基础。以防突工作为重点，扎实开展瓦斯专项治理，做到有计划、有总结，严格过程控制。2011 年认真完成集团公司下达的钻孔及保护层开采任务，其中，保护层回采面积 94050 m^2，底板穿层钻孔 118639 m，顺层钻孔 105649 m，完成抽采量 2471.2 万 m^3，瓦斯利用量 1330.8 万 m^3，进行了抽采系统自动计量系统改造工作。

淮北矿业股份有限公司朱仙庄煤矿

一、矿井概况

朱仙庄煤矿位于安徽省宿州市东13 km处，井田面积21.55 km^2。截止到2011年底，矿井工业储量为14191.8万t，可采储量5923.6万t。井田内各煤层均属气煤，煤质稳定，低硫、低磷、发热量高，是良好的动力用煤。矿井于1983年4月建成投产，原设计年生产能力120万t，1988年改扩建为180万t，2009年复核为245万t。矿井煤层赋存条件复杂。主采煤层为八号煤层，为稳定的特厚煤层，平均厚度9.8 m。

二、2011年主要技术经济指标

2011年矿井实际总产量完成244.96万t，其中机采总产量为236.9万t。矿井2011年10月10日发生一起运输致1人死亡事故，百万吨死亡率为0.41。实现利润总额12595.67万元，在岗职工人均年收入达6.67万元，同比增幅13.7%。矿井共有2个综采区，采煤机械化程度100%，掘进装载机械化程度达到100%。全年共完成进尺10488 m，综掘进尺5137 m，综掘机械化程度为49%。矿井综合单产为9.87万t/(个·月)。矿井原煤生产人员为1306人，累计计效工数为307761。原煤生产人员效率为7.959 t/工。

三、安全高效矿井建设的主要做法

（1）朱仙庄煤矿的风险预控管理和可视化管理得到了集团公司的肯定，并在集团公司全面推广。2011年通过开展安全生产体系建设，职工安全素质和矿井安全管理水平均有较大提高。通过在每个采掘头面、煤眼等矿井各重要施工场所安装视频监控，使地面人员随时掌握井下的安全生产情况，提高了安全生产管理能力。

（2）新班组建设走在集团公司的前列。通过与咨询公司合作开发班组建设新模式，启动了朱仙庄煤矿新班组建设与班组长培养工程。2011年11月，在海口召开的中国第三届班组建设论坛发布会上，朱仙庄矿《风险预控管理落地在班组》的论文在会上进行了发布，矿井被大会组委会授予

“2011 年度中国班组建设企业实践奖” 称号。

（3）安全生产形势总体平稳，安全质量标准化创建上了新台阶。全年矿井瓦斯抽放率达 52% 以上，利用率达 61% 以上。矿井安全监测系统运行稳定，所有头面瓦斯实现实时监测，风机在线监测及瓦斯抽放计量监控系统使用正常。引进泡沫降尘等新技术，有效降低了井下粉尘危害和安全风险。大力推进国家瓦斯综合治理、两淮矿区煤层群开采条件下煤层气抽采、煤炭资源综合利用、“六大系统” 等四大示范矿井建设。

（4）重视人才，鼓励创新，人才科技工作稳步发展。矿井坚持政治上尊重人才，经济上激励人才，生活上关心人才，为各类人才施展才华、建功立业创造了良好的环境。2 项成果获得煤炭工业协会鉴定，4 项成果通过安徽省科技厅鉴定，3 项成果获得煤炭工业协会奖励。矿井连续三届获得 “淮北矿业人才与科技进步工作先进单位” 荣誉称号。

（5）牢记宗旨，关注民生，矿井发展更加和谐。2011 年，各类民生工程投入达 5727 万元，向职工承诺的八件实事全部得到落实，职工 “居者有其屋” 的美好梦想即将实现，这在矿井发展史上具有重要的里程碑意义。围绕建设一流社区目标，对工人村高低压供电系统、小区道路、主排水沟、道路彩砖、老年门球场、阳光小区老年活动室、公共厕所等进行了更新、重修、改造。目前，工人村居住环境已经达到淮北矿区的一流社区水平。

淮北矿业股份有限公司涡北煤矿

一、矿井概况

涡北煤矿隶属淮北矿业股份有限责任公司，井田位于淮北平原西部，行政区划属安徽省涡阳县管辖。井田中心南距涡阳县城 4 km，井田东西宽 3.3 km，南北长约 6 km，面积约 19 km^2。

井田地形平坦，新生界松散层较厚，一般 379 ~ 444 m，总体构造为遭受断层（块）切割了的向西倾斜的单斜构造，煤层倾角一般为 11° ~ 27°，地质构造复杂程度属中等类型，局部中等偏复杂。含煤地层为石炭系、二叠系。全井田开采和局部可采的有 32、62、63、81、82、112 等 6 个煤层，主采煤层为 81、82，煤层总厚度为 10.10 m，除 32、63 煤层伴有肥煤外，其余均为我国稀缺的优质焦煤。可采储量 5630.8 万 t，矿井设计能力 120 万 t/a，2009 年 12 月经安徽省经信委核定为生产能力 150 万 t/a，配套相应的坑口选煤车间，所产煤炭全部入选，矿井设计服务年限 33.5 a。

矿井采用立井分区式开拓方式，一个水平上（下）山开采，采用走向长壁综采放顶煤工艺。

二、2011 年主要技术经济指标

全年 1.362 个综放工作面。矿井综合单产达 90483 t/(个·月)。矿井年原煤产量 149.42 万 t。原煤生产人员效率为 7.147 t/工。采煤机械化程度达到了 100%。综掘进尺率达到 36.0%，掘进装载机械化率达到 100%。利润 52848.28 万元，人均收入达到 6.448 万元。

三、安全高效矿井建设的主要做法

（一）提高集约化生产经营水平，努力实现稳产高效

狠抓生产管理，稳定矿井产量。合理劳动组织，对采煤、机电、运输等队伍进行优化组合。优化生产布局，简化生产系统，着力打造百万吨采煤队，不断提高单产水平，8203 工作面年产原煤 115.846 万 t。以“南北兼顾、均衡生产”为矿井生产布局原则，加强生产准备，着力提高单进水平，

确保综放开采不断线。认真贯彻“采掘并举、掘进先行”的方针，成立4个掘进队，其中1个综掘队，2个岩巷队，1个煤巷队，全年完成进尺6119 m，确保了采掘关系平稳发展。

（二）大力实施管理创新，不断提升企业管理水平

强力推进精细化管理，促进经营管理上台阶。强化经营管理，不断提高经营运行质量。积极推进成本精细化管理，2011年综合成本完成313.12元/t。加大修旧利废和自制加工力度，吨煤利废值实现9.59元，全年修旧利废减少成本投入1432.88万元。切实做好煤炭营销工作，不断提高煤炭产品质量，全年销售煤炭149.4万t，实现了产销两旺。

（三）加大科技创新力度，不断增强企业科技贡献率

（1）采掘过程中过地质构造带，采用超前注浆加固的方式加固围岩，提高了施工效率，确保了采掘工作的正常有序安全进行。

（2）采用“金属支架+补强锚杆+槽钢（或废旧U型钢）”的组合支护方式来提高支护强度。

（3）岩巷大断面下山施工后运皮带化，解决了斜巷施工出货难题，减少了施工环节，为提高单进创造了条件。

（4）投资4200万元，建成了淮北矿区第一个井下制冷降温工程，为职工创造了良好的工作环境。

（5）节能减排取得新突破，投资1600万元建成了全省第一个矿井废热综合利用工程。

（四）加强安全质量标准化建设，打造本质安全矿井

（1）加大安全质量标准化创建力度。以工程质量标准化向工作质量标准化、行为规范化延伸，着力开展精装采掘工作面、精装硐室三条线创建，职工规范作业意识不断增强，安全质量标准化建设取得新突破。

（2）突出抓好“一通三防”和防治水工作。加强通风系统管理，确保系统稳定可靠，积极推进瓦斯治理工作，全年抽放瓦斯380万m^3。矿井装备了地面永久抽放系统与井下移动抽放系统。

（3）积极应用新的安全管理办法。推行安全确认法、周安全循环法、安全示范科区创建等安全做法，做到了安全工作重心下移区队、前移班组、自移个人。

淮北矿业股份有限公司孙疃煤矿

一、矿井概况

孙疃井田位于安徽省淮北市濉溪县孙疃镇境内，其南与任楼矿井接壤，北与杨柳井田毗邻。矿井于2008年6月26日正式竣工投产，2009年达到国家煤炭工业安全高效矿井行业一级标准。

孙疃井田位于淮北煤田中部童亭背斜东翼之北段，地质储量2.55亿t左右，可采储量1.2亿t。设计生产能力1.8 Mt/a，矿井服务年限为51.1 a。矿井采用立井、集中大巷、分区石门开拓方式。井下布置南北两翼轨道、带式输送机和回风大巷，北翼102采区以10煤为主，采用走向长壁布置工作面，南翼81采区采用倾斜条带布置长壁工作面回采为辅，顶板管理采用全部垮落法。主井提升选用1台JKMD－4×4（Ⅲ）型落地式多绳摩擦轮式提升机，副井采用1台JKMD－4×4（Ⅲ）型落地式多绳摩擦轮提升机。井下设立专门的带式输送机运输大巷，实现煤炭运输皮带化，辅助运输利用10 t架线电机车，利用1.5 t矿车运输矸石、材料。

二、2011年主要技术经济指标

2011年矿井完成原煤产量179.6万t。矿井综合单产为12.888万t/(个·月)。采煤机械化程度100%，掘进装载机械化程度达到100%，综掘机械化率达68%。原煤生产人员效率10.07 t/工。全年实现利润总额22800万元，在岗职工人均年收入达6.252万元，同比增幅15%。建立并完善了适应市场经济规律的新井管理体制和模式，环境保护达到国家要求。

三、安全高效矿进建设的主要做法

（一）坚持科学管理，优化生产布局，简化生产系统，提高装备水平，合理劳动组织，提高单产、单进

一是矿井坚持集约化发展，不断提高科技对生产的贡献率，成功打造一个160万t以上的综采队。最高月产16.9万t，最高日产6062 t。大力推行采掘机械化，孙疃煤矿配备了一个综采区和一个综采预备区，采煤机械化程

度达100%；矿井综合单产12.89万t/(个·月)，克服了工作面断层多、大倾角俯采等实际困难，全年共生产原煤179.6558万t；积极探索复杂地质条件下的支护技术研究，逐步建立了以锚网喷、锚网索喷、全封闭U型支架、锚锚联合支护等行之有效的支护体系。首次在集团公司内部采用架喷锚注支护形式，取得了明显成效。共有三个综掘队和四个快速掘进队，全年完成掘进进尺1.42万m，重点工程进尺4557 m，综掘进尺9656 m，最高月单进尺756 m，综掘机械化程度达68%。

二是发挥技术源头作用，为均衡高效生产提供技术支撑。进一步优化设计、优化系统，合理选择巷道布置方式和支护方式，减轻劳动强度，减少作业环节，简化生产系统。定期组织采掘平衡，努力提高单产单进和机电运输保障能力，积极开展技术创新和科技攻关，着力解决影响和制约安全高效生产的难题，保证采掘接替正常。围绕现场制定措施，围绕措施抓落实，规范作业规程和技术措施的编制、审批、贯彻和落实。进一步完善技术措施和技术标准，加强技术方案落实情况的监督检查。

（二）以安全生产体系建设为主线，坚持严抓严管，确保安全形势持续稳定发展

完善安全管理体系，着力构建安全自主管理模式。按照集团公司“安全生产体系建设推进年”分季度推进安全子体系的要求，全面推进支撑、保障、防控、操作等子体系建设，努力做到安全管理“体系完备、职责明确、重点突出、管理科学”。扎实开展以“安全效果好、质量标准高、职工行为规范、安全管理科学、工作作风扎实、生产环境整洁”为主要内容的“安全示范科区”创建活动，强化科（区）长、班队长现场安全管理职责，严格落实现场跟班带班、现场交接班、现场安全巡查、现场隐患排查等管理制度，深入推行实战化“手指口述”安全确认，继续深化班组建设。

国投新集能源股份有限公司刘庄煤矿

一、矿井概况

刘庄煤矿始建于2003年2月，矿井由合肥煤炭设计研究院设计，于2003年初开工建设，2006年10月试生产，一期设计生产能力为300万t/a，2009年由安徽省经信委核定矿井生产能力为800万t/a，矿井服务年限61 a。矿井水文地质条件简单，瓦斯等级鉴定为煤与瓦斯突出矿井。

井田位于安徽省阜阳市颍上县的北部，南距颍上县城20 km，西至阜阳市40 km。井田内有简易公路多条，可达阜阳等地。井田外东部有颍（上）—利（辛）公路经过，并与潘（集）—谢（桥）公路相接；南部有合阜高速公路，可直达阜阳、淮南、合肥等地；斜穿井田西南隅的淮（南）—阜（阳）铁路，经淮南、阜阳车站均可达全国各地。流经井田西南外缘的颍河常年通航，并可转接淮河水运，交通十分方便。

二、2011年主要技术经济指标

2011年刘庄煤矿以“一井两面”组织生产，采掘接替正常。矿井全年生产原煤799.9万t。全年工作面实际生产天数为330天。最高月单产为552645 t，综合平均单产为352733 t/(个·月)。原煤生产人员效率为13.8 t/工。实现利润186103万元，人均工资为6.921万元，同比增幅10.8%。掘进总进尺为32400 m。采煤机械化程度100%，掘进机械化程度达到80%。原煤生产期末人数2599人，原煤生产实际工日578295。百万吨死亡率为0。

三、安全高效矿井建设的主要做法

（一）完善安全管理体系

2011年，矿井推行各项安全管理制度，在安全管理效果上取得了百万吨死亡率为0的好成绩，逐渐形成了一套行之有效的特色安全管理体系。

（二）掘进配套机械化

刘庄煤矿大力推行标准化掘进队建设，积极探索掘进配套设备和创新掘进工艺。根据不同条件，选用不同设备类型，采用带式输送机+刮板输送机出矸，配套大功率耙斗装载机、装岩机、综掘机等机械化出矸设备，形成岩巷连续快速出矸作业线，大大提高了原煤生产人员掘进效率。对于水平穿层掘进的开拓大巷，由于岩性变化快，适合采用钻岩台车掘进，充分利用台车打眼深，单位循环单进高的特点，提高单进水平；而针对采区准备上山，一般顺层岩性比较稳定，适宜采用岩巷综掘机掘进。2011 年，在 5 煤采区准备时，其中 3 条上山均采用综掘机顺层掘进，而东一三条开拓水平大巷采用德国产 BTR1 – PST286 型液压钻车施工岩巷单进创出了高水平。

（三）综采面装备现代化设备

2011 年矿井回采煤层厚度均在 4 m 以上，均采用国内最先进的现代化大功率设备，工作面采用 PROMOS 自动化控制系统、PM31 和蒂芬巴赫电液控系统、天津贝克中央控制等自动化系统。

（四）发挥技术先导作用

1. 优化工作面过大落差断层方案

171303 综采工作面在回采期间受 F18（落差 17 m）断层影响，为确保过断层期间有比较好的产量，矿技术部门根据断层延展对从技术经济一体化角度进行对比论证，优化方案和制定相应措施，取得了良好的效果。

2. 大采高、大倾角俯斜开采攻关

151301 工作面为俯斜开采，倾角平均达到 15°以上，开切眼附近 100 m 煤层倾角平均达到 23°。该工作面成功开采，解决了大采高、大倾角工作面矿压显现规律、支架稳定性分析、工作面及上、下隅角防窜矸、采煤机倾斜割煤、推移中部槽等技术难题，实现了综采工作面在复杂地质条件下安全高效开采。

3. 优化矿井巷道设计方案

优化 120501 高抽巷断面设计，改炮掘为综掘，加快了高抽巷施工进度，提高了高抽巷单进。优化 1513 采区设计，改原方案设计采用走向长壁布置为倾斜长壁布置方式，少布置三条准备上山巷道，减少了巷道掘进量，从而大大减少了工作面准备工期。

淮南矿业集团有限责任公司张集煤矿

一、矿井概况

淮南矿业集团张集煤矿是国家“九五”重点建设项目、全国煤炭基建管理体制改革试点矿井。矿井设计生产能力为700万t/a，核定生产能力为1360万t/a，是安徽省首个千万吨级现代化特大型矿井。矿井由中央区、北区两个井区组成。

二、2011年主要技术经济指标

产量完成1360万t。进尺完成53155 m，超计划317 m，吨煤成本296.40元。利润完成13.28亿元。原煤发热量18.5 MJ/kg，比计划增加了12 kcal/kg。原煤灰分37.89%，较计划减少0.03%。煤炭销售收入51.11亿元。原煤生产人员效率17.58 t/工。年人均工资8.23万元，同比增加0.93万元。

三、安全高效矿井建设的主要做法

（一）优化生产布局

围绕落实全年产量任务，结合采场分布状况、煤质要求等实际，超前谋划，合理优化采场布局，实现两区之间、不同槽别之间合理配采，重点抓好以东一13－1煤采区、北一6煤采区等中厚煤层采区为重点的采区接替，以1132（3）、1117（3）、17126、17256为重点的工作面接替工作，做到主采煤层、主采工作面连续接替，实现均衡生产。

（二）强化劳动组织

优化劳动组合，界定采、掘、修、安拆等职责范围，科学确定安装、拆除和修护定额，鼓励专业口、单位内部队伍动态调剂，对于跨口、跨单位平衡的，同时考核相应工作量的工资额度。严格生产计划管理，结合年度整体指标，细排月度采煤、掘进、巷修、安拆等计划，做到全年闭合。

（三）提高生产效率

在完善采掘综合机械化的基础上，深入推进岩巷综掘机械化、巷修机械化，提高生产效率；积极推行电液控大采高综采支架及进口机械化综采设备的应用，创建一支年产500万t高效采煤队伍；为降低职工劳动强度，提高效率，全年共安设12部机械乘人装置，大巷乘人车根据作业头面变化实施机动化管理；围绕过断层、巷道支护、中深孔爆破、煤岩巷出货、揭煤等方面，开展深入研究，从技术源头优化系统设计、确定工艺参数等，提高生产效率。

（四）突出设备管理

强化采掘机电管理，科学安排生产及日常检修时间，逐步推行采煤队轮流检修机制，从生产组织上保证检修质量。强化生产设备计划管理，统筹解决好设备总量、在用量、待修量、备用量等关系，保证设备接替有序。强化生产及生产辅助系统管理，抓好主副井绞车、主运带式输送机等安全保护装置试验，关键零部件和设备技术性能检验、测定工作，确保系统安全、可靠，保证矿井生产秩序稳定。

张集矿以培养造就适应现代化千万吨矿井安全生产需要的高素质、高技能的职工队伍为目标，始终把安全教育培训作为煤矿安全生产的治本之策，作为贯彻“安全第一，预防为主，综合治理”安全方针的具体举措，作为抓好“三基”工作的平台，紧紧围绕“人是最大的安全”这一课题，坚持“观念为先导，落实是关键，机制是保障，质量是根本”的宗旨，树立大培训观念。坚持安全生产技术与培训一体化，实行培训工作垂直管理，积极发挥各类专业技术人员在培训工作中的作用，以职工培训中心和基层五级安教室为阵地，按照“干什么学什么、缺什么补什么、什么急用先培训什么”的原则，坚持安全培训与技能培训相结合，积极开展自主培训。充分利用各类培训教育资源，形成全矿统一协调、专兼互补、内外结合的多元化培训工作体制。

安徽恒源煤电股份有限公司钱营孜煤矿

一、矿井概况

安徽皖北煤电集团公司恒源股份有限公司钱营孜煤矿位于安徽省宿州市西南，矿井于2010年6月投产，设计年生产能力为180万t，选煤厂配套洗选能力为240万t。钱营孜煤矿作为省“861”重点建设项目、展示宿州市现代企业形象的窗口和皖北煤电公司跨越发展的“跳板”，不断地创造新纪录，树起新标杆。

矿井井田内主要含煤层段揭露总厚约1266.80 m，可采煤层8层，分别为32、51、52、53、62、72、82和10煤层，可采煤层平均可采总厚13.12 m，占煤层平均总厚的55.9%；矿井地质储量54467.6万t，可采储量21184.3万t。

矿井开拓方式采用立井、主石门及大巷开拓方式。全井田划分为两个水平开采，一水平标高 -650 m，二水平标高 -1000 m。矿井通风系统为中央并列式。采煤方法为单一走向长壁后退式，采空区处理方式为全部垮落式，采煤工艺为综采。

二、2011年主要技术经济指标

矿井安全形势稳定，杜绝了重伤以上人身事故和二级以上非人身事故，实现了安全年，质量标准化水平和安全可控程度显著提高，安全基础更加扎实可靠。实现利润20887.62万元，人均年收入6.35万元，回采产量为170.001万t。平均工作面个数为1个。综合单产为141667 t/(个·月)。实际产量179.97万t。期末原煤生产人数为845人，累计计效工数为168234，原煤生产人员效率为10.7 t/工。

三、安全高效矿井建设的主要做法

（一）致力于本质安全，严管理，夯基础，安全形势保持稳定

（1）安全管理持续强化。立足安全管理的超前预防，构建了五级隐患排查体系；以“预教、预测、预想、预报、预警、预控”为运作流程，构

建了完善的安全预控体系。

（2）员工素质不断提升。在基层单位全面建立了“六个一”自主培训机制，形成环环相扣的闭合式培训体系。

（3）标准化水平稳步提高。通过强力推进安全质量标准化和“示范工程”创建，努力实现动态达标、内在达标、全面达标。从强化过程控制入手，建立了较为完善的安全质量监管监控体系。全年，矿井工程质量优良品率始终稳定在95%以上。同时，成功举办恒源公司示范工程现场会和全省煤巷锚杆支护现场会，矿井煤锚支护体系建设的成功经验在全省煤炭行业得到广泛认可。

（二）致力于高产高效，提效率，强保障，生产效率大幅提升

（1）原煤生产稳产高产。在工作面断层多、存在瓦斯危害压力的情况下，矿井克服困难，主动应对，通过采取埋管抽放、浅孔注水、控制割煤速度等措施，超前有效防治瓦斯；通过优化劳动组合、生产工艺，严格把控质量，持续保持动态达标，有效提高割煤效率；通过技术革新，加强检修，大功率、高强度综采设备功效得到充分发挥，持续保持了“一井一面”的生产水平，创造出皖北地区的产量纪录。采煤预备区南征北战，安全高效地完成了“四拆除、两安装”，不仅服务了本矿的生产接替，并以其专业化的安装水平，为矿井赢得了荣誉。

（2）生产准备主动超前。优化了运输系统，井下开拓掘进实现了全皮带化运输，大幅提高了单进效率，岩巷月单进均超过100 m。与中国矿业大学合作，加强煤巷锚、网、梁、索支护参数研究，找到最适合的锚杆支护参数和支护方式，煤巷月进在450 m以上，不断刷新集团公司快速掘进纪录；加大了新型设备投入，在3211工作面风巷内安装了齿轨卡轨车以及机巷内的无极绳异型轨乘人装置，提高斜巷运输的安全系数，降低劳动强度。

（3）生产保障协调有力。技术优势在应用中得到充分发挥，将西二运输上山600 m岩巷修改为350 m煤巷，缩短工期，解决了后路生产系统不顺畅的问题。超前设计，为工作面的生产接替提前施工创造了有利条件。

安徽皖北煤电集团安徽五沟煤矿有限责任公司

一、矿井概况

五沟矿井位于安徽省濉溪县五沟镇境内，井田南北长约4.5 km，东西宽约1.5～5.5 km，面积约17.5 km^2。矿井可采储量7247.3万t，2008年5月22日联合试运转，2008年9月12日正式投产，矿井生产能力核定为150万t，截至2011年底，矿井剩余服务年限36 a。

井田共有可采煤层8层，平均可采总厚15.27 m，其中72、81、82、102煤层为主要可采煤层，平均可采总厚10.69 m，占可采煤层的70%。井田各煤层主要为肥煤、焦煤。矿井资源属国内比较短缺的优质煤种。

本矿井设计为高瓦斯矿井。在工业场地内布置主井、副井、风井三个井筒。采用立井、主要大巷及石门开拓方式，一个水平上下山开采，水平标高－440 m。主井担负全矿井提煤和辅助进风；副井担负人员、材料、设备的上下及矸石提升。

二、2011年主要技术经济指标

2011年原煤产量150万t。无死亡事故，百万吨死亡率0，截至2011年12月31日已实现安全生产1491天。实现利润9725万元，人均年收入6.24万元，同比增幅10.3%。采煤机械化程度100%，掘进装载机械化程度100%。综掘进尺5774.9 m，综掘机械化程度49.5%。矿井水平接替正常，采区和工作面开采程序符合规定，采煤方法采用走向长壁采煤，符合《煤矿安全规程》规定。2011年采区采出率为81.6%，回采产量为136.5万t。平均工作面个数为0.95个，综合单产为12.5万t/(个·月)。期末原煤生产人数为658人，计效工数累计145623，原煤生产人员效率为10.3 t/工。

三、安全高效矿井建设的主要做法

（1）安徽建筑工业学院根据五沟煤矿的1017和1012工作面地质采矿条

件提出了 F6、F14 断层富水性评价与不拆减支架安全开采对策研究课题，开展《高水压 S 型大断层无煤柱不拆减支架安全开采关键技术研究与应用》研究，不仅可以节省大量的拆减支架时间，提高资源采出率，具有重要的经济效益和社会效益，而且还具有较好的推广应用价值。在原设计断层防水煤柱中多采出煤炭 18.6 多万吨，增创产值约 1.30 亿元，利税 0.54 亿元。预计全矿共可从原定断层防水煤柱中采出约 300 余万吨，累计可使五沟煤矿增加产值 21 亿元。

（2）同中国矿业大学合作完成的五沟煤矿含水层下充填开采项目相关研究报告，完成了五沟煤矿首个充填开采工作面 CT101 工作面的设计工作，尤其是 CT101 开切眼支护设计和 CT101 机巷无煤柱沿空留巷支护设计；进一步完善了矸石仓绕道、矸石仓等重点工程的优化设计工作。

（3）通过揭煤前施工的穿层抽放钻孔预抽煤层瓦斯，保证了揭煤安全。施工穿层钻孔时，使用了自制改进型防喷孔装置，杜绝了打钻喷孔引起的瓦斯超限。改变钻孔施工排渣工艺，逐步推行压风排渣工艺，在有效减少喷孔现象的同时，大幅度提高了钻孔成孔率和钻机效率，并保障了人员安全。在西翼中部车场建立避难硐室，进一步完善了六大系统。

（4）南二采区设计从下部车场、乘人系统以及南二采区水泵房、水仓、变电所设计优化，在满足采区各生产系统能力的同时，减少井巷工程量 710 m，节省井巷工程施工费用约 710 万元，缩短采区准备时间近半年，采区系统更为合理。

安徽恒源煤电股份有限公司煤矿

一、矿井概况

恒源煤电股份有限公司煤矿位于安徽省淮北市濉溪县刘桥镇境内，西以省界与河南省永城市毗邻，东距濉溪县约 10 km，东北距淮北市约 13 km。矿井南北长约 6.2 km，东西宽 2.0～4.2 km，矿井采矿许可证批准面积 19.0966 km^2。

矿井于 1984 年 9 月 28 日破土动工，1993 年 7 月 1 日开始试生产，1993 年 12 月 26 日正式投产，设计能力年产 120 万 t，后期经过三次技术改造，2006 年核定年生产能力 200 万 t。

矿井采用分水平上下山开拓方式，一水平采用立井、主石门、集中运输大巷开拓方式；二水平采用暗斜井、集中运输大巷开拓方式，一水平标高 －400 m、二水平标高 －600 m。矿井设三对井筒，副井进风，风井回风，通风方式为中央边界式。采煤工作面以走向长壁工作面为主，少数为倾斜长壁工作面，落煤方法为综采。采用下行开采及上行开采顺序，采区为前进式，工作面为后退式。煤巷采用综掘或炮掘，岩巷采用炮掘。

二、2011 年主要技术经济指标

生产原煤 200 万 t。综合单产 82398 t/(个·月)，同比增幅 1.3%。原煤生产人员效率为 8.1 t/工，同比增幅 1.2%。实现利润 22953 万元，同比增幅 8.6%，人均工资 6.87 万元，同比增幅 20%。2011 年掘进总进尺为 17010 m。采煤机械化程度达到 100%，掘进装载机械化程度达到 100%，综掘机械化程度为 36.5%。采区采出率为 84.4%，采煤工作面采出率达 97.5%。百万吨死亡率为 0。

三、安全高效矿井建设的主要做法

（一）稳定可控保障安全

（1）塑造本质安全型人。一是健全完善各岗位的操作和行为标准，让员工在学习掌握标准的基础上，做到标准作业，规范操作。二是扎实开展

“四个一”、实操培训、现场示范教学、事故案例分析教学等工作，提高员工安全素养和安全技能。三是充分运用“矿—科区—班队”监督体系，不断加大监督检查力度，扎实开展“手指口述”、反“三违”等工作，严格惩处不按标准作业的员工和不规范行为。

（2）营造本质安全型环境。一是扎实做好质量标准化动态达标，做到先安全再生产，不安全不生产。二是扎实做好三、四级隐患排查和现场本质安全型环境评价工作，并扩展到地面车间，及时将事故消灭在萌芽状态。三是扎实做好信息闭合管理和事故系统追查。

（3）打造本质安全型管理。一是健全完善安全责任体系，从党政领导和各分管副总到各部门，再到各科区、班队都实行业务包干，签订责任书明确安全第一责任人。二是严格执行安全管理制度，先后制定了安全1号文、事故隐患排查实施办法、安全生产事故应急预案等制度，继续坚持管理人员跟值班、走动式管理、晚间和周末进矿等做法。三是积极营造安全管理氛围，充分发挥党政工团对安全生产的保障作用，扎实开展“建机制、求长效、提水平、创本安”和“百日安全生产”等活动。

（二）稳健提升经营效益

（1）坚持“优质才能高效”的理念，多措并举抓煤质，抓精、块煤，实现提质增效，优化产品结构增效。一是通过优化设计，优化采场布置，优化出煤系统，落实技术保障。二是采取控制采高、集中出矸、过断层改造、分装分运等措施，强化煤质现场管理。三是按照“源头增量、系统减损、加大入洗”的思路优化产品结构。

（2）坚持“慎投入，不浪费，少投入，多产出”的原则，严格控制成本，实现优化成本结构增效。一是不搞形象工程，在确保安全的前提下，大力压缩一切不必要的开支；二是深挖内潜，节能降耗，努力降低可控性管理费用和非生产性支出；三是对二级库进行清理整顿，盘活了资源；四是加大修旧利废工作力度；五是合理布局生产用电，加大用电现场管理和考核兑现的力度。

安徽恒源煤电股份有限公司
刘桥第一煤矿

一、矿井概况

刘桥一矿位于安徽省濉溪县西北刘桥镇境内，东北距淮北市约 12 km，东距濉溪县约 7 km，隶属皖北煤电集团有限责任公司，矿井走向长 7 km，倾向宽 1.5 ~ 2.0 km，面积 14.3 km^2。刘桥一矿于 1971 年 12 月 26 日开工建设，1981 年 5 月 25 日投入生产，设计生产能力 60 万 t/a，服务年限 61 a，1984 年达产，1985 年进行改扩建工作，扩建后矿井生产能力达 90 万 t/a，2006 年矿井实际核定生产能力为 140 万 t/a。

矿井一水平采用立井石门开拓方式，生产水平标高为 -330 m；二水平采用暗斜井开拓方式，生产水平标高南翼为 -400 m，北翼为 -540 m。刘桥一矿通风方式为混合式通风，主要通风机工作方法为抽出式。矿井瓦斯等级为低瓦斯矿井，3、4、6 煤层均为三类不易自燃发火煤层。井田内有 3 煤、4 煤及 6 煤三层可采煤层，其中主采煤层为 4 煤和 6 煤，3 煤层为局部可采煤层，煤层倾角 5° ~ 20°，3 煤平均厚度 0.92 m，4 煤平均厚度 1.88 m，6 煤平均厚度 2.80 m，顶板类型属Ⅱ类。煤层为中硬煤层。在正常开采情况下，矿井涌水量为 578.82 m^3/h，最大涌水量为 669.83 m^3/h。

矿井主井采用立井单绳缠绕 2JK - 3.5/11.5 型提升机，副井采用立井 JKD1850 ×4 塔式多绳摩擦轮式提升机。矿井主要运输方式为带式输送机集中运输，辅助运输为架线电机车运输。

采煤工作面以走向长壁工作面为主，少数为倾斜长壁工作面布置，落煤方法为综采。采用下行开采及上行开采顺序，采区为前进式，工作面为后退开采。煤巷采用综掘或炮掘，岩巷炮掘。2011 年刘桥一矿生产格局为一综一炮，6 个掘进队伍，其中 2 个为综掘机掘进，采掘接替正常。工作面采煤方法有走向长壁和倾斜长壁两种。综采工作面主要设备为 ZZ4400/17/35 型支架，MG250/600 - QWD 采煤机，SGZ764/2 ×315 型输送机。综掘主要设备为 EBG - 120（S1）、EBZ - 135 型综掘机，炮掘主要设备为 P - 30B 型耙矸机。

二、2011 年主要技术经济指标

2011 年原煤产量 140 万 t。工作面采出率达 97% 以上，采区采出率为 85%。原煤生产人员效率为 7.4 t/工。实现利润 10125 万元，人均年收入 57261 元，同比增幅 12%。6 个掘进头，掘进总进尺 14000 m，其中煤巷掘进 10736 m，岩巷掘进 3264 m，综掘全年进尺 5181 m，占掘进总进尺的 37%。掘进装载机械化程度达到 100%。综采机械化程度为 85.4%。综采出煤量 110.71 万 t。

三、安全高效矿井建设的主要做法

（1）采用 3、4 层煤合采的方式开采煤炭资源，针对煤矿 3 层煤不完全发育，3、4 层煤夹矸较薄等特点，大胆地运用了 3、4 层煤联合开采技术，大大节约了因 3 层煤单独开采而施工的各种巷道，降低了吨煤成本，提高了劳动效率，取得了显著的经济效益。

（2）建立完善了劳动定员管理制度，科学合理组织生产，以产定编，实行定岗定员，在生产一、二线实施管理人员扁平化管理，优化劳动组合，提高了劳动效率。

（3）全面推广巷道锚杆支护，特别是煤巷锚杆支护，制定了《刘桥一矿关于推广应用锚杆支护的实施办法》，安排专职人员利用各种先进锚杆检测仪器对全矿锚杆支护巷道进行全面检测，收集数据，进行分析研究，根据不同煤层、不同岩性，为锚杆支护设计分别提供相应参数，自推广巷道锚杆支护后，刘桥一矿新掘巷道岩巷锚杆支护率已达到 99%，煤巷锚杆支护率已达到 90% 以上。

安徽恒源煤电股份有限公司祁东煤矿

一、矿井概况

祁东煤矿位于安徽省宿州市与固镇县的交界处，井田走向长 9 km，倾斜宽 3.0～4.5 km，面积约 35.43 km^2。2011 年末全矿井拥有地质储量 29846.2 万 t，工业储量 28670.9 万 t，高级储量 15657.9 万 t，可采储量 14335.7 万 t。矿井于 2002 年 5 月投产，设计生产能力为 150 万 t/a。2005—2007 年矿井进行了改扩建，改扩建后核定生产能力为 240 万 t/a。

矿井开拓方式为立井多水平分区式开采，目前开采水平为第一水平，标高为 -600 m。主采煤层为 32、71、82、9 煤共 4 层；可采煤层平均总厚 15.15 m，煤层以气煤、肥煤为主。

二、2011 年主要技术经济指标

截至 2011 年 12 月 31 日，祁东煤矿累计安全生产 667 天。百万吨死亡率为 0。2011 年度共提取各项安全费用 1.2 亿元，投入安全费用 8776.14 万元，实现利润 7132.19 万元，人均年收入 6.19 万元，同比增幅 16.8%。

2011 年矿井生产布局为“两综一准备”，十个掘进头（五岩五煤），共生产原煤 240 万 t。采掘机械化程度 100%。完成进尺 19815 m，其中煤巷 11135 m，岩巷 8680 m，综掘机进尺 6990 m。综掘机械化程度 35.3%。

三、安全高效矿井建设的主要做法

（1）研究与应用 Y 型通风及沿空留巷技术，从根本上解决了工作面上隅角瓦斯超限问题，工作面不再需要施工抽放巷及高位钻场，节省了一条抽放巷，为工作面上隅角瓦斯治理工作开辟了新途径，真正实现无煤柱开采，利用风巷沿空留巷作为下工作面机巷使用，大大缓解了生产接替紧张的局面。

（2）研究与应用煤矿岩巷集中出货快速掘进技术，多头集中出货，节省后路人员，提高劳动效率，运输量大、速度快、效率高，避免迎头货多窝工现象，减少斜巷矿车运输，提高安全系数，创集团公司大断面岩巷进尺新纪录。

（3）建立与应用煤矿锚网梁索支护质量控制与监督保障体系，使煤巷锚杆支护更加科学规范，井下现场信息传递更加顺畅，现场发现的隐患能够及时得到处理，施工质量、工序得到了全过程控制，杜绝了隐蔽工程；过程控制人员多、范围广，该成果目前已在集团公司内部推广应用。

（4）在软岩巷道中应用锚网梁索喷注联合支护技术，根据巷道变形机理及压力显现规律，利用围岩变形的“时间效应”，选择合适的时间进行一次支护超前注浆加固，以及二次支护注浆加固。在巷道围岩岩性混杂、块度不等、岩体物理力学性质差异极大的复杂地质构造带中运用锚网梁索喷注联合支护工艺解决支护难题，变被动支护为主动支护，避免被动承载，有效解决了巷道支护问题。

（5）研究与应用掘进工作面防片帮技术，该技术施工方便、快捷，符合现场实际，能有效地防止片帮，从无支护变成主动支护，在控制围岩脱落、保障迎头施工安全方面发挥了重要作用；彻底解决了岩石巷道施工期间的片帮伤人事故，同时采用可回收的锚杆，杜绝了浪费，节约了成本，产生了较大的安全效益和社会效益。

（6）研究与应用工作面顶板超前预裂爆破技术，根据直接顶、基本顶岩性和厚度结合矿压活动观察资料，因地制宜地确定爆破钻孔深度、间距和角度，能使顶板大面积冒落，实现了顶板预裂的目的，杜绝了出现切顶、压架和瓦斯瞬间涌出的现象，亦能有效地降低爆破带来的危害，减少对工作面支架和设备的破坏。

（7）开发近距离煤层群开采瓦斯与煤层自然发火灾害治理技术，针对本煤层突出、底板煤层瓦斯涌出等自然灾害的威胁，采取 Y 型通风、保护层开采、顶板预裂爆破、立体抽采和移动注氮等相结合的综合治理措施，实现了近距离煤层群复杂条件下的安全高效开采。

（8）研究和应用多裂隙富水条件下岩巷瓦斯治理技术，提出采用岩巷挂耳钻场施工穿层钻孔治理围岩裂隙瓦斯的方法。

安徽恒源煤电股份有限公司任楼煤矿

一、矿井概况

任楼煤矿坐落在安徽省淮北市境内，南接蒙城，北临宿州，连接京沪、徐阜的青芦铁路横贯其中，东靠合徐高速公路，交通便利。

矿井隶属皖北煤电集团公司，是国家“八五”期间重点建设的国有大型矿井，于1997年12月31日正式投产，设计生产能力150万t/a，设计服务年限84 a。2005年矿井改扩建，生产能力核定280万t/a。井田走向长约9.8～14 km，宽约1.7～3.5 km，井田面积43 km^2，矿井可采储量17661万t，主要可采层为31、51、72、73、82，平均总厚度为7.37 m。井田煤层赋存稳定，地质构造简单，煤层倾角13°～20°，平均17°。煤种为优质肥气煤，具有“三低、两高”的优点，即低硫、低磷、低灰，高发热量、高挥发分，是理想的动力煤和炼焦配煤。

为保证企业可持续发展，矿井先后建成了洗选能力为150万t/a的选煤厂、6000 kW×2的煤矸石热电厂、年产6000万标砖的长安新型建材公司，实现了煤矸石的综合利用。近年来，矿井面对瓦斯、煤尘、水、火、顶板、地压“六害”俱全的恶劣地质条件，大力开展机械化建设，加强矿井基础管理，探索出一条安全、高产、高效之路，企业呈现出“安全高效、安定有序、和谐发展”的良好局面。

任楼煤矿采用一对立井分水平主要石门开拓方式，分煤组布置运输大巷。煤矿坚持科技兴矿之路，大力发展综合机械化采掘，产量逐年上升，主要生产格局为“两综采一准备”，采用分水平走向长壁全部垮落开采方式，综掘机械化达到100%。

二、2011年主要技术经济指标

原煤产量280万t。掘进进尺20519 m。实现利润4.735亿元，人均年收入6.3万元，同比增幅26%。矿井综合单产10.83万t/(个·月)。原煤期末人数为1305人，计效工数累计342391，原煤生产人员效率8.33 t/工。

三、安全高效矿井建设的主要做法

2011 年，任楼煤矿不断优化生产布局，简化生产系统，走集约化生产道路，同时以科技创新、精细管理为引领，推动矿井高产高效发展。

（1）科技创新提升产量进尺水平。按照“经济、技术、安全”一体化原则，设计思路上突破常规思维模式，采取“平衡两翼、挖潜边角”的方式，优化采场设计，分别在中三、中四、中五采区均衡布置采煤工作面，把 -720 m 水平有突出危险性煤层与 -520 m 水平无突出危险性煤层搭配回采，给突出危险性煤层足够的瓦斯预抽时间，保证采掘平衡和生产正常接替。

（2）大胆探索综合机械化采煤新技术、新装备，积极探索新工艺，提高采出率。先后引入 5 m 大采高设备、跨上山回采和工作面大角度转采技术，成功实施了 8210 工作面和Ⅱ7214 大采高工作面复杂条件下跨上山回采。2011 年 3—5 月，Ⅱ7214 大采高工作面直接旋转 31°进入 7258 工作面进行采煤，完成了大采高支架第一次井下大角度转采，直接减少了二次工作面的搬家拆除、安装工作，少做一个掘进巷道，节约时间达 5 个月，多采出原煤 50 万 t 以上。

（3）面对矿压大、巷道变形周期快的困难现状，采用“超前治理、依据实际、标本兼治”的围岩治理原则，独创一套“刚柔一体化”“注浆补强”“锚杆 + 锚索 + W 钢带 + 槽钢托梁 + 钢筋网 + 注浆联合高强耦合”支护技术，使井下巷道失修率从原来的 3% 降至 1.6%，岩巷队伍进行加固单进由 55 m/月提高至 120 m/月，单进提高 2.2 倍。同时，还在生产过程中坚持“五优化”，充分发挥综掘机械化快速作业优势，实行“修护先行、炮掘准备、综掘跟进”的施工方式，完善“六大平行作业法”，推广“中深孔反向爆破”技术，大幅提高掘进生产效率。

山东能源山东新矿赵官能源有限责任公司

一、矿井概况

山东新矿赵官能源有限责任公司为国有煤炭生产加工企业，隶属新汶矿业新矿集团有限公司。井田位于山东省西北部，行政区划属德州市齐河县赵官镇管辖，北临309国道15 km，距齐河30 km，距济南50 km。以区内的赵官镇为中心，东与长清井田分界，西与邱集煤矿毗邻，南到13煤层露头，北至探矿权边界，走向长约9 km，倾向宽约7 km。矿区面积约59.2 km^2，共有资源储量3.47亿t，开采深度为200～1200 m。主要可采煤层有4、7、10、11、13煤层。煤种复杂，有弱黏煤、不黏煤、1/2中黏煤、气煤、气肥煤、肥煤、1/3焦煤、贫煤、无烟煤等共计11个煤种。矿井于2005年10月开工建设，2009年10月25日正式投产，设计年生产能力90万t，服务年限43 a。

二、2011年主要技术经济指标

2011年原煤产量872917 t。掘进进尺18156 m。煤炭总销量1084200 t，收入54145.71万元，均价499.4元/t，利润354.9万元，吨煤成本496.76元/t。

三、安全高效矿井建设的主要做法

（一）狠抓优化改造，提升安全保障力

（1）生产装备安全优化。一是形成了3套综采、7套综掘工作面的格局，采掘机械化程度达到100%。二是把落后设备进行升级，提高了装备可靠性。三是单轨吊网络化，实现了本质安全运输。

（2）生产采区安全优化。一是优化采面布置模式。二是优化工作面通风方式。三是优化延深工程。

（3）生产系统安全优化。一是改造提升系统。二是改造供电、排水、压风自动化系统。

（二）推进科技治灾，提升安全控制力

一是建立复杂地质条件下安全高效开采模式。二是开展低渗透性、难抽煤层瓦斯抽采研究。三是抓好原生条件下极发育裂隙水控制。四是强化班组自主组织预案管理。

（三）突出信息化建设，提升安全监控力

（1）突出可视化运行。一是建成了数字化调度指挥中心。二是对重要设备实现集中监控。三是倡导“无人则安”，对重点岗位及偏远岗位实现了无人值守。

（2）强化数字化监控。完善通信、视频、计算机“三网”整合，融合安全监测、人员定位、紧急避险、压风自救、供水施救、通信联络等“六大避险系统”，打造通信系统、定位系统、监测系统、施救系统为一体的综合调度平台，实现井上下全方位、全过程、全网络覆盖。

（3）实现无缝化对接。通过应急数字广播系统，实现了各类调度、生产、安全指令在第一时间内迅速传达到各地点。

（四）创新安全模式，提升安全发展力

一是变“排放”为“抽采”，开发瓦斯资源化开发利用新技术。二是变“排矸”为“用矸”，开启造福社会新途径。实施井下动筛分离矸石，分离矸石充填采空区，减少地面塌陷，保护耕地100余亩。三是变“排水”为“用水”，创造增收节支新亮点，确立“先采水后采煤”的思路，实施矿井水的分源利用。

（五）强化教育培训，提升安全素质力

（1）强化重点关口安全教育。一是强化入矿安全教育。二是强化入井安全教育。三是强化上岗安全教育。

（2）强化职业技能培训。狠抓四级培训基地建设，配备了多媒体教学设施和网络教学设备，满足了采煤、掘进、机电、运输、通防五个专业工种的岗位操作和系统训练。本着“管什么、懂什么，干什么、会什么，缺什么、补什么”的原则，制订计划，落实责任，强化管理，严格考核，保证了培训质量，使职工掌握本岗位管理、操作技能，增强了应急处理的能力。

（3）强化全员安全教育。一是安全教育制度化。二是安全教育全员化。三是安全教育形象化。

山东能源临沂矿业集团山东东山军城能源开发有限公司

一、矿井概况

王楼二号（军城）煤矿位于山东省济宁鱼台县境内，北距济宁火车站直线距离约 30 km，由济宁至菏泽与京九铁路接轨。105 国道自矿区西侧通过，京杭运河自北而南从井田中部通过，交通便利。井田范围东西长约 3.32～8.45 km，南北宽约 3～6.82 km，面积约 27.02 km^2。开采深度：-200～-1200 m，现开采水平 -425 m 水平。可采煤层四层 $10_{下}$ 煤、$12_{下}$ 煤、$16_{上}$ 煤、17 煤。矿井瓦斯等级为低瓦斯矿井，2011 年末剩余保有储量 8881.8 万 t/a，剩余可采储量 1307.1 万 t/a，剩余服务年限 29 a。

矿井采用立井单水平开拓、中央并列式通风。生产水平为 -425 m 水平，一对主、副井，主井提煤兼做回风井，副井用于辅助提升兼做入风井。矿井采用长壁后退式综合机械化开采方法，采用全部垮落法管理顶板。

二、2011 年主要技术经济指标

杜绝了重伤及以上人身事故和重大非人身事故，实现了安全生产。计划原煤产量 45 万 t，实际完成 45 万 t，完成计划的 100%。全年计划掘进进尺 18000 m，实际完成 20100 m，完成计划的 111.7%，其中开拓进尺完成 2016 m。2011 年企业实现利润 10939 万元，同比增加 3939 万元。原煤生产人员效率达 4.71 t/工，同比增加 0.05 t/工。职工人均工资达到 7.3 万元，同比增幅 19%。

三、安全高效矿井建设的主要做法

一是思路创新，狠抓安全质量标准化和“双基”建设，现场面貌明显改观。重点抓工区、科室管理人员思想、作风改变，在实际工作中抓住主要矛盾和关键人物，明确一把手亲自抓，实现了对质量标准化工作认识到位，标准统一，对开展不力、落实不到位的严厉处罚，提高了全员全方位参与安全质量标准化和“双基”建设的积极性。

二是方法创新，加大力度，狠抓不规范行为。按照季度特点先后组织开展了“一季度安全与细节”“二季度员工素质提升和行为规范季”“三季度专业技能比赛考核”“四季度安全季”等活动，使广大职工逐步养成了注重细节、重视安全、关爱生命的良好意识。

三是管理创新，风险预控，职工安全意识明显提高。开展了“安全风险预警防控”工作，分采煤、掘进、机电运输、通防等专业对各岗位工种可能存在的隐患进行分析、查找，先后有130多人参加了排查分析，排查岗位工种30个，危险和有害因素172条，并逐条制定防范措施，形成书面材料发放到职工手中学习，提高了广大职工危险有害因素辨识及防范能力，全面提高了职工自保、互保意识。

在日常安全管理中，军城矿建立健全了各项行之有效的措施，在综合防尘、瓦斯治理、防治水、雨季“三防”等方面采取了相应的工作措施，并严格落到实处。2011年军城矿的“双基”建设和安全质量标准化建设达到了先进矿井水平。杜绝了重伤及以上和重大非人身事故，实现了安全生产，被评为2A级矿井。

兖州煤业股份有限公司兴隆庄煤矿

一、矿井概况

兴隆庄煤矿位于山东省兖州市境内，井田横跨兖州、曲阜两市，是我国“六五”期间自行设计建造的第一座年产300万t的大型现代化矿井，核定生产能力660万t/a。矿井于1981年12月21日投产，主采山西组底部的3煤，厚度平均8.65 m，煤层产状平缓，煤质稳定。属低瓦斯矿井，煤尘有爆炸危险性，爆炸指数37%～42%，煤层有自然发火倾向，发火期3～6个月。采用竖井开拓，上下山联合布置的开拓方式，采用综采放顶煤一次采全高回采工艺。

二、2011年主要技术经济指标

2011年原煤产量完成659.8536万t。掘进进尺完成23256 m。采区采出率达到了80.81%。原煤生产人员效率实际完成17.51 t/工。实现利润189772万元。矿井职工人均年收入7.7643万元，同比增幅16.98%。实现安全生产十周年，连续8年获得山东省“煤矿安全程度评估A级矿井”，安全质量标准化动态保持一级矿井。

三、安全高效矿井建设的主要做法

（一）超前预控，严细管理，安全形势持续稳定

一是强化安全教育培训。兴隆庄煤矿投资近200万元，更新改造了教育培训设施。实施了“三项岗位”人员、“四五级联动”、区队管理人员和新工人安全知识培训5985人次。二是深化落实安全长效机制建设。制定了年度、季度安全工作意见，补充完善了采煤、掘进和机电运输等专业安全管理规定，确立了阶段性安全工作奋斗目标和保障措施，严格领导干部24 h值班、带班、跟班和挂“红黄牌”等安全制度，确保了领导力量到位、责任落实到位。三是加大安全基础管理力度。深化安全质量标准化建设，坚持每月对井下单位四个系列、地面单位六个系列进行考核评比。四是推进安全避险“六大系统”建设。升级改造通信联络、人员定位、安全监控、压风自

救和供水施救系统，建设临时避难硐室、永久避难硐室和紧急避险系统过渡站，安装了配套装备，提升了矿井抗灾避灾能力。

（二）攻坚克难，科学组织，煤炭生产均衡高效

一是煤炭生产保持稳产高效。面对诸多不利因素制约，通过加大工作面关键状态和工程质量管理控制，超前制定工作面回采方案，采用注浆锚索对沿空巷道加固，优化巷道支护方式，坚持正规循环作业，确保了矿井生产稳产高效。二是开拓掘进稳步推进。不断优化掘进工艺和劳动组织，根据不同的开采地质条件，制定相应的激励政策，应用中深孔爆破技术和新型机载液压锚杆钻机，采用带式输送机运矸和固定式矸石仓储矸，使用单侧曲轨侧卸式矿车，提高了运输效率、排矸速度和进尺水平。

（三）深挖内潜，节支降耗，经济运行质量全面提升

一是成本费用控制进一步得到加强。二是节支降耗效果明显提高。推进材料管理精细化建设，健全完善材料指标、材料考核、材料保障精细化管理体系，提升了材料物资管理水平。实行修旧利废奖励政策，全年修旧利废产值完成5074万元。三是煤炭提质增效明显。四是综合节约水平不断提高。强化节电、节煤措施，加强固废物和水资源综合利用，全年综合电耗比考核降低1.36 kW·h/t，综合利用煤矸石23万t、粉煤灰3万t，井下生产和巷道防尘使用矿井水24.67万m^3，有效地节约水资源费用。SO_2和COD排放量分别比考核降低了81.5%和83%。

（四）优化管理，严格内控，经营管控能力不断提升

一是预算管理持续深化。深化个性化全面预算管理，细化预算过程控制和考核奖惩，10项可控费用比考核降低132万元，在集团公司全面预算管理检查考评中获得第一名。二是对标管理不断改进。确定9大项、49小项对标目标值，把对标管理与全面预算有机对接，实现对标目标值和预算定额数据共享。三是风险管理得到加强。优化风险管理信息系统，不断改进风险管理流程、机制和应对措施，加强42项预警指标监控，及时掌握风险动向，超前采取预控对策，提高了风险管理的针对性和实效性，杜绝了风险事件的发生。

兖州煤业股份有限公司东滩煤矿

一、矿井概况

兖州煤业股份有限公司东滩煤矿位于山东省济宁市境内，跨邹城、兖州、曲阜三县市，井田面积为59.9606 km^2，可采煤层有2、3、6、$15_{上}$、$16_{上}$、17、$18_{上2}$共7层，矿井采用一对竖井，两个水平，石门贯穿的开拓方式，第一水平标高为 -660 m，第二水平标高为 -745 m；通风方式为两翼对角抽出式；矿井设计生产能力400万t/a，核定生产能力750万t/a。

二、2011年主要技术经济指标

原煤产量732.6217万t，其中主采队单产630.3968万t。矿井综合单产达到30.7891万t/(个·月)。百万吨死亡率为0。安全质量标准化达到国家一级标准。综采机械化程度100%，综掘机械化程度78.61%，掘进装载机械化程度100%。原煤生产人员效率为18.106 t/工。矿井生产安全费用实际完成5909.21万元。吨煤投入8.06元。实现利润212937万元。职工人均收入7.7522万元/人，同比增幅16.84%。工作面开采程序符合规定，中厚煤层采区采出率为88.4%，厚煤层采区采出率为82.6%。

三、安全高效矿井建设的主要做法

（一）加强安全基础管理，着力建设本质安全型矿井

始终把安全作为工作的第一要务，职工的第一需求，创新实施安全放心工程，凝练出一套成熟的管理模式。扎实开展“安全先锋、煤海旗帜”、安全心理课题研究、“安康杯”竞赛、安全帮教、安全访谈、文化演出等系列活动，持续推进岗位危险源辨识和“三位一体”安全确认，加强安全不放心人排查和跟踪。加快实施科技兴安战略，高强度沿空巷道支护技术、顺槽支架、煤矿安全生产光纤监测关键技术、长距离顺槽转弯式无极绳牵引车等一批新技术、新装备和新工艺，在保安全、强管理和提效率等方面发挥了重要的支撑作用。不断加强专业技术人才培养，671名同志被聘为技师、高级技师和中级工、高级工。突出新工人、管理人员、薄弱人物、特殊工种

“四类”人员的培训，全年培训1.1万人次。完善“六大系统”建设，设置4个临时避险硐室和2个过渡站。启动职业安全健康矿井建设，形成了立体式、全方位的综合防尘治理体系。

（二）加快实施“三年调整期”战略和“两大”工程，着力建设质量效益型矿井

始终把煤炭产量摆在各项奋斗目标的核心地位，立足破解困境中的村庄搬迁和生产接续难题，创新实施“三年调整期”生产接续发展战略，形成了科学的生产布局，厚煤层工作面和较薄煤层工作面科学配采，2煤工作面超前开采，3煤得到有效解放，为矿井永续发展奠定了坚实的基础。以实施煤炭生产“6632”工程和高效掘进“1862”工程为动力，井下抓接续，地面抓搬迁，超常应对主采面缓采、限采、停采等诸多不利因素，全面完成公司下达的安全高效任务指标。推广应用大功率大断面综掘机，发挥掘进钻车、扒渣机等配套装备快掘优势，巩固了综掘队煤巷年进8000 m、半煤岩年进6000 m、普掘队大断面岩巷年进2000 m的成果。

（三）实施全面精细管理，着力建设增收节支型矿井

积极应对多采区开采、安装撤除频繁带来的成本控制压力，坚持深挖内潜，着力增盈提效，2011年商品煤完成成本290.82元/t，比考核降低23.53元/t。东滩煤矿从煤炭开采设计、工作面布局、改进支护方式等源头抓起，将相邻的两个工作面合成一个工作面开采，减少断面15 m^2的巷道开拓约1900 m，合计节约成本约1900万元。

（四）立足可持续发展，着力建设环保节能型矿井

东滩煤矿将环保节能工作为矿井长远发展的一项重要措施，坚持“三同时、三统一”的原则，研究制定了《节能减排全民行动实施方案》《防治矿井水污染管理规定》等机制性文件。围绕淮河流域水污染防治工程，全部完成SO_2、COD排放量等14项节能环保指标，环保设施运转率、环保设备完好率均达到100%，污染物全部达标排放。

兖州煤业股份有限公司济宁二号煤矿

一、矿井概况

济宁二号煤矿为设计年产400万t的特大型现代化煤矿，隶属兖州煤业股份有限公司，位于举世闻名的孔孟之乡——山东省济宁市。矿井于1989年12月开工建设，1997年11月建成投产。

矿井井田面积87.1067 km^2，井田南北长6~11 km，东西宽10 km。矿井地质构造条件复杂，断层发育，地质储量7.90亿t，可采储量1.39亿t。矿井为立井开拓，主、副、风井均布置在工厂区内，采用中央并列抽出式通风。主要水平大巷分区开拓，沿煤层布置，采区前进式，工作面后退式开采。厚煤层采用综采放顶煤开采，中厚煤层采用普通综采，全部垮落法管理顶板。矿井投产后坚持走安全高效之路，依靠科技进步，优化生产布局，矿井得到持续健康发展。

二、2011年主要技术经济指标

百万吨死亡率为0，被命名为全国安全质量标准化一级矿井等荣誉。实现利润95490万元。采煤机械化程度为100%，掘进装载机械化程度为100%，综掘机械化程度为84.47%。矿井采区中厚煤层采区采出率为83.5%，厚煤层采区采出率为78.1%。矿井综合单产为18.3977万t/(个·月)。完成原煤产量436.7776万t。原煤生产人员效率为16.331 t/工。

三、安全高效矿井建设的主要做法

（一）加强组织领导，营造实施安全高效矿井建设的氛围

继续加强对安全高效矿井建设的组织领导，明确责任，多点启动，出台了顶板管理、辅助运输、锚网支护等对安全高效矿井建设密切相关的各项管理规定，突出重点，综合布置，成立了以矿长为组长的安全高效矿井建设实施领导小组，统一思想、统一认识，认清形势，理清思路，并付诸实践，讲究工作实效。各级领导深入现场，及时解决现场出现的各种困难和问题，对工程质量、生产接续、设备配套等关键环节，集中时间，集中精力，认真加

以解决。同时进一步加大宣传教育力度，深入发动，全面动员，大张旗鼓地宣传安全高效矿井建设的重大现实意义，使广大职工切实认识到，在当前的市场形势和矿井复杂的地质条件下，实施安全高效矿井建设，是坚持质量效益型方针，加速推进矿井安全高效建设的重要举措；是提高经济效益，改变经济工作局面，保证矿井可持续发展的重要途径；是提高职工物质生活水平的有力保障。

（二）深严细实抓管理，安全形势持续稳定

济宁二号煤矿坚持以人为本，认真落实上级一系列安全指示精神，健全安全管理机制，明确岗位职责，深入开展“五个一”“两个反思、三项整顿”等活动。以表扬奖励为主，批评教育为辅，发挥典型引导作用，全面推行“三位一体和手指口述”安全确认制度，规范作业已成为职工的自觉行动。扎实推进了安全质量标准化建设。狠抓不放心人员排查和安全隐患排查治理，加强了“一通三防”、防治水、防冲击地压等重点环节的安全管理。加快推进安全避险“六大系统”建设，精心组织防洪、反风、停产撤人和应急疏散演练，提高了矿井防灾抗灾能力。

（三）全力以赴保接续，稳产保效能力显著提升

矿井加快调整步伐，优化开拓方式，科学合理集中组织生产。2011 年主要组织在二采区、九采区和十五采区生产，两翼均衡布置，严格执行开采规程，遵守合理的开采顺序，合理确定薄厚煤层、难易煤层开采。坚持科学调整，合理配置，细排工期，加强生产组织，确保了采煤队在缩面、过断层等特殊时段的连续生产。严控工程质量，细化规程措施，严格现场管理。大力发展机械化，提高单产单进和三个煤量可采期，提高生产正常接续水平。

（四）牢记“八字”方针抓检修，生产系统高效运行

以“紧固、润滑、冷却、过滤”八字方针为指导，以组织开展设备润滑年和机电集中整治活动为推动力，强化对供电、提升、带式输送机系统的技术改造、装备检修和更新。投入运行了南翼辅助风机，增加有效风量 1100 m^3/min。投用了 5 辆新型胶轮车，实现了人员运输的快捷、高效。

山东淄博矿业集团有限责任公司 岱庄煤矿

一、矿井概况

岱庄煤矿是淄博矿业集团有限责任公司在济（宁）北矿区建设的第二对现代化矿井，井田位于济宁煤田的北部，南距济宁市约6 km，西邻唐口井田，东邻许厂井田，东西走向长约9 km，南北倾斜宽约7.2 km，面积约65 km^2；井田内地势平坦，地面村庄稠密，共有78个自然村，村庄下压煤可采储量约占矿井可采储量的80%，主要可采煤层为$3_{上}$、16和17煤层，平均总厚4.99 m，$3_{下}$煤层局部可采。

矿井采用竖井分水平开拓，现有－410 m水平和－580 m水平两个生产水平。设计生产能力为150万t/a，核定生产能力为300万t/a；采用长短壁、上下山结合的综合开采体系，即非压煤区采用长壁综采一次采全高采煤方法，村庄下压煤采用宽条带法综采一次采全高采煤方法，建筑物下遗留煤柱采用矸石膏体充填回采采煤方法。

二、2011年主要技术经济指标

完成原煤产量235.04万t。掘进总进尺完成30295 m，开拓进尺完成2049 m。销售收入153601万元，利润41050万元。原煤生产人员效率12.48 t/工。全矿职工当年人均收入7.63万元，同比增幅12.5%。百万吨死亡率为0。采掘机械化程度达100%。安全质量标准化达到国家一级标准，全矿杜绝了各类事故，实现了安全高效生产。

三、安全高效矿井建设的主要做法

（一）优化生产布局，合理集中生产

近两年，针对矿井煤层赋存地质条件复杂，断层发育，煤层厚度变化大，煤质差的特点，坚持“以质定面、以面定头、合理配采”的原则，针对各采场工作面长短和煤层厚薄实际，合理制订配采方案，及时调整生产组

织，科学合理组织生产，优化生产布局，确保了生产接续和煤质的稳定，实现了矿井健康发展。

（二）找煤扩量、精采细掘，提高煤炭资源采出率

针对矿井资源可开采储量锐减的现状，始终坚持“惜煤如金、应采尽采、精采细采”的长远发展思想，根据三维地震勘探资料，结合井下巷道实际揭露地质情况，想方设法在边界区、断层区、薄煤区加大找煤扩量力度，通过优化地质构造复杂区域工作面设计、减小预留煤柱，将工作面布置成“楔形”“刀把形”“扇形”等不规则形状，利用工作面对接开采、旋转开采及调斜开采等技术实现工作面安全回采，最大限度地提高了煤炭资源采出率，近两年累计找煤扩量108.6万t，为矿井实现可持续发展提供了根本保证。

（三）精细管理，不断深化质量标准化建设

按照高于行业标准的工作思路，进一步修改完善了《岱庄煤矿工程质量精细化管理标准》，做到了标准明确、内容具体、考核到位。严格执行工程质量“实名制”、班评估、旬检查、月验收、季总评和动态检查，实现了现场全覆盖、动态化安全监控。不断深化定置管理、编码管理、点线管理，大力推广应用精优作业法、卓越管理法，进一步规范操作流程，切实从源头提高了工程质量。同时，选点树标，分批组织区队管理人员、班组长等进行内部相互参观学习，取长补短，以点带面，全面推进，矿井质量标准化水平有了进一步提高，安全质量标准化达到国家一级标准。

（四）创新管理，构建本质安全管理体系

首先，推行了风险辨识与评估。按照《关于建设本质安全管理体系的实施方案》安排，认真排查辨识危险源共计1686条，并根据煤矿“三大规程”、行业及企业标准等有关规定要求，对331个管理对象编制了3000余条管理标准和措施，为全矿井上下所有岗位制作发放4000个危险源管理卡片，做到了每个岗位人手一个，方便了职工学习掌握和有效落实。其次，狠抓了现场落实。规范实施学习培训、上岗评估、事中控制、时时改进、定期考核五步控制法，重点抓好现场交接、自检与互检、上岗前风险评估等三个环节。以计算机信息处理系统为平台，完善了风险预控、组织保障、人员不安全行为、生产系统安全要素和辅助管理五大系统，实现了“人、机、环、管”的协调统一。再次，强化了考核推进。严格实行风险预控管理月检查、季考核制度，狠抓系统完善改进，奖优罚劣，以评促进，有力地促进了整体工作的有序开展。

山东里能鲁西矿业有限公司

一、矿井概况

山东里能鲁西矿业有限公司（山东鲁西煤矿）位于山东省济宁市任城区廿里铺镇境内，拥有井田面积 54.4 km^2，地质储量 1.9 亿 t，可采储量 6596 万 t。设计生产能力 45 万 t/a，核定能力为 87 万 t/a，服务年限 50 余年。煤炭具有埋藏浅、煤质好、含硫低、发热量高等优点。矿井总投资 2.6 亿元，自 1999 年 4 月取得井田勘探许可证起，仅用了三年半的时间，到 2002 年 9 月 9 日顺利实现试生产，被上级有关部门誉为投资省、建设速度快、科技含量高、经济效益好的一流矿井。

二、2011 年主要技术经济指标

全年生产原煤完成 79.26 万 t。掘进进尺完成全年计划的 100.53%。综合单产 7.18 万 t/(个·月)。原煤生产人员效率达 6.79 t/工。2011 年煤矿实现利润 1.79 亿元，同比增幅 100.62%，创历史最高。人均收入达 10.2 万元，同比增幅 15.1%。

三、安全高效矿井建设的主要做法

（一）查隐患、夯基础，狠抓安全生产工作

一是科学组织生产，实行“限员挂牌”制度，严格控制入井人数，确保安全生产。二是开展专项活动，强化隐患治理。通过开展提升运输、机电运输、顶板管理、一通三防专项整治、安全月、质量月等专项活动，全面排查事故隐患和薄弱环节，全年组织召开隐患排查会 13 次，排查出 C 级安全生产隐患 21 条。继续执行“隐患排查—整理归档—通知落实—复查验收—信息反馈”运作流程，形成了闭环管理，整改率达到 100%。三是强化双基建设，营造安全文化氛围。四是加强了对生产关键环节、重点建设工程和现场安全重点、难点的过程控制。

（二）靠管理，抓市场，提高经济运行质量

一是加强组织管理，成立了煤炭质量管理领导小组，加大质量考核力

度。二是对煤炭质量实行全过程监督与管理。三是多点取样，纵向比较，加大煤质考核力度。四是顶住压力，果断推行即时价格，根据煤价走势，及时补齐差价，维护煤矿利益。在煤炭质量稳步提高的基础上，积极开拓市场，强化营销理念，促进效益提高。在强化外销的同时，大力加强企业内部管理，努力向管理中要效益。

（三）重科技，重投入，实现信息化管理

在网络化管理上，安全检测监控系统能够实现有害气体瓦斯、CO 的检测，实现井下瓦斯超限断电。在生产过程中，该系统还能够通过对带式输送机运行、煤仓空满、提升钩数等数据的监测为更合理地进行调度指挥提供依据；机电设备管理系统能够实现机电设备管理工作的信息化、规范化，使管理层和技术人员能够及时掌握设备动态信息，准确地进行技术经济分析，合理配置资源，提高了设备利用效率，更好地为煤矿安全生产服务。在生产设备上，投资2200 余万元，招标选用ZY4800/18/38 型掩护式采煤支架，取得了明显的安全生产和经济效益。

（四）保环境，尽责任，建设绿色生态型煤矿

一是努力提高采出率。二是大力开展修旧利废、回收复用节约活动。三是严查跑冒滴漏现象。四是通过每年一次的科技工作大会及日常的群众性技术创新活动，群策群力，力推精细化管理和现代化矿井建设，使大量实用技术和合理化建议得到采用。在上报的 79 项技术革新项目中，有 9 项获省局优秀科技成果奖励。五是坚持可持续发展，履行企业的社会责任。

山东省七五生建煤矿

一、矿井概况

山东省七五生建煤矿坐落在美丽的微山湖畔，毗邻京福高速公路、京沪铁路和京杭大运河，因始建于1975年而得名。七五生建煤矿是一座以煤炭生产为主，煤炭洗选、矿用材料、LED光电系列产品生产为辅的综合性煤炭企业，“七五煤”系优质动力和化工用煤，发热量大，含硫量低，以其优秀的品质享誉大江南北。经过不断发展与扩建，矿井生产能力从初建时的年产9万t，已经达到现在的年产120万t。

二、2011年主要技术经济指标

2011年共生产原煤97.78万t。采煤机械化程度达100%。原煤生产人员效率为8.951 t/工。矿井掘进总进尺1.18万m。全年实现利润35495万元，职工人均年收入12.84万元。

三、安全高效矿井建设的主要做法

（一）强化安全措施，提高管理水平

（1）安全理念融入基层。“精心、精细、精品”既是过程又是结果，七五生建煤矿始终将培育整体认同的“三精”核心安全理念作为安全生产的灵魂来抓。一是坚持“一四五”做法。二是加强基层安全文化建设。

（2）领导责任直通基层。一是健全网络。二是管理到基层。三是责任到基层。全面实行区队联系点制度，矿领导和职能科室负责人人人有联系点，明确在联系点安全生产、隐患排查治理中的监督责任，加大现场指导、调查研究和连带责任的追究力度。

（3）管理重心围绕基层。一是职能专业化。二是质量标准化。三是工作竞技化。

（4）政策导向倾斜基层。在效益分配、政治待遇、干部任用等政策制定时，坚持向采掘一线、向井下岗位、向艰苦岗位倾斜，大大激发了一线同志的工作积极性。

（二）优化开拓方式，合理集中生产，采用新技术、新工艺

（1）坚持一个水平生产，严格执行开采规程。遵守合理的开采顺序，合理确定薄厚煤层、难易煤层的配采，坚持由上而下的程序开采，合理控制开采强度，避免形成孤岛和高应力集中区。

（2）成立专业安装撤除队伍，采煤工作面的安装撤除工作由专门监区负责，明确分工与管理。

（3）采煤工艺方面，积极引入综采工艺，淘汰高档普采和炮采工艺，提高生产人员效率，降低劳动强度。

（4）引进掘进新工艺。先后引进了 ELMB－75A 型、EBJ120 型、EBJ160 型掘机、CMJ17 型液压钻车、ZC－3B 型履带式侧卸式装岩机，大大减轻了劳动强度，提高了安全作业水平，大幅度提高了掘进效率。

（三）强化忧患意识，突出隐患治理

坚持突出重点，"标本兼治"做好隐患排查治理工作。一是在隐患排查治理工作中，按照"六落实"的要求，突出责任人、整改人、落实跟踪人的分工责任，扎实做好隐患排查治理工作的责任考核。二是把细致分析作为隐患排查治理工作的重点环节。

（四）强化执行落实，提升安全保障，推进文化兴安

落实责任，切实保证制度落实。在加强组织机构建设的同时，七五生建煤矿还将建章立制作为抓好安全工作的重要前提，及时修订完善了《七五煤矿安全生产责任（追究）制度》和《七五煤矿安全管理制度汇编》等。在现场管理中推行了岗位安全责任标识和"长、员"佩戴标志的做法，细化了每个岗位管理人员、操作人员的职责，做到职责明确，分工协调，"横向到边，纵向到底"，一级抓一级，层层抓落实，把安全生产责任逐级延伸到生产现场和生产一线的每名员工，形成了稳定有序的安全长效管理体系。

山东省岱庄生建煤矿

一、矿井概况

山东省岱庄生建煤矿位于美丽的微山湖畔，矿井主采 $3_{上}$、$3_{下}$ 煤层，采用立井单水平开拓，共分 5 个采区，其中一、二、四采区已开采完毕，三、五采区正在开采。矿井采用走向长壁后退式采煤法，综采一次采全高回采工艺。主要装备有 ZY3200/15/35 型掩护支架、ZY5200/22/45 型掩护支架、ZZD3390/20/40B 型端头支架、ZCZ9040/20/40（A、B 和 C）型超前支架、ZTZL5200 型超前支架、MG160/375－WD 型采煤机、MG300/730－WD 型电牵引采煤机。

二、2011 年主要技术经济指标

全年实现了安全生产，矿井原煤产量 81 万 t。采掘机械化程度 100%。原煤生产人员效率 4.15 t/工。连续四年跻身全国煤炭企业 100 强。在全省同行业率先建立和运行了职业健康安全管理、质量管理、环境管理、能源管理四个体系。先后荣获全国安全高效矿井、国家级质量标准化矿井，国家级安全文化示范企业，煤矿安全程度 6A 级矿井等荣誉称号。

三、安全高效矿井建设的主要做法

（一）以人为本，安全第一

人的生命高于一切，生命无价，要求在工作中“任何事情都不能冲击安全，任何时候都不能放松安全，任何地点都不能忽视安全，任何人都必须抓好安全”。通过不断摸索和提炼，创新形成了决策层、管理层和基层作业人员共同认知的安全生产“七大理念”，即安全核心理念、安全创新理念、安全科学理念、安全长远理念、安全能动理念、安全生态理念、安全价值理念。

（二）以“诚信、亲情、沟通、激励”保安增效

通过安全文化引领激励机制，疏通沟通渠道，落实激励政策，树立了全体员工的主人翁意识，开创了全员参与煤矿安全生产的良好局面。对外交流

中按照“请进来走出去的”方式，坚持“产、学、研”的统一，实施矿地、矿校交流，与煤炭院校、师范院校、科研机构的专家、教授建立了长期的合作交流关系，较好地解决了生产管理中的一些问题。2010—2011 年，矿井中层管理人员分批次到复旦大学、清华大学进行为期半个月的提高培训。通过培训交流，管理人员的综合素质得到提高。班组长到中国矿业大学进行为期一周的业务知识培训，充分调动了班组长、青年员工的积极性。组织年度评为优秀的人员外出参观、学习。给予每半月评出的优胜班组享受“荣誉餐厅”就餐待遇。这些激励机制激发了大家的主人翁意识，为安全高效生产创造了良好局面。

（三）“十六字”安全理念夯实安全高效生产基础

1. 装备先进、系统可靠

装备保安全，系统提效益。矿井实现了装备的采掘综合机械化、煤流运输皮带化、提升运输自动化和集控化、监测监控的数字化、安全管理的信息化，保证了矿井生产的安全高效。

2. 管理到位、培训规范

（1）在管理方面做到“有规可依、有规必依、执规必严、违规必究”。坚持有规可依，建立并实施了 ISO 9001:2000 质量管理体系、OHSAS18001 职业安全健康管理体系、ISO 14001:1996 环境管理体系、GB/T 23331—2009 能源管理体系和生产制度汇编等规范性文件，做到“有规可依，有规必依、执规必严、违规必究”。

（2）在安全培训方面，不仅教授员工生产技术知识，还将国学文化和雷锋精神融入安全培训之中。以中华传统美德教育为中心，全员阅读和背诵《论语》《老子》《弟子规》等国学经典书籍，陶冶情操。根据“作业人员发生变化，人员岗位发生变化，岗位人员发生变化”的实际，突出“一对一”的培训方式，本着“管什么、懂什么，干什么、会什么，缺什么、补什么”的原则，加大“三大规程”、安全知识和现场操作能力的培训和学习，使每一个岗位作业人员都做到了应知应会、主动防范，从根本上提高了操作人员的安全素质和操作技能。

山东鲁泰煤业有限公司鹿洼煤矿

一、矿井概况

鹿洼煤矿隶属山东鲁泰煤业有限公司，2009—2011 年，矿井连续三年获得“国家级安全质量标准化矿井”称号。先后又被评为“山东省煤炭行业十佳煤矿、山东省安全生产先进单位、山东省文明单位、安全程度评估‘9A’级矿井、安全质量标准化省级一级矿井、安全生产‘双基’建设省级先进单位”等荣誉称号。

井田位于济宁市鱼台县张黄镇境内，地面为湖滨平原，紧靠京杭大运河，北距济宁市 44 km，东南距鱼台县城 14 km，水运、公路运输极为便利。地面标高 +33. 3 ~ +35. 34 m。

井田面积 20. 52 km^2，井田南北走向长 7. 4 km，东西平均宽 2. 5 km。矿井含煤构造为石炭二叠系，含煤地层为山西组和太原组，全井田范围内可采煤层为 3 上、3. 3 下、12 下、16、17 五层煤，平均总厚度 10. 46 m，其中 3 上煤平均厚 2. 59 m，3 下煤平均厚 3. 46 m，3 煤平均厚 9. 18 m。矿井地质储量 1. 48 亿 t，可采储量 0. 6 亿 t。目前主要开采 3 上煤和 3. 3 下煤，采用综采工艺。

矿井开拓方式为立井与暗斜井的联合开拓方式。主井提升系统主要担负提升原煤任务，装备一对 5. 8 t 铝合金轻型箕斗，提升绞车卷筒直径为 3 m。副井提升系统主要担负升降人员、下放材料及提升矸石等任务，装备 1 t 矿车单车双层罐笼，提升绞车卷筒直径为 3. 5 m。轨道暗斜井提升系统主要担负矸石提升和物料下放任务。装备 2. 0 m 液压绞车，绞车卷筒直径 2. 0 m。运输系统为带式输送机运输和轨道运输两种方式。矿井通风方式为中央并列式，通风方法为抽出式，副井进风，主井回风。采煤方法采用综合机械化采煤方法，掘进方法采用综掘和炮掘。

二、2011 年主要技术经济指标

原煤产量 110. 9036 万 t。百万吨死亡率为 0。质量标准化级别属于国家级安全质量标准化矿井、省级一级安全质量标准化矿井。采煤机械化程度

100%，掘进装载机械化程度 100%，综掘程度 55.9%。原煤生产人员效率 7.22 t/工。

三、安全高效矿井建设的主要做法

加强安全高效矿井建设的组织领导，成立了以矿长为组长的安全高效矿井建设领导小组，坚持“一纲四线”为管理工作办法，即以“年年创水平，月月上台阶，事事有激情，天天有创新，每一项工作都能为下一道工序提供优良产品，创造优良环境，争创优良业绩”的思路为纲领，以“安全程度评估、安全质量标准化和双基建设”“A 级班组、区队建设”“精细化管理”“四级隐患排查治理”“手指口述”安全确认法为五条主线，积极开展安全高效矿井建设活动。分工明确，责任到人，形成一级抓一级，一级保一级，一级对一级负责，层层抓落实的组织管理体系，逐步营造出了安全高效矿井建设的氛围。

通过强化安全高效矿井建设管理，有效推动了鹿洼煤矿安全生产管理水平的进一步提高，2011 年杜绝了轻伤及以上人身伤亡事故。截止到 2012 年 3 月 20 日，鹿洼煤矿已连续安全生产 4266 天。

神华宁夏煤业集团有限责任公司
白芨沟煤矿

一、矿井概况

白芨沟煤矿位于宁夏回族自治区石嘴山市境内，汝箕沟矿区北部，处于高山环绕、沟壑纵横的地貌环境，地形南北高中间低。与大峰井田毗邻，铁路有平汝线与包兰线相通；公路可直通大武口、银川等地。行政隶属宁夏回族自治区石嘴山市大武口区，是神华宁夏煤业集团有限责任公司在汝箕沟矿区的一座生产优质“太西”无烟煤的井工矿。

矿井于1965年由西安煤矿设计研究院完成设计。矿井最初设计年生产能力为120万t，服务年限为123 a。原煤炭部第七十九工程处于1966年7月1日开工建设，1972年11月局部移交生产，1984年达到设计生产能力。全矿现实际生产能力达到160万～180万t。煤炭生产许可证载明生产能力为160万t/a。截至2011年底白芨沟煤矿保有资源储量为13684.7万t，可采储量为9140.2万t。剩余服务年限40.8 a。

矿井采用伪倾斜皮带斜井、单水平上下山方式开拓，采区式准备。现有1个生产采区，3个采掘队，其中1个综采队、2个掘进队。矿井采煤方法采用走向长壁、倾斜分层、金属网假顶全部垮落法。采用综合机械化开采。主采二3层煤。煤巷以综掘掘进工艺为主，岩巷以炮掘工艺为主。装渣运输均为装载机配合胶轮车运输。

二、2011年主要技术经济指标

原煤产量完成160万t。掘进进尺完成6078 m，其中准备进尺1697 m，回采进尺4381 m。实现安全生产，百万吨死亡率为0。采煤机械化程度为100%，掘进装载机械化程度为100%，综掘机械化程度为67.37%。采区采出率为76.30%。综合单产为12.9万t/(个·月)。原煤生产人员效率为10.161 t/工。人均年收入7.99万元，同比增幅17.2%。利润完成5484.48万元。

三、安全高效矿井建设的主要做法

（1）培育一支作风优良、素质过硬、敢打硬仗、适应时代发展的优秀员工队伍是白芨沟煤矿事业胜利的永恒法宝。

（2）树立和落实科学发展观、坚持走新型工业化道路是白芨沟煤矿这个老矿井尽快摆脱困境、实现可持续发展的必由之路。

（3）坚持安全发展、科学发展、和谐发展、可持续发展是白芨沟煤矿作为资源型国有企业树立科学发展观的主要内涵。

（4）统筹好、协调好安全与生产、资源与效益、发展与生态、员工与企业、现实与长远等五个方面的关系是对白芨沟煤矿落实科学发展观的深化和创新。

（5）切实履行好政治责任、经济责任和社会责任是白芨沟煤矿作为老国有企业发展的历史使命。

（6）切实关心群众利益、紧密依靠广大员工办企业、继续保持谦虚谨慎的态度和艰苦奋斗的优良作风仍然是白芨沟煤矿在新时期条件下必须坚持的重要法则。

（7）只有主动解放思想、转变观念，与时俱进，才能使白芨沟煤矿这个“老先进”在新的历史阶段赋予新的内涵，永葆先进本色。

（8）无论物质文明、精神文明还是政治文明，归根结底是人的文明。要把三个文明统筹成一个文明，任何时候、任何工作、任何人都要坚持以人为本，发展人，塑造人，服务人，提高人的文明程度，这是白芨沟煤矿作为企业发展的终极目标。

神华宁夏煤业集团有限责任公司灵新煤矿

一、矿井概况

灵新煤矿位于宁夏回族自治区灵武市境内，目前，大古铁路通达本矿井，该线由包兰铁路大坝站接轨，经灵武市至古窑子（即矿区集配站），全线长约70 km。灵（武）—盐（池）公路从井田北部穿过，灵（武）—马（家滩）公路横穿矿区井田，另外还有矿区间公路，如黎—羊公路等，经公路可以通往附近各城镇，周边省区和自治区首府银川，本矿井铁路、公路运输均非常便利。灵新煤矿始建于1989年，1999年10月23日正式投产，是宁东矿区第一对现代化矿井。

矿井开拓方式为斜井单水平上、下山开拓，运输水平+1050 m，主斜井皮带运输提升，灵新煤矿现有四、五两个生产采区，六采区为一个接续采区，均采用斜井片盘开拓方式，矿井属于煤层群开采，采区内分区段两翼跳采，开采顺序为采区内先上区段后下区段、先南翼后北翼，在区段内先上部煤层后下部煤层。采煤方法为单一煤层走向长壁全部垮落法。采煤工作面回采工艺为综采。采用双滚筒采煤机采煤，刮板输送机装煤，刮板输送机、转载机、带式输送机联合运输，液压支架支护顶板，采空区处理方法为全部垮落法。采、装、运、支、处五个环节全部实现机械化。

二、2011年主要技术经济指标

实现了安全生产，消灭了轻伤以上人身事故，百万吨死亡率为0。产量318.8万t。进尺13.7 km。原煤期末生产人数809人，原煤生产人员效率15.1 t/工。职工人均收入8.1万元。综采机械化程度100%，掘进机械化程度92%，掘进装载机械化程度100%。采区采出率80.57%。矿井综合单产13.28万t/(个·月)。煤巷最高月单巷掘进465 m/(个·月)。

三、安全高效矿井建设的主要做法

（一）提高矿井单产单水平进经验做法

（1）提高单产水平。一是加快接续采区六采区施工进度，避免五采区安排两个综采面同时生产。二是加快改造选煤厂，减少影响。三是加强运输系统及工作面设备检修质量，提高开机率。四是优化劳动组织，提高工时利用率。

（2）提高单进水平。一是大力引进新工艺、新设备、新方法，确保煤矿岩巷掘进机械化水平突破零。二是合理组织采掘接续，确保安装、回采期间与岩巷掘进错开作业。三是进一步科学合理地设计支护方式，加大支护强度，针对淋水地段，采用加强支护，确保永久支护可靠、有效，从而减少巷修量，确保掘进单进水平不受影响。四是加强掘进单进劳动竞赛，优化各工序之间的管理，提升单进水平。

（二）抓根本，推本安，提升矿井安全管控水平

一是强化责任落实。按照两级集团公司和矿三个1号文件要求，逐层签订责任状，确保每项工作分解到位、落实到位、执行到位。

二是强化生产本安体系建设。按照集团公司“本安体系提升年”活动要求，大力实施“人机环管+文化”的“4+1”全方位安全管控机制，持之以恒加大隐患排查与整治力度，固化两项工作机制，即月、旬、天、班四个时段的安全检查机制和生产口科室、零点小分队两个层面的中夜班查岗制度。

三是强化安全质量标准化建设。将安全质量标准贯穿到生产的每一个环节和每一道作业工序之中，切实抓好每班、每项工序、每项工程的动态检查验收，突出超前分析、超前预防、超前管理，作业现场强力推行定员、定置、定量、定时、定责、定位“六定管理法”，并融入相关作业规程，严格落实。扎实开展“精品工程”创建活动，加强动态达标考核，精雕细刻，以点促面，保持和提升安全质量标准化一级矿井建设水平。

四是强化重点工程管理。始终把工作面的回收与安装、顶板管理、机电运输、火工品、地面交通安全管理作为重点，加强采掘工作面上隅角、迎头等重点区域的有害气体管理，优化和完善矿井通风系统，切实做好防尘、防灭火工作，确保矿井安全，顺利实现“一通三防”和安全生产更长周期。坚持开展行车安全教育，将员工私家车管理纳入矿交通安全管理体系中，重点管理，杜绝交通事故。

神华宁夏煤业集团有限责任公司 枣泉煤矿

一、矿井概况

枣泉煤矿是神华宁煤集团公司成立后新建的第一座现代综合机械化大型煤炭生产矿井，是神华宁煤集团的主力生产矿井之一，位于宁东煤田灵武矿区南部。井田南北走向长 13 km，东西倾斜平均宽约 4 km，面积56. 681 km^2。全矿井地质储量 9. 65 亿 t，可采储量 5. 26 亿 t。采用“一矿两井”的生产布局，设计生产能力 500 万 t/a，核准矿井生产能力为 800 万 t/a，设计服务年限 75. 6 a。

二、2011 年主要技术经济指标

完成原煤产量 800. 8 万 t。完成掘进进尺 20337 m。原煤生产人员效率完成 17. 573 t/工。职工人均收入 10. 81 万元，同比增幅 12. 1%。利润完成 10. 74 亿元。综采程度 100%，掘进装载机械化程度 100%，综掘程度 82. 79%。全年消灭了轻伤及以上人身事故。本质安全管理体系达到神华二级水平，实现安全生产三周年。

三、安全高效矿井建设的主要做法

（一）在安全高效矿井建设上，实施“3－3 危险源辨识风险归零法”

区队每月进行 3 次大倒班，开展为期半天的区队安全生产分析讨论会，总结评估前十天的安全工作，分析讨论后十天的安全管控重点工作；每天早中晚召开 3 次安全生产调度会，统筹梳理全矿各生产系统当天遇到的安全风险，协调制定管控措施，并监督落实。通过班组、区队、矿三级安全风险预辨预控，实现了矿井的闭环式管理，安全管理工作从粗放型到精细化、从干部管理到全员参与、从被动管理到主动管理，发生了质的飞跃。

（二）在企业管理上，实施对标管理，构建科学制度体系

创新实施“321”对标管理机制，即“三创、两立、一树”。三创，即

创机制、创特色、创业绩；两立，即立模式、立品牌；一树，即树标杆。同时，以“全国学神华，全区国企学神宁，我们怎么办”活动为契机，大力开展“找差距、抓整改、促提升”活动，并作为一项常态化的工作持续开展，各科室、区队每周汇报一次“找差距”情况和整改的效果，并提出下周的工作计划，副总以上矿领导不定期召开安全生产“找差距”专题会，有力地促进了矿整体工作进展。

（三）强化科技创新，攻克复杂地质条件下制约生产的难题，科技兴矿能力再提升

先后与西安科技大学、北京开采所、山东捷马公司合作，实施了枣泉煤矿高地应力软岩巷道支护技术研究与应用，解决了枣泉井田复杂地质条件下的支护难题。顺利完成110201工作面大采高过大断层、110201工作面双回车通道回撤、110203工作面反向安装，解决了复杂地质条件下工作面开采技术难题。

（四）在“两支队伍”建设上，实施“干部六到位”和“员工十标准”

为切实转变干部作风，在全矿大力推行干部“六到位”，即思想到位、意识到位、理念到位、作风到位、业务到位、创新到位，在“危、难、险、重”的生产施工各个环节，各级干部能够认真落实“六到位”，坚守在现场带班指导，严格执行“24小时无缝交接班”“双带班”，安全决战期间24小时值守不离矿，为实现全年安全奋斗目标严盯死守，全矿上下一心、齐抓共管，真正彰显了“顾全大局，勇挑重担”的枣泉精神，“说干就干，迎难攻坚”的枣泉作风和“跨越发展、永争第一”的枣泉速度。另外，在员工队伍建设上，全面推行“员工十标准”。

（五）大力开展安全文化建设，“九位一体”助推安全生产

加大安全理念的宣贯力度，修建安全文化长廊，积极开展事故案例巡回演讲，组织“安全月”“安全决战”等活动；转变“不安全行为”管控模式，每月5日由“不安全行为人员”带领妻子或父母集中在班前会谈认识，有效地遏制了“不安全行为”的发生；切实发挥党工团、家协组织的力量，全方位开展多种形式的“保安全，促生产”活动；坚持周末开展“九位一体”质量标准化大检查活动，使“危险时刻存在并伴随工作、生活的每一个细节”的理念深入人心。

神华宁夏煤业集团有限责任公司
羊场湾煤矿

一、矿井概况

羊场湾井田位于宁夏回族自治区灵武市宁东镇境内，碎石井勘探区中部，地处东经106°35′~106°38′，北纬37°59′~38°03′之间。井田南北走向长11.65 km，东西倾斜宽12.8 km，面积58.21 km^2。现有地质储量9.8亿t，可采储量4.9亿t，设计生产能力1500万t/a，核定生产能力1500万t/a。目前矿井主采煤层为二层煤，属易自燃煤层，最短发火期23天，煤尘爆炸指数34.38%，具有爆炸危险性，瓦斯相对涌出量为0.2953 m^3/t，绝对涌出量为5.3192 m^3/min，属低瓦斯矿井。

矿井分一号井和二号井两个自然井，两井生产系统独立，均采用斜井开拓。一号井使用带式输送机运送原煤，辅助运输已实现无轨胶轮化，井下布置两个6.2 m大采高工作面，其中一套配备全进口综采设备，一套配备国产设备，采用走向长壁综合机械化全部垮落法采煤方法。二号井使用带式输送机运送原煤，使用600 mm轨距单钩串车提升物料，井下布置两个综放工作面，均配备国产综放设备，采用走向长壁综合机械化放顶煤全部垮落法采煤方法。

二、2011年主要技术经济指标

全年完成产量1500万t。掘进进尺37366 m。原煤期末生产人数2529人，原煤生产人员效率23.8 t/工。职工人均收入10.68万元，同比增幅7.81%。综采机械化程度100%，掘进装载机械化程度95.249%。综合单产32.7万t/(个·月)，最高月产56.1万t。矿井采掘接续正常，实现了安全生产，百万吨死亡率为0。

三、安全高效矿井建设的主要做法

（一）优化生产组织，抓好采掘接续管理，实现矿井稳产、高产

合理组织生产，科学计划排序，提高单进水平，2010—2011年顺利完

成了 14 次搬家倒面、7 次过落差大于 20 m 的导水断层，做到了重点工程不影响、工作面搬家倒面不停产，有效保障了生产接续。为解决两个综采工作面同时生产时主运输系统煤仓因煤量大而频繁满仓造成综采工作面频繁停机的情况，合理安排两个综采工作面采煤机割煤速度，大大提高了设备开机率，保证了工作面月产量稳定。以提高设备开机率为目标，狠抓机电设备管理，牢固树立有计划地预防和超前维护修理的设备管理理念，强化设备点检制，最大限度发挥设备的效能，降低设备故障率。

（二）转化应用科技新成果、新装备、新工艺，坚持走科技兴矿之路

加强工作面回采、收尾和搬家倒面期间的防灭火管理，采用常规注氮、注浆、注胶和利用措施巷注高分子材料在支架后方形成隔离带等综合措施，成功解决了工作面回收防灭火难题。

成功实施了柔性网整体综合控制长壁工作面回撤顶板技术，顺利完成了 350 m 长大采高工作面的搬家回撤，为综采工作面的快速回撤提供了有力的技术支撑，再一次开创了全西北最长工作面搬家回收之最。

（三）创新管理理念和方法，提升管理水平，实现科学管理

科学制订预算计划，重新评审管理流程，加大材料监管力度，开展精品工程创建活动，强力推进节能减排项目实施，使矿井预算执行、流程管理、材料监督、质量控制和节能降耗等能力得到全面提升，形成了以“内控管理、制度保障、目标责任、定额管理、考核评价、招标管理”为支撑的经营指标考核体系，成本管控效果显著。全面开展小改小革、修旧利废、合理化建议等活动，累计创效 1740 余万元。

（四）以人为本，不断提升队伍综合素质，打造一流员工队伍

羊场湾煤矿坚持“人人都是人才，人人都能成才”的工作理念，以全面提升全员综合素质为目标，着力抓好管理人员、专业技术人员、操作员工等三支人才队伍建设，突出以本质安全管理体系知识培训和扎实运行为关键，以形式多样、融入安全生产的实际操作培训活动为载体，以过关学分为管理手段，以教育培训项目化管理为运行模式，全面落实各级各类人员的教育培训责任，夯实安全培训基础，搭建员工成才平台，提升员工综合素质，打造一流员工队伍。

神华宁夏煤业集团宁夏石炭井焦煤有限责任公司

一、矿井概况

石炭井焦煤公司位于宁夏贺兰山北段、石炭井向斜东翼中部。井田南以Ⅷ勘探线和F0正断层与原一矿相邻，北至代力开逆掩断层，东北以石炭井正断层与原三矿相隔，东以中上石炭统地层地面分界线为界，西以三层煤+900 m底板等高线为界。井田走向长4.0 km，倾斜宽1.75 km，面积7.0 km^2。矿井始建于1958年10月1日，1961年12月20日投产，设计能力为120万t/a。2006年6月，经宁夏回族自治区煤炭工业局核定，生产能力为135万t/a。2011年实际生产能力为133.6万t。矿井均采用走向长壁后退式开采顺序，顶板管理方式为全部垮落法。

截至2011年12月末，焦煤公司+900 m水平以上矿井剩余资源储量4910.9万t，其中可采储量1923.2万t，煤种以焦煤为主，占总储量的85%，有少量瘦煤，占总储量的15%，剩余可采服务年限10.2 a。

+900 m标高以下至石炭井向斜轴（+300 m标高）区域资源储量1.7亿t。其中四水平（+900～+700 m标高段）获求资源储量约7560万t，其中可采储量约6048万t，预计可延长矿井服务年限约32 a。

矿井为煤层群开采，采用分水平、分阶段、分采区、分组集中联合布置的方式，划分为南翼和北翼两个采区。

二、2011年主要技术经济指标

2011年全矿井实现安全生产，百万吨死亡率为0。全年盈利1.7亿元。员工人均年收入为8.798万元，同比增幅16.8%。采煤机械化程度100%，达到特级标准。2011年掘进总进尺为9151 m，其中综掘进尺3568 m，占总进尺的39%。机械化装载率为95%，达到行业一级标准。2011年矿井采区中厚煤层采出率为80%，厚煤层为75.4%。全年共生产原煤133.6万t，综合单产6.42万t/(个·月)。全矿原煤生产人数1350人，原煤生产人员效率为为 3.585 t/工。

三、安全高效矿井建设的主要做法

（一）生产组织管理

矿井严格实行“三八”作业制，基层连队基本实现了综合工种制，优化了劳动力组织，建议了严格的劳动定员制度，并实现了井下人员挂牌制度，有效地提高了劳动利用率。

（二）矿井劳动定员管理

矿井建立了严格的劳动定员管理制度，并严格执行，不存在超强度、超能力、超定员生产情况。

（三）信息化管理

煤矿建立了局域网，实现了计算机网络化管理，建立了矿井调度系统、财务管理软件系统、物资管理系统、安全监测系统、井下人员定位跟踪与考勤系统、井下无线通信系统。

（四）环境保护

历年来，公司严格重视环境保护工作，严格执行了国家法律法规和有关规定，设有脱硫除尘环保设施 5 套，除尘设施 7 套；矿井水沉淀池 3 个，矿井水经过三级沉淀闭路循环 100% 综合利用，公司产生的炉渣全部用于铺路，产生的矸石全部用于填充塌陷区。

神华宁夏煤业集团有限责任公司
红柳煤矿

一、矿井概况

红柳煤矿是宁东能源化工基地煤化工项目配套矿井，是神华集团十大项目之一，位于灵武市以东约 50 km 的马家滩镇，距银川市 96 km。

井田呈北西南东条带状展布，北与石槽村井田相邻，西与麦垛山井田接壤，南至马家滩镇，东至马柳断层。南北走向长 15 km，东西宽 5. 5 km，井田面积约 79. 55 km^2。井田地质储量 21. 86 亿 t，可采储量 11. 88 亿 t。可采及局部可采煤层 16 层，平均总厚度 26. 67 m，2 煤平均厚度 5. 06 m，属低瓦斯矿井。产品为优良的动力用煤和煤化工用煤。矿井设计年生产能力 800 万 t，设计服务年限 99 a，井田采用斜井开拓，矿井采用分区抽出式通风方式。采用综采、综掘、炮掘工艺，走向长壁顶板全部垮落采煤法，正规综采布置进行合理开采，配备两套综采装备和四套综合机械化掘进装备。

二、2011 年主要技术经济指标

原煤产量实际完成 522 万 t。掘进进尺实际完成 20816 m。采煤机械化程度 100%，掘进机械化程度 85%，掘进装载机械化程度 100%。最高月产 50 万 t，综合单产 42. 25 万 t/(个·月)。煤巷平均月进尺 213 m/(个·月)，最高月进尺 353 m/(个·月)。百万吨死亡率为 0。原煤生产期末人数 1036 人。人均年收入 9 万元，同比增幅 10. 9%。采区采出率为 78%。

三、安全高效矿井建设的主要做法

（一）强身健体，苦练内功，推进“五型企业”建设

“五型企业”建设体系融合生产、经营、管理、党建、企业文化、班组建设等各个层面。要立足规范管理，广泛开展科学管理上水平系列活动，完善“五型企业”建设管理体系，使“五型企业”建设根植于安全生产、经营管理、发展建设各个环节，拓展延伸到区队、班组，形成横向到边、纵向

到底的“五型企业”建设网络体系。进一步优化考核指标，完善激励机制，使“五型企业”建设成为提升矿井整体管理水平的重要途径。采取定期、不定期检查的方式，切实强化推进工作，切实全面深入“五型企业”建设考核，将其纳入到各级管理人员的绩效考核评价中，落实到考核结果的系统分析与整改措施的制定实施上。深入开展创一流对标活动，积极同先进单位对标，找差距，查不足，定措施，创一流，加快“五型企业”推进步伐。

（二）优化体系，狠抓落实，深化本安体系建设

本安体系建设目标是人员无失误、设备无故障、系统无缺陷、管理无漏洞，最终实现本质安全型矿井。要构建红柳煤矿政治、经济、生产本质安全体系。各级人员要始终坚持“两个理念”，坚定安全生产“零伤害”的信心和决心，做到内化于心，外化于行，固化于制，具体做到了“五个”结合。一是切实把风险预控管理与落实各级人员安全生产责任制紧密结合到一起。二是切实把风险预控管理与提高员工素质素养紧密结合到一起。三是切实把风险预控管理与控制重大事故紧密结合到一起。四是切实把风险预控管理与安全质量标准化紧密结合到一起。五是切实把风险预控管理与班组建设紧密结合到一起。

（三）双增双节，精细管理，提高经济运行质量

（1）强化精细化管理。

（2）强化人力资源管理。

（3）强化管理增效。

（4）强化财务管控。

（5）强化“双增双节”。

（6）强化煤质管理。

（四）重点突破，创新攻关，提升科技服务水平

信息化建设是实现本质安全型矿井的基础工程、加速工程、提升工程，用信息化保证和促进红柳煤矿安全发展意义深远，时间紧迫。尽快完成了信息化二期工程建设，使矿井综合信息化迈上新台阶。认真抓好基建项目“回头看”工程，积极争取资金，引进新技术、新装备，实现了矿井综合防尘全部自动化。

红柳煤矿积极依靠技术创新，采煤工艺由单项割煤改为双向割煤，采煤工作面月产最高达到 50 万 t，创本矿最高纪录。在综掘工作面推广机载前探梁，优化施工工艺，创下最高月进尺 353 m，属本矿最高纪录。

神华神东煤炭集团有限责任公司
大柳塔煤矿

一、矿井概况

大柳塔煤矿系中国神华神东煤炭集团公司的骨干矿井之一，地处神府东胜矿区中部，行政区划隶属神木县管辖。曾先后被授予多项荣誉称号，如连续多年被评为“全国特级安全高效矿井”、“十佳煤矿”、“全国文明单位”、“中央企业学习型班组标杆”、陕西省“文明单位”、陕西省“环境友好企业”等。

矿井采用平硐—斜井—立井混合开拓方式，综采面采用走向长壁一次采全高全部垮落后退式综合机械化采煤方法，边角块段采用旺格维利采煤方法。

（一）大柳塔井

矿井交通便利，井田面积 126.8 km^2，截止到 2011 年末剩余保有储量 10.74 亿 t，可采储量 5.5 亿 t。井田地层近似水平，主采煤层 3 层，分别是 1－2 煤、2－2 煤与 5－2 煤，煤层平均厚度分别为 6.45 m、4.22 m、5.6 m。各主采煤层顶板属Ⅱ类中等稳定顶板，底板多为粉砂岩、泥岩，属稳定型底板。水文地质为中等类型，为低瓦斯矿井，煤尘具有强爆炸性，各煤层均为易自燃煤层，无地温、地热危害。年生产规模稳定在 1000 万 t 左右。

（二）活鸡兔井

活鸡兔井交通便利，井田面积 63.78 km^2，截止到 2011 年末剩余保有储量 8.1 亿 t，可采储量 4.3 亿 t。井田地层近似水平，地层平缓，各主采煤层结构简单，顶底板岩性好，煤层厚度大且稳定。主采煤层 4 层，分别是 $1-2_{上}$煤、1－2 煤、2－2 煤与 5－1 煤，煤层平均厚度分别为 3.6 m、7.72 m、4.0 m、3.17 m。水文地质为中等类型，为低瓦斯矿井，煤尘具有强爆炸性，各煤层均为易自燃煤层，无地温、地热危害。年生产规模稳定在 1100 万 t 左右。

二、2011 年主要技术经济指标

（一）大柳塔井

实际生产原煤 995.5 万 t。全年平均原煤生产人员效率为 103.3 t/工。安全生产运行良好，百万吨死亡率为 0。采区采出率达到 76.8%。矿井综合单产为 82.5 万 t/(个·月)。发热量完成 23.2 MJ/kg。吨煤完全成本为 115.54 元。2011 年全年无安全生产事故。

（二）活鸡兔井

实际生产原煤 1096 万 t。全年平均原煤生产人员效率为 105.8 t/工。安全生产运行良好，百万吨死亡率为 0。中厚、厚煤层采区采出率分别达到 84.2%、77.5%。矿井综合单产为 40.3 万 t/(个·月)。发热量完成 23.3 MJ/kg。吨煤完全成本为 115.54 元。全年无安全生产事故。

三、安全高效矿井建设的主要做法

（1）创新安全管理手段，加大安全管控力度。以责任管理为主线，将安全目标层层分解，构建起无缝隙的责任空间体系。强化员工“不安全行为”的治理，对“不安全行为”人员，采用亮相、曝光、培训、考试、座谈和处罚等方式，逐步实现人员的本质安全，确保员工上标准岗，干标准活。

（2）优化机电设备运行，全面提升机电管理水平。加大机电管理考核力度，将机电考核重新进行修订纳入到五型企业绩效考核中。认真做好资产核查工作，加强对周转物资的管理，加大修旧利废的力度，确保交旧领新工作落到实处。持续开展机电设备的“消缺”专项治理活动，认真落实精细化检修工作，认真开展机电硐室、机道达标创建工作，推广标准化作业流程。

（3）开展“一通三防”专项治理，从细节、点滴入手，查漏补缺，对“一通三防”工作实施全过程管控，以采掘工作面和采空区封闭为重点，加大连采工作面局部通风管理，坚决杜绝无计划停风现象，保证通风系统的稳定运行。

（4）深入细致开展隐患排查治理工作，重点突出日常动态考核，组织开展系统隐患的排查活动，确保消除死角死面，将隐患排查工作扎根在区队，通过加大奖罚等手段，推动区队自身隐患排查的执行力度，保证安全生产，整体提升动态达标水平。重点做好大采高、过薄基岩、过富水区、过断层冲刷、冲击地压、缺氧、小窑贯通、有害气体超标等安全隐患的治理措施，实现矿井长周期安全生产。

神华神东煤炭集团有限责任公司
寸草塔煤矿

一、矿井概况

寸草塔煤矿是神华神东煤炭集团公司所属的大型矿井之一，地处内蒙古自治区鄂尔多斯市伊金霍洛旗境内，井田面积 22.64 km^2，截止到 2011 年末剩余保有储量 2.32 亿 t，可采储量 1.33 亿 t，剩余服务年限 23.5 a。矿井可采煤层 9 层，现开采 2－2 煤层，煤层倾角 1°～3°，煤质优良，煤种为不黏煤，具有特低灰—低灰、特低硫—低硫、特低磷—低磷、中高发热量等特点，为低瓦斯矿井。

矿井采用“平硐、斜井”综合开拓方式，井田共划分为一、二两个盘区，目前正在开采的是一盘区。综采工作面采煤方法为长壁一次采全高综合机械化采煤法，全部垮落法管理顶板。巷道掘进采用掘锚一体化施工。巷道支护形式：顶为“钢筋网＋钢筋锚杆（螺纹钢锚杆）＋锚索”联合支护，帮为“铅丝网（塑料网）＋钢筋锚杆（玻璃钢锚杆）＋铁托盘（木托盘）”联合支护。全矿共计 4 个井筒，为 2 进 2 回。

矿井采用中央并列式通风，现有进风井 2 条，回风井 2 条，目前矿井总排风量为 6945 m^3/min，主要通风机负压 1100 Pa，通风等积孔 4.15 m^2，属低负压、通风容易矿井。2011 年 8 月矿井瓦斯鉴定等级结果显示绝对涌出量为 5.8 m^3/min，相对涌出量为 0.86 m^3/t，属低瓦斯矿井；虽矿井为低瓦斯矿井，但综采面回风隅角存在高瓦斯区域，井下现安设 1 套移动式抽放设备，对采空区及回风隅角进行抽放。

二、2011 年主要技术经济指标

2011 年煤炭产量 398.64 万 t。掘进进尺 1.41 万 m。全员生产人员效率 31 t/工。百万吨死亡率为 0。职工年人均收入 12.97 万元。商品煤完全成本 194.81 元/t。

三、安全高效矿井建设的主要做法

（一）安全生产责任制落实情况

在日常生产过程中，寸草塔煤矿不断总结经验，以《煤矿安全规程》为主体，制定出切合实际的管理制度，并编辑形成《寸草塔矿安全管理制度汇编》印刷成书，发放到全体干部、职工手中，要求认真学习贯彻。在制度方面首先强化安全生产责任制落实。要求各级安全管理者要经常深入现场，靠前指挥，特别是各级矿、队领导要保证入井次数，而且要带着任务下井，解决实际工作中的安全等问题。其次在隐患排查方面，按制度每月5日、15日、25日，由各分管矿领导带队分别从采煤、掘进、机电、运输、一通三防、火工品管理等六大方面，对安全隐患进行一次彻底排查，对所排查出来的各类隐患按单位及时填表，能现场处理的及时处理，对于不能处理的隐患，要及时报送公司相关领导和部门，在隐患未消除之前，绝不生产。再次是企业与职工签订劳动合同方面，全矿分为合同工和劳务重擎工，按照国家《劳动法》要求，合同制工人每三年续签一次劳动合同，重擎工每年签订一次劳动合同，目前全矿劳动用工都符合国家相关法律要求。

（二）质量标准化开展情况

矿每月提取各区队工资总额的5%作为月度质量标准化动态达标考核基数，在依据神东公司《采掘工作面质量标准化动态达标考核标准》的基础上，进一步细化了质量标准化考核标准，制定下发了寸草塔煤矿《综采工作面质量标准化动态达标考核标准》《掘进工作面质量标准化动态达标考核标准》。由安管办每旬组织各机关科室按照标准对各区队进行质量标准化专项检查，依据三旬考核平均分与月度考核基准分之差兑现奖励，对于在检查中重复出现的问题，除在调度会上进行通报外，依据《寸草塔煤矿安全奖惩实施细则》逐条落实责任人给予处罚。对于依据每月质量标准化检查中查出的问题，在每周四召开的周隐患落实会上对各区队存在的问题进行讨论和研究，制定有针对性的管控措施，一一予以消除。

神华神东煤炭集团有限责任公司
乌兰木伦煤矿

一、矿井概况

中国神华神东煤炭集团乌兰木伦煤矿位于鄂尔多斯市伊金霍洛旗乌兰木伦镇境内，井田面积 44.1045 km^2。截至 2010 年 12 月 31 日保有资源储量 35688.2 万 t，可采储量 19320.9 万 t。按照 7 Mt/a 的生产能力，矿井剩余服务年限为 25.1 a。井田含煤地层为侏罗系中、下统延安组，主采煤层有 3 层，分别是 1－2 煤、2－2 煤、3－1 煤。现开采两个煤层，分别是 1－2 煤和 3－1 煤。井田煤质好，属特低灰、特低硫、特低磷、中高发热量的不黏煤和长烟煤。

矿井采用平硐—斜井混合方式开拓，工业场地上形成有四条井筒由南向北依次为主斜井、辅运平硐、原副井、进风井（原回风井，现在仅为 1－2 煤中央变电所供风）。在井田四盘区中部掘有一回风立井。

采煤工作面采用大巷盘区式布置，在盘区内布置长壁工作面，综合机械化长壁式采煤法回采，现布置有两个综采工作面，12302 工作面长 307.25 m，推进长度 507.5 m，31405 工作面长 300 m，推进长度 2092 m。双滚筒采煤机自开切口双向割煤、破煤装煤，刮板输送机运煤，电液控制高阻力掩护式支架对工作面顶板进行支护、强力可弯曲刮板输送机运煤、转载机将原煤转载到顺槽带式输送机运出工作面，工作面顶板管理采用全部垮落法。

二、2011 年主要技术经济指标

实现了第七个安全无事故年，季度安健环质综合管理体系检查排名中名列公司中上游。商品煤煤质完成指标：全水 18.37%，灰分 13.98%，全硫 0.47%（降 0.03%），发热量 21.3 MJ/kg。完成原煤 711.4 万 t，商品煤 665.8 万 t。掘进实际完成 33167 m。全员生产人员效率 63.65 t/工，直接生产人员效率 320.39 t/工。全年成本计划 157.7 元/t，实际成本 150.03 元/t，比计划节约 7.67 元/t。2011 年乌兰木伦矿利润实现 102700 万元，人均工资年收入增加 12.79%。

三、安全生产机制方面的主要做法

为进一步明确安全生产责任，强化安全管理，确保安全生产，特制定了《乌兰木伦煤矿安全生产责任制度》。分别从矿领导、业务部门、区队及个人四个层次制定了相应的责任制度，下发了乌兰木伦煤矿安全目标指标，并进行分解，根据矿里制定的《乌兰木伦煤矿安全管理奖惩制度》《乌兰木伦煤矿事故报告、调查和处理制度》等一系列制度、措施，建立起了完整的安全生产责任制。2007 年 7 月，煤矿开始推行本质安全管理体系。几年来，按照公司推行本质安全管理体系的要求，结合实际情况，在矿一把手的亲自组织下，全矿员工积极行动，扎扎实实、深入细致地进行了本质安全管理体系的建立和试运行实施工作，经过两年多的实施运行，安全管理水平得到了明显的提升，使管理运行工作步入了规范化、正常化轨道。到目前为止，体系管理的机构健全，管理程序到位，软件资料齐全，工作有序开展。

神华神东煤炭集团有限责任公司
榆家梁煤矿

一、矿井概况

榆家梁煤矿隶属于中国神华能源股份有限公司神东煤炭集团，是分公司所属的千万吨矿井之一，也是大型的出口煤基地。矿井位于陕西省神木县店塔镇，井田面积 56.33 km^2。地质储量 5.04 亿 t，可采储量 3.84 亿 t。井田内煤质优良，具有特低灰、特低硫、特低磷、高发热量等特点，属不黏煤，是优质动力、化工、食品工业用煤和民用煤。

矿井为多井筒分煤层联合开拓，大巷布置在井田中央，工作面呈条带式布置在大巷两翼。矿井设计生产能力 1840 万 t/a，2006 年核定生产能力为 1630 万 t/a。矿井实行无盘区布置，供电采用箱式移动变电站，巷道准备采用连续采煤机多巷掘进，主运输系统实行皮带化，辅助运输实行无轨胶轮化，井巷支护实行锚喷化，生产经营管理实现信息化。

榆家梁煤矿井田含煤地层为侏罗系中下统延安组。井田范围内，地质构造简单，无断裂构造，主要构造形式为褶曲，而且褶曲构造翼幅平缓（翼幅在 200～800 m），翼角较小，最大翼角为 5°。煤层为近水平煤层，煤层倾角为 0°～3°，平均为 1.5°。矿井水文地质简单，主要充水水源为延安组裂隙含水，矿井正常涌水量为 170 m^3/h，最大涌水量为 320 m^3/h。矿井各煤层中瓦斯含量均低，按低瓦斯矿井管理。井田内煤层为近水平煤层，倾角 0°～3°，平均 1.5°，赋存稳定，埋藏浅，各煤层在沟壑中均出现露头，可采煤层有 42、43 和 52 煤层，可采煤层最大埋深 240 m；各煤层地质构造简单，区域内未发现大的断层。

矿井提升、主运输均采用带式输送机运输。辅助运输全部采用防爆型无轨胶轮车运输。采用分区式通风，三层煤均具有独立的通风系统，各区通风方法均为中央并列式，通风方式为抽出式。矿井安全避险“六大系统”中已形成监测监控系统、人员定位系统、供水施救系统、通信联络系统和压风自救系统等五大系统。紧急避险系统目前正在施工建设中。矿井主要采煤方法为倾斜长壁采煤法，采煤工艺为综采，全部垮落法管理顶板；边角块段采用连采机进行短壁式回采。掘进为全断面连采机掘进。

二、2011 年主要技术经济指标

2011 年煤炭产量 1628 万 t。掘进进尺 5.88 万 m。全员生产人员效率 105.57 t/工。职工年人均工资收入 13.46 万元。商品煤完全生产成本 123 元/t。全年实现利润 37.53 亿元。

三、安全高效矿井建设的主要做法

榆家梁煤矿在注重矿井现代化建设的同时，通过科学组织生产，优化采掘接续，加强重点矿务工程接续管理，及时协调解决搬家倒面和新面安装出现的问题，强化精细化检修，推进质量标准化建设，推广应用新技术，坚持用一流的标准、一流的技术，用严格的管理、严格的程序、严肃的纪律、严厉的奖罚促进安全生产。全矿不断探索管理创新，积极开展查认识、查隐患、查管理、查制度、查落实“五查”工作，强化现场管理；实施“五个一”工程和“四纵八横”考核体系，形成了全员参与独具特色的榆家梁煤矿班组建设品牌；党、工、团充分发挥监督推动作用，开展“创先争优工程”、“青年示范岗”、“安康杯”竞赛活动，用亲情、温情、感情引导教育员工树立正确的安全生产观、安全价值观、安全道德观和安全亲情观；实施五型绩效考核考评，实现了全方位、全过程管控考核，提高全员工作的积极性。

神华神东煤炭集团有限责任公司 石圪台煤矿

一、矿井概况

石圪台煤矿位于陕西省神木县境内，井田面积 65.25 km^2，地质储量 8.34 亿 t，可采储量 5.23 亿 t，矿井设计生产能力 1000 万 t/a，核定生产能力 1170 万 t/a，服务年限 41 a。矿井采用斜井—平硐联合开拓布置方式，经 2011 年瓦斯等级鉴定，矿井属于瓦斯矿井。

矿井采用中央分列抽出式通风，共六个进风井和一个回风井，并建有完善的压风自救系统。目前，矿井负压 1230 Pa，等积孔 9.8 m^2，有效风量率为 89.84%，核定通风能力 1241.18 万 t/a。

井下现有三个中央变电所，均由地面变电站提供双回路 10 kV 电源，变电所正常时处于分列运行状态，矿井装机总功率 76525 kW（含 31 煤变电所负荷），满足生产要求。矿井主运系统采用带式输送机连续运输，核定提升能力 1903 万 t/a，带式输送机多种保护装置及信号系统齐全可靠，安全性能符合《煤矿安全规程》要求；矿井辅助运输采用无轨胶轮车运输方式。矿井采用两套变频恒压系统向井下供水，两套系统通过闸阀切换互为备用；矿井涌水量为 1200 m^3/h，中央主副水仓容量 8500 m^3，矿井排水能力测定 2300 m^3/h。矿井生产布局为两综四连，采用连续采煤机掘进，长壁后退式综合机械化开采。

二、2011 年主要技术经济指标

实现利润 15.8 亿元，职工人均年收入 15.6 万元，同比增幅 10%。采掘机械化程度继续保持 100%。采掘关系正常，矿井采区采出率 81.3%。矿井生产规模达 1169.7 万 t。原煤生产人员效率 111.23 t/工。矿井综合单产 48.7 万 t/(个·月)。百万吨死亡率为 0。

三、安全高效矿井建设的改进措施和科技创新

（一）改进措施

（1）采取各种措施全面深入开展“找、抓、促”活动，全过程共分为排查整改阶段、整改提升阶段和总结推广阶段。

（2）针对安全质量标准化总体思路、本安管理、机电、采掘管理、一通三防、防治水、综连采质量标准化等知识，由矿领导亲自授课。

（3）制定《机关人员业务知识考核办法》，推行全体机关人员业务技能考核。

（4）由矿分管领导带领机关技术人员深入现场进行技术指导。

（5）通过制定创新激励办法，每月对技术革新项进行评审，以激发员工的创新意识。

（6）结合矿井实际、细化经营指标、完善绩效考核、优化工作面布置，加大自修、利旧利废、小改小革、技术革新，不断压缩非生产性支出。

（二）科技创新

自2009年至今，石圪台矿共审定创新项目197项，通过评审175项。这些创新给煤矿安全生产及质量标准化提升带来了很大改观，尤其是通道煤柱缩短、变频拖动、自动化试验及近距离煤层开采技术的创新应用。

（1）缩短综采工作面回撤通道煤柱和主运输变频拖动技术两大科技成果，以显著的经济效益在神东、神华得到推广应用。

（2）中厚偏薄煤层工作面国产化设备的自动化在石圪台矿试验成功，这一技改项目的成功，标志着神东、神华乃至我国中厚偏薄煤层国产化综采工作面自动化技术取得重大突破。

（3）近距离煤层开采技术创新极大地提高了矿井资源采出率，并荣获神东煤炭集团首届科技大会优秀五个小成果一等奖。

神华神东煤炭集团有限责任公司
保德煤矿

一、矿井概况

保德煤矿位于山西省保德县境内，地处黄河东岸，河东煤田的北部，属黄土高原晋西北边缘，晋北大型煤炭基地河保偏矿区。矿井主、副井工业场地分别位于保德县城东南方向的枣林村和桥头镇，山西省韩—府公路和神—朔复线电气化铁路从井田中部通过，交通便利。

保德煤矿井田南北走向长14.0 km，东西倾向宽5.7 km，面积55.9 km^2，地质构造简单，煤层倾角3°～9°，平均5°。区内许采煤层四层，分别为8号、10号、11号、13号层，目前正在开采的为最上部的8号煤层，煤种为气煤。截止到2011年末，矿井地质储量9.71亿t，可采储量6.41亿t。区内煤层赋存稳定，水文地质条件简单。

二、2011年主要技术经济指标

2011年煤炭产量1012.53万t。掘进进尺1.94万m。全员生产人员效率80.34 t/工。职工年人均工资收入15.3万元，同比增幅12.08%。商品煤完成生产成本191.34元/t，为国家缴纳各种税费7.72亿元。

三、安全高效矿井建设的主要做法

（一）强化责任，突出重点，安全工作稳步推进

一是超前谋划，强化抽放，瓦斯防治工作初见成效。二是改革支护工艺，强化现场管理，巷道支护效果显著提升。三是注重业务保安，强化机电管理，大幅度降低了设备故障率。四是全面推进本安体系和标准化建设，强化动态达标，员工风险预控能力得到整体提高。

（二）科学思考，合理组织，单进单产水平明显提升

保德煤矿原有两套掘锚和两套连采，通过掘锚工艺和连采工艺在保德煤矿破碎顶板的适应性对比，2009年5月将连采全部更换为掘锚，进一步提

升了掘进安全可靠性。通过不断优化掘锚一体化掘进工艺，使得掘进单进水平不断提高，平均月进尺由原 529 m 提高到 2011 年的 540 m，提高了 2%。通过对综放工艺进行有效的改进和创新，大幅度提高了工作效率和效益，综放工作面月单产量达到了 58.6 万 t。一是在后部输送机中部槽后安装了 124 节扶煤装置，使得平均每推进 1 m 多采出煤炭 108.3 t，提高采面采出率 3.3%；二是改进了端头支架和三机的设计与布置，使得设备配套更趋于合理、科学、安全；三是针对综放开采增加了放煤工艺这一新工种，组织开展了放煤工技术比武，使得放煤工技术水平在较短时间内得到了大幅提升。

（三）完善安全管理制度，全面落实安全生产责任

保德煤矿在严格落实安全生产方针的同时，不断完善了各级安全生产责任制，逐步修订了安全目标管理制度、安全奖惩制度、安全技术措施审批制度、安全隐患排查制度、安全办公会议等 43 项管理制度，形成了《保德煤矿安全管理制度汇编》。通过对《保德煤矿入井人员管理办法》《保德煤矿管理人员入井及带班管理办法》《保德煤矿领导干部值班、跟班、参加班前会的若干规定》和《保德煤矿安全责任区管理和步行检查管理办法》等各项管理制度严格执行，以及与区队签订安全生产责任状，将安全生产责任下放等有效措施的实施，截止到 2012 年 3 月 16 日，保德煤矿安全生产周期累计达到 1997 天。

（四）“一通三防”管理全面提升

保德煤矿作为神东煤炭集团公司唯一的高瓦斯矿井，始终坚持把瓦斯防治工作作为安全工作的重中之重，始终按照“通风可靠，抽采达标，监控有效，管理到位”的工作体系指导瓦斯治理工作，始终坚持“超前预测、超前规划，强化抽放，主动预防、事前控制、综合治理”的瓦斯治理措施。煤矿建立健全瓦斯防治责任体系，优化通风系统，保证通风系统简单、可靠，局部通风管理扎实有效，强化矿井瓦斯治理。

神华神东煤炭集团有限责任公司
补连塔煤矿

一、矿井概况

补连塔煤矿是中国神华能源股份公司在神府东胜煤田开发建设的特大型现代化矿井之一，位于内蒙古自治区鄂尔多斯市乌兰木伦镇，行政隶属乌兰木伦镇管辖，井田位于乌兰木伦河一级阶地的西缘；南与上湾井田连接，西与呼和乌素及尔林兔毗邻，北与李家塔矿接壤，其地理坐标为东经 110°4′16″~110°10′18″，北纬 39°18′31″~39°22′43″。矿井位于包（头）—神（木）铁路之西，与铁路仅以乌兰木伦河一河之隔，距矿井南部约 5 km 的包神铁路黑炭沟集装站已与该矿装车站专线铁路直通，经黑炭沟集装站分别通过包神和神朔铁路外运。矿区内主干公路也从井口附近通过，南至大柳塔、神木、榆林，北至东胜、包头，均有一级公路和高速公路相通，交通极为便利。

根据 2011 年度矿井瓦斯等级鉴定结果，矿井最大瓦斯相对涌出量为 0.09 m^3/t，绝对涌出量为 4.18 m^3/min。矿井最大 CO_2 相对涌出量为 0.15 m^3/t，绝对涌出量为 7.17 m^3/min，属于瓦斯矿井。

矿井采用平硐—斜井—立井混合开拓方式，大巷盘区式布置采煤工作面，工作面垂直于盘区大巷布置。井田内煤层分为两个水平开采，22 煤层以上为上煤组，划为一水平开采。31 煤层以下为下煤组，划为二水平开采，目前正在开采 12 煤和 22 煤。

二、2011 年主要技术经济指标

杜绝了轻伤以上人身伤害事故和重大机电责任事故，实现了安全零死亡。完成原煤 2498.4279 万 t，商品煤 2373.5065 万 t。全年掘进进尺 44813 m。完全成本为 106.88 元/t，责任成本为 22.95 元/t。各项煤质指标均控制到公司核定范围内，12 煤平均发热量为 21.9 MJ，比 2010 年提高 83.7 kJ/kg，22 煤平均发热量为 23.7 MJ，比去年降低 41.9 kJ。万吨含杂率为 3.08 kg/万 t，比计划降低 0.48 kg/万 t。

三、安全生产责任制落实情况

2011 年，补连塔煤矿始终认真执行各项安全措施，坚定“安全零死亡”信念，严格落实好岗位、班组、区队、部门、矿五级安全管理责任制；强化素质保安、责任保安、质量保安、业务保安、装备保安、应急保安六项安全保障措施。

矿井积极应用本质安全管理系统，结合公司“本安体系提升年”，规范作业流程和管理流程。制定每一个岗位的危险源管控措施及操作规范，从根本上杜绝不良习惯，杜绝违章作业，提高员工素质，实现人的本质安全；规范管理流程，根据各部门、单位职责和义务，明确合理的沟通方式。以合理的管理流程避免管理上的错位、越位、缺位，避免管理上的真空与盲区，避免推诿，确保了矿井安全生产。

补连塔煤矿建立健全和完善各项管理制度，有效地促进各项工作的制度化、规范化和标准化。2011 年重新制定完善了《补连塔煤矿消防安全管理制度》《补连塔煤矿重大安全隐患排查治理制度》《补连塔煤矿安全生产奖惩管理办法》《连采移动设备安全管理办法》《补连塔煤矿辅助运输车辆管理办法》《补连塔煤矿外来人员入井管理办法》《补连塔煤矿职业健康卫生管理制度》《补连塔煤矿职业病防治计划与实施方案》等一系列管理制度和办法。自实施以来，效果明显，各项工作做到了有制可循、有度可量、现场管控，有力推进了安全管理工作及员工职业健康现场管理工作。

神华神东煤炭集团有限责任公司
上湾煤矿

一、矿井概况

上湾煤矿是中央直属企业中国神华能源股份公司神东煤炭集团公司的特大型现代化骨干矿井之一，位于内蒙古鄂尔多斯市伊金霍洛旗乌兰木伦镇境内。

上湾井田位于东胜煤田补连区东南部，现有井田面积为61.8 km^2，地质储量为12.3亿t。井田基本形态为单斜构造，煤层倾角1°~3°。井田地质构造简单，赋存稳定。井田内断裂构造不发育，褶曲多表现为宽缓的波状起伏，赋存条件和水文地质条件极为简单。煤层埋藏浅，矿井目前开采深度在50~240 m之间，不属于深部矿井。顶板较为稳定，煤层致密坚硬，煤质特低灰、特低硫、特低磷、高发热量。井田内瓦斯含量甚微，属低瓦斯矿井。综采工作面煤层平均煤厚6.0 m，煤层倾角1.5°~5°，工作面正常涌水量为50 m^3/h。

上湾煤矿采用斜井—平硐—立井联合开拓方式，生产布局为“一井二面”，生产组织模式为“二综两连”，工作面采煤工艺为一次采全高，采煤方法为倾斜长壁后退式全部垮落综合机械化采煤法。上湾煤矿矿井通风方式为分区式，通风方法为抽出式。

二、2011年主要技术经济指标

2011年完成原煤生产1396万t，商品煤1340万t。掘进进尺36226 m。全员原煤生产人员效率122.05 t/工，回采人员效率706.4 t/工。年人均工资12.99万元。矿井百万吨死亡率为0。商品煤全水分为16.7%，灰分为8.2%，硫分为0.53%，发热量为23.4 MJ。

三、安全高效矿井建设的主要做法

（一）本安管理建设亮点

全面强化风险预控，长期认真开展危险源辨识、再辨识，增强了员工对危险源的认知水平。善始善终坚持日检查、周考核、月评比制度，奖罚严明。建立了不安全行为考核预警机制，全面强化了对不安全行为的现场监督检查和管理。管理人员班班对作业现场进行本安知识抽查，有效地促进了员工对本安理论的掌握和运用。认真推行了“手指口述”安全确认法，与危险源辨识紧密结合，进一步提高了安全意识，规范了岗位操作。应用推行了准军事化管理方式，并与本安管理相结合，把军队中的行为准则、管理制度有机地引入生产作业过程，促使员工养成良好的职业行为习惯。

（二）精益化管理亮点

上湾煤矿首创在煤炭行业中推广精益化管理，在精益思想理念的指导下，构建了煤矿精益化建设路径、建设模式，明确了精益化建设目标，形成了煤矿精益化建设体系。在探索实践的过程中，取得了一定成效。主要内容有：提高了综连采设备运营效率、降低了主运系统带式输送机电耗、精益化管理使生产环境、工作效率得到大幅提升。

（三）管理提升方面的亮点

对步行检查进一步优化，步行检查实施“八线三级步行检查法”，将矿井所有巷道划分为8条检查路线，每日安排一名矿领导、部门专检人员、区队长在夜班入井进行步行检查，每8天就可对全矿井进行一次全面检查，有效管控了盲区死角。

（四）粉尘防治方面亮点

在防治过程中，本着“以人为本，保护员工”的原则，坚持“预防为主、防治结合”一个方针，树立“杜绝尘肺职业病”一个理念，通过“综采防尘、连采防尘、巷道防尘、个体防护”四条途径，严把防尘措施“五道关”，形成了“1145”治理模式，取得了良好的效果。极大地改善了井下作业环境，减少了煤尘积聚，自2006年以来，无新增尘肺职业病例出现。

神华神东煤炭集团有限责任公司 哈拉沟煤矿

一、矿井概况

哈拉沟煤矿地处陕西省神木县大柳塔镇，是中国神华神东煤炭集团所属的一座特大型现代化矿井，井田东西长 4.9 ~ 10.7 km，南北宽 6.9 ~ 10 km，面积 72.4 km^2。井田内可采煤层 8 层，主采煤层 3 层，共分三个水平开采，目前主采一水平 2 - 2 煤层。截止到 2011 年末剩余保有地质储量 68329 万 t，剩余可采储量 38821 万 t。设计生产能力 1000 万 t/a，2011 年核定生产能力 1250 万 t/a。矿井地质条件简单，顶底板稳定，属瓦斯矿井，水文地质类型为中等的二类一型，煤层自然发火期为 1 ~ 2 个月，煤尘具有爆炸性。

矿井开拓方式为斜井—平硐—立井联合开拓，一水平大巷布置在 2 - 2 煤层中，沿大巷两侧布置条带式工作面，1 - 2 上煤、1 - 2 煤与 2 - 2 煤联合开拓。采煤方法为长壁一次采全高综合机械化采煤法，全部垮落法管理顶板；掘进采用连续采煤机掘进、锚杆机支护工艺。矿井共有 4 个工业场地，5 个井筒，四进一回。

二、2011 年主要技术经济指标

矿井全年未发生重大伤亡事故及重大以上机电事故，百万吨死亡率为 0。全年实现利润 28.7 亿元，职工人均年收入 14.12 万元。矿井采区采出率达 77.4%。矿井生产规模达 1250 万 t。原煤生产人员效率 122.2 t/工。矿井综合单产 54.89 万 t/(个·月)。

三、安全生产亮点

（一）综采运输顺槽无岩巷布置

矿井以前在设计综采运输顺槽机头硐室段时，均采取顺槽与主要大巷立交布置方式，机头硐室段为全岩巷。而矿井将此段工程优化设计，将综采顺槽与主要大巷平交布置，机头硐室段为全煤巷，不但可以将大巷周边的煤柱回收，而且大大减少了产生的工程矸石，提高了工程施工安全系数。矿井平均1年需要施工3个机头硐室工程，按机头硐室长度为120 m、巷宽6.1 m计算，总计能多采出煤炭约6600 t，少产生矸石5700 m^3。

（二）应用变频输送机

矿井传统的带式输送机、刮板输送机速度是不可调节的，当煤量小时，仍然会按照既定的速度运转，造成大量能源的浪费。新的变频技术可以根据实际运输煤量的大小，灵活调节带式输送机运行的速度，从而达到节能的效果。目前，矿井已在主井延伸带式输送机和综采刮板输送机上采用变频驱动技术，经测算，与传统输送机相比较，变频输送机能够有效节能15%～20%。

（三）自动化排水

矿井传统的排水方式为人工开启水泵抽水，不仅效率低，还需要大量人工。而将人工排水泵改造为自动排水泵后，矿井主排水自动化控制系统以现场总线+以太网为网络结构，以现场PLC为主要控制核心，以上位机为主要管理核心，配备齐全了各种传感和自动执行器件，实现了人工就地启动控制和远程集中自动控制排水相结合，还可控制泵出口电动闸阀、管路间配水闸阀、吸水井间配水闸阀等附属设施的自动控制，根据水仓水位传感器实现上限报警启动以及下限自动停泵功能。

（四）工作面顺槽间煤柱设计优化

矿井根据哈拉沟矿煤层赋存地质条件，煤层顶底板岩性分析，对综采工作面顺槽间煤柱进行优化设计，将顺槽间煤柱宽度由20 m变更为15 m。矿井还通过对综采工作面采高的严格管理，保证了综采工作面采出率达到国内领先水平，2011年矿井综采工作面采出率为97.1%。

神华神东煤炭集团有限责任公司
柳塔煤矿

一、矿井概况

柳塔煤矿是神华神东煤炭集团公司所属的一座现代化矿井，地处内蒙古鄂尔多斯市伊金霍洛旗的东南，乌兰木伦河之东，井田面积 13.6173 km^2，截止到2011年末剩余保有储量1.51亿t，可采储量1.09亿t，按年采300万t计算，矿井还可继续服务26 a。矿井可采煤层共8层，现开采12煤层，煤层倾角1°~3°，煤质优良，煤种为不黏煤，具有低灰、低硫、中高发热量等特点，是优质动力用煤，可在建材及化学工业中做焙烧材料，亦可做气化用煤，为瓦斯矿井。

井田共划分为东、西两个盘区，目前正在开采的是东盘区，为综放工作面，开采方法为走向长壁后退式开采，全部垮落法管理顶板，全矿共计四个井筒，为两进一回（有1号、2号回风井2条，并列回风，在井口用风硐联系）。

主、辅运输系统：矿井运输系统装备两套能力为2000 t/h、三套能力为1500 t/h的带式输送机担负全矿井煤炭运输，辅助运输全部采用防爆无轨胶轮车实现无轨胶轮化运输。

二、2011年主要技术经济指标

2011年生产原煤295.44万t。掘进进尺2.07万m。原煤生产人员效率25.59 t/工。职工年人均工资收入15.2万元。商品煤完全生产成本111.99元/t。为国家缴纳各种税费0.45亿元。

三、安全高效矿井建设的主要做法

（一）综放工作面实验成功

12108采煤工作面位于柳塔矿井田东部，为12煤层东部盘区布置的第一个采煤工作面，也是第一个放顶煤工作面。采煤方法为条带式布置、倾斜长壁后退式放顶煤综合机械化采煤法、全部垮落法管理顶板。对于柳塔矿的较薄顶煤，采放比仅为1∶1的综放工作面，合理的放煤工艺是采用“一刀、分段、隔架、一次全量加补放”工艺。综放开采后，顶板问题相对减少、安全系数增加；虽然初期投资比原设计高，但采出率远高于原设计；与大采高开采相比较，初期投资较低、采出率高，效益十分明显。

（二）安全生产责任制落实情况

煤矿根据安全生产责任制进行层层落实，年初与集团公司签订了安全生产责任书。在矿职代会上对2010年安全生产责任状条款进行兑现并与各生产、辅助单位签订了当年的安全生产责任状。制订了全年工作计划。每次大的活动都明确主题，制订具体方案。并采取了多项措施落实安全生产责任制：奖罚分明，坚决惩处不安全行为人员；加大检查力度，坚持每月三次的定期检查和日常动态抽查；积极开展本质安全活动，定期不定期进行危险源辨识；严格执行各项安全技术措施和各项规章制度；开展各项专项活动消除井下各类隐患，实现闭环管理；学习事故案例并制定防范措施。

（三）煤矿质量标准化开展情况

利用本安管理系统，并出台了相应与之配套的管理制度，重大隐患排查制度、安全责任区管理步行检查管理办法、人员不安全行为管理办法、管理人员跟值班制度、本安与质量标准化考核办法等，并和五型企业挂钩。在五型企业考核中，本安管理系统考核占到40%的权重，执行日动态、旬动态检查、月汇总、考核、兑现的管理办法。在考核上进一步细化，按照生产业务、机电业务、安全管理和一通三防对各队的日常现场管理和体系运行情况进行严格考核，有效控制隐患，及时整改职工操作行为的规范，有力推动本质安全管理体系的建设进程。加强了现场管理，利用本安系统信息化平台，督促各队现场落实整改；按照公司要求充分利用本质安全信息化平台，严格按照PDCA模式进行有效管控，确保体系运行的有效性和可靠性。

神华神东煤炭集团有限责任公司
布尔台煤矿

一、矿井概况

布尔台煤矿是中国神华神东煤炭集团公司所属的大型煤炭生产矿井，布尔台井田位于内蒙古自治区鄂尔多斯市伊金霍洛旗东南，属布尔台乡管辖。其地理坐标为东经109°52′14″～110°05′05″，北纬39°23′10″～39°32′00″。布尔台井田为一多边形，东西长3.9～22.1 km，南北宽2.2～16.9 km。布尔台煤矿井田面积192.632 km^2。

矿井可采煤层10层，分别为$12_{上}$、12、22、$22_{下}$、31、$42_{上}$、42、43、52、$52_{下}$煤层。地质储量33.03亿t，可采储量20.13亿t。布尔台煤矿由中煤国际工程集团武汉设计院研究院初步设计，两次修改后于2007年最终完成，矿井设计生产能力2000万t/a。神东煤炭分公司于2008年5月启动布尔台煤矿新建项目，设计生产能力2000万t/a，服务年限71.9 a。按照“高起点、高技术、高质量、高效率、高效益、低成本”的“五高一低”方针将布尔台煤矿建设为新型现代化大型矿井，矿井于2011年7月1日正式投产，2011年生产原煤1192.2万t。

矿井采用斜井—平硐—立井联合开拓方式，主斜井、辅运平硐、进风斜井和回风斜井设在矿井工业广场，进风立井、回风立井设在风井工业广场。

二、2011年主要技术经济指标

全年实现利润91900万元，职工人均年收入14.1万元。采掘机械化程度继续保持100%。采掘关系正常，矿井采区采出率中厚煤层达到86%，厚煤层达到81.2%。调度、供排水、供配电、安全监测监控、生产经营管理方面，继续保持了信息化管理，并实现了自动化，企业管理水平逐步提升。环境保护方面严格遵守国家法规及有关规定，符合国家有关要求。矿井生产规模达1192.2万t，原煤生产人员效率111 t/工，矿井综合单产48.77万t/(个·月)。百万吨死亡率为0。

三、安全高效矿井建设的主要做法

（1）合理安排采掘接续和优化工作面设计，在工作面回撤通道外煤柱施工排矸巷，减少矸石地面排放量；优化巷道施工工艺，利用连采机施工机头硐室一次成巷及岩石上山；合理优化巷道支护工艺及支护参数，避免了巷道二次支护。在保证安全高效的同时，大大节约了各项费用支出。

（2）实施设备精细化管理。通过在智能点检终端仪中开发增加标准化检修项目，将日常检修纳入点检信息化系统，实现电子化记录。利用EAM系统导入标准检修工单、故障体系，检修人员在现场直接引用标准工单，查询故障原因和处理方法。通过实施精细化点检，规范了检修作业，提高了检修质量和员工技能，降低了设备故障率。

（3）强化预防性检修工作。通过加强管理，细化制度，规范操作，进一步提升设备的预防性检修。区队检修工通过点检仪，对发现的设备隐患提前做好更换计划，并上报后确定实施时间。预防性检修计划从配件准备到组织实施检修，要提前编制专项措施，派专人现场跟踪协调，形成闭环管理。

（4）努力提高队伍素质。现代化矿井建设靠的是科技和管理，而先进的科技、管理知识必须掌握在高素质的人才队伍手中。为此，煤矿开展了师带徒、加强培训等措施，努力提高队伍素质。

（5）科技创新工作。布尔台煤矿始终坚持“科技兴矿、以人为本”的宗旨，2011年全矿共有10项科技创新项目，受到矿级表彰奖励的有7项，获得公司级奖励3项，全年共计向获奖部门与个人发放奖金10万元，极大鼓舞了员工创新创效的积极性。

神华神东煤炭集团有限责任公司
万利一矿

一、矿井概况

万利一矿隶属中国神华神东煤炭集团，井田位于内蒙古自治区鄂尔多斯市东胜区。井田南北长 11 km，东西宽 9.0 km，井田面积 92 km^2。截止到 2011 年末剩余保有储量 15.76 亿 t，可采储量 11.19 亿 t。按设计生产能力 1000 万 t 计算，矿井还可继续服务 73 a。矿井可采及局部可采煤层 9 层，现开采煤层为 $31_上$、31 煤及 42 煤三层，煤层倾角 1°～3°，煤质优良，煤种为气煤，具有中低灰、低中硫、中挥发分、中高发热量等特点，为低瓦斯矿井。

万利一矿建立了科学、严格、高效的管理机制，职工队伍具备较高的专业素质，全矿在册职工 490 人，其中研究生 13 人，本科学历 141 人，专科学历 103 人，中专学历 47 人，技校、高中及以下学历 186 人，具有高级职称 3 人，中级职称 15 人，初级职称 59 人，矿级管理人员全部具备大专以上文化学历。生产队伍配置“一个综采队、五个掘锚队”。

矿井采用“平硐—斜井—立井”综合开拓方式，全矿共计 5 个井筒，为 4 进 1 回，井田共划分为一、二、三、四、五、六共六个盘区，目前正在开采的是二、三盘区。一套综采工作面，开采方法为走向长壁后退式开采，全部垮落法管理顶板。巷道掘进采用掘锚一体化施工。巷道支护形式：顶为“骨架铅丝网＋钢筋锚杆（螺纹钢锚杆）＋锚索”联合支护；帮为“金属网（塑料网）＋钢筋锚杆（玻璃钢锚杆）＋铁托盘（木托盘）”联合支护。

综采面主要设备为 Eickhoff 公司生产的 SL500 型双滚筒采煤机，DBT 公司生产的 ZY8600/24－50D 型电液控制掩护式支架；掘锚工作面采用奥钢联的 ABM20/ MB670 型掘锚机实现了掘锚一体化掘进施工。

矿井主斜井、主运大巷（西胶大巷）运输系统各装备一套能力为 3500 t/h 的带式输送机担负全矿井煤炭运输，辅助运输全部采用防爆无轨胶轮车实现无轨胶轮化运输。

二、2011 年主要技术经济指标

2011 年煤炭产量 1009.3 万 t。掘进进尺 2.99 万 m。全员生产人员效率 92.4 t/工。职工年人均工资收入 10.7 万元。商品煤完全生产成本 142.12 元/t。

三、安全生产亮点

（一）EMA 材料管理系统

万利一矿通过实施 EMA 材料管理系统来推行班组核算，从成本管理的直接环节入手实施精细管理，有效降低了生产成本。

（二）工业电视系统

矿井地面、主、副井井口、办公楼、大门等重要工作地点设彩色摄像机。采煤工作面、掘进工作面、顺槽带式输送机、大巷带式输送机、主斜井带式输送机等采用矿用本安型光纤摄像仪，并将电视图像无间断传至调度室。

（三）矿井水综合利用

万利一矿井下实行清水、污水管道分流。污水经过污水管道和中转水仓等，最后注入采空区，经过采空区的物理沉淀和过滤后，流至井下清水泵房，供给井下各个用水点。井下生产用水主要用采空区过滤水。与之前相比，平均每月可以节省井下自来水用量 7 万 t，节省生活降尘和绿化用水 6000 t。

（四）变频输送机

万利一矿井下综采面的刮板输送机、破碎机和转载机使用变频电机：每个乳化泵均采用了变频技术；盘区带式输送机使用变频电机。变频设备的使用，节约了电能。

（五）自动化排水

在回风巷等员工进出较少的区域，排水泵均改为了自动排水泵。当水泵附近的水达到设计高度后，水泵自动开启排水。当水位下降到设计水位后，水泵自动停止排水。大大降低了人工巡查巷道排水的投入；同时，避免了水泵关闭不及时，造成水泵烧坏的问题。

神华神东煤炭集团有限责任公司
陕西集华柴家沟矿业有限公司

一、矿井概况

公司位于陕西省铜川市西北 41 km 处，行政区划属陕西省宜君县太安镇管辖。矿区有烈柴公路与铜川、焦坪公路相接通，向东 25 km 接西（安）—包（头）公路干线，前河火车站位于矿区西南方约 8 km，距梅家坪火车站 70 km。

矿井自 1992 年 10 月开始筹建，1993 年 10 月开工，2000 年 7 月通过陕西省煤炭工业局验收，生产能力为 30 万 t/a。2003 年 7 月，天地科技开采事业部对柴家沟煤矿 4－2 煤综放开采可行性进行了论证，并编制了矿井综放开采可研报告。2004 年柴家沟煤矿进行以采煤方法为核心的技术改造，现矿井生产能力核定为 100 万 t/a。

4－2 煤层为矿井唯一可采煤层，煤层厚度一般 5～8 m，最厚可达 8.59 m，平均 5.61 m，煤层赋存较为稳定。煤层顶板直接顶为粉细砂岩，局部为泥岩及砂质泥岩，粉、细砂岩互层分布在向斜两翼边部，一般厚 3 m，属不坚实至中等坚实顶板。局部有伪顶炭质泥岩，厚度为 0.1～0.5 m。基本顶为 5.03～19.81 m 的粗砂岩，含斜层理，主要成分为石英长石，泥质胶结，较为坚硬。

煤层底板多为炭质泥岩及泥岩，局部为粉砂岩、根土岩，厚 0.5～3.3 m。属不坚实至极不坚实底板。

二、2011 年主要技术经济指标

2011 年实际生产原煤 98.95 万 t，其中综放回采原煤 90.08 万 t，掘进煤量为 8.87 万 t。商品煤平均水分、灰分、硫分分别为 9.87%、22.68%、0.93%，发热量为 23.5 MJ/kg。年末计效人数为 436 人，全年计效产量为 98.95 万 t，全年计效工数累计为 127213，全年平均原煤生产人员效率为 7.78 t/工。百万吨死亡率为 0。采用综采放顶煤一次采全高的采煤方法，

2011 年采区采出率 76.25%。矿井综合单产为 9.5 万 t/(个·月)。

三、安全高效矿井建设的主要做法

（1）柴家沟煤矿全面贯彻神华集团安全管理两个理念——“瓦斯超限就是事故”“只要做到管理到位，煤矿能够做到零死亡”。切实推动了煤矿本质安全管理体系，实现了人、机、物、环境、管理“五要素”进行闭环管理，各项风险管控措施落实到位，从而实现煤矿生产的本质安全。

（2）矿井生产模式为“一矿一井一面”，生产布局为“一综（放）两掘”，一个综放工作面配置两个综合机械化掘进工作面，生产环节少，系统简单，单产单进高，全员劳动效率高。

（3）辅助运输连续化。为适应建设高产高效矿井的需要，矿井 2011 年对原辅助运输系统进行了改造，原辅助运输系统为轨道运输，改造为单轨吊运输，通过技术改造实现运输系统连续化。

（4）通风系统实现自动监控。建立健全一通三防管理制度，公司在配备总工的同时，另配备一名通风副矿长，加强矿井一通三防管理的力度，建立完善了矿井管理机构和各项管理制度；完善掘进系列装备，实行煤巷“三专两闭锁”，每周对矿井所有设备进行断电试验，确保各种设备安全运行；完善优化矿井通风系统和安全环境监测系统，消灭不合理通风、欠风现象的发生。

中煤平朔煤业有限责任公司井工一矿

一、矿井概况

平朔井工一矿井田位于安家岭露天矿的南侧，由安家岭露天矿的西排土场下的上窑采区和七里河西边的太西采区组成，地理坐标为东经112°17′~112°25′，北纬39°25′~39°30′，行政区划隶属于山西省朔州市平鲁区。矿区南边有大（同）—运（城）公路和北同蒲铁路通过，交通运输条件十分便利。矿区北距大同123 km，南距太原226 km。地表标高1180~1511 m，一般在1250~1350 m。

截止到2011年底，工业资源储量为28520.5万t，可采储量为19442.5万t，矿井服务年限14 a。井田主要可采煤层为石炭系上统太原组4号、9号、11号煤层。其中4号煤厚度8.6~16.15 m，平均10.47 m；9号煤厚6.85~16.70 m，平均12.91 m；11号煤厚1.05~6.86 m，多数厚度3.50~4.15 m。煤层赋存稳定，构造简单—中等。倾角为0°~5°，局部地段大于12°。

矿井煤种以长焰煤为主，个别块段为气煤，含硫量为低到高硫，含磷量均属低磷，发热量较高，是良好的动力用煤和炼焦配煤。

二、2011年主要技术经济指标

2011年生产原煤964.2万t，其中1月1日生产原煤46580 t，创造了当年单面日产最高纪录。进尺8850 m，其中7月18日掘进进尺63 m，创造当年本矿最高日进尺。职工平均工资13万元，同比增幅13%。实现利润80992万元。原煤生产人员效率71.5 t/工。矿井综合单产为80.35万t/(个·月)，达到特级标准。矿井采掘采出率为80.3%。

三、安全高效矿井建设的主要做法

（一）安全生产方面

2011年，井工一矿紧紧围绕“隐患治理年”的总体部署和要求，坚持“以人为本，安全第一”的方针和“管理、装备、培训”并重的原则，以“一通三防、顶板管理、机电运输、地测防治水”为安全工作重点，全面落实安全生产责任制，强化现场管理和监察，规范员工行为，使安全生产水平稳步提高，未出现任何伤亡事故，创造了安全生产同时期最佳绩效，保持了安全管理上的先进水平。

（二）质量标准化建设

全矿各单位不断完善、细化安全质量标准化标准，建立健全安全质量标准化考核体系，变被动应付检查的“静态达标”为切实保障自身作业安全的“动态达标”。以“安全质量标准化，安全管理明细化”为主线，将安全管理和质量标准化有机结合，细化标准，完善机制，通过示范点挂牌奖励，进一步带动了其他队组的积极性，全矿的质量标准化工作在巩固中得到了提高，从而提高了矿井安全保障能力。

（三）安全教育培训

井工一矿严格规范并执行安全教育培训程序，始终将安全培训教育工作作为日常工作重点，对所有上岗人员在培训时间、培训内容等方面严格执行国家规定，并对每个培训人员建立培训档案。全年开展三级培训 53 次，四级培训 12 次；三项岗位人员 A 类安全资格证初训 2 期 3 人、年度复训 1 期 5 人；B 类安全管理人员 3 期 29 人；特殊工种初、复训 5 期 118 人；平鲁区班组长培训 2 期 21 人；平朔公司班组长素质提升培训 6 期 18 人。员工培训率达到 100%，特殊作业人员持证上岗率达到 100%。在全员培训方面，共计开展培训 12 次，其中 1 月份全员“三大规程”培训 1 次，2 月份“灾害预防及处理计划培训”全员培训 1 次，3 月应急救援预案全员培训 1 次，4 月煤矿安全规程全员培训 1 次，5 月质量标准化专业全员培训 1 次等，各队组利用每日班前会时间开展了每日一题、每周一例等安全培训，通过这些安全知识宣传和教育培训，全面提升了职工的安全意识、紧急状态处置能力和自救互救能力，进一步强化了事前预防措施，夯实了煤矿安全生产的基础。

中煤平朔煤业有限责任公司井工二矿

一、矿井概况

井工二矿位于平朔矿区中部，行政归属朔州市平鲁区管辖，地理坐标范围为东经 112°20′34.7″～112°25′44″，北纬 39°29′1.9″～39°30′30″，井田东西长 7367 m，南北宽 2804 m，面积 13.77 km^2。矿井由中煤西安设计研究院设计，2003 年开工建设，原设计生产能力 150 万 t/a，2006 年经过技术改造后核定能力为 1000 万 t/a。

开拓方式为斜井开拓，主运系统布置在 9 号煤层，辅助运输分煤层布置。采区采用单翼布置方式，在采区的南边界沿煤层东西向布置三条大巷，即回风大巷、胶带运输大巷和辅助运输大巷。三条斜井与 9 号煤主、辅、风三条大巷相连，大巷东西向布置、单翼开采，主水平布置在 9 号煤层中，11 号煤层设置辅助水平，9 号煤和 11 号煤集中布置，利用 9 号煤层作为中央主运和回风系统。矿井采用倾斜长壁后退式全部垮落综合机械化放顶煤采煤法，煤巷采用综掘工艺，沿煤层底板掘进。

二、2011 年主要技术经济指标

生产原煤 1000 万 t，完成全年计划的 100%。2011 年计划掘进进尺 12800 m，实际掘进进尺 14514 m，增幅为 13.39%。全年收入 19.40 亿元，支出 12.12 亿元，实现利润 7.28 亿元。百万吨死亡率为 0。采煤机械化程度 100%，掘进装载机械化程度 100%。原煤生产人员效率 136.64 t/工。采区采出率 85%。

三、安全高效矿井建设的主要做法

（一）科技创新方面

科技攻关成果丰硕，开展了《近距离煤层采场矿压规律与支架——围岩控制研究》《大断面厚煤顶煤巷离层实时监测预警及支护安全研究》、综采工作面可视化技术应用、29209 工作面小窑影响区域充填复采技术研究与应用、29211 工作面穿越小窑采空区布置技术研究和复杂地质条件下采掘工作面生产技术攻关活动。在2010年底，公司表彰的“2010年度科技进步奖”中，井工二矿荣获特等奖一项，一等奖二项，二等奖四项，三等奖十六项。

（二）经营管理方面

（1）由原来粗放型管理逐步转变成精细化管理，各队组逐一安装水、电表，设备管理成立专业组，奖励职工节约一张纸、一度电。

（2）组织自己的综采、掘进队组，降低综采、掘进外委承包费。

（3）成本由计划的66.23元/t降至64.21元/t，节约成本费用2020万元。

（4）加强材料配件管理及考核，对材料及配件实行动态管理，用吨煤成本控制材料及配件费，严格控制和考核材料及配件，做到了人人肩上有指标，个个心中有责任。

（5）加大修旧利废和废旧物资的回收管理，成立了专业修旧利废小组，为煤矿节约资金3040万元。

（三）矿井信息化建设方面

井工二矿如今已经建立起了一套集自动化和信息化于一体的现代化矿井。通过网络将地面与井下进行了有机结合，形成了一个以数字化为平台的全方位立体化的监控体系，实时查看工作中的方方面面。井工二矿信息化系统包括：调度室指挥系统；主运带式输送机自动化监控系统；电视电话视频会议；视频监控系统；人员定位系统；应急广播系统；管网监控系统；办公自动化系统；安全监控系统；井下移动通信系统。

中煤平朔煤业有限责任公司井工三矿

一、矿井概况

平朔井工三矿地处山西平朔矿区西北部，位于朔州市西北约 28 km、井坪镇东北约 6 km 处，行政区划隶属山西省朔州市平鲁区管辖。矿区北距大同 129 km，南距太原 226 km。

平朔井工三矿由中煤西安设计公司设计，大屯建安公司等单位施工。矿井于 2007 年 1 月 30 日开工建设，2009 年 4 月 30 日竣工，2009 年 5 月开始联合试运转。矿井地质储量 6.84 亿 t，可采储量 4.57 亿 t，矿井设计生产能力 600 万 t/a，设计服务年限 58.6 a。矿井可采煤层为三层，分别为 4 号煤、9 号煤、11 号煤。各可采煤层赋存稳定，构造简单，煤层为水平—近水平煤层。

二、2011 年主要技术经济指标

2011 年生产原煤 600.08 万 t。日产最高纪录为 21020 t，月产最高纪录为 528000 t。2011 年计划掘进进尺 12000 m，实际掘进进尺 12900 m，比计划增加 900 m，增幅为 7.5%。日进尺最高纪录为 72 m，月进尺最高纪录为 1600 m。2011 年，井工三矿职工平均工资 12 万元，同比增幅 48.2%，实现利润 82000 万元。原煤生产人员效率 93.08 t/工。

三、安全高效矿井建设的主要做法

（一）防治水工作方面

由于矿井断层、褶皱、陷落柱、冲刷带等地质构造发育，9 煤层顶板含水层普遍富水且连通性差，第四系孔隙水等上部含水层和地面水体之间存在一定的水力联系，导致矿井水文地质条件比预期复杂。为了确保矿井正常生产，矿加大了矿井防治水治理力度，井上下采取了一系列切实有效的防治措施，地面先后进行了矿井地质和水文地质补勘、大沙沟铺设管道截流、施工大口径疏排钻孔、启封旧钻孔、采区瞬变电磁物探、安装自动观测系统等；井下采取了直流电超前物探、超前钻探、掘进迎头手持钻探查，防治水技术跟踪服务等方法，确保井下施工的安全。

矿井在901盘区设井下中央水泵房（与中央变电所联合布置），泵房内安装MD650－57X3型耐磨矿用排水泵3台（预留两台基础）。矿井排水利用两趟15吋排水管路，由井下中央水泵房经井下管子道、主斜井排至主井场区污水处理厂处理。

（二）矿井信息化建设及管理方面

（1）安全监测监控系统。根据井下安全生产需要，井工三矿建立了KJ95N型安全监测监控系统。该系统在办公楼的监控中心设置矿井自动化安全监测调度系统地面中心站，中心站设置矿井自动化调度系统、矿井工业电视系统、井下安全生产监测系统的地面中心站。在通风机房设一个KJF16B型监控分站，在井下设置9个KJF16B型监控分站。井下设置的各种传感器均接入分站，分站与地面中心站的信号传输由计算机KJ14A传输接口完成。井下共安装46台各种不同功能的传感器，其信号通过井下监控分站传至地面中心站。传感器监测监控范围覆盖了所有采掘工作面、主要硐室、主要进回风巷等地点。

（2）矿井生产监控和自动化系统通过在控制层采用冗余双环型工业以太网结构，配备工业以太网交换机形成冗余网络系统，实现了互联互通和信息共享功能。该系统在井下设四个节点，分别是主井驱动机房、井下中央变电所、90101工作面带式输送机巷机头变电所、9103工作面带式输送机巷机头变电所、9号煤西翼带式输送机大巷机头变电所。地面环网设四个节点，分别是副井35 kV变电站、10 kV变电所、地面空压制氮机房、主井驱动机房。通过该监控系统，调度人员可在调度室监控中心终端上监控整个矿井生产过程，完成全矿生产及相关环节的“遥测、遥信和遥控”，实现了矿井的综合自动化。

山西中煤东坡煤业有限公司东坡煤矿

一、矿井概况

东坡煤矿位于山西省朔州市朔城区下团堡乡刘家口村东侧，南距朔州市13 km，矿井交通极为便利。工业场地西侧500 m处有平朔一级公路通过，神（头）—安（太堡）露天煤矿铁路专用支线从工业场地南侧经过。从朔州火车站经北同蒲神朔线、朔运线可通往全国各地，朔州北至大同129 km，南到太原226 km，西至神木270 km，东至黄骅港587 km。东坡煤矿是由中煤进出口公司出资整合的地方小煤矿，自2005年7月开工建设，于2007年12月完成了首采工作面综采设备安装，目前被中煤能源股份公司全资收购。

山西省煤炭工业局于2007年12月26日以晋煤办基发〔2007〕1997号文《关于朔州市东坡煤矿改扩建项目开工建设的批复》批准开工建设。2009年6月18日办齐150万t六证等手续，当年产量达210万t。2009年8月经山西省资源整合，产能扩容为210万t/a。

二、2011年主要技术经济指标

原煤产量210万t。掘进进尺13723.1 m。2011年无伤亡事故，百万吨死亡率为0，实现了安全生产，达到了本质安全型矿井的标准。截止到2011年底，开拓煤量3589.34万t，可采期17.10 a；准备煤量2627.18万t，可采期12.51 a；回采煤量975.85万t，可采期4.65 a。原煤生产人员效率为14.15 t/工。实现利润3.0391亿元。东坡煤业综采机械化程度100%，综掘机械化程度100%。矿井综合单产达23.03万t/(个·月)。

三、安全高效矿井建设的主要做法

（1）注重安全培训，提高员工安全生产意识。坚持“以人为本”的原则，把安全培训作为矿井的一件大事来抓，深入现场调查研究，结合工作实际制订培训方案，有针对性地开展员工安全培训，并强化培训考核。充分发挥党、政、工、团齐抓共管作用和思想政治工作优势，采取理论性、针对性、实效性相结合的方式开展安全宣传教育活动，营造温馨和谐的安全文化氛围，潜移默化地引导和规范员工的思想行为，促进员工增强自保、联保、互保意识，使员工时刻坚持“安全第一，预防为主”的方针，坚决做到不安全不生产。

（2）抓好机电运输管理。提高设备完好率，保证设备正常运转；严格执行定检定修，采掘设备包机、巡回检查等制度；做到各种保护齐全、灵活可靠、安全设施符合规程要求，电器设备消灭失爆；抓好教育，责任落实到位，杜绝机电运输“三违”现象发生；缩短设备更新周期，消除安全隐患，避免机电运输事故的发生。

（3）抓好矿井防治水工作。坚持“预测预报，有掘必探，先探后掘，先治后采”的原则，做好水害关系的调查，掌握周边矿井开采界限，查清水患威胁，采取超前的防范措施，在生产过程中做好探放水工作，确保安全生产。

（4）抓好顶板管理。严格掘进、回采、回撤等过程中的顶板管理，推广锚网支护形式，加强技术指导，实施围岩观测和探测，做好地应力、岩层松动圈和岩石物理特性等方面的测试分析，科学确定支护方式、支护参数、提高矿井支护水平，适应安全生产的需要。

（5）提高安全质量标准化水平。要保证安全高效特级矿井水平，实现动态达标。要在各个环节上严格执行标准，尤其是在设备、设施等产品的采购中，严禁不合格产品进入矿井。注重员工思想作风，做好日常管理，并坚持落实安全质量标准化检查制度，使矿井时刻保持达标状态，促进安全质量标准化工作健康发展。

（6）加大安全生产监管力度，严格落实安全生产责任制，实行重奖重罚政策。矿井领导、科室、区队干部必须认真执行领导干部下井带班制度，带班领导要重点抓好安全隐患的整治和处理。强化现场安全管理，要充分发挥“两长、三员”在生产过程中的安全监管作用，把抓好安全、反“三违”、除隐患作为消灭事故根源的重点。

山西中新唐山沟煤业有限责任公司

一、矿井概况

唐山沟煤业有限责任公司位于大同市西北部新荣区上深涧乡刘安窑村及张旺庄村一带，距大同市约30 km，行政区划隶属大同市新荣区。井田的地理坐标为东经112°57′07″～113°02′18″，北纬40°09′35″～40°11′50″。井田形状大致呈三角形，南北宽约3.5 km，东西长约7.4 km，面积12.1474 km^2。

矿井为斜井开拓，开采水平为+1160 m、+1120 m，布置“两采四掘”。主斜井净宽4.9 m，斜长557.8 m，倾角29°，安装ST2500型带式输送机作为矿井的主提升井、进风井兼安全出口。副斜井净宽3.4 m，斜长645.6 m，倾角23°17″，安装JK－2.5×2E型单滚筒缠绕式提升机作为矿井的辅助提升、进风井兼安全出口。进风行人斜井净宽3.0 m，斜长597.7 m，倾角25°20″，安装RJY45型架空乘人装置运输人员，作为矿井的主进风兼安全出口。1号、2号回风井作为矿井的主回风井兼安全出口。主斜井井底设有煤仓，工作面刮板输送机和顺槽及盘区带式输送机将煤转载至煤仓，由主斜井带式输送机提升至地面储煤仓。

二、2011年主要技术经济指标

原煤产量120万t。掘进进尺10394.7 m。2011年矿井无伤亡事故，百万吨死亡率为0，实现了安全生产，达到了本质安全型矿井的标准。截止到2011年年底，开拓煤量515.5万t，可采期3.1 a；准备煤量195.1万t，可采期1.2 a；回采煤量70.1万t，可采期7个月。原煤生产人员效率为5.1 t/工。实现利润26589.3万元。唐山沟煤业综采机械化程度100%，综掘机械化程度94.5%，矿井综合单产9.17万t/(个·月)。

三、安全高效矿井建设的主要做法

（1）在安全管理中，坚持以人为本，注重机制创新，建立起了以安全思想教育为先导，以群防群治为基础的“三位一体”安全管理模式，构筑安全思想防线，坚持以打造本质安全为目标，深入开展《建设和谐矿井》

和《深入实践科学发展观》活动，通过理念渗透，行为养成，努力做到用安全文化塑造人，安全理念引导人，安全培训提高人，安全制度规范人，逐步构建安全思想教育的长效机制。2011 年，按照上级党委的安排部署，在公司上下开展了一场自上而下的学习实践科学发展观活动，通过板报、标语、广播等多种宣传工具和举办一系列的座谈会、演讲、知识竞赛、合理化建议大评比等多种活动形式，起到了党员干部受教育，科学发展上水平，职工群众得实惠的效果，受到了上级公司的一致好评。

（2）强化业务保安，严把安全技术关。认真落实隐患排查制度，对安全工作中的突出性重点问题、苗头性隐患问题、关键性技术问题、反复性难点问题，超前制定完善防范措施，并加大检查和防范力度，把安全隐患消灭在萌芽状态。2011 年对每次检查查出的所有隐患全部按照“三定”原则进行了整改处理，实现了安全工作的持续改进。

（3）落实安全责任制，严把安全奖惩考核关。建立安全责任体系，完善各级管理人员和各工种人员安全责任制、职能部门业务保安责任制及相关配套考核办法，改制后分级进行安全风险抵押考核和个人安全账户考核管理，加大奖惩和考核力度，对评选出的“优秀班组长”颁发荣誉证书和一定价值的奖品。

（4）积极开展质量标准化建设，建立健全安全质量标准化体系，加大安全质量标准化培训力度，职工的业务素质、技术素质和安全文化素质有进一步提高，为安全质量标准化工作奠定了坚实的思想基础。

（5）安全检查是煤矿安全管理的重要手段，是确保动态安全的重要措施。我们在坚持专项检查、突击检查、日常督查的基础上，不断创新安全检查思路，推行了安全检查、整改、复查、考核“闭合”管理办法，大大增强了检查人员和被检查单位的责任心，有效地解决了检查中形式主义和走过场的问题。

黑龙江龙煤矿业集团股份有限公司鸡西分公司城山煤矿

一、矿井概况

龙煤集团鸡西分公司城山煤矿位于鸡西市穆棱河北部，全矿井走向长7.6 km，倾斜长5.0 km，面积38.0 km^2。

城山煤矿于1939年成立，1980年集中改造为城山矿立井，矿井设计生产能力240万t/a，现生产能力已达到240万t/a。

矿井采用立井开拓，采用上、下山联合布置的开拓方式，矿井主要分为四个采区，分别为二采区、中部采区、东一采区、东三采区，分别由西主运、中部区运输石门、东主运与井底相连，构成井下运输系统。矿井采用走向长壁或倾斜长壁采煤法，回采工艺为综采或高档。

二、2011年主要技术经济指标

矿井全年计划产量240万t，实际完成239.97万t。掘进进尺全年计划28000 m，实际完成32379 m，完成计划115.6%。百万吨死亡率为0，实现了质量标准化一级矿井。原煤生产人员效率全年计划8.0 t/工，实际完成8.08 t/工，完成计划101%。综合单产实际完成9.096万t/(个·月)。矿井职工人均收入38947元。矿井采煤机械程度100%，掘进装载机械化程度100%，综采机械化程度85%，综掘机械化程度35.2%。矿井采区采出率为86.59%。

三、安全高效矿井建设的主要做法

（一）筑牢根基抓推进，安全质量有提高

强化瓦斯综合治理。中心泵站增设一台水环式真空泵，施工隔爆室，形成了高低浓度分离抽采系统，抽采能力达到70～90 m^3/min。通过严格落实《瓦斯治理刚性规定》，配足瓦斯治理专业人员，抓瓦斯抽采工程的施工质量和进度，引进履带式钻机，提高了抽采效果。矿井瓦斯综合抽采率达到

52%，工作面抽采率达到75%以上，瓦斯综合治理由治标向治本转变，有效杜绝了瓦斯事故。

强化质量标准化建设。掘进安全重点巷道采取全封闭支护，严格执行“逢掘必探”规定，强化小班验收单管理，提高了巷道支护强度和安全防御能力；积极开展自检自验达标工作，对采煤优良品工程按工资总额3%奖励，掘进队组按工资总额5%奖励，不合格品工程分别按工资总额10%处罚，安全基础在巩固中提高。

（二）科学组织抓调整，生产规模有提升

采煤队组在不同的区域内，受到采场矿压大、支护困难、两帮内移、遇断层、重复开帮拉底、频繁搬家倒面等困难的制约下，不畏惧，通过科学组织，强化现场管理，综采年产达到184.69万t，保持着良好的发展态势。

改造系统增能力。西主运道、矸石山绞车道更换了43 kg重轨2000余米，改造了四个采区主运绞车变频电控，主井绞车安装了油位控制器。副井更换首尾绳，延井壁铺设第六趟电缆，确保供电安全可靠，提高了矿井综合生产能力。

（三）优化布局抓接续，科学组织保接续

一是形成保接续攻坚合力。召开了“保接续掘进工作会”，制定了《掘进专业风险抵押金奖惩办法》，并签订了责任状。二是科学组织调整布局，为完成全年原煤产量目标奠定了基础。

（四）科技兴矿多元化，持续发展有依托

科技创新促发展。自行施工大倾角皮带硫化工艺，引进钻孔施工单孔流量计和测斜仪，在井下车场安装使用预警信号装置，投用了自主研制的行程喷雾、皮带架式撞击喷雾、红外线转载喷雾、风门连锁卡子，在145工作面安装了微震系统和围岩应力在线监测系统。

（五）协调发展促和谐

投用600多万元治理矿区周边沉陷区，维护了矿区的和谐稳定。

黑龙江龙煤矿业集团股份有限公司
鸡西分公司杏花煤矿

一、矿井概况

杏花煤矿是1986年投产的大型矿井，设计能力为1.20 Mt/a，通过不间断的安全高效矿井建设，2007年核定能力为2.00 Mt/a，2008年达产2.00 Mt。

杏花煤矿位于黑龙江省鸡东县哈达镇境内，距鸡西市11.5 km。井田走向长8.2 km，倾斜长4.2 km，井田面积约为35 km^2。开采标高为+240～-800 m。井田内含可采煤层15层，煤层总厚度5.7～14.45 m。23号、28号、30号、54号为全部可采，其余为部分可采。煤质硬度为1.3～2.3，煤层倾角5°～34°。井田内断层纵横交错，构造复杂。截止到2009年末剩余地质储量11781万t，可采储量6847万t。矿井属于高瓦斯矿井，无煤与瓦斯突出危险，无自然发火倾向，有煤尘爆炸危险，煤尘爆炸指数33.45%～49.68%。矿井正常涌水量120 m^3/h，最大涌水量135 m^3/h。

矿井采用立井多水平上下山开拓，现开采一水平标高为-300 m，二水平（标高-650 m）改扩建正在施工。矿井现有两个综采队，五个综掘队，九个普掘队，采掘比1∶7，采掘关系正常。

二、2011年主要技术经济指标

原煤生产人员效率12.684 t/工。综合单产12.38万t/(个·月)。综合单进190.3 m/(个·月)。采区采出率85.2%。采煤机械化程度100%，综掘机械化程度51.5%。百万吨死亡率为0。

三、安全高效矿井建设的主要做法

（一）发展机械化提高单产、单进，减少人员提高效率

发展机械化是提高单产、单进，实现减人提效的最佳途径。随着采深的增加，矿压逐渐增大，以往的支架越来越不能满足采场的要求。这就需要高阻力支架、大功率采机并与之相配套的连续化设备。

杏花煤矿引进综合机械化 EBZ260 型综掘机，将之应用到半煤岩巷道施工中，以解决薄煤层施工巷道效率不高的问题，提高平均单进。

（二）依靠信息化、自动化管理和监控手段减少井下作业人员数量

依靠信息化、自动化管理和各种监控手段发挥技术优势，大量减少固定岗位人员占用。其顺序从地面到井下逐渐进行，需投入资金逐渐落实，使之与不断增强的系统能力相匹配。

（三）加强定员管理，分离与计效无关人员，提高全员效率

2010—2011 年度通过全面对各管理和井下作业人员按一职多能原则实行极限定员，精化干部、工人队伍，精减员工 1300 人。煤矿现有人员 4997 人，洗选加工和生活服务人员等与原煤生产无关工种人员可从计效人员中分离 2246 人，实际计效人员 2751 人，年末达到 2666 人以下，真实反映了煤矿生产员工效率。

（四）合理开拓布局，实现集中生产、提高矿井综合生产能力

杏花矿现有 7 个自然采区、2 个采煤队、14 个掘进队。其布局不合理，通过管理的不断提升和矿井机械化的提高，自然采区确定为 5 个（两个生产采区、两个准备采区、一个开拓采区）。相继封闭了两个采区，使矿井达到合理的采区布局。为打造回采百万吨以上队组创造条件，以提高矿井综合生产能力。

黑龙江龙煤矿业集团股份有限公司鸡西分公司东山煤矿

一、矿井概况

矿井位于黑龙江省鸡西市恒山区，在鸡西西南 12.5 km 处，距恒山东南约 3.7 km，距恒山火车站约 2 km，矿井有专用铁路线与国铁连接，鸡图公路在矿井北面通过。井田东部和双河矿相邻，以 F16—F19 断层为界；西部和原大恒山煤矿相邻，以 F27—F50 为界；南部暂以小恒山和艳胜村为界；北部以恒山火车站为界，北起 -40 m 标高，南至 -700 m 标高。煤田走向 6.0 km，倾斜 6.2 km，面积 37 km^2。

矿井地质储量 18726.27 万 t，煤种为 1/3 焦煤，可采储量 9571.64 万 t，矿井预计服务年限 30.3 a。

东山矿为综合开拓方式，采用一立二斜多水平开拓，采区为分区布置。现在开采水平为三水平，最大开采垂深超过了 800 m。

二、2011 年主要技术经济指标

矿井产量完成 179.22 万 t。掘进进尺完成 22046 m，完成计划 100%。百万吨死亡率 0。原煤生产人员效率完成 6.7 t/工。综合单产完成 7.145 万 t/(个・月)。综合单进实际完成 177.8 m/(个・月)。矿井职工人均收入 39104 元。矿区绿化覆盖率 40.1%，设备完好率均达到 100%，污水处理、外排均达到国家标准。矿井采煤机械程度 100%，掘进装载机械化程度 100%，综掘机械化程度 36.4%。矿井采区采出率为 85.1%。

三、安全高效矿井建设的主要做法

（一）加强矿井“一通三防”的防治力度

始终把一通三防工作作为全矿工作的重中之重、首要工作来抓。一是完善矿井通风系统、合理进行风量分配、减小矿井通风阻力，确保矿井有效风量富裕，同时进一步加强瓦斯监测监控管理力度，确保矿井瓦斯得到有效监测治理。二是加强防尘防火监测管理力度，综掘工作面努力改善防尘风机的防尘效果，改善掘进工作面防尘洒水设施，采煤工作面超前进行本煤层注水、增加了煤层含水性，并完善了采煤机的内外喷雾设施，从源头上消除了煤尘隐患。同时矿井加大了机电设备的防爆管理力度，完善了机电设备各种保护设施，矿井材料全部采用了阻燃产品，从本质上消除各种隐患的存在。

（二）精心谋划保接续

本着边生产边调整战略的原则，东山矿目前已形成2个生产采区（西采区7号下、五采区6A层），4个准备采区（六采区3号层、四采区1号层、五采区3号层、东采区1号层），矿井布局日趋合理，为全年上总量奠定了坚实的基础。

（三）坚持正规循环

以“安全高效”为目标，以“非正规循环的进尺坚决不要”为原则，在生产过程中不冒进，以技术力量为指导，量力而为，由技术人员现场制定当班任务，从而达到了百万吨零死亡率。

（四）更新技术装备

煤矿二段主运输系统由原来的3T底卸式矿车改为钢丝绳牵引带式输送机，大大提高了运输效率。在西采区7号层投入了大功率现代化设备，如ZZ6200型液压支架、MG500/1180－WD型采煤机、SGZ800/1050型刮板输送机、SZZ1000/400型转载机，这些技术装备为煤矿的安全高效生产提供了可靠的保障。

（五）严细管理保运转

东山矿机械化程度高、运输战线长、设备多，机电运输是制约生产的重点。今年以来用精细化管理把握生产全过程。机械抓油脂，供电抓保护，运输抓环境，责任抓落实。从带式输送机、刮板输送机到采煤机，从管线吊挂到注油，从各种工具到备件，从检修质量到包机，从日常检修到维修，从设备安装到使用，甚至是设备入井到运送都做了明确的规定，干部员工包机、管电、重保养的责任意识在不断加强。

（六）加强培训提高人员素质

制订了近期和长远培训规划，新工人入井前培训率、各种轮训调学率、全员持证率均达到100%。全年举办各种培训班81期，培训1716人。先后有64人获得了公司总经理安全奖学金。

黑龙江龙煤矿业集团股份有限公司鸡西分公司正阳煤矿

一、矿井概况

正阳煤矿位于黑龙江省鸡西市城子河区境内，距鸡西市区约 10 km。于 1958 年建矿，1960 年 1 月份投产，经过三次矿井改扩建后，设计能力达到 150 万 t/a，核定能力达到 180 万 t/a。井田走向长 4. 9 km，倾斜长 3 km，井田面积约 14. 7 km^2。截止到 2011 年末，剩余地质储量 5990. 68 万 t，剩余可采储量 5720. 92 万 t。矿井属高瓦斯矿井，绝对涌出量 40. 74 m^3/min，相对涌出量 12. 54 m^3/t，无煤与瓦斯突出危险，无自然发火倾向，有煤尘爆炸危险，煤尘爆炸指数 44. 53% ~62. 80%。矿井地层走向为东西向，向南倾斜，区内构造以断层和褶曲为主要表现形式，构造复杂，全区共有可采煤层 16 层，总厚度 21 m。煤种为 1/3 焦煤，煤层结构由简单到复杂不一。

二、2011 年主要技术经济指标

2011 年原煤产量 179. 7 万 t，完成计划的 112. 3%，其中全年产量和 3 月份月产 18 万 t，均刷新建矿生产纪录，6 月份 185 队月产 14 万 t、9 月份 183 队月产 3. 05 万 t，均创造矿当年最好成绩。掘进进尺 28770 m，完成计划的 110. 7%，其中 8 月份 303 乙队月进 752 m 创建矿最新纪录。原煤生产人员效率 5. 18 t/工，完成计划的 103. 6%。员工人均年收入 4. 41 万元，同比增幅 21%。吨煤售价完成 263. 5 元/t，销售收入同比提高 5134 万元，实现利润 1094 万元。百万吨死亡率 0. 56。各项技术经济指标均达到煤炭行业二级安全高效矿井标准。

三、安全高效矿井建设的主要做法

（一）突出重点，创新机制，提高安全管理

加大安全资金投入，全年投入 764 万元用于安全基础建设，矿井安全保障能力得到提高，矿井通风降阻工程完成 1000 m，突出“三精”目标，制

定刚性制度，落实安全生产责任，提高安全管理的规范化、制度化水平，从严标准，加大安全质量标准化建设，开展各级培训班，按标准实施验收，进行动态检查、动态达标，形成“矿级领导牵头督导、职能部门具体推进、基层井科具体实施”的工作体系，全面提升了矿井形象，全年达到一级质量标准化矿井验收标准。

（二）调整布局，抢抓接续，保证发展后劲

加快调整，理顺采掘关系，强化4个王牌队伍建设，持续推进队组创水平，既提高了单进，又降低了劳动强度，全年投入EBZ150A型、EBZ260型掘进机各1台。全年开拓煤量完成733.24万t，准备煤量完成210.77万t，采出煤量完成186.56万t，做到“三量”均衡合理，矿井备用采面充足。积极开展“4321”创水平活动，努力提高单进水平，掘进队组先后实现创水平29次。

（三）精心组织，科学回采，巩固生产规模

在一采36B号、四采2号层工作面投入730型大功率采煤机，在四采2号层左二工作面投入147台新型液压支架，使采煤队生产能力得以全面发挥，全矿最高月产达14万t以上。生产过程以正规循环为主，精心组织，计划检修，均衡生产，实行小班生产质量验收制度，矿级领导带班入井调研写实，跟班管理，解决实际问题，保证了生产稳定发展，实现了稳产高产。

（四）强化管理，挖潜降成，提升经济效益

把“管理决定效益”贯穿生产经营全过程，狠抓煤质保增收，调整生产布局，合理配采量，源头监管，掘进煤岩分装、煤水分流。坚持“四定一限”管理，堵漏增收，开展修旧利废，修旧物资品种增至36种，修旧产值556万元，制新产值317万元，回收废旧物资135万元。全矿各战线加强成本管理，细化班组核算，推行精细管理，强化过程掌控，全面兑现承包方案。

（五）福惠员工，强化培训，实施人才兴企

通过班组建设，全员培训，组织各岗位工种知识竞赛和技术比武等活动，对成绩突出、活学活用的干部、员工给予奖励，充分调动了员工提素质、钻业务的积极性，干部员工综合素质大幅度提高，进而培养了一批过硬的队伍，为安全高效矿井建设提供了人才保证。现矿级管理人员大专以上文化程度100%，矿井管理人员中专以上文化程度100%，采掘工作面工人初中以上文化程度100%。

黑龙江龙煤矿业集团股份有限公司双鸭山分公司新安煤矿

一、矿井概况

新安煤矿隶属龙煤矿业集团，企业全称为龙煤矿业集团有限公司双鸭山分公司新安煤矿，属大型国有企业。新安煤矿位于黑龙江省双鸭山市友谊县境内，东、西、北三面以各煤层露头为可采边界，南面以南部大断裂为边界，是一座设计能力150万t/a的大型矿井，通过后期系统改造，2011年核定能力变更为240万t/a，新安矿井田走向长度为6.72 km，倾向长度4 km，矿区面积26.88 km^2。

新安煤矿矿井开拓方式为集中皮带斜井、水平运输大巷、分组采区上下山、采区石门开拓。矿井通风方式为中央分列与两翼对角混合式通风，有四个进风井：主井、一副井、二副井、二区一段井，两个回风井：中央区风井、二区风井。主要通风机采用抽出式工作方法。共水平划分为两个水平九个采区，其中生产采区为六采区、七采区、南翼采区，开拓采区为八采区。水平划分为两个：一水平大巷标高设在－200 m。二水平大巷标高设在－500 m，采煤采用单一走向长壁后退式采煤法，全部垮落法管理顶板，综合机械化采煤工艺。

新安矿不断加大采掘装备更新。根据矿井实际，通过引进新装备，不断提高装机容量和单产、单进水平，发挥机械的最大效能。近年来在采煤机更新方面，煤矿先后由MG－200型更新为MG－320、MG－601、MG－700、MG－1140型采煤机；液压支架主要以ZZ－4200、ZY－5400、kx－2800型为主，带式输送机也已由80型、150型带式输送机更新为180、220、320、630型。掘进引进多功能钻装一体机CMZY2－120/8型，耙装机ZWY－120/58L型，综掘机EBZ150A型和EBZ160IY型。

二、2011年主要技术经济指标

2011年生产原煤208.78万t，采煤工作面年产203.21万t。原煤生产人员效率8.13 t/工。矿井综合单产85239 t/（个·月）。完成掘进总进尺32016 m。采区采出率88%。全矿全年实现利润4388万元，员工人均年收入达到3.93万元，同比增幅18%。采煤沿空留巷2204 m。百万吨死亡率为0。

三、安全高效矿井建设的主要做法

新安煤矿地质条件复杂，目前矿井开采深度800 m。顺槽起伏变化大，这种不利的客观因素在较大程度上制约着矿井生产。对此，煤矿深刻认识到：依靠科技进步，提高生产经营水平，实现总量规模扩张，才能求得低成本、高效率、高效益。坚持走质量效益型的矿井发展之路，是在市场经济条件下赢得竞争、实现快速、持续、健康发展的重要手段和途径。因此，全矿认真贯彻上级各项安全工作指示、指令，推动人本安全管理，实施科技兴矿、创建本质安全矿井，牢固树立安全才能发展、发展必须安全的思想。同时通过积极开展采掘设备改造和技术更新，采煤工作面采用大功率装备，工作面的生产能力大幅度提高，使矿井生产能力迅速提高，煤炭生产取得了优异成绩，为全面建设安全高效矿井谱写了矿井建设发展史上的新乐章。

黑龙江龙煤矿业集团股份有限公司 双鸭山分公司东荣二矿

一、矿井概况

东荣二矿隶属于黑龙江省龙煤股份有限公司双鸭山分公司，位于黑龙江省双鸭山市集贤县境内，处于三江平原腹地。2007年矿井核定生产能力为2.6 Mt/a，井田面积45 km^2。东荣二矿煤层具有自然发火倾向性，煤层自然发火期3～6个月。

矿井现为瓦斯矿井，煤尘有爆炸危险，正常涌水量235.5 m^3/h，最大涌水量248 m^3/h，各煤层顶板类别均在一级Ⅱ类以上。

截止到2011年末，东荣二矿剩余地质储量25478.9万t，可回采储量11686.6万t，按年产量240 t计算，矿井剩余服务年限为32 a。东荣二矿广泛采用单一走向长壁后退式回采工艺。2011年，单一倾向长壁后退式回采工艺成功回采。

二、2011年主要技术经济指标

矿井产量178.1万t。综合单产109148 t/(个·月)。原煤生产人员效率9.284 t/工。综采机械化程度100%，综掘机械化程度46.68%。采区采出率85.2%。利润完成105万元，人均工资5.56万元。百万吨死亡率为0。

三、安全高效矿井建设的主要做法

坚持安全发展、高效发展是东荣二矿永恒的指导方针，近几年大力发展的国产综采电液控智能工作面取得了明显成效，较好地适应了东荣二矿的开采条件，为进一步实现安全高效开采与可持续发展奠定了基础。

（1）综采电液控智能工作面的投用，不仅解决了国外进口设备价格昂贵的问题，而且实现了电液控工作面的百分之百使用。综采工作面实现了支架的成组动作，实现了支架单动作控制、自动移架控制、支架成组动作控制、成组自动推移刮板输送机、成组自动喷雾，提高了综采自动化程度，加快了支架的动作速度，减少了作业人员劳动量，提高了生产效率，极大地解放了综采工作面的劳动强度。

2010 年起，东荣二矿打破传统综采回采工艺，先后引进了厚煤层、中厚煤层、薄及中厚煤层和薄煤层 4 套电液控综采工作面，实现了综采工作面成组拉架、移刮板输送机及各种设备运行状态及数据上传功能，有效地解放了生产力，使两个综采队作业人员从 140 人降到 98 人，全年共减少工时 26208 个。

（2）2011 年 12 月龙煤首个 300 m 智能加长工作面在东荣二矿正式投产，需要液压支架 200 部，生产班按照 2.0 刀煤计算，需要手动伸（缩）护帮板、伸（缩）平衡、升（降）立柱、拉架、推移刮板输送机等 2000 余动作，工作负担大，工人的作业强度高。工作面从业人员大幅度提高，不仅大幅度增加了生产成本，而且从业人员的安全无法得到有效的保证。

通过国产电液控装备的投用，工作面平均日产量可提高 930 t，平均月可增产 27900 t；采煤工作面生产效率提高了 12. 23 t/工，月增加销售收入 2092. 5 万元。有效提高煤炭资源采出率，减少了区段煤柱损失 11. 8 万 t；减少回采巷道掘进 2500 m，减少掘进、搬家费用投入 715 万元，累计直接经济效益 34439 万元，效果十分显著。

徐州矿务集团有限公司夹河煤矿

一、矿井概况

夹河煤矿是徐州矿务集团公司主力矿井之一，1970 年投产，核定生产能力 140 万 t/a。位于江苏省徐州市西北 11 km 处泉山区境内，主井坐标东经 117°5′13″，北纬 34°18′47″。地面标高 +34 ~ +43 m，主采水平为 -1010 m 水平、-1200 m 水平，属深部矿井。

夹河煤矿主采煤层为 2 煤、7 煤和 9 煤，煤层倾角 27°，属难采煤层。有煤与瓦斯突出危险，为煤与瓦斯突出矿井。夹河煤矿采用立井、暗斜井多水平开拓，混合式通风，采区前进式、区内后退式综合机械化采煤。

二、2011 年主要技术经济指标

2011 年，全年共完成原煤计效产量 131 万 t。企业百万吨死亡率为 0，质量标准化水平继续保持行业一级水平。实现利润 4550 万元，在岗职工平均收入达到 4. 8 万元，同比增幅 15. 12%。采煤机械化程度 100%，掘进装载机械化程度 100%，综采程度 100%，综掘机械化程度 37. 6%。采区采出率 91. 3%。矿井综合单产 6. 26 万 t/(个 · 月)。矿井原煤生产人员效率 7. 85 t/工。

三、安全高效矿井建设的主要做法

（一）统一思想，提升认识，坚定信心创安全高效矿井

夹河矿是 1994 年建成的原煤炭部首批部级安全高效矿井之一，连续十四年保持了部级安全高效矿井称号。对于是否继续创安全高效矿井，部分干部职工存在不同看法，对部分同志思想上出现的不良认识、可能制约和妨碍夹河矿巩固安全高效矿井建设步伐的不利因素，矿党政领导班子结合多年来的创建实践，及时召开了多种形式的专题会议，统一思想，提升境界，达成共识；并利用多种有效载体，广泛宣传发动，讲清形势，要求全矿干部职工不要囿于固有的思想模式，突破思维定势，大胆创新，充分认识到建设高质量的安全高效矿井是练好内功、增强企业核心竞争力、保持矿井稳健和谐发

展的必由之路。通过层层发动，深化认识，加强引导，消除了部分职工的自满情绪和不良认识。矿党政抓住这一有利时机，因势利导，在年初矿党委及安全两大工作会议上适时提出了继续保持和巩固高标准的安全高效矿井奋斗目标，坚定了全体干部职工建设高质量的安全高效矿井的决心和信心。

（二）夯实基础，创新管理，矿井本质安全程度明显提高

一是以提高人的本质安全程度为重点，着力规范职工行为，深入开展现场隐患排查、不合格工程及安全生产事故系统追究，提高了全矿干部职工的系统安全意识。二是加大“三违”治理力度，狠抓各项奖罚措施兑现，对治理“三违”不力的管理人员严格实施“黄牌”警告、诫勉谈话和组织处理，“三违”治理工作始终保持积极稳健推进态势，“三违”发生率和事故率有了明显下降。三是开展质量标准化创新，努力夯实安全基础，实施安全质量风险抵押，构建了安全质量标准化责任风险考核体系，形成了人人想安全、人人保安全的正向利益驱动机制。四是健全矿井灾害预防体系，完善监测监控系统，着力提高安全装备水平，提升了矿井的本质安全程度，为矿井稳健和谐发展营造了良好环境。

（三）合理布局，周密安排，煤炭生产集约化水平稳步提升

2011 年，矿井因工作面地质条件变化，实际储量明显减少，能否确保全年计划完成面临着重大压力。面对困难，矿党政通过精心谋划、科学定位，合理采区布置，优化劳动力配置，加快掘进速度，提高单进水平，实施与安全高效矿井标准相配套的生产模式，保证了原煤产量的超额完成。定期开展接续分析，科学编制作业计划，合理生产工序衔接，强化工作质量和生产事故考核，保证了产量水平的基本稳定。大力提高机械化水平，着力优化生产系统和环节，科学组织生产，全员效率逐步提升。推广应用新技术新装备，保证了矿井安全高效生产。

徐州矿务集团有限公司庞庄煤矿张小楼井

一、矿井概况

庞庄煤矿由庞庄井、东城井、张小楼井三个矿井组成，分别投产于1965年、1964年和1973年。1992年8月1日，原张小楼煤矿经徐煤党发〔1992〕37号文批准，撤销矿级建制并入庞庄煤矿，成为庞庄煤矿张小楼井。张小楼井1990年开始改扩建，2006年通过竣工验收，设计生产能力为105万t/a，2006年核定能力为120万t/a，开采深度在-1000 m以下，目前开采深度在-1025 m，属于深部开采矿井。

张小楼井田位于徐州煤田九里山向斜中段张小楼背斜北翼。矿井开拓方式为立井开拓，水平集中大巷布置，采用暗斜井将水平与采区相连。开采方法为走向长壁后退式综合机械化开采，采用全部垮落法管理顶板。

二、2011年主要技术经济指标

2011年张小楼井产量115.27万t。采、掘机械化程度达到100%，其中综采机械化程度为100%，综掘机械化程度为51.26%。采区采出率97.33%，工作面采出率为98.5%，达到规定标准。张小楼井原煤生产人员效率7.357 t/工。吨煤成本为394.75元/t。百万吨死亡率为0。质量标准化达到一级标准。矿井综合单产达到9.4万t/(个·月)。职工年收入达到7.05万元，同比增幅21%。在消除大量增支因素的情况下，实现利润57951.66万元，巩固了行业级安全高效矿井建设的成果。

三、安全高效矿井建设的主要做法

（一）安全保障更加坚实有力

2011年，内、外部6对井口，3个独立项目部，安全管控战线长、难度大。以“安全唯一”原则处理安全与生产的关系，从容有序组织生产。构建全覆盖的安全网络体系，实行副总以上矿领导包保、重点头面工作组把关、变化管理现场会审等制度。推行季度安全风险抵押和全员安全台阶奖励，发放安全嘉奖3700万元。狠抓安全执行力和责任制落实，强势安全问责。高度重视瓦斯治理和防冲工作，完成降阻工程2800 m，完成瓦斯抽采量240 m^3。加快装备“20推”项目的升级改造工作，完成大功率综采综掘设备、斜巷安全设施远程自动控制等14项推广项目。坚持动态专项检查和隐患排查闭合管理，突出机电会战和运输治乱，深度实施标准化创建，安全防范工作逐步向制度化、规范化迈进。

（二）调整优化生产布局，大力发展采煤机械化

张小楼井2006年通过改扩建验收，核定产量为120万t/a。张小楼井配备1个综采区队，4个掘进区队，采掘机械化达到100%，综掘机械化程度为51.26%。为进一步提升全矿集约化生产水平，先后组织开展了95202、75214、95206、75215、95211、95208等工作面快掘快进劳动竞赛，确保了矿井生产接续平稳有序。对综采工作面安装、拆除实行目标管理、挂图作战，先后安装了75213、95202、75214、95206、95211等综采工作面。拆除了95209、95202、75213等工作面。

（三）根据市场变化动态调整煤炭产品结构，实现产量、煤质的可调可控

落实“减头、减面、减人”措施，狠抓采掘布局时间空间平衡。推进张小楼井系统优化与装备升级，改造小湖系带式输送机和主井提升系统，主井日提升量稳定在450钩，为综采工作面产能的发挥奠定了基础。根据采区地质状况，采取七煤与九煤、厚薄煤层配采等措施，稳定煤质。

（四）经营业绩保持本部矿井前列

发挥张小楼井重介选煤厂效能，张小楼井选煤厂调试达产周期创同类选煤厂最高水平，选精煤70万t，精煤采出率57%。通过优质服务、诚信经营，新开发了信誉好、实力强的精煤客户。扎实开展经营风险防范工作，对材料费、电费、租赁费等成本投入，实行切块包干、弹性管理、超前干预、现场考核。严控单项工程、零活工程工资支付，单项工程费用同比下降10%以上。

徐州矿务集团有限公司宝鸡秦源煤业有限公司

一、矿井概况

宝鸡秦源煤业有限公司是由宝鸡市政府与徐州矿务集团有限公司于2003年12月共同投资，在原宝鸡市戚家坡煤矿基础上改制而成，公司隶属于宝鸡市国资委，为国有地方煤矿。矿井位于陕西省宝鸡市西北千阳县与陇县交界处的东风镇戚家坡村，距宝鸡市60 km，宝鸡—中卫铁路和宝鸡—平凉公路分别从井田西部境外通过，交通便利。井田平面范围由7个拐点坐标圈定，南北倾斜宽3.2 km，东西走向长3.7 km，井田面积11 km^2，开采深度在+640~+200 m高程之间。矿井主要开采侏罗系延安组下煤层，煤层厚度平均为6 m，最厚为10 m，倾角平均26°，最大为40°；煤质为中灰、特低硫、低磷长焰煤；煤炭有自燃倾向性，属易自燃煤层，低瓦斯矿井。截止到2011年末，矿井剩余地质储量2516万t，可采储量1911万t，井田外围有普查地质储量5700万t。

矿井采用斜井单水平开拓，一井一面组织生产，矿井分为南、北翼两个采区，综采工区在两个采区间交替开采，采掘接续正常，开采程序符合有关规定。工作面采用走向长壁式综采放顶煤工艺，煤层厚度平均为6 m，最厚为10 m，倾角平均26°，最大为40°。装备ZFS8000/17/28型综采放顶煤支架、MG300/700-WD型双滚筒电牵引采煤机、SGZ764/630刮板输送机和转载机、破碎机。

二、2011年主要技术经济指标

2011年生产原煤140万t。营业收入62088万元，实现利润26000万元，职工人均年收入达到9.7万元，同比增幅17%。全矿井一井一面生产，综合单产达到12.5万t/(个·月)，工作面日最高产量达到5800 t。全矿2011年生产天数为320天。原煤生产人员效率最高达到12.77 t/工，全年平均为11.96 t/工。

三、安全高效矿井建设的主要做法

2011年，宝鸡秦源煤业有限公司杜绝了重伤以上人身安全事故和二级以上非伤亡事故，实现了安全生产年，企业也连续实现安全生产1800天。在安全生产管理方面，主要有以下做法。

（1）依靠科技进步，加大安全投入，优化系统，提高装备水平和安全设施、机电运输设备的安全性、可靠性，为矿井安全提供良好的硬件平台。

（2）加强重大安全隐患排查治理工作，狠抓质量标准化工作主线，以质量保安全，以质量促生产。

（3）抓好安全生产宣传和教育培训工作，狠抓员工不安全行为治理和管理人员安全检查不履职行为考核。

（4）健全独立的安全监察机构，按实际需要配备安全监察人员，突出安全监察工作重点，强化安全监督职能，狠抓事故隐患的查处，确保矿井安全生产。

（5）加强信息化建设和管理。公司自成立以来，先后建成了矿井KJ90安全监控系统、束管监测系统、变电所自动控制系统、工作面集控系统、通风仿真系统、泵房自动控制系统、斜巷运输监控系统、人员定位系统等，地面建成办公自动化信息平台，实现了公文处理、人力资源管理、销售财务管理、安全信息管理等信息化办公。

靖远煤业集团有限责任公司魏家地煤矿

一、矿井概况

魏家地煤矿位于甘肃省白银市平川区境内，井田地理位置为北纬36°40′~36°43′，东经104°52′~104°53′，距兰州市150 km，距白银市80 km。国道109线及丹拉高速穿过矿区，白宝铁路长征站距矿区7.5 km，并有支线通过矿区，交通非常便利。

魏家地井田主体构造十分复杂，矿井目前开采深度达到570 m。煤层顶底板松软，属典型的“三软”煤层，煤层硬度较小，煤层硬度系数为0.5~1.0。可采一、三两层煤均有煤与瓦斯突出危险，属煤与瓦斯突出矿井。

矿井采用综采放顶煤一次采全高全部垮落法管理顶板的采煤方法。

二、2011年主要技术经济指标

生产原煤200万t，完成年初计划的100%，最高单产18万t/(个·月)。掘进总进尺完成9655 m，完成计划的101.4%，最高单进220 m/(个·月)。综合成本控制有效，实际完成235.08元/t。实现利润1892万元，人均年收入9.48万元，同比增幅15.6%。原煤生产人员效率9.6 t/工。采煤机械化程度达到100%。矿井采出率达到76.6%以上。百万吨死亡率为0，达到国家一级质量标准化矿井。实现安全生产1886天，全年累计发生轻伤6人次，连续两年杜绝了重伤及二级以上非伤亡事故。

三、安全高效矿井建设的主要做法

（一）突出安全发展，安全管理基础进一步夯实

严格执行既定的安全管理办法，坚持矿领导和部室长带班下井，实行重点工程安全风险抵押，加大安全责任考核，实行安全目标预控，对采掘重点区域进行安全评估，建立不安全因素排查机制。进一步完善矿井通风系统、监测系统、防灭火、供电、运输系统，提升了矿井安全装备水平。加强瓦斯治理，提高了瓦斯抽采能力。将隐患排查治理贯穿于安全生产全过程，严格落实瓦斯治理“十六字”体系和“四位一体”防突措施，瓦斯超限次数较

上年度有大幅度下降，杜绝了瓦斯超限作业现象；注重防灭火和防尘工作，加强顶板管理，大力开展机运专项整治活动。强化考核，加大“反三违”力度，严格实行双“十条红线”管理，有效地落实了现场安全管理的制度、措施和责任；开展“样板工作面”创建活动，完善细化安全质量标准化考核细则，以采、掘、机、运、通、地测防治水现场管理和工程质量为重点，实现点、线、面安全质量达标，做到工程优良、通防可靠、设备完好，实现了安全生产。

（二）坚持科学发展，安全高效矿井建设步伐进一步加快

克服困难，精心组织，克服了地质条件变化多、开采难度大、设备状况差等多重困难，原煤产量稳定在 200 万 t 左右，较好地完成了全年生产任务。一是优化采掘接续、调整生产布局。二是狠抓快速掘进，提升单进水平。三是根据矿井发展需要，组建了综采安装队，基本做到了搬家倒面不停产，有力地促进了矿井产能的提升，确保了重点工程的安全施工。

（三）注重内涵发展，经济运行质量进一步提升

一是创新管理理念。二是狠抓煤质管理。三是严格月度考核和成本控制。四是强化物资供应管理。

（四）促进和谐发展，尽最大努力解决员工家属的合理需求，美化矿区环境

在矿井发展的同时，想方设法为员工办实事、办好事。申请煤电公司设专项改造更新和装修调度信息中心；自筹资金在煤矿大院内安装了景观灯，对家属区一些老旧路灯进行了更换；工业区上广场以及瓦斯泵站园区和公路、供应公司、机修厂厂区，矿区环境面貌进一步改善；继续对矿内主要供水、供电、供暖系统进行改造，“三供”的保障能力进一步提高；投入资金对井下一些主要巷道进行标准化整治，生产条件大为改观；积极开展送温暖活动，全年为伤病残及困难员工发放救助金 20.5 万元，帮助解决他们的实际困难；开展金秋助学活动，向新考入大学的 79 名学子发放助学金 10.8 万元，得到了员工家属的普遍好评。

靖远煤业集团有限责任公司大水头煤矿

一、矿井概况

大水头煤矿始建于1958年，在小窑平硐生产的基础上改造而成，于1970年12月简易投产，设计能力为45万t/a，1987年由于1380 m水平以上浅部煤层资源枯竭等原因被迫停止原煤生产。1988年经原中煤总公司批准进行改扩建，设计生产能力为105万t/a。1996年4月进入试生产，1997年8月1日经原国家验收委员会组织验收正式移交投产。2008年核定生产能力为220万t/a。

井田走向北西—南东，倾向北东，长约7.1 km，宽约1.7 km，面积约12.8 km^2。截止到2011年底，矿井期末工业储量为10753.62万t，可采储量为7568.99万t，服务年限为40 a。矿井开拓方式为采用斜井单水平上下山分区开拓，原煤开采采用综采放顶煤一次采全高技术。

二、2011年主要技术经济指标

全年无重伤及重伤以上人身事故。原煤产量完成215万t。掘进进尺完成7505 m。瓦斯抽采完成1710万m^3。发电量1.046×10^7 kW·h。巷道维修完成1000 m；原煤成本实际完成191.23元/t。煤质指标全年热值综合平均完成21.8 MJ。商品煤销量完成238.41万t。原煤生产人员效率为12.016 t/工。质量标准化矿井达一级标准。

三、安全高效矿井建设的主要做法

（一）全面加强安全管理

通过贯彻落实安全管理文件精神，安全奋斗目标，紧盯“隐患排查治理，制度责任落实”两条主线，突出“瓦斯治理、水害防治、矿压防范”三个重点，落实“管理责任、保障责任、岗位责任、监督责任”四大责任，夯实“安全技术、现场管理、培训教育、班组建设、质量标准化”五个基础，在安全管理中求创新、求突破、求发展、求提高，全面推行精细化管理。

（二）生产组织有序推进

科学合理地制订了采掘接续计划，合理选择接续工作面，并通过优化工作面设计参数，结合目标管理，顺利完成了集团公司下达的原煤生产任务。

（三）经营业绩成效显著

（1）严格按照公司“四个单元、一个中心”的指标考核体系和绩效评价体系，以及做强煤炭主业的要求，认真安排部署煤矿安全生产、精细化管理、成本控制、质量管理等工作，紧密结合集团公司重点考核的安全、产量、进尺、瓦斯抽采、成本、煤质等工作，努力提高矿井经济效益。

（2）以“落实责任、强化考核、规范程序、注重管理”为主，认真执行全面预算管理，实行严格的奖罚兑现，及时采取措施控制成本。

（3）完善财务制度体系，规范财务管理，不断加强资金审批、运转、调拨等流程管理，提高了财务收支、数据统计、凭证审核、纳税申报、资金支付等工作的及时性和准确性。

（四）基础管理不断夯实

（1）树立诚信理念，牢固树立“事故可防、灾害可治、风险可控”的安全理念，大力倡导爱岗敬业、诚实守信、真诚做人、诚信做事、表里如一的诚信理念，以诚信理念教育增强职工的责任感、使命感、向心力、凝聚力。

（2）加强管理人员和专业人员管理，对管理人员和专业人员的阶段性工作、管理重点、目标任务、责任等都进行明确规定，保证在工作中做到“三到位”（人员到位、职责到位、工作到位），进一步强化了管理人员和专业人员的责任意识。

（3）按照矿“两法一创建”（白国周班组管理法、“手指口述”法、创建星级员工）活动要求，以班组安全建设为基本点，加强安全基础管理，促进矿井安全形势持续稳定好转。

（4）通过制订职工培训计划，与区队签订职教工作责任书，强化区队职工培训主体责任，使培训工作不断制度化、规范化、标准化。重视岗位持证培训工作，合理安排岗位工进行培训。按照“三严”（严考勤、严考核、严奖罚）原则，对职工培训工作进行量化考核，并将考核结果与工资奖金直接挂钩进行奖优罚劣。

靖远煤业集团有限责任公司 红会第一煤矿

一、矿井概况

靖远煤电股份有限公司红会第一煤矿位于甘肃省白银市平川区境内，地处靖远煤田红会矿区中南部，井田走向长 4.6 km，倾斜长 3.96 km，面积 18.2 km²，西及西北与大宝矿区相邻，距白银市平川区 22 km，向南 3 km 处为红军会师路过的历史重镇打拉池。矿井地理坐标为东经 105°01′～105°06′，北纬 36°38′～36°43′。

铁路白宝支线由白银站接轨，经靖远、长征等车站延伸至矿井工业广场，距长征车站 21 km，唐红公路自矿区向西 28.6 km 在唐家台与国道 109 线相连，交通方便。

红会煤田为山间倾斜盆地型煤田，煤层赋存在中生界侏罗纪地层中，井田内共含三层煤，一层煤遍布全井田，平均厚度 13.38 m，煤层倾角 3°～10°；二层煤只在井田北部分布，是一层煤的分叉部分，平均厚度 2.43 m，煤层倾角 4°～8°；三层煤范围小，为不可采煤层。井田内煤层赋存稳定、结构简单，f 为 2.5～4.0，抗拉强度为 1.3～1.52 MPa，属特厚坚硬缓倾斜煤层。井田内大中型褶曲及断层稀少，地质构造复杂程度、顶板类别均为Ⅱ类。

矿井开拓方式为阶段斜井分区式开拓。井田浅部（+1500 m 水平以上）开拓方式为斜井多水平开拓，井田深部（+1500 m 水平以下）通过暗斜井集中开拓。现生产水平标高 +1500 m，采煤方法为走向长壁式采煤法，采煤工艺为综合机械化放顶煤开采；掘进方式为机掘，煤层完整区域采用锚网索支护，小煤矿破坏区采用木棚喷浆支护。

二、2011 年主要技术经济指标

2011 年度生产原煤 215 万 t。矿井综合单产 17.96 万 t/(个·月)，最高日产 8015 t。原煤生产人员效率 13.317 t/工。采掘机械化程度 100%。采区采出率达到76.2%。实现利润36956.1万元。矿井安全生产状况保持了良好发展态势，未发生重伤以上人身事故，实现了百万吨死亡率为0的安全奋斗目标。

三、安全高效矿井建设的主要做法

近年来，在大力提升矿井采掘机械化水平、提高矿井生产能力的过程中，煤矿首先对通风、运输、排水、供电、煤炭选运等生产系统及环节逐一进行能力核定，对制约安全高效生产的运输、供电、选运等生产系统及环节进行了优化改造，大大提高了系统的保障力和运行质量；通过对采煤方法改革，资源合理配置，生产布局调整，生产系统优化，生产环节简化，坚持“采掘并举、掘进先行”的方针，积极引进和采用新技术、新工艺、新材料、新装备，推动了矿井安全高效可持续发展；进一步落实以班组核算为主要抓手的安全高效矿井建设，细化量化各项成本指标，健全完善了以矿财务为中心、区队班组为基本核算单位的三级核算体系，实现了成本管理的有效监控；强化各个生产环节的现场管理，从抓安全质量标准化和安全避险“六大系统”的建设完善工作入手，落实责任、明确分工、严格考核，切实提高了矿井安全保障能力，实现了“一井一面”安全高效集中生产，使企业充满了科学发展的动力和活力，安全状况、企业利润、职工收入实现了历史性突破，成为红会第一煤矿建设史上发展最快、经营效果最佳、安全状况最好、职工满意度最高的时期。

甘肃靖远煤电股份有限公司四号井

一、矿井概况

甘肃靖远煤电股份有限公司是2005年6月以原靖远煤业公司所属王家山煤矿的优良资产与长风特电进行资产置换重组，成立了甘肃靖远煤电股份有限公司。四号井是甘肃靖远煤电股份有限公司生产矿井之一。

矿区位于甘肃省靖远县城北60 km，距靖远煤业集团公司所在地长征30 km，行政区划属甘肃省白银市平川区。

四号井井田内煤层倾角一般为25°～45°，其开采方法为走向长壁综采放顶煤采煤法。

二、2011年主要技术经济指标

全年实现了无重伤以上人身事故，百万吨死亡率为0。全年完成销售收入6.7311亿元，企业实现利润9201万元。采煤机械化程度为100%，掘进装载机械化程度达到97%以上，综掘机械化程度达到56%以上。2011年矿井生产原煤171.7万t。采煤工作面平均单产9.5万t/(个·月)，矿井综合单产达到9.36万t/(个·月)。全年计效工日数178234。矿井原煤生产人员效率达到9.64 t/工。

三、安全高效矿井建设的主要做法

（一）企业实施科技创新、管理创新，取得一系列科研成果和技术革新成果

2011年，公司深入开展安全高效矿井建设，通过生产系统及配套环节改造，生产要素优化和采煤方法改革，矿井生产技术水平和生产能力大幅度提高，安全高效矿井建设成效显著。

（1）达到国际领先水平的大倾角厚煤层长壁综放开采技术，已经成为甘肃靖远煤电股份有限公司四号井安全高效矿井建设的主导技术。

（2）从2002年下半年开始，四号井逐步对井下煤炭运输系统和矿井提升运输环节及地面选运系统进行了配套改造，改原斜井箕斗提升系统为大倾

角带式输送机系统，形成了从井下到地面一条龙的带式输送机运输系统，为安全高效矿井建设奠定了基础。

（3）大力开展矿井核心技术、关键技术攻关，提高技术装备水平。一是采煤核心技术试验研究成功。大倾角厚煤层长壁综放开采技术经过近10年的开采实践，克服了工作面倒架、前后刮板输送机上窜下滑和过断层、过空巷造成的管理、支护困难，进一步研究总结了适合煤层赋存条件、达到最大产量、发挥最大效益的放煤工艺和作业方式，为实现高效集约化生产提供了可靠的技术支持。二是实施了甘肃省“211工程”矿井深部集中生产技术改造方案，高效率、高质量地完成了矿井主井提升系统改造，煤流系统能力增强，更加可靠畅通。三是以不断提高综放、综掘生产能力为目标，积极组织快速掘进工作，大力发展综合机械化快速掘进作业线，配套装备了两条“综掘机＋转载机＋带式输送机＋锚杆钻机”综合机械化掘进作业线，同时积极推广新型环保支护材料，全面应用锚网支护技术和树脂锚固剂，煤巷锚网支护率为100%。四是全面推广运用了瑞利波煤层厚度、地质构造探测技术，部署了深部地质勘探工程，为安全高效矿井建设提供了可靠的地质保障。

（二）矿井安全生产状况及质量标准化总体水平得到显著提高

公司始终把安全生产放在首位，牢固树立“安全第一、预防为主、综合治理”的思想，坚持“管理、装备、培训”并重的原则，建立健全各级安全管理责任制，不断加大科技投入力度，提高矿井采、掘、运机械装备水平和安全管理设施，千方百计保证安全投入，改善矿井安全生产条件，同时狠抓职工岗位技术培训工作，规范现场操作，提高职工操作水平，每年有70多名特殊工种、300多名岗位工种受到脱产轮训并获得上岗资格证，从而夯实了安全生产基础。积极开展以“一通三防、顶板安全、机电运输和采掘机械化”为主要内容的竞赛活动，全面提高了矿井质量标准化水平，2001—2011年，未发生重伤以上人身事故，矿井百万吨死亡率为0。

2011年，矿井安全质量标准化建设工作经上级主管部门检查验收，矿井达到国家一级质量标准化矿井。

四川省川煤集团华荣能源有限公司小宝鼎煤矿

一、矿井概况

小宝鼎煤矿位于攀枝花市西区，距攀枝花市约 12 km，井田东西宽约 2 km，南北长约 4 km，井田面积约为 3.77 km^2。矿井设计生产能力 45 万 t/a。

矿井属低瓦斯矿井，开拓方式采用平硐和暗斜井开拓；采煤方法为走向长壁后退式开采。矿井现生产水平为 +1220 m 水平，共有 2 个生产采区，即八采区、十一采区。

根据 2010 年矿井生产能力核定结果，矿井通风能力核定为 76.16 万 t/a，运输系统生产能力为 80.14 万 t/a，采掘系统生产能力为 72.45 万 t/a，排水系统生产能力为 124.7 万 t/a，供电系统生产能力为 72.2 万 t/a，地面系统生产能力 79.2 万 t/a，综合生产能力 72 万 t/a。

二、2011 年主要技术经济指标

矿井杜绝了重伤及以上事故，千人轻伤率 17.9‰。矿井盈利 43 万元，人均工资同比增幅 17.68%。矿井产量为 72 万 t，采煤机械化程度达到 100%。矿井综合单产折算后达到 6.12 万 t/(个·月)。矿井总进尺 8402 m。综掘机械化程度达到 25%，掘进装载机械化程度达到 100%。矿井采区采出率为 87.3%。矿井原煤生产人员效率折算后达到 4.098 t/工。

三、安全高效矿井建设的主要做法

（1）依靠科技进步，提升矿井技术水平。矿井与中国矿业大学合作，采用巷旁充填无煤柱开采，并通过现场实践改进施工工艺，减少煤柱损失和掘进工程量，提高了采出率，取得了 2 项国家专利，获得了省市科技进步奖。与山东科技大学合作进行矿区矿压基础研究，深入了解各煤层顶底板运动规律，并编制了采掘支护设计软件，为采掘工作面支护提供了科学依据。矿井组织技术人员，对矿井长远规划和可持续发展进行了研究。

（2）大力发展机械化，提高装备水平。矿井先后引进薄煤层综采、中厚煤层综采、极薄煤层综采和综掘，减轻了工人劳动强度，提高了单产单进水平，安全保障程度大幅提高。2011 年，矿井淘汰了采煤工作面单体支柱支护，全部实现综采。

（3）投入资金进行信息化建设，矿井管理水平再上新台阶。2011 年，矿井基本完成了综合自动化信息化系统建设，高度集成各安全监测系统，为矿井安全管理和生产组织提供了现代化的技术手段。

（4）强化生产调度指挥效能，统筹安排生产组织。2011 年矿新建了调度室和集控中心，井下重要岗位和地点安装了摄像头，并安排了井下现场调度员，及时掌握井下生产状况，处理各种突发事件，有效利用生产时间。

（5）强化现场管理，创新安全管理手段。矿井制定了职工岗位作业标准，实行了“面对面抓三违”、周三安全接待日、“二三五结构工资制”、安全纠察小分队不定时抽查等手段，从各方面规范职工作业行为，防止安全事故发生。

（6）修旧利废，减少浪费，加强材料管理。矿成立了内管办，协调管理矿井的设备和材料，减少材料库存，提高设备利用率。

（7）加强设备维护保养，减少生产影响。矿每月用 3 天左右时间，定期进行生产设备的维护保养，保证设备完好率，减少生产影响。

四川省川煤集团华荣能源有限公司花山煤矿

一、矿井概况

花山煤矿位于四川省攀枝花市西区，井田位于轴向南倾的大箐向斜的北部封闭部分和该向斜的东翼，开采宝鼎矿区灰家所（Ⅰ）井田1~39号煤层和宝鼎（Ⅱ）井田1~27号煤层。井田走向长9.5 km，倾斜宽3.0 km，面积为28.5 km^2。

矿井于1966年1月开工建设，1970年10月1日正式投产，矿井设计生产能力60万t/a。1978年4月改扩建后，矿井设计生产能力达到180万t/a。2007年矿井开始进行改建项目工程建设，拟提升矿井生产能力达到240万t/a。2010年矿井核定生产能力180万t/a。

二、2011年主要技术经济指标

矿井杜绝了重伤及以上事故，千人轻伤率12.9‰。矿井盈利108.32万元，人均工资同比增幅14.71%。矿井产量为173.35万t。采煤机械化程度达到97.45%。矿井综合单产折算后单产达到6.42万t/(个·月)。矿井总进尺22145 m，综掘机械化程度达到41.64%，掘进装载机械化程度达到100%。矿井采区采出率为88.3%。原煤生产人员效率达到5.33 t/工。

三、安全高效矿井建设的主要做法

（一）提高对建设安全高效矿井重要性的认识

全矿上下进一步解放思想，更新观念，提高对建设安全高效矿井的认识，优化人力资源配置，挖掘潜力，采用新技术、新装备、新工艺，实现高度合理集中生产；以提高生产效率为中心，以扭亏增盈为目标，加快安全高效矿井建设。

（二）加强领导，强化安全高效矿井建设的组织保障

为做好安全高效矿井建设工作，花山煤矿成立了以矿长为组长的工作领

导小组，每月召开一次会议进行专题研究，对照目标找差距，解决实际问题。

（三）落实责任，实行包保

对高产高效队和快速掘进队由矿领导、副总及安全、生产、技术部门领导实行包保，督促、协调指导队里工作，确保建设正常进行。

（四）更加注重协调组织与监督，技改扩能工程稳步推进

通过实施生产系统、运输系统、通风系统、供电系统、信息化系统、排矸系统、供排水系统、地面工业广场改造，着力提升矿井生产能力，全面推动矿井信息化、数字化、现代化安全高效矿井建设。

（五）加强保障措施

（1）加强职工队伍建设和基层班子建设；狠抓干部作风和职工劳动纪律。

（2）加强生产准备工作，做实、做细、做精对设备的维护检修保养工作，提高设备的运行质量，确保生产正常。

（3）加强生产组织工作，严格执行规程措施，在生产过程中，充分利用好地质预测预报信息，及时采取有效的、有力的、有序的针对性措施，优化回采工艺，努力提高出勤率、正规循环率、劳动生产效率。

（4）加强生产技术管理，优化采掘设计，合理采掘部署，科学设备选型，优化设备配置，强化设备升级，加强现场管理，理顺生产关系，畅通生产环节，完善生产系统。

（5）依靠科技进步，强化科技治灾，加强职工教育和技能培训，增强责任意识、质量意识、忧患意识、效益意识、安全意识。

（6）落实成本管理责任，树立成本意识，降低成本消耗，严格按生产成本单项管理与考核办法考核，奖罚分明、奖惩兑现。

（7）制定激励政策，鼓励上台阶，破纪录，创高产，制定安全高效工作面考核激励办法。

（8）从严监督干部作风，整顿工作作风，强化对生产工作的督察、督办力度，提高工作效率。

（9）严格各项指标考核，从严工资分配管理，稳定一线，调整辅助，量变价变，岗变薪变，充分利用经济杠杆的调节作用调动员工的安全生产积极性。

陕西省红石岩煤矿

一、矿井概况

陕西省红石岩煤矿位于陕西省黄陵县店头镇南川河西岸的曹家峪村，距店头镇4 km，距黄陵县城32 km。红石岩煤矿属司法部直属监狱煤矿。2000年创建成省级现代化文明监狱，2001年通过GB/T 19001—2000质量管理体系认证。2009年顺利通过“煤矿安全质量标准化行业二级”的验收，同年被评为国家安全高效二级矿井，2010年通过复检、复验。截止到2011年底，红石岩煤矿尚有地质储量2359万t，可采储量1887万t，尚可服务13 a。

多年来，红石岩煤矿一直鉴定为低瓦斯矿井。井田2号煤层为唯一可采煤层，全区分布，结构较简单，属Ⅳ类不易自燃煤层。煤尘具有强爆炸性，爆炸指数为32.8%。

目前，矿井开拓方式为单一水平。矿井为“一井一面”的安全高效矿井，当前开采盘区为Ⅳ采区。

二、2011年主要技术经济指标

红石岩煤矿2011年生产原煤110.6万t。采煤机械化程度100%。采区采出率82.5%。实现利润9109万元，人均收入同比增幅11.5%。实现安全生产1000天。2011年煤矿安全改造项目完成总投资1775.27万元。

三、安全高效矿井建设的主要做法

红石岩煤矿近几年在安全高效矿井建设中所采取的一系列措施、做法和经验包括以下几方面。

（一）强化矿井技术改造，提高矿井装备水平

实施矿井技术改造，提高矿井装备水平是建设煤矿安全高效矿井的重要基础保证。优化矿井开拓布置方式、通风系统、辅助运输系统；改革掘进及支护工艺，实现掘进的机械化作业，通过对配套生产各系统的优化改造，使矿井生产各系统更为合理完善，安全高效可靠。

（二）突出重点，加强矿井“一通三防”管理力度

红石岩矿虽为低瓦斯矿井，但始终坚决按高瓦斯矿井来管理，始终把“一通三防”工作作为全矿工作的重中之重、首要工作来抓。减小矿井通风阻力，确保矿井有效风量，采用监控设备进一步加强了瓦斯监测监控管理力度。同时矿井加大了机电设备的防爆管理力度，杜绝失爆现象，完善机电设备保护设施，矿用材料采用阻燃产品，从本质上消除各种隐患。

（三）强化安全基础管理工作

在全矿开展强化过程管理，全方位推进安全质量标准化工作。实施精细化管理、现场标准化、规范化作业，开展比、学、赶、帮、超活动，“学技能、促效益”等达标竞赛活动。努力落实“在岗一分钟，警惕60秒，尽职60秒，安全60秒”的工作要求，狠抓作业现场管理，把作业现场安全问题的多少作为队组考核的一项内容，使全矿上下形成争作施工现场程序标准化、规范化、精细化工程的良好氛围。

（四）抓职工培训，提高职工素质

近年来，红石岩矿强化了职工的培训教育工作，一是全员参与开展“执法大培训、岗位大练兵”活动，提高职工全员素质。二是积极与陕西能源职业学院继续教育学院协商，成立了红矿教学点实地培训。三是聘请有资质的培训单位人员任教，对职工进行轮训和特殊工种人员培训，通过培训，全面提高了职工的业务技术素质和安全工作水平。为矿井技术人才的接续发挥重要作用。

（五）全面深化企业文化建设，营造良好安全工作氛围

2010年以来，矿井把安全文化建设放在抓好安全工作的突出位置，以开展“文明监区、生态矿区、和谐社区”活动为载体，营造良好的安全文化氛围，使职工在潜移默化中逐步掌握安全知识，提升安全理念，形成群防群治的安全工作氛围，实现安全管理水平大幅度提高。

神华准格尔能源有限责任公司黑岱沟露天煤矿

一、矿井概况

神华准格尔能源有限责任公司黑岱沟露天煤矿位于准格尔煤田中部，是国家“八五”“九五”计划重点建设项目准格尔项目一期工程煤矿、电厂、铁路三大主体工程之一，是我国自行设计、自行施工的特大型露天煤矿，井田面积42.36 km^2，境内可采原煤储量14.98 亿 t，煤层平均厚度28.8 m，属低硫、特低磷、高灰熔点、较高挥发分和较高发热量的长焰煤，发热量平均19.3 MJ/kg，是优质动力和化工用煤，被称为“绿色煤炭”。黑岱沟露天煤矿原设计生产能力 1200 万 t/a，1990 年开工建设，1996 年投入试生产，1999 年正式移交生产，2003 年以来经过二次扩能改造后，现达到核定生产能力 2500 万 t/a，成为国内单坑产量最大的露天煤矿。

二、2011 年主要技术经济指标

2011 年黑岱沟露天煤矿各项经济技术指标都超过了特级安全高效矿井的要求。产量 2498 万 t。原煤生产人员效率 162.88 t/工。人均工资 11.8 万元，实现利润 22.79 亿元。

三、安全高效矿井建设的主要做法

（一）本安管理为生产经营保驾护航

安全是企业永恒的主题，作为神华集团公司“本安体系一级单位”，黑岱沟露天煤矿引入煤矿本质安全管理体系，实现以风险预控为核心，以 PDCA 管理为模式，做到人员无失误、设备无故障、系统无缺陷、管理无漏洞的本质安全。在管理体制方面，依托本安体系建设全面梳理、规范安全管理体系，进一步充实了各级安全管理人员，整合、完善了安全管理制度、员工岗位责任制度、安全技术操作规程和事故应急救援预案等。

黑岱沟露天煤矿在国内首次使用高台阶边坡雷达监测系统，及时对边坡岩土的松动或滑落现象进行报警。生产车辆开发使用卡车防撞预警系统，大型卡车安装倒车影像系统等一系列措施，使采坑内卡车运行安全得到保障。

（二）科技成就现代露天煤矿高效益

科技兴矿，是黑岱沟露天煤矿始终坚持的战略目标。近几年，黑岱沟露天煤矿开展了一系列的科技创新项目，如露天矿运输车辆交通预警系统研究与开发，露天矿剥、采、排与土地复垦综合预控技术研究，露天煤矿基于GPS的调度与管理系统的开发应用，露天煤矿高台阶边坡雷达预警系统的应用，黑岱沟露天煤矿边坡稳定监测系统的应用，现代化露天煤矿设备故障诊断技术研究，准格尔现代露天矿开采工艺技术研究等，使企业逐步向“设备大型化、工艺简单化、管理数字化、复垦园林化、服务社会化、辅助专业化、发展持续化、效益最大化”的方向迈进。

（三）科学管理创造一流经营业绩

近几年，黑岱沟露天煤矿注重制度建设，将内控管理和风险管理紧密结合，完成了《黑岱沟露天煤矿内部控制手册》和《黑岱沟露天煤矿风险自我评估手册》的编制工作；完善《机电管理制度》，细化机电考核内容，开展红旗设备包机竞赛等活动，使主采设备可动率达到85.65%；建立全面预算管理体系，实施矿、队、班三级管理，矿、队、班、单机四级核算，建立起事先有预算、事中有控制、事后有分析，横向到边、纵向到底的成本管控体系，五年实现轮胎单耗降低20%，柴油单耗降低15%，累计净利润72.46亿元。2010年4月获中国煤炭工业协会“煤炭工业企业管理现代化创新成果（行业级）一等奖”。

（四）树立复垦典范，建设“绿色”矿山

黑岱沟露天煤矿根据当地的自然条件和经济状况，提出了建立农、林、牧、草、矿五位一体的生态矿区规划，在露天煤矿开发设计、开采各阶段中，制定了切实可行的矿山土地复垦措施，先后投入12亿元进行土地复垦和绿化、美化工作。

神华集团包头矿业有限责任公司
水泉露天煤矿

一、矿井概况

神华集团包头矿业公司水泉露天煤矿从2006年4月份开始筹建，2007年8月1日正式开工建设，2008年10月投入生产。

水泉露天煤矿位于大青山煤田水泉普查区中东部，行政区隶属内蒙古自治区包头市土默特右旗九峰山管委会。划定的露天矿区范围面积为8.8033 km^2，由6个拐点圈定。矿井设计能力120万t。服务年限21.2 a（露天）。勘探区资源储量（纯煤）63.58 Mt，其中露天区地质储量为33.13 Mt，井工区地质储量30.45 Mt，露天区可采储量（纯煤）27.23 Mt。剥离量7607万 m^3；平均剥采比2.71 m^3/t。

矿井选用单斗—卡车间断生产工艺，单出入沟移动坑线和端帮固定坑线（后期）相结合的开拓方式。采用单斗挖掘机结合爆破方法进行采煤和剥离。

二、2011年主要技术经济指标

原煤生产成本为107.04元/t。人均年收入为12.2万元，同比增幅为22%。机械化程度达到100%。采区采出率为99%。年产量为119万t。综合单产为9.92万t/(个·月)。剥采比为2.8 m^3/t。原煤生产人员效率为23.72 t/工。百万吨死亡率为0。

三、安全高效露天矿建设的努力方向

（1）对照《煤炭工业安全高效矿井（露天）评审办法》标准，积极做好各方面的工作，力争早日达到特级安全高效露天矿。

（2）继续加强安全管理，加大安全投入，强化职工培训工作，深入推进本质安全体系建设和安全质量标准化工作，继续保持安全生产零死亡事故。

（3）加强企业内部经营管理，节支降耗，降低原煤生产成本，确保职工收入稳步增长。

（4）积极采用新技术、新工艺、新设备，提高机械化作业效率。

（5）合理优化各生产系统设计，合理安排生产，优化人员组织，保证采剥接续，提高煤矿采出率。

（6）继续推进数字化矿山建设，加强信息化管理，在调度、生产、经营管理等方面，稳步提升信息化管理水平。

（7）完善劳动定员管理制度，科学合理组织生产，优化企业劳动组织，提高劳动效率。

（8）继续加强环境保护工作，严格遵守国家环境保护法律法规，严格按环保要求进行矿区环境治理。

（9）合理布置采剥工作面，提高工作面综合单产和原煤生产人员效率。

神华北电胜利能源有限公司
胜利露天煤矿

一、矿井概况

胜利露天煤矿隶属神华北电胜利能源有限公司，位于胜利煤田的中西部，距锡林浩特市6 km，东西平均长6.84 km，南北平均宽5.43 km，面积37.14 km^2。胜利煤田的煤种为褐煤，井田内可采储量18.90亿t，资源可靠,开采条件优越。煤质为中灰、低硫、低磷、中等热值的褐煤。商品煤硫分可控制在1%以下，原煤灰分一般在20%～25%，发热量为13.40～14.22 MJ/kg，平均收到基低位发热量达到13.95 MJ/kg（3340 kcal/kg），是良好的动力用煤和民用煤。

胜利露天煤矿地形平坦，煤层上覆剥离物较薄且多为软岩，抗压强度小于6 MPa的约占89.6%。主要可采煤层为5号和6号煤层，煤层倾角小于5°，5号煤层平均厚18.16 m，发育稳定；6号煤层平均厚度36.64 m左右，发育最稳定。一采区开采范围内5号煤层上覆盖层厚度平均为45.9 m，5号煤层与6号煤层之间的夹层厚度平均为59.7 m。

胜利露天煤矿剥离工程采用单斗—卡车间断工艺，采煤采用单斗—卡车—地表半固定破碎站的半连续开采工艺。

二、2011年主要技术经济指标

2011年胜利露天煤矿计划剥离量7831万m^3，实际完成7731万m^3，其中自营剥离量计划2740万m^3，实际完成3167万m^3，完成计划的115.58%。原煤生产计划2000万t，实际完成1995万t。实际生产剥采比为3.88 m^3/t。露天矿包机组月平均产量达到277083 t。原煤生产人员效率为113.07 t/工。全年实现利润59400万元，职工人均年收入8.98万元，同比增幅11%。质量标准化工作稳步推进。

三、安全高效矿井建设的主要做法

胜利露天煤矿始终坚持“安全第一，预防为主”的安全生产方针，坚持不安全不生产的原则。各单位一把手亲自负责，层层落实安全生产责任制，逐级负责。在布置每项工作时，要有具体的安全措施和事故预想，落实到具体的班组，直至个人。各级管理人员按照“做人真诚，做事认真”的企业精神，进一步转化工作作风，把安全工作当作政治生命，牢固树立“露天煤矿能够做到零事故”的管理理念，坚持各级领导“谁主管、谁负责”、管理人员“谁检查，谁负责”、安全教育“谁培训，谁负责”、现场作业“谁操作，谁负责”、安全协管“谁联保，谁负责”的原则，行政矿长负总责的逐级负责的安全生产责任体系。

日常工作中，认真做好“三级”安全教育工作，充分利用好班前会、班组学习时间加强日常学习，强化职工安全意识，提高操作技能，规范操作行为。

坚持每月召开一次安全办公会议，安排月度安全工作，及时解决安全生产中存在的问题。坚持每月一次的安全大检查和季节性安全检查，及时消除了不安全因素。

每月组织召开露天矿生产计划平衡会，完成每月的生产计划安排及其衔接。将疏干、供电、爆破、下月煤质预报、工程时间进度等内容纳入矿月度计划会，持续充实、完善露天矿计划会内容；采用3dmine三维矿业工程软件进行月度计划编制，建立三维模型，使采矿设计更加直观明显，在保证计划的可行性基础上，做到最优化。

每周组织召开现场工作会，协调矿内和委外各单位完成日常的生产任务。加强全矿的生产剥离管理工作，协调好露天矿穿孔爆破、采装、运输、排土各工序环节之间的关系。根据《露天矿采剥作业技术标准》要求指导各生产单位按标准进行作业。

中煤平朔煤业有限责任公司
安太堡露天煤矿

一、矿井概况

安太堡露天煤矿矿田面积 40.23 km^2，设计原煤生产能力 1533 万 t/a。1987 年 9 月建成投产，剥离采用单斗电铲—卡车间断工艺，采煤采用装载机—卡车—破碎机—带式输送机半连续工艺。设计剥采比 6.09 m^3/t。现核定能力 2200 万 t/a。主要含煤地层为太原组，主要可采煤层 4、9、11 号。煤层赋存稳定，构造简单，倾角 3°～22°。

二、2011 年主要技术经济指标

2011 年全年实际采出原煤 2200 万 t，剥采总量完成 17421 万 m^3，超计划 711 万 m^3，其中自营剥离量完成 9943 万 m^3，超计划 2 万 m^3，外包剥离量完成 6069 万 m^3，超计划 709 万 m^3；剥采比完成 7.28 m^3/t，比计划提高 0.33 m^3/t。安太堡露天矿采掘机械化程度 100%。

三、安全高效矿井建设的主要做法

（1）优化采矿设计、合理布局，确保生产安全有序高效进行；制定了详细的采空区作业措施，确保企业安全生产。

（2）落实责任，综合治理，安全质量标准化工作扎实推进。

安全基础管理进一步夯实。一是开展活动，营造良好的安全氛围；二是制定落实专项措施，加强重点时段与重点环节的安全管理；三是安全质量标准化的保持与提升；四是防盗工作的持续开展；五是职业健康工作扎实推进。

加大安全投入，改善矿坑环境，运用了卡车防碰撞系统、卡车调度系统、人脸识别系统等。

加大安全专项检查和隐患排查力度。针对矿坑交通运输秩序、电铲电缆、钻机电缆、安全机件、排土场、道路等进行多次专项检查。在灰尘大、能见度低的情况下，要求降低车速，开大灯，拉大卡车行车距离，根据情况该停产就停产。对排土场没用照明设备的马上停止作业。在运煤干道、1360、1375、1405等运输道路进行多次雷达测速，发现超速现象严肃处理。针对设备灯光、喇叭等安全机件进行多次检查，督促各生产单位及时送修。对日常安全检查中发现的排土场挡墙高度不够和低头排弃的现象进行现场处罚，并督促相关单位立即进行整改。重点对运煤干道北部运输道路进行整治，设置了红绿灯，对此区域的行车秩序进行重新规范，合理规范了行车路线，确保行车安全。

每一次检查，对矿都是一次督促；每一次检查，都是对矿管理中存在漏洞的弥补；每一次检查，对全矿都起到了重要的教育作用，也是安全意识不断提高升华的过程，从而实现了由事后处理向事前预防的转变，变事后处理为事前排查。设备部分隐患报露天维修中心逐一维修，现场隐患要求相关单位严格按照“五定”要求限期整改，全部实行闭环管理，进一步夯实薄弱环节，确保了安全生产。

进一步强化了安全培训。组织举办各种形式的业务技术和岗位安全培训班，加强对外部入坑单位人员的安全培训。培训人员全部进行了书面考试，对考试不及格的进行再培训。

（3）大力推广实施技术创新与改造，夯实安全高效矿井建设，继续深入开展安全风险预控体系建设，建设露天矿卡车调度系统和卡车防碰撞报警系统。

附录一　王显政会长在中国煤炭工业协会第三届理事会上的讲话

——构建中国特色一流行业协会　为提升煤炭工业发展的科学化水平而奋斗

王显政

（2013 年 4 月 27 日）

各位代表，同志们：

现在，我代表中国煤炭工业协会第三届理事会，向大会报告过去五年的工作，请各位代表审议。

一、过去五年工作回顾

中国煤炭工业协会第三次会员代表大会以来的五年，是我国发展进程中极不平凡的五年，是煤炭行业有效应对国际金融危机挑战，推动改革创新、加快发展、取得巨大进步的五年，是中国煤炭工业协会抓住发展机遇，增强服务意识，推动行业改革发展，凝聚力、影响力和综合实力显著提升的五年。

这五年，全国煤炭产量大幅增加，有力地支撑了国民经济和社会平稳较快发展。五年来，全国煤炭产量由 2007 年的 26.9 亿 t 快速增加到 2012 年的 36.5 亿 t，年均增加 1.92 亿 t，增长 6.3%。煤炭占我国一次能源生产总量的 76.3%，占世界煤炭总产量的 50% 左右。

这五年，煤炭市场化改革取得实质性进展，行业发展的外部环境不断改善。取消了延续几十年由政府主导的煤炭订货制度，实现了电煤价格并轨，基本建立了反映市场供求关系、资源稀缺程度、环境损害成本和煤矿安全的市场化价格形成机制。

这五年，煤炭科技创新能力显著增强，关键技术研发与示范工程建设取得重大进展。煤炭资源开发重大基础理论研究深入开展，一大批关键技术攻关取得突破，煤矿高效开采技术与大型成套装备普遍推广应用，煤炭液化、煤制烯烃等重大示范工程取得成功，煤矿安全防治与资源综合利用、生态矿山建设关键技术研发取得成效，煤炭科技贡献率快速提升。

这五年，结构调整与转变发展方式步伐加快，科学发展理念逐渐形成行业共识。大型煤炭基地建设稳步推进，大型煤炭企业集团不断发展壮大，大型千万吨矿井群逐渐成为煤炭生产主体；全国有9个省区、7家大型企业煤炭产量超亿吨；煤电一体化、煤焦化一体化发展成效显著，煤炭企业参股、控股电厂权益装机容量占全国的1/10左右，占火电装机容量的1/7左右。

这五年，坚持以人为本，强化安全生产，煤矿安全生产状况实现了明显好转。2012年，全国煤矿事故779起、死亡1384人，分别比2007年减少1642起、2402人；百万吨死亡率0.374，比2007年下降了73.4%。

这五年，协会围绕提升煤炭工业发展的科学化水平，以构建中国特色一流行业协会为奋斗目标，推进5个支撑体系、6个工作平台、9个品牌工程建设，充分发挥了桥梁和纽带作用，在促进煤炭工业改革发展中做了大量工作。

（一）探索新时期行业发展方向，提升煤炭工业发展的科学化水平形成了行业共识

一是围绕煤炭工业中长期发展战略，组织开展了煤炭总量、管理体制、结构调整、转型发展、市场化改革、和谐矿区、人才队伍、行业文化等一系列重大课题研究，系统地探索了今后一个时期煤炭工业发展方向。二是参与国家能源和煤炭工业发展规划研究，提出的“控制东部、稳定中部、发展西部”和煤炭资源“梯级开发、梯级利用”等发展思路，成为国家《煤炭工业发展“十二五”规划》的新亮点。三是围绕贯彻落实“十二五”规划，研究提出并编制了资源勘探、煤矿建设、结构调整、煤炭科技、循环经济、加工利用、煤炭物流、人才培养、行业文化、体育健身等16个专项规划和指导意见，指导行业健康发展。四是系统研究我国煤炭工业发展规律，提出以科学发展为主题，以加快转变发展方式为主线，推动市场化改革，促进结构调整，推进科技创新，推行绿色开采，发展循环经济，保护生态环境，强化安全生产，扩大对外开放，建设和谐矿区，发展行业文化等思路，构成了“提升煤炭工业发展的科学化水平”思想内涵，形成了行业发展共识。

（二）认真分析经济运行形势，及时发布行业信息，推动煤炭市场化改革

一是建立了煤炭经济运行会商分析机制。为应对金融危机挑战，维护煤炭经济平稳运行，由我会发起，国家发展改革委、铁道部、交通部等政府部门和电力、冶金、化工等行业协会共同参与，建立了月度煤炭经济运行会商机制，在此基础上，进一步完善了季度煤炭经济运行分析制度，及时分析煤炭市场及相关产业发展形势，研究对策建议，为政府宏观调控和企业决策提供科学依据。二是加强煤炭经济运行调研工作。连续9年组织开展全国煤炭经济运行调研，并结合行业改革发展实际，开展了转型发展、和谐矿区、职工收入、进出口等专题调研活动，形成的调研报告得到了政府部门的重视，促进了相关问题的解决。三是及时发布信息，引导行业科学发展。健全了行业统计与信息发布制度，建立了"煤炭行业数据采集系统"，信息上报工作得到国家有关部委认可，国家煤炭工业网和中国煤炭市场网在行业内外的影响力大幅提高；统计直报企业范围扩大到26个产煤省区和100余家大型煤炭企业，定期发布"中国煤炭价格指数"和"全国煤炭市场景气指数"，引导企业科学组织生产经营。四是抓住机遇，推进煤炭市场化改革进程。组织开展了煤炭价格基础理论研究，先后完成《面向可持续发展的煤炭价格理论和实践》《煤炭价格形成机制研究》等重大课题研究。2012年上半年，在系统调研分析的基础上，适时提出了"取消重点合同、推进电煤价格并轨"的建议。2012年12月，国务院办公厅发布了《关于深化电煤市场化改革的指导意见》（国办发〔2012〕57号），标志着煤炭市场化改革取得了实质性进展。

（三）积极反映诉求，为行业发展营造良好的外部环境

一是参与国家相关法律法规和政策的制修订工作。参加《能源法》的制订起草工作，参与《煤炭法》《矿产资源法》等法律修订工作。受政府委托，组织开展《煤炭产业政策》《"三下一上"采煤特别规定》《煤矿优化开拓布局、合理集中生产的若干意见》等10多项部门规章和规范性文件的研究起草工作，开展《〈能源法〉与〈煤炭法〉关系研究》《行业协会税收制度研究》等立法配套课题研究工作，维护行业利益。二是全程参与国务院在山西省开展的促进煤炭工业可持续发展政策措施试点工作，提出的加强煤炭行业管理、理顺煤矿安全管理体制、强化可持续发展基金管理、加快分离企业办社会职能、减轻企业负担等意见和建议，成为试点政策和措施的主要内容。三是组织开展《煤炭企业税费政策》《煤炭生产企业增值税抵扣范围》《煤矿安全生产专用设备所得税优惠目录修订》等课题研究，提出减轻企业税费负担的政策建议；建立了与政府部门间的沟通机制，促成财政部、

国家税务总局和我会联合组成调研组，深入山西、河南、山东、辽宁等省开展煤炭企业税费负担专项调研，客观地反映了煤炭企业税费负担沉重的问题，为国家有关部门出台取消违规涉煤基金和收费项目、减轻企业负担政策奠定了基础。四是参与国土资源部煤矿企业绿色矿山“以奖代补”和“示范工程”项目的推荐、审查和验收工作，为煤炭企业争取政策和资金支持。五是连续多年为“两会”代表委员准备提案、议案等素材，多渠道反映煤炭行业改革发展成就和存在问题，为“两会”代表委员参政议政提供依据，努力为行业发展营造良好的外部环境。

（四）坚持依靠科技进步，推动煤炭生产力总体水平大幅提升

一是组建了煤炭工业技术委员会，下设21个专业委员会，汇聚全行业1200多名专家，成为煤炭科技创新发展的重要支撑力量。二是研究制定并组织实施《煤炭科技发展“十二五”规划》，提出了煤炭科技“31898”工作思路。三是召开了第七次全国煤炭科学技术大会，得到了党和国家领导同志的支持，进一步明确了今后一个时期煤炭科技工作的方向、目标和实践路径。四是推动了行业协同创新体系建设。成立了新一代煤（能源）化工产业技术创新战略联盟，建立了煤炭高效安全开发协同创新中心，形成了高等院校、煤炭企业、科研单位上下联合、横向互动，优势互补、深度合作、产学研用四位一体的协同创新体系。五是实施煤炭行业国家标准化体系建设工程。五年来，先后制修订煤炭标准450多项。六是开展科技成果鉴定与评奖工作。五年来，对220余项国家科技计划研究成果进行了鉴定评价，评选表彰中国煤炭工业协会科学技术奖1199项，推荐并荣获国家技术发明奖2项、科技进步奖27项、专利奖5项。协会获得国家知识产权局第十四届中国专利奖推荐评选“优秀组织奖”称号。七是高质量开展技术咨询服务。接受政府委托，完成煤矿开发利用方案评审189项，完成了全国煤炭矿业权设置方案的编制工作；开展了神华集团、兖矿集团、陕煤化集团等大型煤炭企业的煤矿、选煤厂安全生产系统排查与会诊工作；开展煤炭企业技术标准、规范的研究工作，得到了政府的认可、企业的好评，提高了协会服务水平。八是推广先进技术。组织召开了全国煤矿复杂难采煤层开采、掘进机械化、薄煤层机械化开采、防治煤与瓦斯突出、露天矿开采等技术交流及研讨会，举办煤炭工业科学发展论坛、煤炭工业采掘装备现代化与技术工艺科学化发展论坛，推进煤炭科技进步，促进了煤炭工业科学发展。

（五）推动结构优化调整，促进了煤炭经济发展方式转变

一是召开全国大型现代化煤矿、大型现代化选煤厂、绿色矿山建设现场

会，总结了经验，推广了典型，提出了发展目标和主要任务，促进了煤炭生产结构调整，大型现代化煤矿产量、原煤入选率大幅提高，煤炭绿色开采、建设生态矿山的理念逐渐形成。二是参与国家煤炭资源整合与企业兼并重组政策研究，跟踪山西、内蒙古、河南等主要产煤省区企业兼并重组进展情况和实施效果，支持培育和发展大型煤炭企业集团，提高产业集中度。三是推进安全高效矿井建设，修订《安全高效矿井评审标准》，加强安全高效矿井评审验收、命名表彰工作，五年来全国安全高效矿井（露天）产量从 8.36 亿 t 增加到 11.29 亿 t，增长了 35%。四是推进煤机装备国产化。召开全国煤炭机械装备座谈会，推进煤炭装备产业集群和制造基地建设，组织开展煤矿重大装备研发与示范，年产千万吨矿井工作面装备国产化取得重大突破。五年来，有 10 种大型机械设备列入国家重大技术装备制造发展领域，建成国家级工程（技术）研究中心和重点（工程）实验室 6 个、国家级检测检验技术中心 32 个，煤机装备国产化水平大幅提高。五是发展煤炭循环经济产业，促进行业节能减排。成立煤炭行业促进节能领导小组，接受政府委托，开展《煤炭行业“十二五”循环经济发展规划》《“十二五”全国矿井水利用发展规划》等专项规划研究，主要成果纳入国家相关规划。举办煤炭循环经济现场会、中华环境友好企业技术交流暨成果推广会，在煤矿开展节能试点，取得较好效果。完成《“十二五”期间全国低热值煤发电发展战略研究》，提出“十二五”期间，全国新增煤矸石发电装机 5×10^{7} kW 目标，为煤炭产业结构调整提供了政策依据。六是支持发展现代煤炭物流。参与《全国煤炭物流发展规划》编制，提出了《关于推进煤炭物流业发展的指导意见》，促进现代煤炭营销方式转变。参与国家煤炭应急储备方案研究。开展全国煤炭市场交易体系建设方案研究，推动全国煤炭交易中心建设。七是开展煤炭行业工业化和信息化融合发展现状调研和示范试点，完成了两化融合发展水平评估工作，推动了行业两化深度融合。

（六）搭建对外交流合作平台，提升中国煤炭工业的国际影响力

一是加强了国际交流合作。发挥中国贸促会煤炭行业分会（煤炭商会）的作用，建立了与主要产煤国家驻华使馆、政府、协会、科研院所以及国际能源署、世界能源理事会、APEC 清洁化石能源专家组、世界采矿大会等机构的交流渠道，搭建了对外交流合作的平台；与美国劳工部签署了备忘录，建立了联系机制。二是举办的中国国际采矿技术交流及设备展览会，已经成为亚太地区最大、世界参观人数最多的采矿设备专业展会。举办的国际煤炭峰会参会代表覆盖世界 20 多个主要产煤国家和地区，影响力不断提高。组

织国内煤炭企业参加在美国举办的国际选煤大会暨展览会和国际矿业展览会，并成功举办“中国日”活动，收到了良好的效果。三是支持国内企业“走出去”发展。开展煤炭企业国际化研究，成功举办中国煤炭企业国际化研讨会，交流世界主要产煤国家煤炭资源开发相关法律政策和投资发展环境，研究探讨中国与主要产煤国家合作发展前景。

（七）加强人才队伍建设，提升煤炭从业人员素质

一是行业教育培训体系和平台不断完善。构建了以“两委两中心”“五库四基地”“一网一赛九大项目”为支撑的行业人才培训体系和教育平台。二是加快行业远程教育网络建设。推进煤炭远程教育“四网合一”工程，五年来，全国煤炭现代远程教育培训网累计培训人员500万人次，制作和播出课程13285课时。三是加强行业人才培训。五年来，累计举办工商管理培训15期、培训人员10682人；2651人参加行业经营管理人员资格认证，1665人获得中级职业经理人职业资格证，726人获得高级职业经理人职业资格证；开展5个领域34个方向的知识更新工程培训，累计培训人员21万人次。四是加强行业职业技能工作。五年来，累计完成行业职业技能鉴定131万人次。组织了《中华人民共和国职业分类大典》（煤炭部分）的修典工作，举办第三、四届全国煤炭行业职业技能竞赛，以及第一、二届职业院校技能竞赛和第一届全国煤炭行业露天专业职业技能竞赛，授予“煤炭行业优秀技术能手”称号145人，命名技能大师34人、大师工作室14个，近百名选手取得了技师、高级技师技能等级证书。五是培养行业领军人才。注重煤炭生产科技一线工程技术人员的培养推荐工作，5年来，一批煤炭科技领军人才当选中国工程院院士，一批煤炭科技骨干获“孙越崎能源大奖”。

（八）高质量开展评先树优活动，弘扬行业正气，促进煤矿文化繁荣发展

一是开展煤炭工业劳动模范评选表彰活动。继2007年之后，2012年协会与人力资源和社会保障部再次组织开展全国煤炭工业先进集体和劳动模范评选表彰活动，共评选先进集体218个、先进个人416人。经协会推荐，煤炭行业荣获全国“五一劳动奖章”5人、“全国技术能手”36人、“全国青年技术岗位能手”12人、“国家级大师工作室”4个。二是开展“寻找感动中国的矿工”活动，展示了中国煤矿工人队伍的整体风貌和优秀品质。组团参加第十一届全运会，16个单位荣获“全国群众体育先进单位”称号。组团参加第二届全国智力运动会，开展“乌金杯”“乌金奖”等系列活动。举办第四届“煤矿艺术节”，以多种艺术形式反映了新时期煤炭行业改革发展成就，丰富了煤矿职工生活。开展煤炭行业文化建设研究，印发了《中

国煤炭工业协会关于推进煤炭行业文化建设的指导意见》。三是高质量组织会员评比达标活动，认真做好煤炭工业双十佳煤矿、双十佳矿长和先进煤矿、优秀矿长等评选表彰工作，持续开展了文明煤矿创建达标活动和企业文化示范矿建设活动，一大批荣获协会表彰的优秀矿长、先进工作者走上了企业的领导岗位。四是完善煤炭行业信用标准，开展煤炭企业信用等级评价工作，五年共完成企业信用等级评价 284 家。建立煤炭企业社会责任报告定期发布制度，支持煤炭企业履行社会责任。

（九）加强自身建设，协会综合实力不断增强

研究编制并实施《关于完善工作机制、加强品牌协会建设规划》，推进 5 个支撑体系、6 个工作平台、9 个品牌工程建设。制定协会机关管理提升活动工作方案，巩固 5A 行业协会评估成果。制定《关于进一步深化协会人事制度改革的意见》《机关聘用制管理暂行办法》和《机关竞聘上岗实施办法》，实行协会工作人员全员聘任制度。加强协会专业队伍建设，面向社会公开招聘，选拔优秀人才，组织开展协会与会员单位干部双向挂职锻炼活动，增强了干部活力。加强资产财务管理，规范财务运行程序，实现了协会资产保值增值。做好内部审计工作，对领导干部进行任期经济责任审计，做到“逢离必审”。加强代管协会管理，做好协会换届（届中调整）工作，促进代管协会健康发展。完善协会党委工作制度，加强了协会党风廉政建设和作风建设。建立了全国煤炭行业共青团指导和推进委员会，探索新形势下做好行业青年工作的有效形式。开展了形式多样的群众性文体活动，丰富了职工生活。

回顾过去五年的工作，我们深深认识到，做好协会工作，要坚持以科学发展观为统领，遵循规律，结合实际，不跟风，不浮躁，不折腾，扎扎实实地做好行业基础工作。要坚持以服务为宗旨，履行好协会职责，反映行业诉求，提高服务质量和水平。要坚持以提高凝聚力为前提，开门办会，民主办会，共同办会，使协会真正成为会员之家、企业之友，增强行业的凝聚力。要坚持以前瞻性研究为基础，敏锐捕捉市场细微而重要的变化，未雨绸缪，先机应变，引领行业发展方向。要坚持以推广典型为手段，树立行业新风，弘扬行业正气，展示行业新貌，促进行业共同协调发展。要坚持以提高自身素质为立足点，建设高素质的协会员工队伍，创新体制机制，增强工作人员的事业心、责任感，激发工作活力，不断提高协会的行业影响力和自身发展实力。

五年来，协会在围绕提升煤炭工业发展的科学化水平，服务政府、服务

行业、服务会员，构建5个支撑体系、搭建6个工作平台、建设9个协会品牌，推动中国特色一流行业协会建设等方面，做了大量卓有成效的工作，取得了较好成绩。这些成绩的取得，是国务院国资委、民政部、国家安监总局、煤监局和能源局等政府部门正确领导的结果，是全体会员单位、理事大力支持的结果，是社会各界关心、关注和关怀的结果，也是协会全体工作人员不断开拓进取、勇于创新、共同努力的结果，更凝聚了协会历届老领导、老同志的心血。在此，我代表中国煤炭工业协会，向长期以来支持煤炭工业改革发展、支持煤炭工业协会工作的政府部门、社会各界、会员单位、各位理事和协会工作人员，致以崇高的敬意和衷心的感谢！

二、把握新时期行业发展面临的形势和任务，不断提升煤炭工业发展的科学化水平

煤炭是我国的主体能源和重要的工业原料。煤炭工业在国民经济建设和社会发展的进程中，发挥了重要作用，作出了巨大贡献。新中国成立60多年来的发展实践表明，煤炭在我国一次能源生产和消费结构中比重一直保持在75%和70%左右，煤炭作为我国能源主体和能源安全基石的地位不可动摇。

改革开放30多年来的发展实践表明，煤炭产量由1978年的6.8亿t增加到2012年的36.5亿t。煤炭工业为我国经济长期保持较快增长、承接世界产业转移、成为世界工厂提供了充足、低成本的能源，煤炭作为保障我国经济社会发展的产业地位不可动摇。

近10年来，特别是近5年来，据测算，煤炭生产和利用对我国国内生产总值和增量的贡献率为15%和18%左右，再次表明，煤炭作为我国的基础工业部门，在国民经济和社会发展中的地位是重要的、稳固的。

（一）站在新的历史起点上，要重新审视煤炭在我国经济社会发展中的地位和作用

党的十八大报告提出，到中国共产党成立一百年时全面建成小康社会，实现国内生产总值和城乡居民人均收入比2010年翻一番。要实现两个“翻一番”的目标，经济增速在7%左右，考虑煤炭需求弹性系数由近10年的1.0下降到0.5左右，煤炭消费以3%～4%的增速保国内生产总值“翻一番”的目标。初步测算，到2020年，全国煤炭消费总量将在50亿t左右，煤炭消费量还将增加10亿t以上。展望未来一个时期的发展，虽然煤炭在一次能源结构中的比重下降、增幅回落，但需求总量还将保持适度增长。从

维护我国能源长期安全稳定供应战略和煤炭资源的可靠性、价格的低廉性和利用的可清洁性考虑，煤炭作为我国主体能源的地位很难改变，煤炭工业仍然具有较广阔的发展空间。

同时，我们也要看到，在全面建成小康社会的决定性阶段，世情、国情、能源变革继续发生深刻变化，煤炭行业面临的风险挑战前所未有，煤炭生产和消费方式粗放的问题依然突出，生态环境约束不断强化，推进煤炭生产和消费方式变革刻不容缓、势在必行。还必须看到，我国石油、天然气对外依存度快速提升，推动煤炭由单纯燃料向工业原料转变，生产清洁燃料和工业原料，替代油气资源，保障国家能源安全，更大程度、更大范围地发挥煤炭通向新能源的桥梁作用，煤炭行业面临的任务还十分艰巨。

（二）创新发展理念，转变发展方式，提升煤炭工业发展的科学化水平

面对新时期、新形势，全行业要立足“十二五”，展望“十三五”及今后更长一个时期，准确把握发展大局，抓住发展机遇，积极迎接挑战，以提升煤炭工业发展的科学化水平为主攻方向，坚持理念创新，依靠科技进步，推进结构调整和发展方式转变，着力推动煤炭生产和利用方式变革，打造中国煤炭工业升级版，努力构建资源利用率高、安全有保障、经济效益好、环境污染少、健康可持续发展的新型煤炭工业体系。

一是要深入研究控制煤炭总量与优化开发布局的关系，提高全国煤炭长期供应保障能力。我国煤炭资源分布不均衡、区域发展不平衡、产业布局错位与经济总量保持增长的客观现实，需要深入研究控制煤炭总量与经济社会发展需要、优化资源开发布局的关系，充分认识我国煤炭短期供应宽松与长期总量不足的矛盾，贯彻落实“控制东部、稳定中部、发展西部”的煤炭开发布局思路，推进资源“梯级开发、梯级利用”格局的形成，促进安全高效开发和清洁高效利用，提高全国煤炭长期稳定供应保障能力，支撑国民经济平稳较快发展。

二是要深入研究煤炭由燃料向原料转变的实施途径，推进煤炭生产和利用方式变革。坚持顶层设计，研究制定煤炭由燃料向原料转化国家战略，高起点、前瞻性开展基础理论研究，组织关键技术攻关，加大煤炭转化技术装备研发支持力度，推进煤炭转化示范工程建设，调整相关产业政策，在资源、环境、基础设施适合的区域部署一批大型煤炭转化项目，推动煤炭生产利用方式变革，有效替代石油、天然气资源，保障国家能源安全。

三是要深入研究煤炭科技创新发展领域和方向，为行业科学发展提供智力支撑。继续贯彻落实科教兴煤战略，把科技创新摆在煤炭工业发展全局的

核心位置，加快煤炭科技创新体系和协同创新平台建设，坚持把科研的重点放在产业发展前沿，加大科技投入，以企业为主导深化产学研结合，加强基础理论和先导技术研究，努力攻克核心技术和关键技术，为煤炭工业健康可持续发展提供新的动力源泉。

四是要深入研究煤炭结构调整思路，推动煤炭经济发展方式转变。坚持以推进大型煤炭基地建设为依托，培育和发展大型企业集团，优化煤炭组织结构；坚持以建设大型现代化煤矿为重点，淘汰落后生产能力，优化煤炭生产结构；坚持以发展煤基循环经济产业为载体，促进煤炭深加工和转化，优化煤炭产业结构。要适应国家转变发展方式的新要求，把推动煤炭工业发展的立足点转到提高质量和效益上来，激发企业发展新活力，增强行业发展新动力，构建产业发展新体系，培育煤炭经济发展新优势，实现煤炭经济由产量、速度型向质量、效益型发展。

五是要深入研究煤炭市场化改革配套政策措施，加快推动全国煤炭市场交易体系建设。认真贯彻落实《关于深化电煤市场化改革的指导意见》精神，充分发挥市场配置资源的基础作用，坚持煤炭市场化改革方向，研究全国煤炭市场体系建设思路和实施方案，逐渐形成以全国煤炭交易中心为主体、区域煤炭市场为补充，与社会主义市场经济体制相适应的煤炭交易市场体系。支持煤炭、运输、用户企业之间签订中长期合同，促进煤炭上下游产业协调发展。充分利用“两种资源、两个市场”，提高我国煤炭资源的全球配置能力。

六是要深入研究煤炭资源开发与生态环境保护的关系，推行煤炭绿色开采、建设美丽矿山。树立科学产能理念，根据矿区资源条件、环境容量和生态承载力，合理确定煤炭开发强度，以最小的生态环境扰动获取最大的资源回收，在有条件的矿区推行煤矿充填开采、保水开采等绿色开采技术，减缓或控制煤炭开采对地表生态环境扰动；因地制宜实施矿区生态再建工程，履行社会责任，促进资源开发、区域经济社会与生态环境协调发展，努力建设生产发展、人民富裕、生态良好的新型矿区和美丽矿山。

七是要深入研究煤矿文化内涵，推进行业文化繁荣发展。文化实力和竞争力是国家富强、民族振兴的重要标志。要深入研究和挖掘煤矿工人“特别能战斗”精神内涵，把弘扬煤矿工人艰苦奋斗的光荣传统与树立新时期开拓创新精神结合起来，塑造当代煤炭工业新面貌，展现煤矿工人新形象。要充分发挥企业文化建设的主体作用，贴近基层、贴近实际、贴近矿工，深入基层，打牢基础，不断提高煤矿工人素质和素养，不断繁荣煤矿职工文化生活，为行业发展营造积极向上、开拓创新、勇于奉献、和谐繁荣的发展环境。

三、加强自身建设，努力构建中国特色一流行业协会

行业协会作为社会组织，是国家社会管理体制的重要组成部分。在我国社会主义市场经济不断深化发展的进程中，对行业协会赋予了更大的发展空间。党的十八大报告强调要加强和创新社会管理，引导社会组织健康有序发展。国务院机构改革和职能转变方案提出要充分发挥市场在资源配置中的基础性作用，减少政府投资项目审批，减少生产经营活动审批，减少资质资格许可，减少行政事业性收费。同时，明确要求行业协会商会要与行政机关脱钩，实行政社分开，加强社会组织管理，统一登记、各司其职、协调配合、分级负责、依法监管，引入更多竞争。这些改革的重大举措既为行业协会更好地承接职能、加强行业管理，发挥在社会管理事务中的作用，提供了广阔空间和发展机遇，也对社会组织的规范发展提出了新要求。

面对新形势、新要求、新变化，我们要高举中国特色社会主义伟大旗帜，以邓小平理论、“三个代表”重要思想和科学发展观为指导，深入贯彻落实党的十八大精神，以提升煤炭工业发展的科学化水平为主攻方向，以打造中国煤炭工业升级版为目标，坚持服务宗旨，完善体制机制，构建支撑体系，搭建工作平台，建设品牌工程，不断增强行业的凝聚力、社会的影响力和综合发展实力，努力构建中国特色一流行业协会。

当前和今后一个时期，我们要始终坚持贴近行业、贴近市场、贴近会员的发展理念，牢牢把握奋斗目标和发展路径，推进协会各项工作繁荣发展。总体工作思路如下。

围绕“一个核心”。就是构建政府靠得住、企业信得过、行业有威信、国际有地位的中国特色一流行业协会，提高中国煤炭工业的国际地位和影响力。

增强“三力”。就是增强协会的凝聚力、社会影响力和综合发展实力。

构建“五个支撑体系”。就是构建协会政策研究、统计信息、人才培训、科技创新和国际交流等 5 个支撑体系。

搭建“六个工作平台”。就是搭建协会经济运行分析与信息发布、教育与培训、科技创新服务、技术咨询、国际交流合作和煤炭物流与市场化服务等 6 个工作平台。

建设“九个协会品牌”。就是建设行业发展报告、职业技能鉴定、行业

教育培训、职业资格认证、科技奖评审、行业标准创新、国际会展、煤炭峰会、市场信息服务等9个协会品牌。

围绕这一工作思路，当前及今后一个时期，我们的重点工作任务包括以下几方面。

（一）深入开展煤炭工业中长期发展战略研究，反映行业诉求，促进行业改革发展

认真贯彻落实党的十八大精神，加强调查研究，密切跟踪煤炭结构调整、产业转型、市场化建设和相关战略性新兴产业发展趋势，立足“十二五”、着眼“十三五”及中长期煤炭工业发展战略，持续开展重大、前瞻性课题研究。近期在做好煤炭总量、管理体制、结构调整、转型发展、市场化改革、和谐矿区、人才战略、行业文化等八项重点课题研究成果提升的基础上，着力开展煤炭由燃料向原料转化、煤炭科技创新战略、生态文明矿山建设标准、合理利用境外优质资源，特别是要开展煤矿安全高效开采、瓦斯综合治理、千米深井、千万吨矿井开采技术与装备等专项课题研究，反映行业发展诉求，为推进行业改革发展提供思路和实施途径。

（二）深入贯彻国务院《关于深化电煤价格改革的指导意见》，落实工作任务，推动全国煤炭交易市场体系建设

加强与政府部门的沟通配合，做好煤炭供需合同签订和执行情况的检查，研究制定煤炭交易市场规则，完善企业诚信体系，加强行业自律。近期，要组织调研，摸清电煤市场化改革重点工作落实情况；充分借鉴国外经验，提出适合我国国情的煤炭交易市场体系建设思路和实施方案。加强进口煤标准、规范研究，健全准入制度，提高进口煤质量。加大煤炭市场运行监测工作力度，定期发布中国煤炭价格指数和全国煤炭市场景气指数，发布煤炭监测预警报告，引导企业科学组织生产经营。

（三）坚持依靠科技进步，推动行业自主创新，提高煤炭生产力总体水平

推进煤炭科技创新与技术咨询服务平台建设，继续做好科技指导性计划编制、科技成果鉴定、科技奖励评审和知识产权保护工作。推进煤炭工业信息化和工业化深度融合。进一步发展煤炭远程教育培训体系，推进“四网合一”进程；继续办好煤炭工商管理培训，开展好煤炭职业经理人、职业技能和技术专业职业资格培训与认证、鉴定工作。今年要适时召开煤矿总工程师论坛和煤矿瓦斯联合抽采、千米深井、煤化工、高效煤粉锅炉、应急救援装备示范等现场会，推动煤炭企业技术交流合作。

为加强煤炭科技管理，推广先进适用技术，加大力度推进煤炭转化技术

攻关和示范工程建设，搭建行业技术服务与交流平台，协会拟成立技术管理部、洁净煤和综合利用部，并提请大会审议。

（四）加强行业基础工作，推动结构优化调整，促进煤炭经济发展方式转变

加强煤矿安全质量标准化工作，提升煤矿标准化建设水平。推动“安全高效矿井技术规范”的发布和宣贯工作，深入开展安全高效矿井（露天）达标创建活动，提高全国煤矿安全保障能力。做好煤炭工业质量奖和优秀QC小组评选工作。组织编制《煤矿作业规程技术手册》和《煤矿岗位操作规程》，推动煤矿现场技术管理制度化和规范化建设。开展煤矿安全技术咨询，做好煤矿开发利用方案评审和安全核准专家审查，为推动煤炭结构调整奠定基础。密切跟踪煤炭企业兼并重组、煤电一体化、煤炭循环经济产业发展趋势，推动相关政策措施的落实，努力促进煤炭经济发展方式转变。

（五）开展评先树优活动，加强煤矿文化建设，展示新时期煤炭工业新面貌

做好全国煤炭工业先进集体和劳动模范先进事迹宣传工作，总结经验，营造氛围，树立典型，弘扬正气，激发广大干部职工全面建成小康社会的政治责任感和历史使命感。加强行业精神文明建设，继续推进文明煤矿和企业文化建设。适时召开煤矿文化建设座谈会，落实协会《关于推进煤炭行业文化建设的指导意见》，促进煤炭行业文化大发展大繁荣。举办第四届中国煤矿艺术节闭幕式，唱响主旋律。组团参加第十二届全运会，展示行业形象，推动全民健身活动开展。充分发挥团支委作用，做好全行业青年表彰、青年团干部培训、大学生采煤班现场会等活动。扩大煤炭行业企业信用等级评价覆盖面，建立煤炭企业信用评价网上申报和审核系统，开展好100家煤炭企业的信用评级。举办第二届煤炭行业企业社会责任报告发布会。

（六）搭建国际交流合作平台，推进国际煤炭合作，提高中国煤炭工业的世界影响力，完善与国际组织、世界主要产煤国家、政府机构和行业协会的联系机制

组织参加第23届世界采矿大会和第17届国际选煤大会，扩大中国煤炭工业的国际影响力。举办2013年国际煤炭峰会和第十五届中国国际煤炭采矿展览会，加强与相关单位的联系沟通，丰富展会内容，打造国际一流展会品牌。充分发挥贸促会煤炭分会作用，开展国际能源市场研究，搞好煤炭进口市场监测，充分利用“两个市场、两种资源”，提升我国国际煤炭市场的话语权。

（七）完善体制机制，加强自身建设，提高服务水平和综合发展实力

继续开展协会机关管理提升活动。深化协会人事、薪酬制度改革。完善协会人员聘任、新员工生产实践、轮岗交流和双向挂职工作，建立干部能上能下、能进能出的动态管理机制。加强资产财务管理和内部审计。加强协会网站和出版物管理，推进煤炭行业非时政类报刊杂志改革。落实品牌协会建设规划，启动新一轮协会评估筹备工作。加强和改善代管协会管理。加强协会党的建设、工会和共青团工作。完善协会后勤保障体系。

（八）加强当前形势分析，积极应对挑战，提高煤炭经济运行质量

自去年以来，煤炭消费增速放缓，市场持续低迷，煤炭库存居高不下，价格大幅下滑。特别是今年以来，煤炭价格低位徘徊，企业效益大幅下降，经济运行形势更加严峻。全行业要加强形势分析，准确把握市场走势，采取有效措施，积极应对当前的困难与挑战。一是要统一认识，科学控制煤炭总量，放弃“以量补价”的片面观念，维护市场供需平衡。二是要加强行业自律，规范煤炭市场秩序，坚持诚信经营，建立与用户间的战略合作关系，履行企业社会责任。三是完善煤炭经济运行会商、分析制度，加强信息交流与沟通，研究建立行业间、区域间、企业间的市场分析与会商协调机制，促进煤炭市场平稳运行。四是强化企业现金流管理，加强货款回收工作，确保煤矿安全投入，确保工资正常发放，确保矿区社会稳定。五是做好转型发展项目储备，从发展战略的高度，超前谋划，为调整产业结构，推进煤炭由燃料向原料转化奠定坚实的发展基础。

同志们，党的十八大为新时期中国经济社会发展描绘了宏伟蓝图，煤炭行业要在实现中华民族伟大复兴的“中国梦”进程中，紧密团结在以习近平同志为总书记的党中央周围，深入贯彻落实党的十八大精神，坚定信心，凝心聚力，再接再厉，开拓进取，为构建中国特色一流行业协会、打造中国煤炭工业升级版、全面提升煤炭工业发展的科学化水平作出新的更大的贡献！

谢谢大家！

附录二　中国煤炭工业协会关于命名2010—2011年度煤炭工业安全高效矿井（露天）的决定

中煤协会行调〔2012〕170号

各有关单位：

根据《煤炭工业安全高效矿井（露天）评审办法》，中国煤炭工业协会在组织专家评审、现场验收、领导小组审核和公示的基础上，决定命名中国神华神东煤炭集团补连塔煤矿等406处煤矿为2010—2011年度煤炭工业安全高效矿井（露天）。其中：特级安全高效矿井（露天）158处；一级安全高效矿井（露天）164处；二级安全高效矿井（露天）84处。

这些煤矿以建设煤炭行业安全高效矿井（露天）为目标，积极进行管理和科技创新，提高技术和装备水平，优化设计，科学组织生产，达到了以“三高四好”为核心的煤炭工业安全高效矿井（露天）建设标准要求。406处安全高效矿井（露天）的原煤产量11.29亿t，占全国煤炭产量的32.08%。其中392处井工矿9.74亿t，平均核定生产能力265.34万t，综合单产13.93万t/(个·月)，原煤生产人员效率13.73t/工，单井盈利3.65亿元，百万吨死亡率0.02，绝大部分矿井实现了一井一面（两面）集中生产，基本达到了国际先进水平；14处露天矿产量1.56亿t，平均能力1132.86万t，综合单产25.82万t/(个·月)，原煤生产人员效率89.82t/工，剥采比1:4，单矿盈利5.61亿元，消灭了死亡事故。

希望被命名的煤炭工业安全高效矿井（露天），再接再厉，继续努力，全面提升煤矿生产技术水平，实现煤矿装备现代化、系统自动化、管理信息化和队伍专业化，为我国煤炭工业的发展做出新的更大贡献。希望全国煤炭企业借鉴这些先进煤矿的经验，继续大力推进本企业安全高效矿井（露天）建设，进一步增强科学发展安全发展能力，实现《煤炭工业发展“十二五”规划》提出的奋斗目标。

建议各煤炭企业建立安全高效矿井（露天）建设激励机制，对作出突出贡献的单位和个人给予精神和物质奖励，鼓励煤矿做好安全高效矿井（露天）创建工作，实现科学发展、安全发展，打造和谐绿色矿山。

附件：2010—2011 年度煤炭工业安全高效矿井（露天）名单

中国煤炭工业协会
二零一二年十二月十七日

附件　2010—2011 年度煤炭工业安全高效矿井（露天）名单

序号	煤　矿　名　称	级别
1	开滦集团有限责任公司钱家营矿业分公司	一级
2	开滦集团有限责任公司东欢坨矿业分公司	一级
3	开滦集团有限责任公司荆各庄矿业分公司	二级
4	开滦集团蔚州矿业有限责任公司崔家寨矿	一级
5	开滦能源化工股份有限公司范各庄矿业分公司	一级
6	开滦能源化工股份有限公司吕家坨矿业分公司	特级
7	开滦集团蔚州矿业有限责任公司单侯矿	特级
8	开滦集团准格尔旗云飞矿业有限责任公司	特级
9	开滦集团有限责任公司唐山矿业分公司	特级
10	开滦集团有限责任公司林南仓矿业分公司	二级
11	冀中能源股份有限公司东庞矿	特级
12	冀中能源股份有限公司邢东矿	特级
13	冀中能源股份有限公司邢台矿	一级
14	冀中能源股份有限公司葛泉矿	二级
15	冀中能源股份有限公司章村矿	二级
16	冀中能源股份有限公司显德汪矿	二级
17	冀中能源邯郸矿业集团有限公司陶二煤矿	一级
18	冀中能源邯郸矿业集团有限公司云驾岭煤矿	一级
19	冀中能源邯郸矿业集团有限公司郭二庄煤矿	一级
20	冀中能源邯郸矿业集团亨健矿业有限公司	一级
21	冀中能源峰峰集团有限公司万年矿	特级

（续）

序号	煤　矿　名　称	级别
22	冀中能源峰峰集团有限公司大淑村矿	一级
23	冀中能源峰峰集团有限公司梧桐庄矿	一级
24	冀中能源峰峰集团有限公司薛村矿	二级
25	冀中能源峰峰集团有限公司新三矿	一级
26	冀中能源峰峰集团有限公司九龙矿	一级
27	冀中能源峰峰集团有限公司黄沙矿	一级
28	冀中能源峰峰集团有限公司河北省磁县申家庄煤矿	一级
29	冀中能源峰峰集团有限公司河北省磁县六合工业有限公司	二级
30	冀中能源张家口矿业集团有限公司官板乌素煤矿	特级
31	冀中能源张矿集团康保矿业有限公司张纪井	二级
32	河南煤业化工集团河南龙宇能源股份有限公司陈四楼煤矿	特级
33	河南煤业化工集团河南省正龙煤业有限公司城郊煤矿	特级
34	河南煤业化工集团永煤集团股份有限公司新桥煤矿	一级
35	河南煤业化工集团河南永锦能源有限公司云盖山煤矿二矿	二级
36	河南煤业化工集团河南永锦能源有限公司云盖山煤矿一矿	二级
37	河南煤业化工集团河南永华能源有限公司嵩山煤矿	二级
38	河南煤业化工集团安阳鑫龙煤业主焦煤矿	二级
39	河南煤业化工集团安阳鑫龙煤业集团红岭煤业有限责任公司	二级
40	河南煤业化工集团焦作煤业集团赵固（新乡）能源公司赵固一矿	特级
41	河南煤业化工集团焦作煤业集团有限责任公司赵固二矿	特级
42	河南煤业化工集团焦作煤业集团有限责任公司中马村矿	一级
43	河南煤业化工集团焦作煤业集团有限责任公司朱村矿	二级
44	河南煤业化工集团鹤壁中泰矿业有限公司	一级
45	河南煤业化工集团鹤壁煤业集团有限责任公司第二煤矿	二级
46	河南煤业化工集团鹤壁煤电股份有限公司第三煤矿	一级
47	河南煤业化工集团鹤壁煤电股份有限公司第六煤矿	一级
48	河南煤业化工集团鹤壁煤电股份有限公司第九煤矿	二级
49	中国平煤神马集团平顶山天安煤业股份有限公司一矿	一级
50	中国平煤神马集团平顶山天安煤业股份有限公司二矿	一级
51	中国平煤神马集团平顶山天安煤业三矿有限责任公司	二级

（续）

序号	煤　矿　名　称	级别
52	中国平煤神马集团平顶山天安煤业股份有限公司四矿	特级
53	中国平煤神马集团平顶山天安煤业股份有限公司五矿	一级
54	中国平煤神马集团平顶山天安煤业七矿有限责任公司	二级
55	中国平煤神马集团平顶山天安煤业股份有限公司八矿	一级
56	中国平煤神马集团平顶山天安煤业九矿有限责任公司	二级
57	中国平煤神马集团平顶山天安煤业股份有限公司十矿	一级
58	中国平煤神马集团平顶山天安煤业股份有限公司十一矿	一级
59	中国平煤神马集团平顶山天安煤业股份有限公司十二矿	特级
60	中国平煤神马集团平顶山天安煤业股份有限公司十三矿	一级
61	中国平煤神马集团平顶山天安煤业香山矿有限公司	二级
62	中国平煤神马集团平顶山天安煤业天力有限责任公司吴寨矿	二级
63	中国平煤神马集团瑞平公司张村矿	一级
64	中国平煤神马集团瑞平公司庇山矿	一级
65	中国平煤神马集团梨园矿宁庄井	二级
66	中国平煤神马集团河南平禹煤电有限责任公司二矿	二级
67	中国平煤神马集团河南平禹煤电有限责任公司六矿	二级
68	义煤集团河南大有能源股份有限公司常村煤矿	特级
69	义煤集团河南大有能源股份有限公司新安煤矿	二级
70	义煤集团新义矿业有限公司	一级
71	义煤集团洛阳义安矿业有限公司正村煤矿	一级
72	义煤集团河南大有能源股份有限公司杨村煤矿	一级
73	义煤集团河南大有能源股份有限公司耿村煤矿	特级
74	义马煤业集团青海义海能源有限责任公司大煤沟煤矿	一级
75	义煤集团河南大有能源股份有限公司跃进煤矿	一级
76	郑煤集团河南省新郑煤电有限责任公司	特级
77	郑州煤炭工业集团有限责任公司裴沟煤矿	特级
78	郑煤集团（河南）白坪煤业有限公司	特级
79	郑州煤炭工业集团有限责任公司米村煤矿	一级
80	郑州煤炭工业集团有限责任公司超化煤矿	一级
81	郑州煤电股份有限公司告成煤矿	一级

（续）

序号	煤　矿　名　称	级别
82	郑州煤炭工业集团振兴二矿有限公司	二级
83	河南神火煤业有限公司新庄煤矿	一级
84	河南神火集团有限公司薛湖煤矿	一级
85	河南神火集团有限公司泉店煤矿	二级
86	河南神火集团有限公司梁北矿	一级
87	内蒙古平庄能源股份有限公司老公营子煤矿	特级
88	内蒙古平庄能源股份有限公司风水沟煤矿	特级
89	内蒙古平庄煤业集团有限责任公司红庙煤矿	特级
90	内蒙古平庄能源股份有限公司六家煤矿	一级
91	内蒙古平庄能源股份有限公司古山煤矿三井	二级
92	陕西陕煤铜川矿业有限公司玉华煤矿	特级
93	陕西陕煤铜川矿业有限公司陈家山煤矿	特级
94	陕西陕煤铜川矿业有限公司下石节煤矿	一级
95	陕西陕煤铜川矿业有限公司金华山煤矿	二级
96	陕西陕煤铜川矿业有限公司王石凹煤矿	二级
97	陕西陕煤黄陵矿业有限公司一号煤矿	特级
98	陕西黄陵二号煤矿有限公司	一级
99	陕西陕煤澄合矿业有限公司王村煤矿	二级
100	陕西陕煤蒲白矿业有限公司朱家河煤矿	二级
101	陕西煤业集团黄陵建庄矿业有限公司	特级
102	陕西煤业化工集团孙家岔龙华矿业有限公司孙家岔龙华煤矿	二级
103	陕西中能煤田有限公司榆阳煤矿	特级
104	陕西陕北矿业韩家湾煤炭有限公司	特级
105	陕西彬长大佛寺矿业有限公司	一级
106	神木汇森凉水井矿业有限责任公司	特级
107	彬县煤炭有限责任公司下沟矿	特级
108	陕西长武亭南煤业有限责任公司	特级
109	河南省济源煤业有限责任公司一矿	二级
110	内蒙古伊泰煤炭股份有限公司宏景塔一矿	特级
111	内蒙古伊泰煤炭股份有限公司纳林庙煤矿二号井	特级

（续）

序号	煤　　矿　　名　　称	级别
112	内蒙古伊泰煤炭股份有限公司纳林庙煤矿一号井	特级
113	内蒙古伊泰京粤酸刺沟矿业有限责任公司	特级
114	内蒙古伊泰集团有限公司大地精煤矿	特级
115	内蒙古伊泰宝山煤炭有限责任公司	特级
116	内蒙古伊泰同达煤炭有限责任公司丁家渠煤矿	特级
117	内蒙古伊泰煤炭股份有限公司凯达煤矿	二级
118	华亭煤业集团有限责任公司净石沟煤矿	二级
119	甘肃华亭煤电股份有限公司砚北煤矿	一级
120	华亭煤业集团有限责任公司新柏煤矿	二级
121	华亭煤业集团有限责任公司山寨煤矿	特级
122	华亭煤业集团有限责任公司新窑煤矿	特级
123	甘肃华亭煤电股份有限公司东峡煤矿	特级
124	甘肃华亭煤电股份有限公司陈家沟煤矿	特级
125	华亭煤业集团有限责任公司马蹄沟煤矿	特级
126	内蒙古大雁矿业集团有限责任公司第二煤矿	一级
127	内蒙古大雁矿业集团有限责任公司第一煤矿	一级
128	内蒙古大雁矿业集团有限责任公司第三煤矿	一级
129	扎赉诺尔煤业有限责任公司灵东煤矿	一级
130	扎赉诺尔煤业有限责任公司灵泉煤矿	特级
131	扎赉诺尔煤业有限责任公司铁北煤矿	一级
132	扎赉诺尔煤业有限责任公司五牧场煤矿	特级
133	国投河南新能开发有限公司	一级
134	国投新登郑州煤业有限公司	二级
135	国投煤炭郑州能源开发有限公司	二级
136	山东济矿鲁能煤电股份有限公司阳城煤矿	一级
137	同煤大唐塔山煤矿有限公司	特级
138	大同煤矿集团有限责任公司四台矿	特级
139	大同煤矿集团有限责任公司马脊梁矿	特级
140	大同煤矿集团有限责任公司云冈矿	特级
141	大同煤矿集团有限责任公司晋华宫矿	特级

（续）

序号	煤　矿　名　称	级别
142	大同煤矿集团有限责任公司燕子山矿	一级
143	大同煤业股份有限公司同家梁矿	一级
144	大同煤矿集团有限责任公司四老沟矿	一级
145	大同煤矿集团大斗沟煤业有限公司	一级
146	大同煤矿集团有限责任公司煤峪口矿	一级
147	大同煤矿集团永定庄煤业有限责任公司	一级
148	大同煤矿集团有限责任公司忻州窑矿	一级
149	大同煤矿集团朔州朔煤王坪煤电有限责任公司	一级
150	大同煤矿集团轩岗煤电有限责任公司刘家梁煤矿	二级
151	大同煤矿集团杏儿沟煤业有限责任公司	二级
152	大同煤矿集团大同地煤马口煤矿	二级
153	大同煤矿集团大同地煤姜家湾煤矿	二级
154	山西焦煤集团山西西山煤电股份有限公司马兰矿	特级
155	山西焦煤集团有限责任公司屯兰矿	特级
156	山西焦煤集团山西汾西矿业集团有限责任公司双柳煤矿	特级
157	山西焦煤集团山西汾河焦煤股份有限公司三交河煤矿	特级
158	山西焦煤集团霍州煤电集团吕梁山煤电有限公司方山店坪煤矿	特级
159	山西焦煤集团山西西山煤电股份有限公司西曲矿	一级
160	山西焦煤集团有限责任公司杜儿坪矿	一级
161	山西焦煤集团山西西山煤电股份有限公司西铭矿	一级
162	山西焦煤集团山西西山煤电股份有限公司镇城底矿	一级
163	山西焦煤集团有限责任公司官地煤矿	一级
164	山西焦煤集团山西华晋明珠煤业有限责任公司明珠矿	一级
165	山西焦煤集团霍州煤电集团有限责任公司辛置煤矿	一级
166	山西焦煤集团霍州煤电集团有限责任公司团柏煤矿	一级
167	山西焦煤集团中兴煤业有限责任公司	二级
168	阳煤集团寿阳开元矿业有限责任公司	特级
169	阳泉煤业集团有限责任公司五矿贵石沟井	特级
170	阳泉煤业集团有限责任公司三矿竖井	一级
171	阳泉煤业集团和顺新大地煤业有限公司	一级

（续）

序号	煤　矿　名　称	级别
172	阳泉煤业集团山西平舒煤业有限公司	一级
173	山西晋城无烟煤矿业集团有限责任公司东河煤矿	二级
174	山西潞安环保能源开发股份有限公司王庄煤矿	特级
175	山西潞安环保能源开发股份有限公司漳村煤矿	特级
176	山西潞安环保能源开发股份有限公司常村煤矿	特级
177	山西潞安环保能源开发股份有限公司五阳煤矿	特级
178	山西潞安集团余吾煤业有限责任公司	特级
179	山西潞安集团司马煤业有限公司	特级
180	山西鲁能河曲电煤开发有限责任公司上榆泉煤矿	特级
181	山西晋神沙坪煤业有限公司	特级
182	山西马堡煤业有限公司	一级
183	山西省长治经坊煤业有限公司	特级
184	山西南耀集团小常矿业有限公司	一级
185	山西三元煤业股份有限公司	特级
186	山西大平煤业有限公司	特级
187	山西襄矿晋平煤业有限公司	一级
188	山西襄垣七一新发煤业有限公司	一级
189	山西华晟荣煤矿有限公司	一级
190	山西义棠煤业有限责任公司	一级
191	山西和顺天池能源有限责任公司	一级
192	山西阳泉盂县东坪煤业有限公司	一级
193	山西马军峪煤焦有限公司	一级
194	国投大同能源有限责任公司塔山煤矿	特级
195	大同鹊山精煤有限责任公司	二级
196	山西乡宁焦煤集团神角煤业有限公司	一级
197	山西安泽玉华煤业有限公司	一级
198	山西乡宁焦煤集团台头前湾煤业有限公司	一级
199	山西兰花集团东峰煤矿有限公司	一级
200	山西高平科兴南阳煤业有限公司	一级
201	沁和能源集团有限公司候村煤矿	一级

（续）

序号	煤　矿　名　称	级别
202	山西陵川崇安苏村煤业有限公司	二级
203	山西阳城阳泰集团竹林山煤业有限公司	二级
204	铁法煤业集团有限责任公司大平煤矿	特级
205	铁法煤业集团有限责任公司大隆矿	一级
206	铁法煤业集团有限责任公司晓南矿	特级
207	铁法煤业集团有限责任公司大兴煤矿	特级
208	铁法煤业集团有限责任公司小青煤矿	特级
209	铁法煤业集团有限责任公司小康煤矿	特级
210	铁法煤业集团有限责任公司晓明矿	一级
211	广西东怀矿业有限责任公司东怀煤矿一号井	一级
212	山西霍尔辛赫煤业有限责任公司	一级
213	山西柳林寨崖底煤业有限公司	一级
214	山西柳林汇丰兴业同德焦煤有限公司	一级
215	山西柳林金家庄煤业有限公司	一级
216	山西柳林兴无煤矿有限责任公司	一级
217	山西东江煤业集团有限公司	二级
218	淮北矿业股份有限公司朱庄煤矿	一级
219	淮北矿业股份有限公司童亭煤矿	一级
220	淮北矿业股份有限公司桃园煤矿	一级
221	淮北矿业股份有限公司许疃煤矿	一级
222	淮北矿业股份有限公司祁南煤矿	一级
223	淮北矿业股份有限公司朱仙庄煤矿	二级
224	淮北矿业股份有限公司涡北煤矿	二级
225	淮北矿业股份有限公司孙疃煤矿	二级
226	国投新集能源股份有限公司新集二矿	特级
227	国投新集能源股份有限公司新集一矿	特级
228	国投新集能源股份有限公司刘庄煤矿	特级
229	淮南矿业集团有限责任公司张集煤矿	特级
230	淮南矿业集团有限责任公司谢桥煤矿	特级
231	淮南矿业集团公司淮沪煤电有限公司丁集煤矿	特级

（续）

序号	煤　矿　名　称	级别
232	淮南矿业集团有限责任公司潘集第一煤矿	特级
233	淮南矿业集团有限责任公司潘二煤矿	特级
234	淮南矿业集团有限责任公司潘集第三煤矿	特级
235	淮南矿业集团淮浙煤电有限责任公司顾北煤矿分公司	特级
236	淮南矿业集团有限责任公司潘北煤矿	一级
237	安徽恒源煤电股份有限公司钱营孜煤矿	特级
238	安徽皖北煤电集团安徽五沟煤矿有限责任公司	特级
239	安徽恒源煤电股份有限公司煤矿	一级
240	安徽恒源煤电股份有限公司刘桥第一煤矿	一级
241	安徽恒源煤电股份有限公司祁东煤矿	一级
242	安徽恒源煤电股份有限公司任楼煤矿	一级
243	宿州煤电（集团）有限公司界沟煤矿	二级
244	山东鲁能菏泽煤电开发有限公司彭庄煤矿	特级
245	山东鲁能菏泽煤电开发有限公司郭屯煤矿	二级
246	山东能源新汶矿业集团山东新巨龙能源有限责任公司	特级
247	山东能源新汶矿业集团有限责任公司协庄煤矿	一级
248	山东能源新汶矿业集团有限责任公司翟镇煤矿	一级
249	山东能源山东新矿赵官能源有限责任公司	一级
250	山东能源新汶矿业集团有限责任公司华丰煤矿	一级
251	山东能源新汶矿业集团山东华恒矿业有限公司	一级
252	山东能源新汶矿业集团山东良庄矿业有限公司	一级
253	山东能源新汶矿业集团彬县水帘洞煤炭有限责任公司	特级
254	山东能源临沂矿业集团山东东山古城煤矿有限公司	特级
255	山东能源临沂矿业集团山东东山新驿煤矿有限公司	一级
256	山东能源临沂矿业集团山东东山王楼煤矿有限公司	一级
257	山东能源临沂矿业集团有限责任公司田庄煤矿	一级
258	山东能源临沂矿业集团有限公司邱集煤矿	一级
259	山东能源临沂矿业集团山东东山军城能源开发有限公司	一级
260	山东能源枣庄矿业集团付村煤业有限公司	特级
261	山东能源枣庄矿业集团高庄煤业有限公司	特级

（续）

序号	煤　矿　名　称	级别
262	山东能源枣庄矿业集团有限责任公司田陈煤矿	一级
263	山东能源枣庄矿业集团有限责任公司滨湖煤矿	特级
264	山东能源枣庄矿业集团有限责任公司蒋庄煤矿	一级
265	山东能源枣庄矿业集团有限责任公司柴里煤矿	一级
266	山东能源枣庄矿业集团新安煤业有限公司	特级
267	山东能源龙口煤电有限公司梁家煤矿	特级
268	山东能源龙口煤电有限公司北皂煤矿	特级
269	山东能源肥城矿业集团梁宝寺能源有限责任公司	特级
270	山东能源肥城矿业集团肥城白庄煤矿有限公司	一级
271	山东能源肥城矿业集团有限责任公司曹庄煤矿	二级
272	山东新查庄矿业有限责任公司	二级
273	兖州煤业股份有限公司南屯煤矿	特级
274	兖州煤业股份有限公司兴隆庄煤矿	特级
275	兖州煤业股份有限公司鲍店煤矿	特级
276	兖州煤业股份有限公司东滩煤矿	特级
277	兖矿集团有限公司北宿煤矿	一级
278	兖矿集团有限公司杨村煤矿	一级
279	兖州煤业股份有限公司济宁二号煤矿	特级
280	兖州煤业股份有限公司济宁三号煤矿	特级
281	兖煤菏泽能化有限公司赵楼煤矿	特级
282	山东能源淄博矿业集团有限责任公司埠村煤矿	二级
283	山东能源淄博矿业集团有限责任公司岱庄煤矿	特级
284	山东能源淄博矿业集团有限责任公司许厂煤矿	特级
285	山东能源淄博矿业集团山东唐口煤业有限公司	特级
286	山东能源淄博矿业集团山东东华能源有限责任公司葛亭煤矿	一级
287	山东省岱庄生建煤矿湖西矿井	二级
288	山东里能鲁西矿业有限公司	二级
289	山东省七五生建煤矿	一级
290	山东省岱庄生建煤矿	二级
291	山东裕隆矿业集团有限公司唐阳煤矿	一级

（续）

序号	煤　矿　名　称	级别
292	山东鲁泰煤业有限公司鹿洼煤矿	一级
293	微山崔庄煤矿有限责任公司	二级
294	滕州郭庄矿业有限责任公司锦丘煤矿	一级
295	山东济宁运河煤矿有限责任公司	二级
296	神华宁夏煤业集团有限责任公司白芨沟煤矿	特级
297	神华宁夏煤业集团宁夏宁鲁煤电有限责任公司任家庄煤矿	一级
298	神华宁夏煤业集团有限责任公司灵新煤矿	特级
299	神华宁夏煤业集团有限责任公司枣泉煤矿	特级
300	神华宁夏煤业集团有限责任公司羊场湾煤矿	特级
301	神华宁夏煤业集团宁夏石炭井焦煤有限责任公司	一级
302	神华宁夏煤业集团有限责任公司红柳煤矿	特级
303	神华宁夏煤业集团有限责任公司金能煤业分公司	一级
304	神华宁夏煤业集团有限责任公司梅花井煤矿	特级
305	神华神东煤炭集团有限责任公司大柳塔煤矿大柳塔井	特级
306	神华神东煤炭集团有限责任公司大柳塔煤矿活鸡兔井	特级
307	神华神东煤炭集团有限责任公司寸草塔煤矿	特级
308	神华神东煤炭集团有限责任公司乌兰木伦煤矿	特级
309	神华神东煤炭集团有限责任公司榆家梁煤矿	特级
310	神华神东煤炭集团有限责任公司石圪台煤矿	特级
311	神华神东煤炭集团有限责任公司保德煤矿	特级
312	神华神东煤炭集团有限责任公司补连塔煤矿	特级
313	神华神东煤炭集团有限责任公司上湾煤矿	特级
314	神华神东煤炭集团有限责任公司哈拉沟煤矿	特级
315	神华神东煤炭集团有限责任公司柳塔煤矿	一级
316	神华神东煤炭集团有限责任公司布尔台煤矿	特级
317	神华神东煤炭集团有限责任公司万利一矿	特级
318	神华神东煤炭集团有限责任公司陕西集华柴家沟矿业有限公司	一级
319	神华新疆能源有限责任公司大洪沟煤矿	特级
320	神华新疆能源有限责任公司小红沟煤矿	特级
321	神华新疆能源有限责任公司碱沟煤矿	特级

（续）

序号	煤　矿　名　称	级别
322	神华新疆能源有限责任公司铁厂沟煤矿	特级
323	神华新疆能源有限责任公司新疆昌吉市屯宝矿业有限责任公司	特级
324	神华新疆能源有限责任公司宽沟煤矿	一级
325	神华乌海能源有限责任公司乌海市路天矿业有限责任公司	特级
326	神华集团乌达黄白茨矿业有限责任公司	一级
327	神华蒙西煤化股份有限公司棋盘井煤矿	特级
328	神华乌海能源有限责任公司苏海图煤矿	二级
329	神华集团乌海能源五虎山矿业有限责任公司	二级
330	神华乌海能源有限责任公司乌海市公乌素煤业有限责任公司	二级
331	中煤平朔煤业有限责任公司井工一矿	特级
332	中煤平朔煤业有限责任公司井工二矿	特级
333	中煤平朔煤业有限责任公司井工三矿	特级
334	上海大屯能源股份有限公司姚桥煤矿	特级
335	上海大屯能源股份有限公司徐庄煤矿	一级
336	上海大屯能源股份有限公司龙东煤矿	一级
337	山西中煤东坡煤业有限公司东坡煤矿	特级
338	陕西南梁矿业有限公司	一级
339	山西中煤担水沟煤业有限公司	一级
340	山西中煤杨涧煤业有限公司	一级
341	山西中新唐山沟煤业有限责任公司	二级
342	黑龙江龙煤矿业集团股份有限公司鸡西分公司城山煤矿	一级
343	黑龙江龙煤矿业集团股份有限公司鸡西分公司杏花煤矿	特级
344	黑龙江龙煤矿业集团股份有限公司鸡西分公司东山煤矿	二级
345	黑龙江龙煤矿业集团股份有限公司鸡西分公司正阳煤矿	二级
346	黑龙江龙煤矿业集团股份有限公司鹤岗分公司南山煤矿	一级
347	黑龙江龙煤矿业集团股份有限公司鹤岗分公司兴安煤矿	二级
348	长春羊草煤业股份有限公司一矿	一级
349	吉林省煤业集团舒兰矿业集团有限责任公司二矿	特级
350	吉林省煤业集团舒兰矿业集团有限责任公司四矿	一级
351	吉林省煤业集团辽源矿业集团吉林省龙家堡矿业有限责任公司	特级

（续）

序号	煤 矿 名 称	级别
352	吉林省煤业集团辽源矿业集团有限责任公司金宝屯煤矿	特级
353	吉林省煤业集团辽源矿业集团有限责任公司梅河煤矿二井	二级
354	吉林省煤业集团辽源矿业集团有限责任公司梅河煤矿三井	一级
355	吉林省煤业集团辽源矿业集团有限责任公司梅河煤矿四井	二级
356	吉林省煤业集团辽源矿业集团有限责任公司西安煤业公司 125 井	二级
357	吉林省煤业集团珲春矿业集团八连城煤业有限公司	一级
358	吉林省煤业集团珲春矿业集团有限责任公司英安煤矿	一级
359	吉林省煤业集团珲春矿业集团板石煤业有限公司	一级
360	黑龙江龙煤矿业集团股份有限公司双鸭山分公司集贤煤矿	二级
361	黑龙江龙煤矿业集团股份有限公司双鸭山分公司东荣三矿	二级
362	黑龙江龙煤矿业集团股份有限公司双鸭山分公司新安煤矿	一级
363	黑龙江龙煤矿业集团股份有限公司双鸭山分公司东保卫煤矿	二级
364	黑龙江龙煤矿业集团股份有限公司双鸭山分公司东荣二矿	一级
365	黑龙江龙煤矿业集团股份有限公司七台河分公司新立煤矿	一级
366	黑龙江龙煤矿业集团股份有限公司七台河分公司新建煤矿	二级
367	徐州矿务集团有限公司三河尖煤矿	一级
368	徐州矿务集团有限公司夹河煤矿	一级
369	徐州矿务集团有限公司庞庄煤矿张小楼井	一级
370	徐州矿务集团有限公司宝鸡秦源煤业有限公司	特级
371	徐州矿务集团新疆天山矿业有限责任公司俄霍布拉克煤矿	一级
372	徐州矿务集团有限公司张双楼煤矿	一级
373	窑街煤电集团有限公司海石湾煤矿	一级
374	窑街煤电集团天祝煤业有限责任公司	一级
375	靖远煤业集团有限责任公司魏家地煤矿	特级
376	靖远煤业集团有限责任公司大水头煤矿	特级
377	靖远煤业集团有限责任公司红会第一煤矿	特级
378	甘肃靖远煤电股份有限公司四号井	特级
379	川煤集团攀枝花煤业集团有限责任公司小宝鼎煤矿	二级
380	川煤集团攀枝花煤业集团有限责任公司花山煤矿	二级
381	四川省华蓥山煤业股份有限公司李子垭煤矿	一级

（续）

序号	煤　矿　名　称	级别
382	四川华蓥山龙滩煤电有限责任公司龙滩矿井	二级
383	山西省太原西峪煤矿	二级
384	山西省阳泉固庄煤矿	二级
385	陕西省红石岩煤矿	二级
386	阜新矿业集团有限责任公司艾友煤矿	二级
387	阜新矿业集团有限责任公司清河门煤矿	二级
388	沈阳焦煤有限责任公司红阳二矿	一级
389	沈阳矿业有限责任公司辽阳红阳三矿	特级
390	沈阳焦煤有限责任公司西马煤矿	一级
391	沈阳焦煤有限责任公司蒲河煤矿	一级
392	辽宁九道岭煤业有限公司	一级
393	冀中能源张家口矿业集团鄂尔多斯市张家梁煤炭有限公司	特级
394	内蒙古平庄煤业集团有限责任公司元宝山露天煤矿	特级
395	华能伊敏煤电有限责任公司露天矿	特级
396	神华准格尔能源有限责任公司黑岱沟露天煤矿	特级
397	中国神华哈尔乌素煤炭分公司哈尔乌素露天煤矿	特级
398	神华集团包头矿业有限责任公司水泉露天煤矿	一级
399	神华北电胜利能源有限公司胜利露天煤矿	特级
400	中煤平朔煤业有限责任公司安太堡露天煤矿	特级
401	中煤平朔煤业有限责任公司安家岭露天煤矿	特级
402	云南省小龙潭矿务局小龙潭露天矿	特级
403	云南省小龙潭矿务局布沼坝露天矿	特级
404	云南先锋煤业开发有限公司露天矿	一级
405	抚顺矿业集团有限责任公司西露天矿	特级
406	抚顺矿业集团有限责任公司东露天矿	一级

附录三　2010—2011年度煤炭工业安全高效矿井（露天）技术经济指标汇总

井工矿：

序号	井工煤矿	原煤产量/万t	采煤机械化程度/%	综合单产/[万t·(个·月)$^{-1}$]	原煤生产人员效率/(t·工$^{-1}$)	百万吨死亡率	利润/亿元	级别
1	开滦集团公司钱家营矿业分公司	590.8	100	18.94	15.266	0.17	11.714	一级
2	开滦集团公司东欢坨矿业分公司	254.3	100	9.6	8.37	0	0.983	一级
3	开滦集团公司荆各庄矿业分公司	125	100	7.43	8.05	0	0.08	二级
4	开滦集团蔚州矿业公司崔家寨矿	265	100	9.58	9.34	0	3.058	一级
5	开滦能源化工股份公司范各庄矿业分公司	469.92	100	13.05	15.321	0.213	4.349	一级
6	开滦能源化工股份公司吕家坨矿业分公司	314.5	100	12.59	15.586	0	0.865	特级
7	开滦集团蔚州矿业公司单侯矿	174.95	100	14.58	12.16	0	1.681	特级
8	开滦集团准格尔旗云飞矿业有限责任公司	240	100	20	24.294	0	0.653	特级
9	开滦集团公司唐山矿业分公司	391.3	100	11.13	15.03	0	5.742	特级
10	开滦集团公司林南仓矿业分公司	115	100	6.08	5.51	0	0.119	二级
11	冀中能源股份有限公司东庞矿	335	100	15.09	15.029	0	13.92	特级
12	冀中能源股份有限公司邢东矿	124.7	100	12.11	12	0	3.005	特级
13	冀中能源股份有限公司邢台矿	194.89	100	8.38	7.081	0	4.308	一级

（续）

序号	井工煤矿	原煤产量/万t	采煤机械化程度/%	综合单产/[万t·(个·月)$^{-1}$]	原煤生产人员效率/(t·工$^{-1}$)	百万吨死亡率	利润/亿元	级别
14	冀中能源股份有限公司葛泉矿	95	100	7.76	4.445	0	0.95	二级
15	冀中能源股份有限公司章村矿	111.96	100	7.51	5.05	0.9	1.05	二级
16	冀中能源股份有限公司显德汪矿	169.95	100	7.12	5.34	0	1.004	二级
17	冀中能源邯郸矿业集团公司陶二煤矿	124.05	100	6.41	5.712	0	0.372	一级
18	冀中能源邯郸矿业集团公司云驾岭煤矿	164.35	100	9.13	7.466	0	4.32	一级
19	冀中能源邯郸矿业集团公司郭二庄煤矿	159.1	100	8.72	7.3	0	1.242	一级
20	冀中能源邯郸矿业集团亨健矿业公司	110	100	9.59	7.3	0	3.482	一级
21	冀中能源峰峰集团公司万年矿	299	100	12.5	12.25	0	2.2	特级
22	冀中能源峰峰集团公司大淑村矿	125	100	6.41	5.702	0	0.339	一级
23	冀中能源峰峰集团公司梧桐庄矿	210	100	10.97	8.223	0	5.132	一级
24	冀中能源峰峰集团公司薛村矿	142	100	6.96	7.26	0	0.289	二级
25	冀中能源峰峰集团公司新三矿	76.65	100	8.4	6.209	0	0.008	一级
26	冀中能源峰峰集团公司九龙矿	148.5	100	8.65	8.59	0	0.359	一级
27	冀中能源峰峰集团公司黄沙矿	106.79	100	8.9	7.12	0	0.61	一级
28	冀中能源峰峰集团公司磁县申家庄煤矿	84.9	100	6.66	5.06	0	6.25	一级
29	冀中能源峰峰集团公司磁县六合工业公司	82.1	100	6.68	4.28	0	4.387	二级
30	冀中能源张家口矿业集团官板乌素煤矿	300.2	100	24.91	21.2	0	3	特级
31	冀中能源张矿集团康保矿业公司张纪井	56	100	4.63	4.05	0	0.303	二级
32	河南煤业化工集团龙宇能源陈四楼煤矿	445.55	100	15.06	16.7	0	15	特级

（续）

序号	井工煤矿	原煤产量/万t	采煤机械化程度/%	综合单产/[万t·(个·月)$^{-1}$]	原煤生产人员效率/(t·工$^{-1}$)	百万吨死亡率	利润/亿元	级别
33	河南煤业化工集团正龙煤业城郊煤矿	499.5	100	21.35	16.57	0	25.46	特级
34	河南煤业化工集团永煤公司新桥煤矿	119.81	100	10.15	12.06	0	4.187	一级
35	河南煤业化工集团永锦能源云盖山矿二矿	44.94	100	4.03	4.41	0	1.637	二级
36	河南煤业化工集团永锦能源云盖山矿一矿	45	100	3.98	4.36	0	1.348	二级
37	河南煤业化工集团永华能源公司嵩山煤矿	59.9	100	5.21	4.6	0	1.488	二级
38	河南煤业化工集团安阳鑫龙煤业主焦煤矿	59.58	100	4.97	4.4	0	1.843	二级
39	河南煤业化工集团安阳鑫龙煤业红岭煤矿	59.58	100	4.97	4.99	0	2.271	二级
40	河南煤业化工集团焦作煤业集团赵固一矿	239.3	100	12.05	12.21	0	6.095	特级
41	河南煤业化工集团焦作煤业集团赵固二矿	179.9	100	13.64	10.1	0	6.057	特级
42	河南煤业化工集团焦作煤业集团中马村矿	78.48	100	8.04	7.23	0	0.111	一级
43	河南煤业化工集团焦作煤业集团朱村矿	45	85	3.62	6.03	0	0.512	二级
44	河南煤业化工集团鹤壁中泰矿业公司	145.1	100	6.43	8.09	0	1.295	一级
45	河南煤业化工集团鹤壁煤业集团公司二矿	61.2	100	4.97	5.21	0	0.018	二级
46	河南煤业化工集团鹤壁煤电股份公司三矿	133.3	85.1	6.94	5.23	0	0.716	一级
47	河南煤业化工集团鹤壁煤电股份公司六矿	128.9	88	4.04	4.33	0	0.104	一级
48	河南煤业化工集团鹤壁煤电股份公司九矿	59.3	100	5.31	4.49	0	0.279	二级
49	中国平煤神马集团平煤股份一矿	397	100	8.23	10.011	0	2.724	一级
50	中国平煤神马集团平煤股份二矿	168.9	100	8.33	9.6	0	1.457	一级
51	中国平煤神马集团平煤股份三矿	66.2	100	6.08	6.16	0	0.468	二级

（续）

序号	井工煤矿	原煤产量/万t	采煤机械化程度/%	综合单产/[万t·(个·月)$^{-1}$]	原煤生产人员效率/(t·工$^{-1}$)	百万吨死亡率	利润/亿元	级别
52	中国平煤神马集团平煤股份四矿	279.8	100	11.15	12.22	0	0.921	特级
53	中国平煤神马集团平煤股份五矿	165	100	7.54	7.247	0	1.353	一级
54	中国平煤神马集团平煤股份七矿	102.26	100	8.11	6.84	0	0.491	二级
55	中国平煤神马集团平煤股份八矿	341.9	100	6.47	10.23	0	2.074	一级
56	中国平煤神马集团平煤股份九矿	60	100	4.86	4.562	0	0.433	二级
57	中国平煤神马集团平煤股份十矿	290	100	7.69	10.2	0	2.953	一级
58	中国平煤神马集团平煤股份十一矿	300	100	8.14	11.3	0	1.25	一级
59	中国平煤神马集团平煤股份十二矿	130	100	10.54	10.077	0	1.13	特级
60	中国平煤神马集团平煤股份十三矿	202.4	100	8.02	10.5	0	4.893	一级
61	中国平煤神马集团平煤股份香山矿	89.2	100	7.04	5.83	0	0.39	二级
62	中国平煤神马集团平煤股份天力公司吴寨矿	45	100	3.76	4.2	0	0.348	二级
63	中国平煤神马集团瑞平公司张村矿	115	100	5	7.77	0	2.9	一级
64	中国平煤神马集团瑞平公司庇山矿	84.6	100	6.71	6.19	0	1.46	一级
65	中国平煤神马集团梨园矿宁庄井	45	100	3.5	4.63	0	0.448	二级
66	中国平煤神马集团平禹煤电二矿	59.8	100	4.98	4.6	0	0.508	二级
67	中国平煤神马集团平禹煤电六矿	45	100	3.49	3.72	0	0.751	二级
68	义马煤业集团股份有限公司常村煤矿	216.06	100	17.62	12.15	0	2.6	特级
69	义马煤业集团股份有限公司新安煤矿	157.35	100	6.88	8.19	0	2.007	二级

（续）

序号	井 工 煤 矿	原煤产量/万 t	采煤机械化程度/%	综合单产/[万 t·(个·月)$^{-1}$]	原煤生产人员效率/(t·工$^{-1}$)	百万吨死亡率	利润/亿元	级别
70	义马煤业集团股份有限公司新义矿业公司	112	100	9.19	10.2	0	0.87	一级
71	义马煤业集团股份公司义安矿业公司正村煤矿	110.89	100	9.23	7.11	0	1.116	一级
72	义马煤业集团股份有限公司杨村煤矿	146.8	100	12.23	8.87	0	1.781	一级
73	义马煤业集团股份有限公司耿村煤矿	373.17	100	16.43	15.22	0	6.928	特级
74	义马煤业集团股份公司青海义海公司大煤沟矿	99.77	100	9.17	8.99	0	0.088	一级
75	义马煤业集团股份有限公司跃进煤矿	144.02	100	11.4	9.1	0	0.173	一级
76	郑煤集团新郑煤电公司	300	100	13.56	15.01	0	4.42	特级
77	郑煤集团公司裴沟煤矿	193.84	100	15.98	10.72	0	1.01	特级
78	郑煤集团河南白坪煤业公司	180	100	16.38	10.22	0	1.473	特级
79	郑煤集团公司米村煤矿	185	100	8.69	10.29	0	1.976	一级
80	郑煤集团公司超化煤矿	207.19	100	9.6	10.02	0	1.352	一级
81	郑煤集团公司告成煤矿	120	100	9.58	7.27	0	0.558	一级
82	郑煤集团振兴二矿有限公司	45	100	4.81	5.07	0	0.473	二级
83	河南神火煤业公司新庄煤矿	223	100	9.29	13.21	0	6.07	一级
84	河南神火煤业公司薛湖煤矿	89.8	100	8.32	6.1	0	2.16	一级
85	河南神火集团公司泉店煤矿	108	100	4.62	6.11	0.93	3.8	二级
86	河南神火集团许昌新龙矿业公司	88.2	100	7.35	10.4	0	5.8	一级

（续）

序号	井工煤矿	原煤产量/万t	采煤机械化程度/%	综合单产/[万t·(个·月)$^{-1}$]	原煤生产人员效率/(t·工$^{-1}$)	百万吨死亡率	利润/亿元	级别
87	内蒙古平庄能源股份公司老公营子煤矿	119.58	100	12.12	10.416	0	1.303	特级
88	内蒙古平庄能源股份公司风水沟煤矿	209.81	100	12.01	12.04	0	0.242	特级
89	内蒙古平庄煤业集团公司红庙煤矿	155.09	100	13.22	10.406	0	0.423	特级
90	内蒙古平庄能源股份公司六家煤矿	119.5	100	9.78	7.59	0	1.471	一级
91	内蒙古平庄能源股份公司古山煤矿三井	69.8	100	6.35	5.64	0	0.52	二级
92	陕西陕煤铜川矿业公司玉华煤矿	184.6	100	15.38	10.2	0	0.225	特级
93	陕西陕煤铜川矿业公司陈家山煤矿	180	100	15	12.63	0	0.457	特级
94	陕西陕煤铜川矿业公司下石节煤矿	185	100	15.42	7.012	0	0.645	一级
95	陕西陕煤铜川矿业公司金华山煤矿	90	100	7	4.17	0	0.371	二级
96	陕西陕煤铜川矿业公司王石凹煤矿	119.08	100	6.51	5.75	0	0.621	二级
97	陕西陕煤黄陵矿业公司一号煤矿	557.18	100	25.41	16.42	0	12.39	特级
98	陕西陕煤黄陵矿业公司二号煤矿	699	100	31.31	33.2	0.14	16.3	一级
99	陕西陕煤澄合矿业公司王村煤矿	148.5	100	6.89	5.19	0	0.128	二级
100	陕西陕煤蒲白矿业公司朱家河煤矿	120	100	10.01	7.7	0.83	2.3	二级
101	陕西煤业集团黄陵建庄矿业有限公司	240.6	100	21.67	15.04	0	5.207	特级
102	陕西煤业化工集团孙家岔龙华煤矿	60	100	6.8	6.3	0	1.4	二级
103	陕西煤业化工集团中能煤田公司榆阳煤矿	299.6	100	24.34	16.2	0	0.596	特级
104	陕西陕北矿业韩家湾煤炭有限公司	149	100	12.56	19.2	0	0.98	特级
105	陕西彬长大佛寺矿业有限公司	428.8	100	33.71	10.58	0.23	6.9	一级

（续）

序号	井工煤矿	原煤产量/万t	采煤机械化程度/%	综合单产/[万t·(个·月)$^{-1}$]	原煤生产人员效率/(t·工$^{-1}$)	百万吨死亡率	利润/亿元	级别
106	陕西汇森煤业公司神木汇森凉水井矿业公司	398	100	31.83	35.17	0	10.001	特级
107	彬县煤炭有限责任公司下沟煤矿	303.2	100	25.27	17.66	0	5.35	特级
108	陕西长武亭南煤业有限责任公司	300	100	21.61	15.14	0	4.141	特级
109	河南省济源煤业公司一矿	69.9	100	6.11	6.36	0	1.121	二级
110	内蒙古伊泰煤炭股份公司宏景塔一矿	500	100	41.67	68.68	0	10.828	特级
111	内蒙古伊泰煤炭股份公司纳林庙煤矿二号井	500	100	41.67	69.14	0	9.101	特级
112	内蒙古伊泰煤炭股份公司纳林庙煤矿一号井	180	100	15	31.74	0	4.32	特级
113	内蒙古伊泰京粤酸刺沟矿业有限责任公司	1126.58	100	48.09	39.04	0	5.418	特级
114	内蒙古伊泰集团公司大地精煤矿	239.1	100	19.93	22.33	0	2.87	特级
115	内蒙古伊泰宝山煤炭公司	180	100	15	27.79	0	3.589	特级
116	内蒙古伊泰同达煤炭公司丁家渠煤矿	179.2	100	13.38	42.62	0	3.026	特级
117	内蒙古伊泰煤炭股份公司凯达煤矿	90	100	7.5	13.33	0	1.062	二级
118	华亭煤业集团公司净石沟煤矿	45.07	100	6.1	9.86	0	0.029	二级
119	甘肃华亭煤电股份公司砚北煤矿	500.62	100	21.33	15.71	0.2	6.011	一级
120	华亭煤业集团公司新柏煤矿	136	100	12.18	10.4	0.73	1.015	二级
121	华亭煤业集团公司山寨煤矿	215.16	100	17.93	13.85	0	2.968	特级

（续）

序号	井 工 煤 矿	原煤产量/万t	采煤机械化程度/%	综合单产/[万t·(个·月)$^{-1}$]	原煤生产人员效率/(t·工$^{-1}$)	百万吨死亡率	利润/亿元	级别
122	华亭煤业集团公司新窑煤矿	140.18	100	14.37	10.36	0	1.082	特级
123	甘肃华亭煤电股份公司东峡矿	120.06	100	12.56	12.86	0	0.396	特级
124	甘肃华亭煤电股份公司陈家沟煤矿	150	100	12.55	10.37	0	1.255	特级
125	华亭煤业集团公司马蹄沟矿	120	100	12.04	10.5	0	0.297	特级
126	内蒙古大雁矿业集团公司第二煤矿	235	100	21.16	9.36	0	0.058	一级
127	内蒙古大雁矿业集团公司第一煤矿	175	100	14.88	7.42	0	0.075	一级
128	内蒙古大雁矿业集团公司第三煤矿	180	100	15.9	7.71	0	0.051	一级
129	扎赉诺尔煤业公司灵东煤矿	478.74	100	39.89	16.53	0.21	1.698	一级
130	扎赉诺尔煤业公司灵泉煤矿	301.7	100	23.9	15.156	0	1.083	特级
131	扎赉诺尔煤业公司铁北煤矿	263	100	21.92	8.4	0.38	0.307	一级
132	扎赉诺尔煤业公司五牧场煤矿	218.16	100	18.17	12.59	0	0.735	特级
133	国投河南新能开发有限公司	120	100	10.4	11.51	0	4.31	一级
134	国投新登郑州煤业有限公司	84	100	7.84	5.8	0	2.77	二级
135	国投煤炭郑州能源开发有限公司	83.87	100	7.02	4.86	0	2.812	二级
136	山东济矿鲁能煤电股份有限公司阳城煤矿	199.56	100	9.09	14.5	0	6.295	一级
137	大同煤矿集团公司大唐塔山煤矿有限公司	1500	100	64.27	42.9	0	33	特级
138	大同煤矿集团公司四台矿	500	100	12.55	16.35	0	2.154	特级
139	大同煤矿集团公司马脊梁矿	376.97	100	12.32	15.025	0	1.515	特级
140	大同煤矿集团公司云冈矿	538.42	100	13.13	15.19	0	2.1	特级

（续）

序号	井工煤矿	原煤产量/万t	采煤机械化程度/%	综合单产/[万t·(个·月)$^{-1}$]	原煤生产人员效率/(t·工$^{-1}$)	百万吨死亡率	利润/亿元	级别
141	大同煤矿集团公司晋华宫矿	449.92	100	12.06	15.13	0	1.261	特级
142	大同煤矿集团公司燕子山矿	426.13	100	8.09	10.02	0	5.686	一级
143	大同煤矿集团公司同家梁矿	159.48	100	8.05	8.81	0	0.506	一级
144	大同煤矿集团公司四老沟矿	156.6	100	8.24	7.82	0	0.981	一级
145	大同煤矿集团大斗沟煤业有限公司	155.13	100	8.06	7.56	0	0.095	一级
146	大同煤矿集团公司煤峪口矿	248.56	100	10.47	8.8	0	0.245	一级
147	大同煤矿集团永定庄煤业有限责任公司	196	100	15	7.895	0	0.42	一级
148	大同煤矿集团公司忻州窑矿	230	100	9.34	8.31	0	0.2	一级
149	大同煤矿集团朔州朔煤王坪煤电公司	180.34	100	8.02	8.27	0	0.149	一级
150	大同煤矿集团轩岗煤电公司刘家梁煤矿	171	100	6.88	5.21	0	0.052	二级
151	大同煤矿集团杏儿沟煤业有限责任公司	90	100	7.85	4.97	0	0.825	二级
152	大同煤矿集团大同地煤马口煤矿	90	100	7.05	4.77	0	0.082	二级
153	大同煤矿集团大同地煤姜家湾煤矿	90	100	7.24	4.9	0	0.07	二级
154	山西焦煤集团西山煤电股份有限公司马兰矿	359.18	100	12.56	15.08	0	3.856	特级
155	山西焦煤集团西山煤电集团公司屯兰矿	317.8	100	13.04	12.08	0	1.812	特级
156	山西焦煤集团汾西矿业集团公司双柳煤矿	199.98	100	17.88	13.07	0	3.319	特级
157	山西焦煤集团霍州煤电集团公司三交河煤矿	299.88	100	18.51	13.26	0	9.077	特级

（续）

序号	井 工 煤 矿	原煤产量/万 t	采煤机械化程度/%	综合单产/[万 t·(个·月)$^{-1}$]	原煤生产人员效率/(t·工$^{-1}$)	百万吨死亡率	利润/亿元	级别
158	山西焦煤集团霍州煤电集团公司店坪煤矿	180	100	14.04	10.46	0	0.044	特级
159	山西焦煤集团西山煤电股份有限公司西曲矿	331	100	10.74	10.309	0	4.776	一级
160	山西焦煤集团西山煤电集团公司杜儿坪矿	460	100	9.85	10.238	0	0.024	一级
161	山西焦煤集团西山煤电股份有限公司西铭矿	353.13	100	11.4	11.215	0	0.71	一级
162	山西焦煤集团西山煤电股份有限公司镇城底矿	189.24	100	9.86	8.286	0	1.011	一级
163	山西焦煤集团西山煤电集团公司官地矿	420.6	100	10.54	10.32	0	0.68	一级
164	山西焦煤集团华晋明珠煤业公司明珠矿	76.5	100	8.38	7.4	0	2.211	一级
165	山西焦煤集团霍州煤电集团公司辛置煤矿	210.5	100	11.19	8.4	0	0.214	一级
166	山西焦煤集团霍州煤电集团公司团柏煤矿	195.3	100	9.77	8.2	0	0.254	一级
167	山西焦煤集团汾西矿业集团公司中兴煤业公司	170.05	100	6.79	5.17	0	1.646	二级
168	阳煤集团寿阳开元矿业有限责任公司	299.94	100	12.92	12.044	0	0.373	特级
169	阳泉煤业集团公司五矿贵石沟井	497.25	100	20.22	15.112	0	0.458	特级
170	阳泉煤业集团公司三矿竖井	349.56	100	14.35	11.077	0	0.17	一级
171	阳泉煤业集团和顺新大地煤业有限公司	90	100	6.73	6.173	0	0.406	一级
172	阳煤集团山西平舒煤业有限公司	87.2	100	6.77	4.93	0	2.576	一级

（续）

序号	井工煤矿	原煤产量/万t	采煤机械化程度/%	综合单产/[万t·(个·月)$^{-1}$]	原煤生产人员效率/(t·工$^{-1}$)	百万吨死亡率	利润/亿元	级别
173	晋城无烟煤矿业集团太原煤气化公司东河煤矿	65.99	100	6.04	4.51	0	1.001	二级
174	山西潞安环能开发股份有限公司王庄煤矿	709.23	100	29.32	28.987	0	21.674	特级
175	山西潞安环能开发股份有限公司漳村煤矿	397.8	100	31.84	23.088	0	11.254	特级
176	山西潞安环能开发股份有限公司常村煤矿	599.32	100	49.49	18.366	0	11.28	特级
177	山西潞安环能开发股份有限公司五阳煤矿	299.2	100	22.43	10.022	0	7.205	特级
178	山西潞安集团余吾煤业有限责任公司	599.86	100	32.75	15.56	0	10.11	特级
179	山西潞安集团司马煤业有限公司	299.9	100	23.5	21.451	0	15.212	特级
180	山西鲁能河曲电煤开发公司上榆泉煤矿	300	100	14.34	23.35	0	1.41	特级
181	山西晋神沙坪煤业有限公司	245	100	20.42	15.9	0	2.112	特级
182	山西马堡煤业有限公司	148.6	95	7.29	9.88	0	1.32	一级
183	山西省长治经坊煤业有限公司	239.96	100	20.41	12.95	0	15.61	特级
184	山西南耀集团小常矿业有限公司	118.9	100	9.91	7.54	0	6.449	一级
185	山西三元煤业股份有限公司	218.34	100	18.2	20.95	0	18.885	特级
186	山西煤炭进出口集团山西大平煤业有限公司	118.8	100	12.52	13.61	0	3.35	特级
187	山西襄矿晋平煤业有限公司	239	100	10.17	10.1	0	3.31	一级
188	山西襄垣七一新安煤业有限公司	149.35	100	13.46	7.3	0	3.01	一级
189	山西华晟荣煤矿有限公司	150	100	13.3	11.49	0	4.11	一级

（续）

序号	井 工 煤 矿	原煤产量/万t	采煤机械化程度/%	综合单产/[万t·(个·月)$^{-1}$]	原煤生产人员效率/(t·工$^{-1}$)	百万吨死亡率	利润/亿元	级别
190	山西义棠煤业有限责任公司	176	100	14.09	9.77	0	3.32	一级
191	山西和顺天池能源有限责任公司	120	100	10.05	8.34	0	0.69	一级
192	山西阳泉盂县东坪煤业有限公司	85	100	9.4	9.5	0	1.1	一级
193	山西马军峪煤焦有限公司	65	100	8.6	6.3	0	1.24	一级
194	国投大同能源有限责任公司塔山煤矿	240	100	20	16	0	5.66	特级
195	大同鹊山精煤有限责任公司	110	100	10.14	5.36	0	0.15	二级
196	山西乡宁焦煤集团神角煤业有限公司	88	100	8	11.11	0	2.654	一级
197	山西安泽玉华煤业有限公司	89.36	100	8.133	10.31	0	0.3	一级
198	山西乡宁焦煤集团台头前湾煤业有限公司	89	100	8.14	11.48	0	4.162	一级
199	山西兰花集团东峰煤矿有限公司	119	100	9.86	9.35	0	6.567	一级
200	山西高平科兴南阳煤业有限公司	118.66	100	12.55	8.35	0	5.983	一级
201	沁和能源集团有限公司候村煤矿	119.83	100	10.15	8.6	0	7.536	一级
202	山西陵川崇安苏村煤业有限公司	88.85	90	7.4	6.75	0	1.25	二级
203	山西阳城阳泰集团竹林山煤业有限公司	89.5	100	7.46	6.47	0	2.855	二级
204	铁法煤业集团有限责任公司大平矿	405	100	40.86	17.9845	0	8.008	特级
205	铁法煤业集团有限责任公司大隆矿	260	100	22.93	13.073	0.38	0.959	一级
206	铁法煤业集团有限责任公司晓南矿	210	100	14.71	12.595	0	0.175	特级
207	铁法煤业集团有限责任公司大兴矿	360	100	31.46	15.002	0	2.387	特级
208	铁法煤业集团有限责任公司小青矿	240	100	20.43	12.251	0	0.048	特级

（续）

序号	井工煤矿	原煤产量/万t	采煤机械化程度/%	综合单产/[万t·(个·月)$^{-1}$]	原煤生产人员效率/(t·工$^{-1}$)	百万吨死亡率	利润/亿元	级别
209	铁法煤业集团有限责任公司小康矿	260	100	27.35	13.48	0	1.453	特级
210	铁法煤业集团有限责任公司晓明矿	175	100	14.58	8.964	0	1.149	一级
211	广西百色矿务局东怀矿业公司东怀煤矿一号井	146	100	8.1	8	0	1.556	一级
212	山西霍尔辛赫煤业有限责任公司	138.6	100	9.27	16.56	0	4.27	一级
213	山西柳林寨崖底煤业有限公司	119	100	10.53	9.17	0	4.279	一级
214	山西柳林汇丰兴业同德焦煤有限公司	116	100	11.43	12.4	0	3.345	一级
215	山西柳林金家庄煤业有限公司	119.6	100	10.58	10.5	0	7.709	一级
216	山西柳林兴无煤矿有限责任公司	116.2	100	10.19	11.3	0	10.44	一级
217	山西东江煤业集团有限公司	89.82	100	7.49	8.07	0	0.061	二级
218	淮北矿业股份有限公司朱庄煤矿	219.86	100	8.99	9.147	0	1.965	一级
219	淮北矿业股份有限公司童亭煤矿	139.99	93.78	6.9	5.752	0	1.426	一级
220	淮北矿业股份有限公司桃园煤矿	159.86	100	6.51	7.079	0	0.938	一级
221	淮北矿业股份有限公司许疃煤矿	336.67	100	13.95	15.106	0.297	3.698	一级
222	淮北矿业股份有限公司祁南煤矿	288.2	100	8.87	6.607	0	0.902	一级
223	淮北矿业股份有限公司朱仙庄煤矿	244.96	100	9.87	7.96	0.41	1.26	二级
224	淮北矿业股份有限公司涡北煤矿	149.42	100	9.05	7.147	0.67	5.285	二级
225	淮北矿业股份有限公司孙疃煤矿	179.66	100	12.89	10.07	0.55	2.28	二级
226	国投新集能源股份有限公司新集二矿	284	100	12.06	12.13	0	0.17	特级

（续）

序号	井工煤矿	原煤产量/万t	采煤机械化程度/%	综合单产/[万t·(个·月)$^{-1}$]	原煤生产人员效率/(t·工$^{-1}$)	百万吨死亡率	利润/亿元	级别
227	国投新集能源股份有限公司新集一矿	388.8	100	16.66	12.04	0	0.167	特级
228	国投新集能源股份有限公司刘庄煤矿	799.9	100	35.27	13.8	0	18.61	特级
229	淮南矿业集团公司张集煤矿	1360	100	28.43	17.58	0	13.284	特级
230	淮南矿业集团公司谢桥煤矿	1020	100	28.93	15.72	0	10.784	特级
231	淮南矿业集团公司淮沪煤电公司丁集煤矿	530	100	24.17	15.76	0	5.113	特级
232	淮南矿业集团公司潘集第一煤矿	531	100	13.75	13.11	0	4.548	特级
233	淮南矿业集团公司潘二煤矿	359.67	100	16.29	12.08	0	1.186	特级
234	淮南矿业集团公司潘集第三煤矿	430	100	11.9	12.45	0	1.264	特级
235	淮南矿业集团淮浙煤电公司顾北煤矿分公司	347	100	28.92	12.13	0	1.504	特级
236	淮南矿业集团公司潘北煤矿	155	100	5.63	4.19	0	0.64	一级
237	安徽恒源煤电股份有限公司钱营孜煤矿	179.97	100	14.17	10.7	0	2.089	特级
238	安徽皖北煤电集团安徽五沟煤矿公司	150	100	12.5	10.3	0	0.973	特级
239	安徽恒源煤电股份有限公司煤矿	200	100	8.24	8.1	0	2.295	一级
240	安徽恒源煤电股份有限公司刘桥第一煤矿	139.99	85.4	6.21	7.4	0	1.013	一级
241	安徽恒源煤电股份有限公司祁东煤矿	239.99	100	9.08	8.01	0	0.713	一级
242	安徽恒源煤电股份有限公司任楼煤矿	280	100	10.83	8.33	0.357	4.735	一级
243	宿州煤电（集团）有限公司界沟煤矿	94.96	100	5.5	4.51	0	0.573	二级
244	山东鲁能菏泽煤电开发有限公司彭庄煤矿	110	100	12.05	11.8	0	2.2	特级

（续）

序号	井 工 煤 矿	原煤产量/万 t	采煤机械化程度/%	综合单产/[万 t·(个·月)$^{-1}$]	原煤生产人员效率/(t·工$^{-1}$)	百万吨死亡率	利润/亿元	级别
245	山东鲁能菏泽煤电开发有限公司郭屯煤矿	240	100	9.48	11.33	0.41	4.73	二级
246	山东能源新矿集团山东新巨龙能源公司	598.7	100	64.78	20.6	0	27.554	特级
247	山东能源新矿集团协庄煤矿	171.8	100	4.6	7.252	0	1.571	一级
248	山东能源新矿集团翟镇煤矿	151.7	100	8.17	7.356	0	0.825	一级
249	山东能源山东新矿赵官能源有限责任公司	87.29	100	4.98	4.297	0	0.036	一级
250	山东能源新矿集团华丰煤矿	119.13	100	4.41	3.525	0	1.226	一级
251	山东能源新矿集团山东华恒矿业有限公司	118.28	100	4.14	3.655	0	1.154	一级
252	山东能源新矿集团山东良庄矿业有限公司	102.76	100	10.05	7.222	0	1.04	一级
253	山东能源新矿集团彬县水帘洞煤炭公司	192.19	100	16.02	11.5	0	5.6	特级
254	山东能源临矿集团山东东山古城煤矿有限公司	219.85	100	12.07	12.11	0	13.068	特级
255	山东能源临矿集团山东东山新驿煤矿有限公司	104.9	100	8.11	7.23	0	1.258	一级
256	山东能源临矿集团山东东山王楼煤矿有限公司	89.99	100	8.03	7.586	0	2.004	一级
257	山东能源临矿集团田庄煤矿	89.6	87	4.01	6.24	0	1.276	一级
258	山东能源临矿集团邱集煤矿	73.72	100	5.89	4.289	0	1.393	一级
259	山东能源临矿集团山东东山军城能源开发有限公司	45	100	4.17	4.71	0	1.094	一级

（续）

序号	井工煤矿	原煤产量/万 t	采煤机械化程度/%	综合单产/[万 t·（个·月）$^{-1}$]	原煤生产人员效率/（t·工$^{-1}$）	百万吨死亡率	利润/亿元	级别
260	山东能源枣矿集团付村煤业有限公司	266.96	100	22.5	12.02	0	10.15	特级
261	山东能源枣矿集团高庄煤业有限公司	317.41	100	16.88	15.14	0	14.9	特级
262	山东能源枣矿集团田陈煤矿	167.52	100	8.07	7.758	0	0.185	一级
263	山东能源枣矿集团滨湖煤矿	103.19	100	8.27	5.086	0	1.447	特级
264	山东能源枣矿集团蒋庄煤矿	268.42	100	11.18	10.82	0	2.276	一级
265	山东能源枣矿集团柴里煤矿	222.67	100	9.28	10.52	0	1.159	一级
266	山东能源枣矿集团新安煤业有限公司	297.26	100	24.77	13.503	0	5.722	特级
267	山东能源龙矿集团梁家煤矿	279.54	100	12.43	13.321	0	3.681	特级
268	山东能源龙矿集团北皂煤矿	224.51	100	12.07	12.08	0	0.694	特级
269	山东能源肥矿集团梁宝寺能源有限责任公司	300	100	13.89	16.48	0	9.577	特级
270	山东能源肥矿集团肥城白庄煤矿有限公司	139.98	100	5.74	7.359	0	1.6	一级
271	山东能源肥矿集团曹庄煤矿	118.23	100	7.33	5.01	0	1.025	二级
272	山东新查庄矿业有限责任公司	105.1	100	4.65	5.57	0	2.399	二级
273	兖州煤业股份有限公司南屯煤矿	333.02	100	13.34	15.09	0	3.79	特级
274	兖州煤业股份有限公司兴隆庄煤矿	659.85	100	30.64	17.51	0	18.98	特级
275	兖州煤业股份有限公司鲍店煤矿	610.91	100	20.6	16.6	0	15.71	特级
276	兖州煤业股份有限公司东滩煤矿	732.62	100	30.79	18.11	0	21.29	特级
277	兖矿集团有限公司北宿煤矿	95.42	87.5	4.14	3.172	0	0.423	一级

（续）

序号	井工煤矿	原煤产量/万t	采煤机械化程度/%	综合单产/[万t·(个·月)$^{-1}$]	原煤生产人员效率/(t·工$^{-1}$)	百万吨死亡率	利润/亿元	级别
278	兖矿集团有限公司杨村煤矿	101.57	100	11.46	7.823	0	0.004	一级
279	兖州煤业股份有限公司济宁二号煤矿	436.78	100	18.4	16.33	0	9.549	特级
280	兖州煤业股份有限公司济宁三号煤矿	604.01	100	17.29	26.21	0	15.58	特级
281	兖矿集团兖煤菏泽能化有限公司赵楼煤矿	299.99	100	15.31	12.21	0	3.79	特级
282	山东能源淄矿集团埠村煤矿	103.29	95	3.13	2.637	0	0.03	二级
283	山东能源淄矿集团岱庄煤矿	235.04	100	12.16	12.48	0	4.105	特级
284	山东能源淄矿集团许厂煤矿	304	100	12.18	15.28	0	10.1	特级
285	山东能源淄矿集团唐口煤业公司	500	100	21.11	18	0	15.11	特级
286	山东能源淄矿集团山东东华能源公司葛亭煤矿	120	100	11.83	10.89	0	2.44	一级
287	山东省岱庄生建煤矿湖西矿井	86.3	100	7.19	6.8	0	2.464	二级
288	山东里能鲁西矿业有限公司	79.26	100	7.18	6.79	0	1.792	二级
289	山东省七五生建煤矿	97.78	100	9.44	8.951	0	3.55	一级
290	山东省岱庄生建煤矿	81.69	100	6.81	4.15	0	5.7	二级
291	山东裕隆矿业集团有限公司唐阳煤矿	97.38	100	8.12	13.63	0	3.735	一级
292	山东鲁泰煤业有限公司鹿洼煤矿	110.9	100	10.27	7.22	0	4.002	一级
293	微山崔庄煤矿有限责任公司	111	100	6.8	5.6	0	3.506	二级
294	滕州郭庄矿业有限责任公司锦丘煤矿	71.4	100	6	9.775	0	1.416	一级
295	山东济宁运河煤矿有限责任公司	109	100	10.41	8.3	0	3.5	二级

（续）

序号	井工煤矿	原煤产量/万t	采煤机械化程度/%	综合单产/[万t·(个·月)$^{-1}$]	原煤生产人员效率/(t·工$^{-1}$)	百万吨死亡率	利润/亿元	级别
296	神华宁夏煤业集团公司白芨沟煤矿	160	100	12.9	10.161	0	0.548	特级
297	神华宁夏煤业集团宁鲁煤电公司任家庄煤矿	239.5	100	19.96	12.3	0	4.355	一级
298	神华宁夏煤业集团公司灵新煤矿	318.8	100	13.28	15.1	0	0.059	特级
299	神华宁夏煤业集团公司枣泉煤矿	800.8	100	25.19	17.573	0	10.742	特级
300	神华宁夏煤业集团公司羊场湾煤矿	1500	100	32.7	23.8	0	30.2	特级
301	神华宁夏煤业集团宁夏石炭井焦煤公司	133.6	100	6.42	3.585	0	1.7	一级
302	神华宁夏煤业集团公司红柳煤矿	522	100	42.25	16.7	0	3.625	特级
303	神华宁夏煤业集团金能煤业分公司	264.67	100	9.1	6.651	0	1.915	一级
304	神华宁夏煤业集团公司梅花井煤矿	860.6	100	24.73	24.75	0	9.536	特级
305	神华神东煤炭集团大柳塔煤矿大柳塔井	995.5	100	36.59	103.3	0	23.7	特级
306	神华神东煤炭集团大柳塔煤矿活鸡兔井	1096	100	40.29	105.8	0	25.98	特级
307	神华神东煤炭集团寸草塔煤矿	398.64	100	30.51	31	0	3.41	特级
308	神华神东煤炭集团乌兰木伦煤矿	711.4	100	26.08	63.65	0	10.27	特级
309	神华神东煤炭集团榆家梁煤矿	1628	100	44.15	105.57	0	37.53	特级
310	神华神东煤炭集团石圪台煤矿	1169.7	100	44.63	74.44	0	15.8	特级
311	神华神东煤炭集团保德煤矿	1012.53	100	40.96	80.34	0	7.965	特级
312	神华神东煤炭集团补连塔煤矿	2493.4	100	97.84	131.9	0	50.86	特级
313	神华神东煤炭集团上湾煤矿	1396	100	59.59	122.05	0	28.14	特级

（续）

序号	井工煤矿	原煤产量/万 t	采煤机械化程度/%	综合单产/[万 t·(个·月)$^{-1}$]	原煤生产人员效率/(t·工$^{-1}$)	百万吨死亡率	利润/亿元	级别
314	神华神东煤炭集团哈拉沟煤矿	1250	100	54.89	122.2	0	28.7	特级
315	神华神东煤炭集团柳塔煤矿	295	100	21.8	25.59	0.35	3.304	一级
316	神华神东煤炭集团布尔台煤矿	1192.2	100	48.77	111	0	9.19	特级
317	神华神东煤炭集团万利一矿	1009.3	100	78.31	92.4	0	2.814	特级
318	神华神东陕西集华柴家沟矿业有限公司	98.95	100	9.5	7.78	0	1.136	一级
319	神华新疆能源公司大洪沟煤矿	123.4	100	12.05	15.64	0	0.063	特级
320	神华新疆能源公司小红沟煤矿	158.92	100	13.24	20.3	0	0.477	特级
321	神华新疆能源公司碱沟煤矿	166	100	8.6	15.03	0	0.185	特级
322	神华新疆能源公司铁厂沟煤矿	119.7	100	11.74	12.66	0	0.417	特级
323	神华新疆能源公司新疆昌吉市屯宝矿业公司	213	100	17.75	21.58	0	0.025	特级
324	神华新疆能源公司宽沟煤矿	125.31	100	10.44	14.43	0	0.007	一级
325	神华乌海能源公司乌海市路天矿业公司	143.3	100	14.05	14.53	0	0.352	特级
326	神华集团乌达黄白茨矿业有限责任公司	154.5	100	15.7	7.18	0	0.292	一级
327	神华乌海能源蒙西煤化股份有限公司棋盘井煤矿	210	100	19.66	18.2	0	2.1	特级
328	神华乌海能源有限责任公司苏海图煤矿	131.3	100	8.42	5.82	0	0.24	二级
329	神华集团乌海能源五虎山矿业有限责任公司	126.02	100	12.5	5.4	0	0.333	二级

（续）

序号	井工煤矿	原煤产量/万t	采煤机械化程度/%	综合单产/[万t·(个·月)$^{-1}$]	原煤生产人员效率/(t·工$^{-1}$)	百万吨死亡率	利润/亿元	级别
330	神华乌海能源乌海市公乌素煤业有限责任公司	206.5	100	8.23	6.4	0	0.53	二级
331	中煤平朔煤业有限责任公司井工一矿	964.2	100	80.35	71.5	0	8.099	特级
332	中煤平朔煤业有限责任公司井工二矿	1000	100	83.34	136.64	0	7.28	特级
333	中煤平朔煤业有限责任公司井工三矿	600.08	100	50.01	93.08	0	8.2	特级
334	中煤上海大屯能源股份公司姚桥煤矿	444.6	100	18.35	17.3	0	13.84	特级
335	中煤上海大屯能源股份公司徐庄煤矿	180	100	10.1	7.3	0	0.595	一级
336	中煤上海大屯能源股份公司龙东煤矿	119.55	100	10.58	7.014	0	0.833	一级
337	山西中煤东坡煤业有限公司东坡煤矿	210	100	23.03	14.15	0	3.039	特级
338	中煤陕西南梁矿业有限公司	120	100	10	7.58	0	3.578	一级
339	山西中煤担水沟煤业有限公司	92	100	9.2	11.94	0	0.372	一级
340	山西中煤杨涧煤业有限公司	90	100	9	12.3	0	0.304	一级
341	山西中新唐山沟煤业有限责任公司	120	100	9.17	5.1	0	2.659	二级
342	黑龙江龙煤矿业集团鸡西分公司城山煤矿	239.97	100	9.1	8.08	0	0.067	一级
343	黑龙江龙煤矿业集团鸡西分公司杏花煤矿	200	100	12.38	12.684	0	0.162	特级
344	黑龙江龙煤矿业集团鸡西分公司东山煤矿	179.22	100	7.15	6.681	0	0.054	二级
345	黑龙江龙煤矿业集团鸡西分公司正阳煤矿	179.7	81.66	7.28	5.18	0.56	0.109	二级
346	黑龙江龙煤矿业集团鹤岗分公司南山煤矿	282.8	100	12.03	8.097	0	1.213	一级
347	黑龙江龙煤矿业集团鹤岗分公司兴安煤矿	239.85	100	4.99	3.56	0	0.28	二级

（续）

序号	井工煤矿	原煤产量/万t	采煤机械化程度/%	综合单产/[万t·(个·月)$^{-1}$]	原煤生产人员效率/(t·工$^{-1}$)	百万吨死亡率	利润/亿元	级别
348	长春羊草煤业股份有限公司一矿	59.34	100	5.39	3.32	0	0.447	一级
349	吉林省煤业集团舒兰矿业集团二矿	170	100	12.1	10.214	0	0.517	特级
350	吉林省煤业集团舒兰矿业集团四矿	93	100	8.08	6.134	0	0.283	一级
351	吉林省煤业集团辽源矿业集团龙家堡矿业公司	298	100	13.24	15.17	0	3.034	特级
352	吉林省煤业集团辽源矿业集团金宝屯煤矿	195	100	12.16	10.23	0	0.532	特级
353	吉林省煤业集团辽源矿业集团梅河煤矿二井	119.8	100	4.78	5.14	0	0.358	二级
354	吉林省煤业集团辽源矿业集团梅河煤矿三井	114.94	100	4.5	7.08	0	0.351	一级
355	吉林省煤业集团辽源矿业集团梅河煤矿四井	89.5	100	6.97	4.24	0	0.251	二级
356	吉林省煤业集团辽源矿业集团西安煤业公司125井	164.91	100	6.68	6.962	0	1.136	二级
357	吉林省煤业集团珲春矿业集团八连城煤矿	180	100	13.29	7.559	0	0.185	一级
358	吉林省煤业集团珲春矿业集团英安煤矿	185	100	13.8	8.21	0	0.036	一级
359	吉林省煤业集团珲春矿业集团板石煤业公司	240	100	12.84	8.426	0	0.292	一级

（续）

序号	井工煤矿	原煤产量/万t	采煤机械化程度/%	综合单产/[万t·(个·月)$^{-1}$]	原煤生产人员效率/(t·工$^{-1}$)	百万吨死亡率	利润/亿元	级别
360	黑龙江龙煤矿业集团双鸭山分公司集贤煤矿	180	91.64	6.03	5.046	0	0.192	二级
361	黑龙江龙煤矿业集团双鸭山分公司东荣三矿	179	100	7.65	5.16	0	0.165	二级
362	黑龙江龙煤矿业集团双鸭山分公司新安煤矿	208.78	100	8.52	8.13	0	0.439	一级
363	黑龙江龙煤矿业集团双鸭山分公司东保卫煤矿	79.6	100	3.17	2.844	0	0.32	二级
364	黑龙江龙煤矿业集团双鸭山分公司东荣二矿	178.1	100	10.91	9.284	0	0.011	一级
365	黑龙江龙煤矿业集团七台河分公司新立煤矿	98.02	100	4.08	3.718	0	0.001	一级
366	黑龙江龙煤矿业集团七台河分公司新建煤矿	202	100	3.61	3.2	0	0.588	二级
367	徐州矿务集团有限公司三河尖煤矿	205.17	100	8.31	8.12	0	4.783	一级
368	徐州矿务集团有限公司夹河煤矿	131	100	6.26	7.85	0	0.455	一级
369	徐州矿务集团有限公司庞庄煤矿张小楼井	115.27	100	9.4	7.357	0	5.795	一级

（续）

序号	井工煤矿	原煤产量/万t	采煤机械化程度/%	综合单产/[万t·(个·月)$^{-1}$]	原煤生产人员效率/(t·工$^{-1}$)	百万吨死亡率	利润/亿元	级别
370	徐州矿务集团宝鸡秦源煤业有限公司	140	100	12.5	11.96	0	2.6	特级
371	徐州矿务集团新疆天山公司俄霍布拉克煤矿	324.12	100	19.61	14.93	0.31	1.2	一级
372	徐州矿务集团有限公司张双楼煤矿	224.08	100	10.5	8.413	0	10.223	一级
373	窑街煤电集团公司海石湾煤矿	144.81	100	6.49	10.19	0	0.027	一级
374	窑街煤电集团天祝煤业有限责任公司	100	100	9.26	7.39	0	1.453	一级
375	靖远煤业集团公司魏家地煤矿	200	100	10.04	9.6	0	0.189	特级
376	靖远煤业集团公司大水头煤矿	215	100	12.03	12.016	0	0.318	特级
377	靖远煤业集团公司红会第一煤矿	215	100	17.96	13.317	0	3.696	特级
378	甘肃靖远煤电股份有限公司四号井	171.77	100	9.36	9.64	0	0.92	特级
379	川煤集团攀枝花煤业集团公司小宝鼎煤矿	71.99	100	3.06	2.049	0	0.004	二级
380	川煤集团攀枝花煤业集团公司花山煤矿	173.35	97.45	6.42	5.33	0	0.011	二级
381	四川华蓥山广能集团公司李子垭煤矿	94.68	100	3.22	3.85	0	0.451	一级
382	四川华蓥山龙滩煤电有限责任公司龙滩矿井	110.19	100	10.51	4.27	0	0.41	二级
383	山西省太原西峪煤矿	120.8	100	6.29	5.13	0	0.054	二级

（续）

序号	井　工　煤　矿	原煤产量/万t	采煤机械化程度/%	综合单产/[万t·(个·月)$^{-1}$]	原煤生产人员效率/(t·工$^{-1}$)	百万吨死亡率	利润/亿元	级别
384	山西省阳泉固庄煤矿	100.1	100	5.3	5.6	0	0.531	二级
385	陕西省红石岩煤矿	110.6	100	10.84	8.1	0	0.911	二级
386	阜新矿业集团公司艾友煤矿	187.7	100	6.88	5.132	0	2.149	二级
387	阜新矿业集团公司清河门煤矿	169.99	100	7.39	5.674	0	1.33	二级
388	沈阳煤业集团沈阳焦煤公司红阳二矿	150	100	11.56	7.3	0	4.046	一级
389	沈阳煤业集团沈阳矿业公司辽阳红阳三矿	275	100	12.8	10.21	0	14.236	特级
390	沈阳煤业集团沈阳焦煤公司西马煤矿	157	100	6.44	5.77	0	1.146	一级
391	沈阳煤业集团沈阳焦煤公司蒲河煤矿	141	100	12.82	7.19	0	0.326	一级
392	辽宁九道岭煤业有限公司	109	100	8.89	11.38	0	1.2	一级

露天矿：

序号	露　天　煤　矿	原煤产量/万t	综合单产/[万t·(个·月)$^{-1}$]	原煤生产人员效率/(t·工$^{-1}$)	剥采比/(m^3·t^{-1})	利润/亿元	百万吨死亡率	级别
393	冀中能源张家口矿业集团鄂尔多斯张家梁煤炭公司	282.7	24.5	28.75	6.1	1.013	0	特级
394	内蒙古平庄煤业集团公司元宝山露天煤矿	798	20.78	39.024	1.63	9.673	0	特级
395	华能伊敏煤电有限责任公司露天矿	2243.84	41.53	94.15	2.62	0.755	0	特级

（续）

序号	露天煤矿	原煤产量/万 t	综合单产/[万 t·(个·月)$^{-1}$]	原煤生产人员效率/(t·工$^{-1}$)	剥采比/(m^3·t^{-1})	利润/亿元	百万吨死亡率	级别
396	神华准格尔能源有限责任公司黑岱沟露天煤矿	2498	69	162.98	5.25	22.79	0	特级
397	中国神华哈尔乌素煤炭分公司哈尔乌素露天煤矿	1997.7	55.49	304.61	4.64	12.04	0	特级
398	神华集团包头矿业有限责任公司水泉露天煤矿	119	9.92	23.72	2.8		0	一级
399	神华北电胜利能源有限公司胜利露天煤矿	1995	27.71	113.07	3.88	5.94	0	特级
400	中煤平朔煤业有限责任公司安太堡露天煤矿	2200	22.92	118.24	7.28	9.8	0	特级
401	中煤平朔煤业有限责任公司安家岭露天煤矿	1960	27.22	173.95	6.67	5	0	特级
402	云南省小龙潭矿务局小龙潭露天矿	193.49	16.12	40.47	0.85	2.012	0	特级
403	云南省小龙潭矿务局布沼坝露天矿	809.14	16.86	93.76	2.03	5.844	0	特级
404	云南煤化工集团云南先锋煤业开发有限公司露天矿	199.8	9.08	21.86	3.68	0.724	0	一级
405	抚顺矿业集团公司西露天矿	219	12.17	26.1	3.4	1.705	0	特级
406	抚顺矿业集团公司东露天矿	89	8.18	17	5.1	1.22	0	一级

附录四 2006—2009 年度煤炭工业安全高效矿井（露天）名单

一、2006 年度煤炭工业安全高效矿井（露天）名单（219 处）

序号	省（区）及中央企业	隶属企业	矿井名称	级别
1	神华能源股份公司	神东煤炭分公司	补连塔煤矿	特级
2	神华能源股份公司	神东煤炭分公司	上湾煤矿	特级
3	神华能源股份公司	神东煤炭分公司	大柳塔矿大柳塔井	特级
4	神华能源股份公司	神东煤炭分公司	榆家梁煤矿	特级
5	神华能源股份公司	神东煤炭分公司	大柳塔矿活鸡兔井	特级
6	神华能源股份公司	神东煤炭分公司	乌兰木伦煤矿	特级
7	神华能源股份公司	神东煤炭分公司	保德煤矿	一级
8	神华能源股份公司	神东煤炭分公司	哈拉沟煤矿	一级
9	神华能源股份公司	神东煤炭分公司	石圪台煤矿	一级
10	神华集团	神华新疆能源公司	大洪沟煤矿	特级
11	神华集团	神华新疆能源公司	小红沟煤矿	特级
12	神华集团	神华新疆能源公司	碱沟煤矿	特级
13	神华集团	神华新疆能源公司	六道湾煤矿	一级
14	神华集团	神华新疆能源公司	铁厂沟煤矿	一级
15	神华集团	宁夏煤业集团公司	羊场湾煤矿一井	特级
16	神华集团	宁夏煤业集团公司	羊场湾煤矿二井	特级
17	神华集团	宁夏煤业集团公司	灵新煤矿	特级
18	神华集团	海勃湾矿业公司	路天煤矿	一级
19	神华集团	陕西集华	柴家沟矿业公司	一级
20	神华集团	包头矿业公司	阿刀亥煤矿	一级
21	神华集团	乌达矿业公司	黄白茨煤业公司	二级
22	中煤能源集团公司	平朔煤炭工业公司	安家岭一号井工矿	特级

（续）

序号	省（区）及中央企业	隶属企业	矿井名称	级别
23	中煤能源集团公司	平朔煤炭工业公司	安家岭二号井工矿	特级
24	中煤能源集团公司	大屯煤电公司能源股份公司	姚桥煤矿	一级
25	中煤能源集团公司	大屯煤电公司能源股份公司	徐庄煤矿	一级
26	中煤能源集团公司	大屯煤电公司能源股份公司	龙东煤矿	一级
27	中煤能源集团公司	大屯煤电公司能源股份公司	孔庄煤矿	二级
28	中煤能源集团公司	华晋焦煤公司	沙曲煤矿	一级
29	国投新集	国投新集能源股份公司	一矿	特级
30	国投新集	国投新集能源股份公司	二矿	一级
31	河北省	开滦集团公司	钱家营矿业分公司	特级
32	河北省	开滦集团公司	范各庄矿业分公司	特级
33	河北省	开滦集团公司	唐山矿业分公司	一级
34	河北省	开滦集团公司蔚州矿业公司	崔家寨煤矿	一级
35	河北省	开滦集团公司精煤股份公司	吕家坨矿业分公司	二级
36	河北省	开滦集团公司	荆各庄矿业公司	二级
37	河北省	开滦集团公司	林南仓矿业分公司	二级
38	河北省	金能金牛能源股份公司	东庞煤矿	特级
39	河北省	金能金牛能源股份公司	邢台矿	一级
40	河北省	金能金牛能源股份公司	邢东矿	一级
41	河北省	金能邯郸矿业集团公司	郭二庄煤矿	二级
42	河北省	金能邯郸矿业集团公司	云驾岭矿	二级
43	河北省	金能邯郸矿业集团公司	陶一煤矿	二级
44	河北省	峰峰集团公司	万年矿	一级
45	河北省	峰峰集团公司	梧桐庄矿	一级
46	河北省	峰峰集团公司	黄沙矿	二级
47	河北省	磁县	申家庄煤矿	二级
48	河北省	磁县	六合工业公司	二级
49	内蒙古自治区	平庄煤业集团公司	风水沟煤矿	特级
50	内蒙古自治区	平庄煤业集团公司	六家煤矿	一级
51	内蒙古自治区	平庄煤业集团公司	古山煤矿三井	二级
52	内蒙古自治区	平庄煤业集团公司	红庙煤矿	二级

（续）

序号	省（区）及中央企业	隶属企业	矿井名称	级别
53	内蒙古自治区	扎赉诺尔煤业公司	灵泉矿	一级
54	内蒙古自治区	扎赉诺尔煤业公司	铁北煤矿	二级
55	内蒙古自治区	大雁矿业集团公司	第一煤矿	二级
56	内蒙古自治区	大雁矿业集团公司	第二煤矿	二级
57	辽宁省	铁法煤业集团公司	大平煤矿	特级
58	辽宁省	铁法煤业集团公司	大兴煤矿	特级
59	辽宁省	铁法煤业集团公司	晓南煤矿	特级
60	辽宁省	铁法煤业集团公司	大隆煤矿	特级
61	辽宁省	铁法煤业集团公司	大明煤矿	一级
62	辽宁省	铁法煤业集团公司	小青煤矿	一级
63	辽宁省	铁法煤业集团公司	晓明煤矿	二级
64	辽宁省	铁法煤业集团公司	小康煤矿	二级
65	辽宁省	沈阳煤业集团公司	红阳三矿	一级
66	辽宁省	阜新矿业集团公司	清河门煤矿	二级
67	辽宁省	阜新矿业集团公司	艾友煤矿	二级
68	山西省	潞安环能股份公司	王庄煤矿	特级
69	山西省	潞安环能股份公司	漳村煤矿	特级
70	山西省	潞安环能股份公司	常村煤矿	特级
71	山西省	潞安环能股份公司	五阳煤矿	一级
72	山西省	潞安环能股份公司	石圪节煤矿	一级
73	山西省	山西焦煤集团公司	西山马兰煤矿	特级
74	山西省	山西焦煤集团公司	西山屯兰煤矿	特级
75	山西省	山西焦煤集团公司	西山杜儿坪煤矿	一级
76	山西省	山西焦煤集团公司	汾西双柳煤矿	特级
77	山西省	山西焦煤集团公司	汾西新峪煤矿	特级
78	山西省	山西焦煤集团公司	霍州三交河煤矿	特级
79	山西省	山西焦煤集团公司	霍州回坡底煤矿	一级
80	山西省	山西焦煤集团公司	霍州团柏煤矿	一级
81	山西省	山西焦煤集团公司	霍州辛置煤矿	二级
82	山西省	山西焦煤集团公司	汾西贺西煤矿	一级

（续）

序号	省（区）及中央企业	隶 属 企 业	矿井名称	级别
83	山西省	山西焦煤集团公司	汾西柳湾煤矿	一级
84	山西省	长治市	三元煤业公司	特级
85	山西省	长治市	经坊煤业公司	特级
86	山西省	晋城无烟煤矿业集团公司	成庄煤矿	特级
87	山西省	晋城无烟煤矿业集团公司	古书院矿	二级
88	山西省	晋城无烟煤矿业集团公司	长平煤矿	二级
89	山西省	晋城无烟煤矿业集团公司	凤凰山煤矿	二级
90	山西省	晋城市高平市	赵庄煤矿	一级
91	山西省	晋城市兰花股份公司	唐安煤矿	一级
92	山西省	晋城市高平市	南阳煤矿	二级
93	山西省	大同煤矿集团公司	马脊梁煤矿	特级
94	山西省	大同煤矿集团公司	四台煤矿	特级
95	山西省	大同煤矿集团公司	四老沟煤矿	一级
96	山西省	大同煤矿集团公司	雁崖煤业公司	一级
97	山西省	大同煤矿集团公司	大斗沟煤矿	一级
98	山西省	大同煤矿集团公司	燕子山煤矿	一级
99	山西省	大同煤矿集团公司	小峪煤矿	一级
100	山西省	大同煤矿集团公司	白洞煤业公司	一级
101	山西省	大同煤矿集团公司	同家梁煤矿	一级
102	山西省	大同煤矿集团公司	忻州窑煤矿	二级
103	山西省	大同煤矿集团公司	永定庄煤业公司	二级
104	山西省	大同煤矿集团公司	晋华宫煤矿	二级
105	山西省	大同煤矿集团公司	杏儿沟煤业公司	二级
106	山西省	阳泉煤业集团公司	新景煤矿	一级
107	山西省	阳泉煤业集团公司	一矿北丈八井	一级
108	山西省	阳泉煤业集团公司	开元矿业公司	一级
109	山西省	阳泉煤业集团公司	国阳新能二矿	一级
110	山西省	吕梁市	离柳焦煤丈八井	二级
111	山西省	吕梁市	柳林同德焦煤公司	二级
112	山西省	忻州市鲁能河曲电煤公司	上榆泉煤矿	特级

（续）

序号	省（区）及中央企业	隶属企业	矿井名称	级别
113	山西省	阳泉市盂县	东坪煤矿	一级
114	山西省	晋中市	义棠煤业公司	二级
115	山东省	兖矿集团兖州煤业股份公司	兴隆庄煤矿	特级
116	山东省	兖矿集团兖州煤业股份公司	鲍店煤矿	特级
117	山东省	兖矿集团兖州煤业股份公司	济宁二号煤矿	特级
118	山东省	兖矿集团兖州煤业股份公司	济宁三号煤矿	一级
119	山东省	兖矿集团兖州煤业股份公司	南屯煤矿	一级
120	山东省	兖矿集团兖州煤业股份公司	东滩煤矿	一级
121	山东省	兖矿集团兖州煤业股份公司	北宿煤矿	二级
122	山东省	兖矿集团兖州煤业股份公司	杨村煤矿	二级
123	山东省	肥城矿业集团公司	梁宝寺能源公司	特级
124	山东省	肥城矿业集团公司	曹庄煤矿	二级
125	山东省	肥城矿业集团公司	白庄煤矿	二级
126	山东省	肥城矿业集团公司	查庄煤矿	二级
127	山东省	枣庄矿业集团公司	高庄煤矿	特级
128	山东省	枣庄矿业集团公司	付村煤业公司	特级
129	山东省	枣庄矿业集团公司	新安煤矿	特级
130	山东省	枣庄矿业集团公司	柴里煤矿	一级
131	山东省	枣庄矿业集团公司	田陈煤矿	一级
132	山东省	枣庄矿业集团公司	蒋庄煤矿	一级
133	山东省	龙口矿业集团公司	北皂煤矿	特级
134	山东省	龙口矿业集团公司	梁家煤矿	一级
135	山东省	淄博矿业集团公司	岱庄煤矿	特级
136	山东省	淄博矿业集团公司	许厂煤矿	特级
137	山东省	淄博矿业集团公司	唐口煤矿	一级
138	山东省	淄博矿业集团公司	葛亭煤矿	一级
139	山东省	新汶矿业集团公司	翟镇煤矿	一级
140	山东省	新汶矿业集团公司	协庄煤矿	一级
141	山东省	济宁矿业集团公司	运河煤矿	一级
142	山东省	临沂矿业集团公司	古城煤矿	一级

（续）

序号	省（区）及中央企业	隶属企业	矿井名称	级别
143	山东省	临沂矿业集团公司	田庄煤矿	一级
144	安徽省	淮北矿业集团公司	桃园煤矿	一级
145	安徽省	淮北矿业集团公司	朱仙庄煤矿	一级
146	安徽省	淮北矿业集团公司	朱庄煤矿	一级
147	安徽省	淮北矿业集团公司	朔里煤矿	一级
148	安徽省	淮北矿业集团公司	许疃煤矿	二级
149	安徽省	淮北矿业集团公司	祁南煤矿	二级
150	安徽省	淮南矿业集团公司	谢桥煤矿	特级
151	安徽省	淮南矿业集团公司	张集煤矿	特级
152	安徽省	淮南矿业集团公司	潘一煤矿	特级
153	安徽省	淮南矿业集团公司	潘三煤矿	一级
154	安徽省	皖北煤电集团公司	恒源煤电	一级
155	安徽省	皖北煤电集团公司	任楼煤矿	一级
156	安徽省	皖北煤电集团公司	祁东煤矿	二级
157	安徽省	皖北煤电集团公司	百善煤矿	二级
158	河南省	永城煤电集团龙宇股份公司	陈四楼矿	特级
159	河南省	永城煤电集团龙宇股份公司	车集煤矿	特级
160	河南省	永城煤电集团正龙煤业公司	城郊煤矿	特级
161	河南省	平顶山煤业集团公司	四矿	特级
162	河南省	平顶山煤业集团公司	六矿	特级
163	河南省	平顶山煤业集团公司	十二矿	特级
164	河南省	平顶山煤业集团公司	一矿	一级
165	河南省	平顶山煤业集团公司	二矿	一级
166	河南省	平顶山煤业集团公司	八矿	一级
167	河南省	平顶山煤业集团公司	十一矿	一级
168	河南省	义马煤业集团公司	耿村煤矿	特级
169	河南省	义马煤业集团公司	千秋煤矿	特级
170	河南省	义马煤业集团公司	杨村煤矿	一级
171	河南省	义马煤业集团公司	常村煤矿	一级
172	河南省	义马煤业集团公司	跃进煤矿	一级

（续）

序号	省（区）及中央企业	隶 属 企 业	矿井名称	级别
173	河南省	郑州煤业集团公司	超化矿	一级
174	河南省	郑州煤业集团公司	裴沟煤矿	一级
175	河南省	郑州煤业集团公司	米村煤矿	一级
176	河南省	鹤壁市	中泰矿业公司	二级
177	河南省	禹州中锋公司	枣园煤矿	二级
178	河南省	神火集团公司	新庄煤矿	特级
179	河南省	济源煤业公司	一矿	二级
180	甘肃省	华亭煤业集团公司	砚北煤矿	特级
181	甘肃省	华亭煤业集团公司	新窑煤矿公司	一级
182	甘肃省	华亭煤业集团公司	陈家沟煤矿	一级
183	甘肃省	华亭煤业集团公司	马蹄沟矿马蹄沟井	一级
184	甘肃省	华亭煤业集团公司	新柏煤矿公司	二级
185	甘肃省	靖远煤业公司	大水头煤矿	特级
186	甘肃省	靖远煤业公司	红会一矿	特级
187	甘肃省	靖远煤业公司	煤电股份公司	一级
188	甘肃省	窑街煤电公司	三矿	二级
189	新疆维吾尔自治区	哈密煤业集团公司	井采公司一井	特级
190	新疆维吾尔自治区	哈密煤业集团公司	井采公司二井	特级
191	黑龙江省	龙煤矿业集团公司双鸭山分公司	东荣二矿	一级
192	黑龙江省	龙煤矿业集团公司双鸭山分公司	东荣三矿	一级
193	黑龙江省	龙煤矿业集团公司鸡西分公司	杏花煤矿	一级
194	黑龙江省	龙煤矿业集团公司鹤岗分公司	南山煤矿	一级
195	吉林省	辽源矿业集团公司	梅河煤矿三井	一级
196	吉林省	辽源矿业集团公司	梅河煤矿二井	二级
197	江苏省	徐州矿务集团公司	权台煤矿	一级
198	江苏省	徐州矿务集团公司	旗山煤矿	一级
199	江苏省	徐州矿务集团公司	庞庄矿庞庄井	一级
200	江苏省	徐州矿务集团公司	张双楼煤矿	一级
201	江苏省	徐州矿务集团公司	三河尖煤矿	一级
202	四川省	华蓥山广能集团公司	李子垭煤矿	一级

（续）

序号	省（区）及中央企业	隶属企业	矿井名称	级别
203	陕西省	彬县煤炭公司	下沟煤矿	一级
204	陕西省	煤化工集团黄陵矿业集团公司	一号煤矿	一级
205	神华集团	准格尔能源公司	黑岱沟露天煤矿	特级
206	神华集团	神东煤炭分公司	马家塔露天煤矿	特级
207	神华集团	神东天隆集团公司	武家塔露天煤矿	特级
208	神华集团	宝日希勒能源公司	露天煤矿	特级
209	神华集团	北电胜利能源公司	胜利露天煤矿	一级
210	中煤能源集团公司	平朔煤炭工业公司	安家岭露天煤矿	特级
211	中煤能源集团公司	平朔煤炭工业公司	安太堡露天煤矿	特级
212	华能集团公司	华能伊敏煤电公司	露天矿	特级
213	辽宁省	抚顺矿业集团公司	西露天煤矿	一级
214	内蒙古自治区	霍林河煤业集团公司	南露天煤矿	特级
215	内蒙古自治区	平庄煤业集团公司	元宝山露天煤矿	一级
216	云南省	小龙潭矿务公司	布沼坝露天矿	特级
217	云南省	小龙潭矿务公司	小龙潭露天矿	一级
218	云南省	东源煤业集团公司	先锋露天矿	一级
219	新疆维吾尔自治区	哈密煤业集团公司	露采公司	二级

二、2007 年度煤炭工业安全高效矿井（露天）名单（268 处）

序号	矿　井　名　称	级别
1	中国神华能源股份公司神东煤炭分公司哈拉沟煤矿	特级
2	中国神华能源股份公司神东煤炭分公司补连塔煤矿	特级
3	中国神华能源股份公司神东煤炭分公司上湾煤矿	特级
4	中国神华能源股份公司神东煤炭分公司榆家梁煤矿	特级
5	中国神华能源股份公司神东煤炭分公司石圪台煤矿	特级
6	中国神华能源股份公司神东煤炭分公司保德煤矿	特级
7	中国神华能源股份公司神东煤炭分公司大柳塔矿活鸡兔井	特级
8	中国神华能源股份公司神东煤炭分公司大柳塔矿大柳塔井	特级
9	中国神华能源股份公司神东煤炭分公司乌兰木伦煤矿	特级

（续）

序号	矿　井　名　称	级别
10	中国神华能源股份公司神东煤炭分公司锦界煤矿	特级
11	中国神华能源股份公司金烽煤炭分公司唐公沟煤矿	特级
12	中国神华能源股份公司金烽煤炭分公司万利一矿	特级
13	中国神华能源股份公司万利煤炭分公司柳塔矿	特级
14	神华宁夏煤业集团有限责任公司灵新煤矿	特级
15	神华宁夏煤业集团有限责任公司羊场湾煤矿	特级
16	神华宁夏煤业集团有限责任公司枣泉煤矿	特级
17	神华新疆能源有限责任公司小红沟煤矿	特级
18	神华新疆能源有限责任公司大洪沟煤矿	特级
19	神华新疆能源有限责任公司碱沟煤矿	特级
20	神华新疆能源有限责任公司六道湾煤矿	特级
21	神华新疆能源有限责任公司铁厂沟煤矿	一级
22	神华集团海勃湾矿业有限责任公司露天煤矿	一级
23	神华集团包头矿业有限公司阿刀亥矿	一级
24	神华集团陕西集华柴家沟矿业有限公司	一级
25	神华集团乌达五虎山矿业有限责任公司	一级
26	神华集团乌达黄白茨矿业有限责任公司	二级
27	中煤能源集团平朔煤炭工业公司安家岭二号井工矿	特级
28	中煤能源集团平朔煤炭工业公司安家岭一号井工矿	特级
29	中煤能源集团上海大屯能源股份有限公司姚桥煤矿	特级
30	中煤能源集团上海大屯能源股份有限公司龙东煤矿	一级
31	中煤能源集团上海大屯能源股份有限公司徐庄煤矿	一级
32	中煤能源集团上海大屯能源股份有限公司孔庄煤矿	二级
33	中煤能源集团华晋焦煤有限责任公司沙曲矿	一级
34	国投新集能源股份有限公司刘庄煤矿	特级
35	国投新集能源股份有限公司新集一矿	一级
36	国投新集能源股份有限公司新集二矿	一级
37	开滦（集团）有限责任公司钱家营矿业分公司	特级
38	开滦精煤股份有限公司范各庄矿业分公司	特级
39	开滦（集团）有限责任公司唐山矿业分公司	一级

（续）

序号	矿　井　名　称	级别
40	开滦（集团）蔚州矿业有限责任公司崔家寨矿	一级
41	开滦精煤股份有限公司吕家坨矿业分公司	二级
42	开滦（集团）有限责任公司荆各庄矿业分公司	二级
43	开滦（集团）有限责任公司东欢坨矿业分公司	二级
44	开滦（集团）有限责任公司林南仓矿业分公司	二级
45	冀中能源河北金牛能源股份有限公司邢东矿	特级
46	冀中能源河北金牛能源股份有限公司东庞矿	特级
47	冀中能源河北金牛能源股份有限公司邢台矿	一级
48	冀中能源邯郸矿业集团郭二庄矿业有限公司	一级
49	冀中能源邯郸矿业集团有限公司云驾岭煤矿	一级
50	冀中能源邯郸矿业集团有限公司陶一煤矿	二级
51	冀中能源峰峰集团有限公司万年矿	特级
52	冀中能源峰峰集团有限公司梧桐庄矿	一级
53	冀中能源峰峰集团有限公司羊渠河矿	二级
54	河北省磁县申家庄煤矿	二级
55	河北省磁县六合工业有限公司	二级
56	内蒙古扎赉诺尔煤业有限责任公司灵泉煤矿	一级
57	内蒙古扎赉诺尔煤业有限责任公司铁北煤矿	一级
58	内蒙古大雁矿业集团有限责任公司第二煤矿	一级
59	内蒙古大雁矿业集团有限责任公司雁南煤矿	一级
60	内蒙古大雁矿业集团有限责任公司第一煤矿	一级
61	内蒙古平庄能源股份有限公司风水沟煤矿	一级
62	内蒙古平庄煤业（集团）有限责任公司红庙煤矿	一级
63	内蒙古平庄能源股份有限公司六家煤矿	一级
64	内蒙古平庄能源股份有限公司古山煤矿三井	二级
65	内蒙古伊泰集团有限公司纳林庙煤矿二号井	特级
66	内蒙古伊东集团窑沟扶贫煤炭有限责任公司	一级
67	铁法煤业（集团）有限责任公司大平矿	特级
68	铁法煤业（集团）有限责任公司小青矿	特级
69	铁法煤业（集团）有限责任公司大隆矿	特级

（续）

序号	矿　井　名　称	级别
70	铁法煤业（集团）有限责任公司晓南矿	特级
71	铁法煤业（集团）有限责任公司大兴矿	二级
72	铁法煤业（集团）有限责任公司晓明矿	二级
73	铁法煤业（集团）有限责任公司小康矿	二级
74	铁法煤业（集团）有限责任公司大明矿	二级
75	沈阳煤业（集团）有限责任公司红阳三矿	特级
76	沈阳煤业（集团）有限责任公司红菱煤矿	一级
77	沈阳煤业（集团）有限责任公司西马煤矿	一级
78	阜新矿业（集团）有限责任公司清河门煤矿	二级
79	阜新矿业（集团）有限责任公司艾友煤矿	二级
80	大同煤矿集团有限责任公司大唐塔山煤矿有限公司	特级
81	大同煤矿集团有限责任公司马脊梁矿	特级
82	大同煤矿集团有限责任公司四台矿	一级
83	大同煤矿集团有限责任公司云冈矿	一级
84	大同煤矿集团有限责任公司燕子山矿	一级
85	大同煤业股份有限公司四老沟矿	一级
86	大同煤业股份有限公司同家梁矿	一级
87	大同煤矿集团有限责任公司忻州窑矿	一级
88	大同煤矿集团大斗沟煤业有限责任公司	一级
89	大同煤矿集团雁崖煤业有限责任公司	一级
90	大同煤矿集团白洞煤业有限责任公司	一级
91	大同煤矿集团有限责任公司煤峪口矿	一级
92	大同煤矿集团永定庄煤业有限责任公司	一级
93	大同煤矿集团朔州朔煤小峪煤矿	一级
94	大同煤矿集团大同市杏儿沟煤业有限责任公司	二级
95	山西西山煤电股份有限公司马兰矿	一级
96	山西西山煤电股份有限公司西曲矿	一级
97	山西焦煤集团有限责任公司屯兰矿	一级
98	山西焦煤集团有限责任公司杜儿坪矿	一级
99	山西焦煤集团有限责任公司东曲矿	一级

（续）

序号	矿　井　名　称	级别
100	山西霍州煤电集团有限责任公司三交河煤矿	特级
101	山西霍州煤电集团有限责任公司团柏煤矿	一级
102	山西霍州煤电集团有限责任公司辛置煤矿	二级
103	山西汾西矿业（集团）有限责任公司双柳煤矿	特级
104	山西汾西矿业（集团）有限责任公司新柳煤矿	特级
105	山西汾西新阳煤业有限责任公司	一级
106	山西汾西矿业（集团）有限责任公司贺西煤矿	一级
107	山西国阳新能股份有限公司二矿	特级
108	山西国阳新能股份有限公司一矿北丈八井	一级
109	阳泉煤业（集团）有限责任公司三矿竖井	一级
110	阳泉煤业（集团）有限责任公司新景矿	一级
111	阳煤集团寿阳开元矿业有限责任公司	一级
112	山西晋城无烟煤矿业集团有限责任公司成庄矿	特级
113	山西晋城无烟煤矿业集团有限责任公司寺河矿	一级
114	山西晋城无烟煤矿业集团有限责任公司长平煤矿	一级
115	山西晋城无烟煤矿业集团有限责任公司古书院矿	二级
116	山西潞安环保能源开发股份有限公司王庄煤矿	特级
117	山西潞安环保能源开发股份有限公司漳村煤矿	特级
118	山西潞安矿业（集团）有限责任公司常村煤矿	特级
119	山西潞安集团司马煤业有限公司	特级
120	山西潞安环保能源开发股份有限公司五阳煤矿	一级
121	山西省长治经坊煤业有限公司	特级
122	山西三元煤业股份有限公司	特级
123	山西亚美大宁能源有限公司	特级
124	山西兰花科技创业股份有限公司唐安煤矿分公司	一级
125	山西兰花科技创业股份有限公司伯方煤矿分公司	一级
126	山西鲁能河曲电煤开发有限责任公司上榆泉煤矿	一级
127	山西天地王坡煤业有限公司	一级
128	山西省高平市赵庄煤矿	一级
129	山西柳林兴无煤矿有限责任公司	一级

（续）

序号	矿　井　名　称	级别
130	山西省盂县东坪煤矿	一级
131	山西省乡宁县毛则渠煤炭有限公司崖坪坑口	一级
132	山西省监狱管理局阳泉固庄煤矿	二级
133	山西省监狱管理局太原西峪煤矿	二级
134	山西省大同鹊山精煤有限责任公司	二级
135	山西省大同市吴官屯煤业有限责任公司	二级
136	山西省柳林同德焦煤有限公司	二级
137	山西离柳焦煤集团有限公司丈八井	二级
138	山西省高平市南阳煤矿	二级
139	山西沁新煤焦股份有限公司新源煤矿	二级
140	山西省乡宁县沙坪煤炭有限责任公司沙坪煤矿	二级
141	山西省乡宁县地方国营台头煤矿前湾子坑口	二级
142	淄博矿业集团有限责任公司许厂煤矿	特级
143	淄博矿业集团有限责任公司岱庄煤矿	特级
144	淄博矿业集团山东唐口煤业有限公司	特级
145	淄博矿业集团陕西长武亭南煤业有限责任公司	特级
146	淄博矿业集团有限责任公司葛亭煤矿	一级
147	淄博矿业集团有限责任公司埠村煤矿	二级
148	临沂矿业集团东山矿业公司古城煤矿	一级
149	临沂矿业集团有限责任公司田庄煤矿	一级
150	临沂矿业集团东山王楼煤矿有限公司	二级
151	兖州煤业股份有限公司济宁三号煤矿	特级
152	兖州煤业股份有限公司兴隆庄煤矿	特级
153	兖州煤业股份有限公司东滩煤矿	特级
154	兖州煤业股份有限公司鲍店煤矿	特级
155	兖州煤业股份有限公司南屯煤矿	特级
156	兖州煤业股份有限公司济宁二号煤矿	特级
157	兖矿集团山西和顺天池能源有限责任公司	一级
158	兖矿集团有限公司杨村煤矿	一级
159	兖矿集团有限公司北宿煤矿	二级

（续）

序号	矿　井　名　称	级别
160	枣庄矿业（集团）有限责任公司高庄煤矿	特级
161	枣庄矿业（集团）有限责任公司新安煤矿	特级
162	枣庄矿业集团付村煤业有限公司	特级
163	枣庄矿业（集团）有限责任公司柴里煤矿	一级
164	枣庄矿业（集团）有限责任公司蒋庄煤矿	一级
165	枣庄矿业（集团）有限责任公司田陈煤矿	一级
166	龙口煤电有限公司梁家煤矿	特级
167	龙口煤电有限公司北皂煤矿	特级
168	新汶矿业集团有限责任公司协庄煤矿	一级
169	新汶矿业集团有限责任公司翟镇煤矿	一级
170	肥城矿业集团梁宝寺能源有限责任公司	特级
171	肥城矿业集团查庄煤矿有限公司	二级
172	肥城矿业集团白庄煤矿有限公司	二级
173	肥城矿业集团曹庄煤矿有限公司	二级
174	淮北矿业集团煤业有限责任公司朱庄煤矿	一级
175	淮北矿业（集团）有限责任公司许疃煤矿	一级
176	淮北矿业集团煤业有限责任公司桃园煤矿	一级
177	淮北矿业（集团）有限责任公司涡北煤矿	一级
178	淮北矿业集团煤业有限责任公司祁南煤矿	一级
179	淮北矿业集团煤业有限责任公司朱仙庄煤矿	二级
180	淮南矿业（集团）有限责任公司张集煤矿	特级
181	淮南矿业（集团）有限责任公司顾桥煤矿	特级
182	淮南矿业（集团）有限责任公司潘集第三煤矿	特级
183	淮南矿业（集团）有限责任公司谢桥煤矿	一级
184	安徽恒源煤电股份有限公司	一级
185	安徽省皖北煤电集团有限责任公司任楼煤矿	二级
186	安徽省皖北煤电集团有限责任公司祁东煤矿	二级
187	安徽省皖北煤电集团有限责任公司百善煤矿	二级
188	安徽恒源煤电股份有限公司刘桥第一煤矿	二级
189	平顶山煤业（集团）四矿	特级

（续）

序号	矿　井　名　称	级别
190	平顶山煤业（集团）十二矿	特级
191	平顶山煤业（集团）一矿	一级
192	平顶山煤业（集团）十一矿	一级
193	平顶山煤业（集团）二矿	一级
194	平顶山煤业（集团）八矿	一级
195	平顶山煤业（集团）六矿	二级
196	平顶山煤业（集团）五矿	二级
197	河南永煤集团正龙煤业有限公司城郊煤矿	特级
198	河南永煤集团龙宇能源股份有限公司陈四楼煤矿	特级
199	河南永煤集团龙宇能源股份有限公司车集煤矿	一级
200	义马煤业（集团）有限责任公司耿村煤矿	特级
201	义马煤业（集团）有限责任公司千秋煤矿	特级
202	义马煤业（集团）有限责任公司杨村煤矿	一级
203	义马煤业（集团）有限责任公司跃进煤矿	一级
204	义马煤业（集团）有限责任公司常村煤矿	一级
205	义马煤业（集团）有限责任公司新安煤矿	二级
206	郑州煤炭工业（集团）有限责任公司裴沟煤矿	一级
207	郑州煤炭工业（集团）有限责任公司超化煤矿	一级
208	郑州煤炭工业（集团）有限责任公司米村煤矿	一级
209	焦作煤业（集团）有限责任公司中马村矿	二级
210	焦作煤业（集团）有限责任公司演马庄矿	二级
211	鹤壁煤电股份有限公司第三煤矿	一级
212	河南神火煤电股份有限公司新庄煤矿	特级
213	河南神火集团许昌新龙矿业有限责任公司	一级
214	河南省济源煤业有限责任公司一矿	二级
215	河南省禹州中锋枣园煤矿	二级
216	靖远煤业集团有限责任公司大水头煤矿	特级
217	靖远煤业集团有限责任公司魏家地煤矿	特级
218	甘肃靖远煤电股份有限公司	一级
219	靖远煤业集团有限责任公司红会第一煤矿	二级

（续）

序号	矿　井　名　称	级别
220	靖远煤业集团有限责任公司红会第四煤矿	二级
221	窑街煤电有限责任公司三矿	一级
222	窑街煤电公司天祝煤业有限责任公司	二级
223	华亭煤业集团有限责任公司马蹄沟煤矿马蹄沟井	特级
224	甘肃华亭煤电股份有限公司陈家沟煤矿	特级
225	华亭煤业集团新窑煤矿有限责任公司	特级
226	甘肃华亭煤电股份有限公司砚北煤矿	一级
227	华亭煤业集团新柏煤矿有限责任公司	一级
228	潞安新疆煤化工（集团）有限公司二矿	特级
229	潞安新疆煤化工（集团）有限公司一矿	特级
230	黑龙江龙煤矿业集团有限责任公司鸡西分公司城山煤矿	一级
231	黑龙江龙煤矿业集团有限责任公司鸡西分公司杏花煤矿	一级
232	黑龙江龙煤矿业集团有限责任公司鸡西分公司东山煤矿	二级
233	黑龙江龙煤矿业集团有限责任公司鹤岗分公司南山煤矿	一级
234	黑龙江龙煤矿业集团有限责任公司鹤岗分公司峻德煤矿	二级
235	黑龙江龙煤矿业集团有限责任公司双鸭山分公司东荣二矿	一级
236	黑龙江龙煤矿业集团有限责任公司双鸭山分公司东荣三矿	一级
237	黑龙江龙煤矿业集团有限责任公司双鸭山分公司新安煤矿	二级
238	黑龙江龙煤矿业集团有限责任公司七台河分公司新立煤矿	二级
239	辽源矿业（集团）有限责任公司梅河煤矿三井	一级
240	辽源矿业（集团）有限责任公司梅河煤矿四井	二级
241	辽源矿业（集团）有限责任公司梅河煤矿二井	二级
242	珲春矿业（集团）有限责任公司英安煤矿	二级
243	珲春矿业（集团）八连城煤业有限公司	二级
244	徐州矿务集团有限公司权台煤矿	一级
245	徐州矿务集团有限公司旗山煤矿	一级
246	徐州矿务集团有限公司庞庄煤矿张小楼井	一级
247	徐州矿务集团有限公司三河尖煤矿	一级
248	徐州矿务集团有限公司夹河煤矿	一级
249	陕西黄陵矿业集团有限责任公司一号煤矿	一级

（续）

序号	矿　井　名　称	级别
250	陕西彬县煤炭有限责任公司下沟矿	特级
251	四川华蓥山广能集团李子垭煤业有限责任公司	一级
252	四川华蓥山广能集团绿水洞煤业有限责任公司	二级
253	重庆松藻煤电有限责任公司打通一煤矿	二级
254	神华准格尔能源有限责任公司黑岱沟露天煤矿	特级
255	神华北电胜利能源有限公司胜利露天煤矿	特级
256	神华宝日希勒能源有限公司露天煤矿	特级
257	神东天隆集团有限责任公司武家塔露天煤矿	特级
258	中国神华能源股份公司神东煤炭分公司马家塔露天煤矿	特级
259	中煤能源集团平朔煤炭工业公司安家岭露天煤矿	特级
260	中煤能源集团平朔煤炭工业公司安太堡露天煤矿	特级
261	华能伊敏煤电有限责任公司露天矿	特级
262	内蒙古霍林河露天煤业股份有限公司南露天矿	特级
263	内蒙古平庄煤业（集团）有限责任公司元宝山露天煤矿	特级
264	抚顺矿业集团有限责任公司西露天矿	一级
265	潞安新疆煤化工（集团）有限公司露天煤矿	二级
266	云南省小龙潭矿务局小龙潭露天矿	特级
267	云南省小龙潭矿务局布沼坝露天矿	特级
268	云南先锋煤业开发有限公司露天矿	一级

三、2008 年度煤炭工业安全高效矿井（露天）名单（292 处）

序号	矿　井　名　称	级别
1	神华神东煤炭集团上湾煤矿	特级
2	神华神东煤炭集团哈拉沟煤矿	特级
3	神华神东煤炭集团补连塔煤矿	特级
4	神华神东煤炭集团榆家梁煤矿	特级
5	神华神东煤炭集团大柳塔矿大柳塔井	特级
6	神华神东煤炭集团大柳塔矿活鸡兔井	特级
7	神华神东煤炭集团石圪台煤矿	特级

（续）

序号	矿　井　名　称	级别
8	神华神东煤炭集团锦界煤矿	特级
9	神华神东煤炭集团万利一矿	特级
10	神华神东煤炭集团寸草塔矿	特级
11	神华宁夏煤业集团有限责任公司羊场湾煤矿	特级
12	神华宁夏煤业集团有限责任公司枣泉煤矿	特级
13	神华宁夏煤业集团有限责任公司灵新煤矿	特级
14	神华新疆能源有限责任公司小红沟煤矿	特级
15	神华新疆能源有限责任公司大洪沟煤矿	特级
16	神华新疆能源有限责任公司碱沟煤矿	特级
17	神华新疆能源有限责任公司铁厂沟煤矿	特级
18	神华新疆能源有限责任公司六道湾煤矿	特级
19	神华乌海能源公司黄白茨矿业有限责任公司	一级
20	神华乌海能源公司五虎山矿业有限责任公司	一级
21	神华集团包头矿业有限公司阿刀亥矿	特级
22	神华集团陕西集华柴家沟矿业有限公司	一级
23	中煤能源集团平朔煤业有限责任公司安家岭二号井工矿	特级
24	中煤能源集团平朔煤业有限责任公司安家岭一号井工矿	特级
25	中煤能源集团上海大屯能源股份有限公司姚桥煤矿	特级
26	中煤能源集团上海大屯能源股份有限公司龙东煤矿	二级
27	中煤能源集团上海大屯能源股份有限公司徐庄煤矿	一级
28	中煤能源集团上海大屯能源股份有限公司孔庄煤矿	一级
29	中煤能源集团华晋焦煤有限责任公司沙曲矿	特级
30	开滦（集团）有限责任公司钱家营矿业分公司	特级
31	开滦能源化工股份有限公司范各庄矿业分公司	特级
32	开滦（集团）有限责任公司唐山矿业分公司	一级
33	开滦（集团）蔚州矿业有限责任公司崔家寨矿	一级
34	开滦（集团）有限责任公司荆各庄矿业分公司	一级
35	开滦能源化工股份有限公司吕家坨矿业分公司	二级
36	冀中能源河北金牛能源股份有限公司东庞矿	特级
37	冀中能源河北金牛能源股份有限公司邢东矿	特级

（续）

序号	矿　井　名　称	级别
38	冀中能源河北金牛能源股份有限公司邢台矿	一级
39	冀中能源邯郸矿业集团郭二庄矿业有限公司	一级
40	冀中能源邯郸矿业集团有限公司云驾岭煤矿	一级
41	冀中能源邯郸矿业集团亨健矿业有限公司	二级
42	冀中能源邯郸矿业集团有限公司陶二煤矿	一级
43	冀中能源邯郸矿业集团有限公司陶一煤矿	二级
44	冀中能源张家口矿业集团有限公司宣东二号煤矿	一级
45	冀中能源张家口矿业集团有限公司长城矿业公司	二级
46	冀中能源张家口矿业集团康保矿业有限公司张纪井	二级
47	冀中能源峰峰集团有限公司梧桐庄矿	一级
48	冀中能源峰峰集团有限公司大淑村矿	二级
49	冀中能源峰峰集团有限公司羊渠河矿	二级
50	冀中能源峰峰集团有限公司黄沙矿	二级
51	冀中能源峰峰集团有限公司新三矿	二级
52	河北省磁县申家庄煤矿	二级
53	河北省磁县六合工业有限公司	二级
54	扎赉诺尔煤业有限责任公司铁北煤矿	特级
55	内蒙古平庄能源股份有限公司古山煤矿三井	二级
56	内蒙古平庄煤业（集团）有限责任公司红庙煤矿	二级
57	内蒙古大雁矿业集团有限责任公司第二煤矿	一级
58	内蒙古大雁矿业集团有限责任公司雁南煤矿	一级
59	内蒙古大雁矿业集团有限责任公司第一煤矿	一级
60	内蒙古伊泰煤炭股份有限公司纳林庙煤矿二号井	特级
61	内蒙古伊泰煤炭股份有限公司宏景塔一矿	特级
62	内蒙古伊泰集团有限公司大地精煤矿	一级
63	铁法煤业（集团）有限责任公司大平矿	特级
64	铁法煤业（集团）有限责任公司大兴矿	特级
65	铁法煤业（集团）有限责任公司小青矿	特级
66	铁法煤业（集团）有限责任公司大隆矿	特级
67	铁法煤业（集团）有限责任公司晓南矿	特级

（续）

序号	矿　井　名　称	级别
68	铁法煤业（集团）有限责任公司小康矿	特级
69	铁法煤业（集团）有限责任公司晓明矿	一级
70	铁法煤业（集团）有限责任公司大明矿斜井	二级
71	沈阳煤业（集团）有限责任公司红阳三矿	特级
72	沈阳煤业（集团）有限责任公司红菱煤矿	一级
73	沈阳煤业（集团）有限责任公司西马煤矿	一级
74	抚顺矿业集团有限责任公司老虎台矿	一级
75	阜新矿业（集团）有限责任公司兴阜煤矿	二级
76	同煤大唐塔山煤矿有限公司	特级
77	大同煤矿集团有限责任公司四台矿	特级
78	大同煤矿集团有限责任公司马脊梁矿	特级
79	大同煤矿集团有限责任公司云冈矿	特级
80	大同煤矿集团有限责任公司晋华宫矿	一级
81	大同煤矿集团有限责任公司燕子山矿	一级
82	大同煤业股份有限公司同家梁矿	一级
83	大同煤矿集团有限责任公司四老沟矿	一级
84	大同煤矿集团朔州朔煤小峪煤矿	一级
85	大同煤矿集团有限责任公司忻州窑矿	一级
86	大同煤矿集团大斗沟煤业有限责任公司	一级
87	大同煤矿集团雁崖煤业有限责任公司	一级
88	大同煤矿集团白洞煤业有限责任公司	一级
89	大同煤矿集团永定庄煤业有限责任公司	一级
90	大同煤矿集团大同地煤东周窑煤矿	二级
91	大同煤矿集团大同市杏儿沟煤业有限责任公司	二级
92	大同煤矿集团大同地煤马口煤矿	二级
93	山西汾河焦煤股份有限公司三交河煤矿	一级
94	霍州煤电集团有限责任公司辛置煤矿	一级
95	霍州煤电集团有限责任公司团柏煤矿	二级
96	山西西山煤电股份有限公司马兰矿	一级
97	山西焦煤集团有限责任公司官地矿	一级

（续）

序号	矿　井　名　称	级别
98	山西焦煤集团有限责任公司杜儿坪矿	一级
99	山西焦煤集团有限责任公司东曲矿	一级
100	山西西山煤电股份有限公司镇城底矿	一级
101	山西汾西矿业（集团）有限责任公司双柳煤矿	特级
102	山西汾西矿业（集团）有限责任公司新柳煤矿	一级
103	山西汾西矿业（集团）有限责任公司新阳煤矿	一级
104	山西汾西矿业（集团）有限责任公司贺西煤矿	一级
105	山西国阳新能股份有限公司一矿北丈八井	一级
106	山西国阳新能股份有限公司二矿	特级
107	阳煤集团寿阳开元矿业有限责任公司	特级
108	阳泉煤业集团三矿煤业有限责任公司	一级
109	阳泉煤业（集团）有限责任公司新景矿	一级
110	山西晋城无烟煤矿业集团有限责任公司寺河矿	特级
111	山西晋城无烟煤矿业集团有限责任公司成庄矿	特级
112	山西潞安环保能源开发股份有限公司漳村煤矿	特级
113	山西潞安集团司马煤业有限公司	特级
114	山西潞安环保能源开发股份有限公司常村煤矿	特级
115	山西潞安集团余吾煤业有限责任公司	特级
116	山西潞安集团潞宁煤业有限责任公司	特级
117	山西潞安环保能源开发股份有限公司五阳煤矿	一级
118	山西大同鹊山精煤有限责任公司	二级
119	山西鲁能河曲电煤开发有限责任公司上榆泉煤矿	特级
120	山西亚美大宁能源有限公司	特级
121	山西兰花科技创业股份有限公司伯方煤矿分公司	特级
122	山西兰花科技创业股份有限公司望云煤矿分公司	一级
123	山西兰花科技创业股份有限公司唐安煤矿分公司	一级
124	山西兰花科技创业股份有限公司大阳煤矿分公司	二级
125	山西高平申家庄矿业有限公司	二级
126	山西省高平市赵庄煤矿	一级
127	山西省高平市南阳煤矿	二级

（续）

序号	矿　井　名　称	级别
128	山西三元煤业股份有限公司	特级
129	山西省长治经坊煤业有限公司	特级
130	山西省襄垣县花宝沟煤矿	二级
131	山西省长治县西山煤业有限责任公司	二级
132	山西省襄垣县地方国营襄垣煤矿	一级
133	山西沁新煤焦股份有限公司新源煤矿	一级
134	山西沁新煤焦股份有限公司沁新煤矿	二级
135	山西襄垣县七一煤矿	一级
136	山西临汾四通焦化有限公司四通二矿	一级
137	山西乡宁县沙坪（吉县）煤炭有限责任公司沙坪煤矿	一级
138	山西乡宁县地方国营台头煤矿前湾子坑口	一级
139	山西玉和泰煤业有限公司	二级
140	山西乡宁县申南凹焦煤有限公司	二级
141	山西省盂县东坪煤矿	一级
142	山西柳林兴无煤矿有限责任公司	一级
143	山西柳林大庄煤矿有限责任公司	二级
144	山西省柳林同德焦煤有限公司	二级
145	山西柳林金家庄煤业有限公司	一级
146	山西柳林寨崖底煤业有限公司	一级
147	山西义棠煤业有限责任公司	一级
148	山西国投昔阳能源有限责任公司黄岩汇煤矿	二级
149	山西省阳泉固庄煤矿	二级
150	山西省太原西峪煤矿	二级
151	淄博矿业集团有限责任公司许厂煤矿	特级
152	淄博矿业集团山东唐口煤业有限公司	特级
153	淄博矿业集团陕西长武亭南煤业有限责任公司	特级
154	淄博矿业集团有限责任公司岱庄煤矿	特级
155	淄博矿业集团有限责任公司葛亭煤矿	一级
156	淄博矿业集团有限责任公司埠村煤矿	二级
157	临沂矿业集团山东东山古城煤矿有限公司	二级

（续）

序号	矿　井　名　称	级别
158	临沂矿业集团山东东山王楼煤矿有限公司	二级
159	临沂矿业集团有限责任公司田庄煤矿	一级
160	兖州煤业股份有限公司济宁三号煤矿	特级
161	兖州煤业股份有限公司东滩煤矿	特级
162	兖州煤业股份有限公司兴隆庄煤矿	特级
163	兖州煤业股份有限公司鲍店煤矿	特级
164	兖州煤业股份有限公司济宁二号煤矿	特级
165	兖州煤业股份有限公司南屯煤矿	特级
166	兖矿集团山西和顺天池能源有限责任公司	一级
167	兖矿集团有限公司杨村煤矿	一级
168	兖矿集团有限公司北宿煤矿	一级
169	枣庄矿业（集团）有限责任公司高庄矿	特级
170	枣庄矿业（集团）有限责任公司新安矿	特级
171	枣庄矿业集团付村煤业有限公司	特级
172	枣庄矿业（集团）有限责任公司柴里煤矿	一级
173	枣庄矿业（集团）有限责任公司蒋庄煤矿	一级
174	枣庄矿业（集团）有限责任公司田陈煤矿	一级
175	龙口煤电有限公司梁家矿	特级
176	龙口煤电有限公司北皂矿	特级
177	新汶矿业集团有限责任公司协庄煤矿	一级
178	新汶矿业集团山东泰山能源有限责任公司翟镇煤矿	一级
179	肥城矿业集团梁宝寺能源有限责任公司	特级
180	肥城矿业集团山东新查庄矿业有限责任公司	二级
181	肥城矿业集团曹庄煤矿有限公司	二级
182	山东里能鲁西矿业有限公司	二级
183	山东省岱庄生建煤矿	二级
184	淮北矿业集团煤业有限责任公司朱庄煤矿	一级
185	淮北矿业（集团）有限责任公司许疃煤矿	一级
186	淮北矿业集团煤业有限责任公司朔里煤矿	一级
187	淮北矿业集团煤业有限责任公司朱仙庄煤矿	一级

（续）

序号	矿　井　名　称	级别
188	淮北矿业（集团）有限责任公司涡北煤矿	一级
189	淮北矿业（集团）有限责任公司孙疃煤矿	二级
190	淮北矿业集团煤业有限责任公司祁南煤矿	一级
191	淮北矿业集团临涣煤电有限责任公司	二级
192	淮南矿业（集团）有限责任公司顾桥煤矿	特级
193	淮南矿业（集团）有限责任公司张集煤矿	特级
194	淮南矿业集团淮浙煤电有限责任公司顾北煤矿分公司	特级
195	淮南矿业（集团）有限责任公司谢桥煤矿	一级
196	淮南矿业集团淮沪煤电有限公司丁集煤矿	特级
197	淮南矿业（集团）有限责任公司潘集第三煤矿	特级
198	淮南矿业（集团）有限责任公司潘集第一煤矿	一级
199	淮南矿业（集团）有限责任公司潘北煤矿	特级
200	皖北煤电集团有限责任公司祁东煤矿	一级
201	皖北煤电集团安徽五沟煤矿有限责任公司	一级
202	皖北煤电集团安徽恒源煤电股份有限公司	二级
203	皖北煤电集团有限责任公司任楼煤矿	一级
204	皖北煤电集团有限责任公司百善煤矿	二级
205	皖北煤电集团安徽恒源煤电股份有限公司刘桥第一煤矿	二级
206	国投新集能源股份有限公司刘庄煤矿	特级
207	国投新集能源股份有限公司新集一矿	特级
208	国投新集能源股份有限公司新集二矿	一级
209	平顶山天安煤业股份有限公司四矿	特级
210	平顶山天安煤业股份有限公司六矿	特级
211	平顶山天安煤业股份有限公司十一矿	一级
212	平顶山天安煤业股份有限公司十二矿	特级
213	平顶山煤业（集团）二矿	一级
214	平顶山天安煤业股份有限公司一矿	一级
215	平顶山天安煤业股份有限公司十矿	一级
216	平顶山天安煤业股份有限公司八矿	一级
217	平顶山天安煤业股份有限公司五矿	一级

（续）

序号	矿　井　名　称	级别
218	中平能化集团瑞平公司张村矿	一级
219	中平能化集团平顶山七星煤业有限责任公司	二级
220	河南煤业化工集团正龙煤业有限公司城郊煤矿	特级
221	河南煤业化工集团龙宇能源股份有限公司陈四楼煤矿	特级
222	河南煤业化工集团龙宇能源股份有限公司车集煤矿	特级
223	河南煤业化工集团永煤集团股份有限公司新桥煤矿	一级
224	河南煤业化工集团永锦能源有限公司云盖山煤矿二矿	二级
225	河南煤业化工集团焦作煤业（集团）有限责任公司演马庄矿	二级
226	河南煤业化工集团焦作煤业（集团）有限责任公司古汉山矿	二级
227	河南煤业化工集团焦作煤业（集团）有限责任公司中马村矿	二级
228	河南煤业化工集团焦作煤业（集团）有限责任公司九里山矿	二级
229	河南煤业化工集团鹤壁中泰矿业有限公司	一级
230	河南煤业化工集团鹤壁煤电股份有限公司第三煤矿	一级
231	河南煤业化工集团鹤壁煤业（集团）有限责任公司第二煤矿	二级
232	义马煤业集团股份有限公司耿村煤矿	特级
233	义马煤业集团股份有限公司千秋煤矿	特级
234	义马煤业集团股份有限公司杨村煤矿	一级
235	义马煤业集团股份有限公司常村煤矿	一级
236	义马煤业集团股份有限公司新安煤矿	二级
237	义马煤业集团股份有限公司跃进煤矿	一级
238	郑州煤炭工业（集团）有限责任公司裴沟煤矿	一级
239	郑州煤炭工业（集团）有限责任公司超化煤矿	一级
240	河南神火煤业有限公司新庄煤矿	特级
241	河南神火集团许昌新龙矿业有限责任公司	一级
242	河南省济源煤业有限责任公司一矿	二级
243	河南省禹州中锋枣园煤矿	二级
244	甘肃华亭煤电股份有限公司砚北煤矿	一级
245	甘肃华亭煤电股份有限公司东峡矿	特级
246	华亭煤业集团有限责任公司山寨煤矿	二级
247	华亭煤业集团新窑煤矿有限责任公司	特级

（续）

序号	矿　井　名　称	级别
248	华亭煤业集团新柏煤矿有限责任公司	特级
249	窑街煤电集团天祝煤业有限责任公司	一级
250	窑街煤电集团有限公司三矿	二级
251	窑街煤电集团有限公司海石湾煤矿	二级
252	窑街煤电集团有限公司金河煤矿	二级
253	潞安新疆煤化工（集团）有限公司一矿	特级
254	徐州矿务（集团）新疆天山矿业有限责任公司俄霍布拉克煤矿	一级
255	新疆乌苏四棵树煤炭有限责任公司八号井	二级
256	黑龙江龙煤矿业集团双鸭山矿业集团有限公司东荣二矿	一级
257	黑龙江龙煤矿业集团双鸭山矿业集团有限公司东荣三矿	一级
258	黑龙江龙煤矿业集团双鸭山矿业集团有限公司新安煤矿	二级
259	黑龙江龙煤矿业集团双鸭山矿业集团有限公司东保卫煤矿	二级
260	黑龙江龙煤矿业集团有限责任公司鸡西分公司东山煤矿	二级
261	黑龙江龙煤矿业集团有限责任公司鸡西分公司杏花煤矿	一级
262	黑龙江龙煤矿业集团有限责任公司鹤岗分公司南山煤矿	一级
263	黑龙江龙煤矿业集团有限责任公司鹤岗分公司峻德煤矿	一级
264	黑龙江龙煤矿业集团七台河矿业精煤（集团）有限责任公司新立煤矿	一级
265	辽源矿业（集团）有限责任公司金宝屯煤矿	一级
266	辽源矿业（集团）有限责任公司梅河煤矿三井	一级
267	辽源矿业（集团）有限责任公司梅河煤矿二井	二级
268	辽源矿业（集团）有限责任公司梅河煤矿四井	二级
269	珲春矿业（集团）板石煤业有限公司	一级
270	珲春矿业（集团）八连城煤业有限公司	一级
271	珲春矿业（集团）有限责任公司英安煤矿	一级
272	舒兰矿业（集团）有限责任公司四矿	二级
273	徐州矿务集团有限公司张双楼煤矿	一级
274	徐州矿务集团有限公司三河尖煤矿	一级
275	徐州矿务集团有限公司权台煤矿	一级
276	徐州矿务集团有限公司旗山煤矿	一级
277	徐州矿务集团有限公司庞庄煤矿张小楼井	一级

（续）

序号	矿　井　名　称	级别
278	徐州矿务集团有限公司夹河煤矿	一级
279	陕西陕煤黄陵矿业有限公司一号煤矿	特级
280	四川省华蓥山煤业股份有限公司绿水洞煤矿	一级
281	四川省华蓥山煤业股份有限公司李子垭煤矿	一级
282	重庆松藻煤电有限责任公司打通一煤矿	二级
283	重庆松藻煤电有限责任公司松藻煤矿	二级
284	神华准格尔能源有限责任公司黑岱沟露天煤矿	特级
285	神华宝日希勒能源有限公司露天煤矿	特级
286	神东天隆集团有限责任公司武家塔露天煤矿	特级
287	中煤平朔煤业有限责任公司安太堡露天矿	特级
288	中煤平朔煤业有限责任公司安家岭露天矿	特级
289	华能伊敏煤电有限责任公司露天矿	特级
290	抚顺矿业集团有限责任公司西露天矿	一级
291	潞安新疆煤化工（集团）有限公司露天煤矿	一级
292	云南先锋煤业开发有限公司先锋露天矿	一级

四、2009年度煤炭工业安全高效矿井（露天）名单（359处）

序号	煤　矿　名　称	级别
1	神华神东煤炭集团哈拉沟煤矿	一级
2	神华神东煤炭集团上湾煤矿	特级
3	神华神东煤炭集团补连塔煤矿	特级
4	神华神东煤炭集团大柳塔矿活鸡兔井	特级
5	神华神东煤炭集团榆家梁矿	特级
6	神华神东煤炭集团石圪台煤矿	特级
7	神华神东煤炭集团大柳塔矿大柳塔井	特级
8	神华神东煤炭集团锦界煤矿	特级
9	神华神东煤炭集团万利一矿	特级
10	神华神东煤炭集团保德煤矿	特级
11	神华神东煤炭集团乌兰木伦煤矿	特级

（续）

序号	煤　矿　名　称	级别
12	神华神东煤炭集团柳塔煤矿	特级
13	神华神东煤炭集团金烽寸草塔矿	一级
14	神华神东煤炭集团寸草塔矿	特级
15	神华神东煤炭集团唐公沟矿	特级
16	神华宁煤集团公司任家庄煤矿	特级
17	神华宁煤集团公司羊场湾煤矿	特级
18	神华宁煤集团公司灵新煤矿	特级
19	神华新疆能源公司小红沟煤矿	特级
20	神华新疆能源公司大洪沟煤矿	特级
21	神华新疆能源公司碱沟煤矿	特级
22	神华新疆能源公司铁厂沟煤矿	特级
23	神华乌海能源公司露天煤矿	特级
24	神华乌海能源公司蒙西煤化棋盘井煤矿	一级
25	神华包头矿业公司阿刀亥煤矿	一级
26	中煤平朔公司安太堡井工矿	特级
27	中煤平朔公司安家岭二号井工矿	特级
28	中煤平朔公司安家岭一号井工矿	特级
29	中煤大屯公司姚桥煤矿	特级
30	中煤大屯公司龙东煤矿	一级
31	中煤大屯公司徐庄煤矿	一级
32	中煤大屯公司孔庄煤矿	一级
33	中煤山西东坡煤业公司	特级
34	中煤陕西南梁矿业公司	一级
35	河北开滦集团唐山矿业分公司	二级
36	河北开滦集团范各庄矿业分公司	特级
37	河北开滦集团钱家营矿业分公司	一级
38	河北开滦集团蔚州公司崔家寨矿	一级
39	河北开滦集团荆各庄矿业分公司	二级
40	河北开滦集团吕家坨矿业分公司	二级
41	河北开滦集团东欢坨矿业分公司	一级

（续）

序号	煤　矿　名　称	级别
42	河北开滦集团蔚州公司单侯矿	二级
43	河北开滦集团林南仓矿业分公司	二级
44	河北冀中能源集团冀中股份东庞矿	特级
45	河北冀中能源集团冀中股份邢东矿	特级
46	河北冀中能源集团冀中股份邢台矿	一级
47	河北冀中能源集团冀中股份显德汪矿	二级
48	河北冀中能源集团冀中股份章村矿	二级
49	河北冀中能源集团冀中股份葛泉矿	二级
50	河北冀中能源集团邯矿集团云驾岭矿	一级
51	河北冀中能源集团邯矿集团郭二庄矿	一级
52	河北冀中能源集团邯矿集团亨健矿	二级
53	河北冀中能源集团张矿集团官板乌素煤矿	一级
54	河北冀中能源集团张矿集团长城矿业公司	二级
55	河北冀中能源集团张矿集团康保张纪井	二级
56	河北冀中能源集团峰峰集团梧桐庄矿	一级
57	河北冀中能源集团峰峰集团万年矿	一级
58	河北冀中能源集团峰峰集团黄沙矿	一级
59	河北冀中能源集团峰峰集团新三矿	一级
60	河北冀中能源集团峰峰集团大淑村矿	一级
61	河北冀中能源集团峰峰集团薛村矿	二级
62	河北冀中能源集团峰峰集团羊渠河矿	二级
63	河北磁县申家庄煤矿	一级
64	内蒙古扎赉诺尔煤业公司铁北煤矿	特级
65	内蒙古扎赉诺尔煤业公司灵泉煤矿	二级
66	内蒙古平庄煤业集团老公营子煤矿	特级
67	内蒙古平庄煤业集团六家煤矿	一级
68	内蒙古平庄煤业集团红庙煤矿	一级
69	内蒙古平庄煤业集团风水沟煤矿	二级
70	内蒙古平庄煤业集团古山煤矿三井	二级
71	内蒙古大雁矿业集团第二煤矿	一级

（续）

序号	煤　矿　名　称	级别
72	内蒙古大雁矿业集团第一煤矿	一级
73	内蒙古大雁矿业集团雁南煤矿	一级
74	内蒙古伊泰集团纳林庙煤矿二号井	特级
75	内蒙古伊泰集团宏景塔一矿	特级
76	内蒙古伊泰集团纳林庙煤矿一号井	一级
77	内蒙古伊泰集团丁家渠煤矿	一级
78	内蒙古伊泰集团宝山煤矿	一级
79	内蒙古伊泰集团大地精煤矿	一级
80	内蒙古伊东集团东圪堵煤矿	特级
81	内蒙古伊东集团宏测煤炭公司	二级
82	内蒙古伊东集团沙咀子煤炭公司	一级
83	内蒙古伊东集团宏鑫煤炭公司	二级
84	内蒙古伊东集团窑沟扶贫煤炭公司	一级
85	辽宁铁法能源公司大平矿	特级
86	辽宁铁法能源公司大兴矿	特级
87	辽宁铁法能源公司小青矿	特级
88	辽宁铁法能源公司晓南矿	特级
89	辽宁铁法能源公司小康矿	特级
90	辽宁铁法能源公司大隆矿	特级
91	辽宁铁法能源公司晓明矿	一级
92	辽宁铁法能源公司大明矿	二级
93	辽宁沈阳煤业集团红阳三矿	特级
94	辽宁沈阳煤业集团西马矿	二级
95	辽宁沈阳煤业集团红菱矿	一级
96	辽宁抚顺矿业集团老虎台矿	一级
97	辽宁阜新矿业集团恒大煤业公司	一级
98	山西同煤集团塔山煤矿	特级
99	山西同煤集团四台矿	特级
100	山西同煤集团马脊梁矿	特级
101	山西同煤集团云冈矿	特级

（续）

序号	煤　矿　名　称	级别
102	山西同煤集团晋华宫矿	特级
103	山西同煤集团燕子山矿	一级
104	山西同煤集团同家梁矿	一级
105	山西同煤集团四老沟矿	一级
106	山西同煤集团小峪矿	一级
107	山西同煤集团忻州窑矿	二级
108	山西同煤集团朔煤王坪煤电公司	二级
109	山西同煤集团大斗沟煤业公司	一级
110	山西同煤集团白洞煤业公司	一级
111	山西同煤集团雁崖煤业公司	一级
112	山西同煤集团轩煤焦家寨矿	二级
113	山西同煤集团永定庄煤业公司	一级
114	山西同煤集团东周窑矿	二级
115	山西同煤集团轩煤刘家梁矿	二级
116	山西同煤集团杏儿沟煤业公司	二级
117	山西同煤集团马口矿	二级
118	山西焦煤霍州煤电集团店坪煤矿	一级
119	山西焦煤霍州煤电集团辛置煤矿	一级
120	山西焦煤霍州煤电集团三交河煤矿	一级
121	山西焦煤霍州煤电集团干河煤矿	一级
122	山西焦煤霍州煤电集团团柏煤矿	二级
123	山西焦煤霍州煤电集团李雅庄煤矿	一级
124	山西焦煤霍州煤电集团曹村煤矿	二级
125	山西焦煤西山煤电集团马兰矿	特级
126	山西焦煤西山煤电集团西曲矿	一级
127	山西焦煤西山煤电集团东曲矿	一级
128	山西焦煤西山煤电集团杜儿坪矿	一级
129	山西焦煤西山煤电集团镇城底矿	一级
130	山西焦煤西山煤电集团白家庄矿业公司	二级
131	山西焦煤汾西矿业集团双柳煤矿	特级

（续）

序号	煤　矿　名　称	级别
132	山西焦煤汾西矿业集团新阳煤矿	一级
133	山西焦煤汾西矿业集团新柳煤矿	一级
134	山西焦煤汾西矿业集团新峪煤业	一级
135	山西焦煤汾西矿业集团贺西煤矿	一级
136	山西焦煤华晋焦煤公司沙曲矿	特级
137	山西阳煤集团国阳一矿	一级
138	山西阳煤集团国阳二矿	特级
139	山西阳煤集团寿阳开元公司	特级
140	山西阳煤集团三矿竖井	一级
141	山西阳煤集团新景矿	一级
142	山西晋城无烟煤矿业集团寺河矿	特级
143	山西晋城无烟煤矿业集团成庄煤矿	特级
144	山西晋城无烟煤矿业集团长平煤业公司	特级
145	山西晋城无烟煤矿业集团寺河矿二号井	一级
146	山西晋城无烟煤矿业集团古书院矿	二级
147	山西晋城无烟煤矿业集团凤凰山矿	二级
148	山西晋城无烟煤矿业集团晋城沁秀公司岳城矿	二级
149	山西潞安矿业集团王庄煤矿	特级
150	山西潞安矿业集团司马煤矿	特级
151	山西潞安矿业集团余吾煤矿	特级
152	山西潞安矿业集团漳村煤矿	特级
153	山西潞安矿业集团常村煤矿	特级
154	山西潞安矿业集团五阳煤矿	二级
155	山西煤炭进出口集团大平煤业公司	特级
156	山西大同市鹊山精煤公司	二级
157	山西朔州市华美奥兴陶煤业公司	一级
158	山西朔州市山阴芍药花煤业公司	一级
159	山西朔州市怀仁中能芦子沟公司	一级
160	山西忻州市上榆泉煤矿	特级
161	山西晋城市亚美大宁能源公司	特级

（续）

序号	煤　　矿　　名　　称	级别
162	山西晋城市兰花公司伯方煤矿	特级
163	山西晋城市兰花公司唐安煤矿	特级
164	山西晋城市兰花公司望云煤矿	一级
165	山西晋城市兰花公司东峰煤矿	二级
166	山西晋城市高平科兴申家庄煤矿	二级
167	山西晋城市高平市赵庄煤矿	一级
168	山西晋城市高平市南阳煤矿	二级
169	山西长治市三元煤业公司	特级
170	山西长治市王庄煤业公司	一级
171	山西长治市长治经坊煤业公司	特级
172	山西长治市华晟荣煤矿	一级
173	山西长治市沁新煤焦沁新煤矿	一级
174	山西长治市武乡马堡煤矿	二级
175	山西长治市襄垣煤矿	一级
176	山西长治市沁新煤焦新源煤矿	一级
177	山西长治市西山矿	二级
178	山西长治市三元南耀小常煤业公司	一级
179	山西长治市七一矿	一级
180	山西临汾市台头前湾煤业公司	一级
181	山西临汾市四通二矿	一级
182	山西临汾市玉和泰矿	二级
183	山西临汾市申南凹矿	一级
184	山西临汾市毛则渠公司崖坪坑口	一级
185	山西阳泉市东升阳胜煤业公司	二级
186	山西吕梁市柳林大庄煤矿	一级
187	山西吕梁市柳林同德焦煤公司	一级
188	山西吕梁市柳林兴无煤矿	一级
189	山西吕梁市柳林金家庄矿	一级
190	山西吕梁市柳林寨崖底矿	一级
191	山西吕梁市东江煤业集团公司	二级

（续）

序号	煤　　矿　　名　　称	级别
192	山西晋中市义棠煤业公司	一级
193	山西晋中市山西和顺天池公司	一级
194	山西晋中市国投昔阳黄岩汇矿	一级
195	山西省监狱管理局太原西峪煤矿	二级
196	山东淄博矿业集团许厂煤矿	特级
197	山东淄博矿业集团唐口煤业公司	特级
198	山东淄博矿业集团岱庄煤矿	特级
199	山东淄博矿业集团陕西长武亭南煤业公司	特级
200	山东淄博矿业集团葛亭煤矿	一级
201	山东淄博矿业集团埠村煤矿	二级
202	山东临沂矿业集团古城煤矿	一级
203	山东临沂矿业集团新驿煤矿	一级
204	山东临沂矿业集团王楼煤矿	二级
205	山东临沂矿业集团田庄煤矿	一级
206	山东兖矿集团济宁三号煤矿	特级
207	山东兖矿集团东滩煤矿	特级
208	山东兖矿集团兴隆庄矿	特级
209	山东兖矿集团鲍店煤矿	特级
210	山东兖矿集团济宁二号煤矿	特级
211	山东兖矿集团南屯煤矿	特级
212	山东兖矿集团杨村煤矿	一级
213	山东兖矿集团北宿煤矿	一级
214	山东枣庄矿业集团高庄矿	特级
215	山东枣庄矿业集团新安矿	特级
216	山东枣庄矿业集团付村矿	特级
217	山东枣庄矿业集团柴里矿	一级
218	山东枣庄矿业集团蒋庄矿	一级
219	山东枣庄矿业集团田陈矿	一级
220	山东龙口矿业集团梁家矿	特级
221	山东龙口矿业集团北皂矿	特级

（续）

序号	煤矿名称	级别
222	山东新汶矿业集团协庄矿	一级
223	山东新汶矿业集团孙村煤矿	一级
224	山东新汶矿业集团翟镇矿	一级
225	山东新汶矿业集团良庄矿业公司	一级
226	山东新汶矿业集团华恒矿业公司	一级
227	山东肥城矿业集团白庄矿	一级
228	山东肥城矿业集团曹庄矿	二级
229	山东鲁能菏泽煤电公司彭庄煤矿	一级
230	山东省七五生建矿	一级
231	山东省岱庄生建矿	二级
232	安徽淮北矿业集团朱庄矿	一级
233	安徽淮北矿业集团许疃矿	一级
234	安徽淮北矿业集团朱仙庄矿	二级
235	安徽淮北矿业集团孙疃矿	一级
236	安徽淮北矿业集团朔里矿	一级
237	安徽淮北矿业集团涡北矿	一级
238	安徽淮北矿业集团桃园矿	一级
239	安徽淮北矿业集团临涣矿	二级
240	安徽淮北矿业集团祁南矿	一级
241	安徽淮北矿业集团童亭矿	二级
242	安徽淮南矿业集团顾桥煤矿	特级
243	安徽淮南矿业集团张集煤矿	一级
244	安徽淮南矿业集团顾北矿	特级
245	安徽淮南矿业集团谢桥煤矿	一级
246	安徽淮南矿业集团潘一矿	特级
247	安徽淮南矿业集团潘三矿	一级
248	安徽皖北煤电集团五沟矿	特级
249	安徽皖北煤电集团祁东煤矿	二级
250	安徽皖北煤电集团恒源煤电公司	二级
251	安徽皖北煤电集团任楼煤矿	一级

（续）

序号	煤　矿　名　称	级别
252	安徽皖北煤电集团刘桥一矿	一级
253	安徽皖北煤电集团百善煤矿	二级
254	国投新集公司刘庄煤矿	一级
255	国投新集公司新集一矿	特级
256	国投新集公司新集二矿	一级
257	河南中平能化集团六矿	特级
258	河南中平能化集团十一矿	一级
259	河南中平能化集团十矿	一级
260	河南中平能化集团十二矿	特级
261	河南中平能化集团二矿	一级
262	河南中平能化集团一矿	一级
263	河南中平能化集团五矿	一级
264	河南中平能化集团八矿	一级
265	河南中平能化集团瑞平公司张村矿	一级
266	河南中平能化集团瑞平公司庇山矿	二级
267	河南中平能化集团七矿	二级
268	河南煤业化工集团永煤公司城郊矿	特级
269	河南煤业化工集团永煤公司陈四楼矿	特级
270	河南煤业化工集团永煤公司车集矿	特级
271	河南煤业化工集团永煤公司新桥矿	一级
272	河南煤业化工集团永煤公司红岭煤矿	二级
273	河南煤业化工集团永煤公司枣园矿	二级
274	河南煤业化工集团永煤公司云盖山矿二矿	二级
275	河南煤业化工集团焦煤公司赵固一矿	特级
276	河南煤业化工集团焦煤公司演马庄矿	一级
277	河南煤业化工集团焦煤公司中马村矿	一级
278	河南煤业化工集团焦煤公司九里山矿	一级
279	河南煤业化工集团焦煤公司古汉山矿	一级
280	河南煤业化工集团鹤煤公司中泰矿业公司	一级
281	河南煤业化工集团鹤煤公司三矿	一级

（续）

序号	煤　矿　名　称	级别
282	河南煤业化工集团鹤煤公司二矿	二级
283	河南煤业化工集团鹤煤公司六矿	一级
284	河南义煤集团耿村矿	特级
285	河南义煤集团千秋矿	特级
286	河南义煤集团常村矿	特级
287	河南义煤集团杨村矿	一级
288	河南义煤集团跃进矿	一级
289	河南义煤集团新安矿	二级
290	河南义煤集团义安矿业正村煤矿	二级
291	河南郑煤集团超化矿	一级
292	河南郑煤集团裴沟矿	一级
293	河南郑煤集团白坪煤业公司	一级
294	河南郑煤集团告成矿	一级
295	河南神火集团新庄煤矿	特级
296	河南神火集团许昌新龙矿业公司	一级
297	河南神火集团薛湖煤矿	一级
298	国投煤炭公司国投河南新能开发公司	一级
299	河南济源煤业公司一矿	二级
300	甘肃华亭煤业集团砚北煤矿	特级
301	甘肃华亭煤业集团山寨矿	特级
302	甘肃华亭煤业集团东峡矿	特级
303	甘肃华亭煤业集团陈家沟煤矿	特级
304	甘肃华亭煤业集团马蹄沟矿	特级
305	甘肃华亭煤业集团新柏煤矿	二级
306	甘肃华亭煤业集团新窑煤矿	特级
307	甘肃窑街煤电公司三矿	特级
308	甘肃窑街煤电公司天祝煤业公司	一级
309	甘肃窑街煤电公司海石湾矿	二级
310	甘肃靖远煤业集团大水头煤矿	特级
311	甘肃靖远煤业集团四号井	特级

（续）

序号	煤　矿　名　称	级别
312	甘肃靖远煤业集团魏家地煤矿	特级
313	徐矿新疆天山公司俄霍布拉克煤矿	特级
314	黑龙江龙煤集团双鸭山矿业集团东荣二矿	一级
315	黑龙江龙煤集团双鸭山矿业集团新安矿	一级
316	黑龙江龙煤集团双鸭山矿业集团东保卫煤矿	二级
317	黑龙江龙煤集团鸡西矿业集团东山矿	二级
318	黑龙江龙煤集团鸡西矿业集团城山矿	二级
319	黑龙江龙煤集团鸡西矿业集团杏花煤矿	一级
320	黑龙江龙煤集团鸡西矿业集团平岗矿	二级
321	黑龙江龙煤集团鹤岗矿业集团峻德煤矿	一级
322	黑龙江龙煤集团七台河矿业精煤集团新立煤矿	一级
323	吉林省煤业集团辽源矿业集团梅河煤矿三井	一级
324	吉林省煤业集团辽源矿业集团梅河煤矿二井	二级
325	吉林省煤业集团辽源矿业集团梅河煤矿四井	二级
326	吉林省煤业集团珲春矿业集团板石一矿	二级
327	吉林省煤业集团珲春矿业集团八连城煤矿	二级
328	吉林省煤业集团珲春矿业集团英安煤矿	一级
329	吉林省煤业集团舒兰矿业集团四矿	一级
330	吉林省煤业集团舒兰矿业集团二矿	二级
331	江苏徐州矿务集团三河尖煤矿	一级
332	江苏徐州矿务集团夹河煤矿	一级
333	江苏徐州矿务集团张双楼煤矿	一级
334	江苏徐州矿务集团庞庄矿张小楼井	一级
335	江苏徐州矿务集团权台煤矿	一级
336	江苏徐州矿务集团张集煤矿	二级
337	陕西陕煤黄陵矿业公司二号煤矿	一级
338	陕西陕煤黄陵矿业公司一号煤矿	特级
339	陕西陕煤澄合矿业公司王村煤矿	二级
340	陕西陕煤蒲白矿业公司朱家河煤矿	二级
341	陕西陕煤铜川矿业公司陈家山煤矿	一级

（续）

序号	煤　矿　名　称	级别
342	陕西陕煤铜川矿业公司下石节煤矿	二级
343	陕西陕北矿业公司韩家湾煤矿	特级
344	陕西汇森煤业公司凉水井矿业公司	特级
345	陕西省红石岩煤矿	二级
346	四川华蓥山广能集团绿水洞煤业公司	二级
347	四川华蓥山广能集团李子垭煤业公司	一级
348	重庆松藻煤电公司打通一煤矿	二级
349	重庆松藻煤电公司松藻煤矿	二级
350	神华准能公司黑岱沟露天煤矿	特级
351	神华北电胜利公司胜利露天矿	一级
352	神华宝日希勒公司露天煤矿	特级
353	神华神东天隆公司武家塔露天矿	特级
354	中煤平朔公司安家岭露天矿	特级
355	中煤平朔公司安太堡露天矿	特级
356	内蒙古平庄煤业集团元宝山露天煤业公司	特级
357	华能伊敏煤电公司露天矿	特级
358	辽宁抚顺矿业集团西露天矿	一级
359	云南先锋煤业公司露天矿	一级

附录五　国土资源部关于煤炭资源合理开发利用“三率”指标要求（试行）的公告

为强化煤炭资源合理开发利用的监督管理，促进矿山企业节约与综合利用煤炭资源，依据《矿产资源法》等法律法规，特制定《煤炭资源合理开发利用“三率”指标要求（试行）》，现予以公告。

附件：煤炭资源合理开发利用“三率”指标要求（试行）

2012 年 9 月 20 日

附件　煤炭资源合理开发利用“三率”指标要求(试行)

煤炭资源合理开发利用“三率”是指煤矿采区回采率、原煤入选率、煤矸石与共伴生矿产资源综合利用率等三项指标，是评价煤炭企业开发利用煤炭资源效果的主要指标。经研究，确定其指标要求如下：

一、“三率”指标要求

（一）煤矿采区回采率

1. 井工煤矿

薄煤层（<1.3 m）不低于 85%；中厚煤层（1.3 ~ 3.5 m）不低于 80%；厚煤层（>3.5 m）不低于 75%；

对于采用水力采煤技术的井工煤矿，薄煤层、中厚煤层和厚煤层的采区回采率分别不低于 80%、75% 和 70%。

2. 露天煤矿

薄煤层（<3.5 m）不低于 85%；中厚煤层（3.5 ~ 10.0 m）不低于 90%；厚煤层（>10.0 m）不低于 95%。

（二）原煤入选率

煤炭矿山企业的原煤入选率原则上应达到75%以上。

（三）煤矸石与共伴生矿产资源综合利用率

国家鼓励煤炭矿山企业合理开发与综合利用煤矸石以及与煤共伴生矿产资源。开采设计或开发利用方案也要对煤层气、黄铁矿、镁、铟、高岭土等矿产资源开发利用提出指标要求。其中煤矸石和矿井水综合利用率均应达到75%以上。

二、监督管理

（1）本指标要求是国土资源主管部门监督管理煤炭矿山企业合理开发利用矿产资源的重要依据。

（2）本指标要求是编制和审查煤炭资源开发利用方案、矿山设计的依据，新建或改扩建的煤炭矿山企业的“三率”指标应达到本指标要求。

（3）生产矿山要在本指标要求发布之日后两年内达到本指标要求规定的要求。达不到本指标要求的，省级国土资源主管部门应组织督促其限期整改，整改后仍未达标的矿山企业，不予通过矿产资源开发利用年度检查。受地区煤层、技术等客观条件限制达不到本指标要求的，矿山企业应说明原因，并提交具备设计资质的单位出具的论证报告，提出改进措施。原采矿权登记管理机关要对矿山企业提交的论证报告予以审定。

（4）省级国土资源主管部门负责对辖区煤炭矿山企业执行本指标要求情况进行监督管理，不定期开展抽查和检查，定期公告符合本指标要求的煤炭矿山企业名单，实行社会监督，动态管理。

三、指标定义与计算方法

（一）煤矿采区回采率

1. 定义

煤矿采区回采率：指采区实际采出煤量与采区动用资源储量的百分比。

采出煤量（矿井采区）：指采区内所有工作面采出煤量与掘进煤量之和。

采出煤量（露天矿采区）：指采区内实际采出的煤量。

采区动用资源储量：指采区采出煤量与开采损失煤量之和。

2. 计算方法

采区回采率（K）= 采区采出煤量（百万吨）/采区动用资源储量（百万吨）×100%

（二）原煤入选率

1. 定义

原煤入选率：指选煤厂年度入选原煤量与矿山年度生产原煤量的百分比。

入选原煤量：指从毛煤中拣出大块矸石后进入选煤厂供选煤设备分选的原煤。对于变质程度低，风化、泥化严重的褐煤（不包括老年褐煤）和质量较好的动力用煤（灰分低于12%、硫分低于1%、经简单加工处理就可以达到用户对产品质量要求），可以不入选，其煤炭加工量计入原煤入选量。

生产原煤量：指所有进入选煤厂与直接外销原煤数量的总和。

2. 计算方法

原煤入选率（P）= 入选原煤量（百万吨/年）/生产原煤量（百万吨/年）×100%

（三）煤矸石与共伴生矿产资源综合利用率

1. 定义

①煤矸石综合利用率：指煤矿年度生产过程中，利用的煤矸石量与产生的煤矸石量的百分比。

②矿井水综合利用率：指煤矿年度生产过程中，产生的矿井水减去排放的矿井水与产生的矿井水之间的百分比。

③共伴生矿产资源综合利用率：指煤矿年度生产过程中，所有共伴生矿产的开发利用量与其开采动用的资源储量的百分比之平均值。

2. 计算方法

①煤矸石综合利用率（$R_{煤矸石}$）= 年度利用的煤矸石量/年度产生的煤矸石量×100%

②矿井水综合利用率（$R_{矿井水}$）=（年度产生的矿井水－年度排放的矿井水）/年度产生的矿井水×100%

③ 共伴生矿产资源综合利用率$(R) = \frac{1}{n}\sum_{i=1}^{n} r_i$

r_i——第 i 个共伴生矿产利用率，是指第 i 个共伴生矿产年度利用量与该矿产年度开采动用资源储量的百分比；

n——与煤共伴生矿产个数。

四、附则

本指标要求自发布之日起试行，由国土资源部负责解释。